▶ ▶ ▶ 提供2016、2019、2021下载，MAC版软件官方下载

官方认证教程

U0186241

WPS

凤凰高新教育◎编著

Office 2019 完全自学 教程

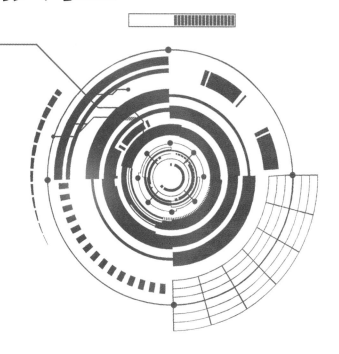

北京大学出版社
PEKING UNIVERSITY PRESS

内 容 提 要

本书以 WPS Office 2019 软件为平台，从办公人员的工作需求出发，结合大量典型案例，全面讲解了 WPS Office 2019 的文字编辑、表格应用、演示文稿等办公组件的功能和操作，以帮助读者轻松高效地完成办公任务。

本书以"完全精通 WPS Office"为出发点，以"用好 WPS Office"为目标来安排内容，全书共分为 6 篇，21 章。第 1 篇为快速入门篇，全面讲解 WPS Office 2019 的基本操作；第 2 篇为 WPS 文字编辑篇；第 3 篇为 WPS 表格应用篇；第 4 篇为 WPS 演示文稿篇；第 5 篇为 WPS 其他组件应用篇；第 6 篇为 WPS 案例实战篇。

本书既适合办公室小白、刚毕业或即将毕业的学生学习，还可以作为广大职业院校、计算机培训班的教学参考用书。

图书在版编目(CIP)数据

WPS Office 2019 完全自学教程 / 凤凰高新教育编著. — 北京：北京大学出版社，2020.11
ISBN 978-7-301-31705-1

Ⅰ.①W… Ⅱ.①凤… Ⅲ.①办公自动化－应用软件－教材 Ⅳ.①TP317.1

中国版本图书馆CIP数据核字(2020)第188265号

书　　　　名	WPS Office 2019 完全自学教程	
	WPS Office 2019 WANQUAN ZIXUE JIAOCHENG	
著作责任者	凤凰高新教育　编著	
责 任 编 辑	张云静　杨　爽	
标 准 书 号	ISBN 978-7-301-31705-1	
出 版 发 行	北京大学出版社	
地　　　　址	北京市海淀区成府路205号　100871	
网　　　　址	http://www.pup.cn　　新浪微博：@ 北京大学出版社	
电 子 邮 箱	编辑部 pup7@pup.cn　总编室 zpup@pup.cn	
电　　　　话	邮购部010-62752015　发行部010-62750672　编辑部010-62580653	
印 刷 者	北京宏伟双华印刷有限公司	
经 销 者	新华书店	
	889毫米×1194毫米　16开本　26.5印张　827千字	
	2020年11月第1版　2023年12月第4次印刷	
印　　　　数	13001-15000册	
定　　　　价	128.00 元	

推 荐 序

与 WPS 一起成长

四年前，WPS 下一代版本立项之初，我们把这个新的项目命名为"Prometheus"（普罗米修斯）。在希腊神话里，普罗米修斯是盗火人，他名字的意思是"先见之明"。随着项目的推进，内部代号更新为"Fusion"（融合），团队希望采用"融合"的方式，打造一个更先进、更便利的办公环境。

和之前的办公软件相比，WPS 2019 版本拥有全新的交互界面，随之带来的是用户短期内的不适和不理解，以至于，2018 年早期版本发布内测以后，团队竟然担心 2019 版本是否还有发布的价值。

幸好，在大量测试用户的好评和领导的鼓励下，我们完成了 2019 版本的设计和发布。时至今日，WPS Office 2019 版本已经成为主流的国产办公软件，"融合办公"理念也逐渐为用户喜爱和接受。

用户在接受 WPS Office 2019 的过程中，也不可避免地遇到了如何理解、如何使用好"融合办公"环境的问题。令人欣慰的是，越来越多的专业作者也在投入精力帮助用户去使用好 WPS Office 2019 这一划时代的办公软件。

本书全面系统地介绍了 WPS 的使用方法，也很好地介绍了 WPS Office 2019 的"融合办公"环境。希望读者阅读完本书后，能够通过使用 WPS Office 2019 的"融合办公"环境提升学习和工作效率，提升职场竞争力！

感谢本书作者，感谢 WPS 产品团队。

——金山办公软件 产品总监 张宁

20 世纪 90 年代，WPS 曾是中国电脑的代名词，从 1988 年到 1995 年，个人电脑开始在中国普及，WPS 也随之一起走到用户的办公桌上，这也是 WPS 最初的辉煌时代。从公开数据来看，WPS 初期掌握了 90% 的市场份额，并一度成为标准文档格式，可以说 WPS 塑造了一个新的行业。后来，WPS 遭遇了微软 Office 的入场以及"盗版软件"盛行带来的双重压力，这也是中国软件产业特有的一段历史。随着 Windows 系统的推出，WPS 的市场空间被大量微软 Office 盗版软件挤压，WPS 开始慢慢变得"小众""非主流"，也因此徘徊在"生死一线间"。

2003 年 10 月份，WPS 推翻了原有的十万行代码，进行了重写，于 2005 年发布了"新品"。有不少用户在 2005 年之后发现，WPS 与微软 Office 越来越像了，并且可以无缝兼容，同时，WPS 是免费的，是每个人都用得起的办公软件，这样，WPS 逐步从"小众"的群体里走出来，成为一款大众化产品。在过去的 30 年里，WPS 一直聚焦在一件事情上，那就是文档处理，我们做了文字、表格、演示文稿，还有 PDF 四大套件。在这件事情上，WPS 不仅要考虑习惯了微软 Office 操作方式的用户，还要考虑中国用户的思维方式，使软件更容易被用户理解和使用，以此降低用户的学习门槛，提升用户的办公效率。现在，WPS 正在实现一站式融合办公，WPS Office 2019 将文档、表格、演示文稿、PDF、流程图、脑图等多个组件融合在一起，实现了一次下载、一个图标、一个账号，即可打开任何一种文档，用户无须再去考虑要通过哪个软件打开哪个文件。本书作者深知职场人士的办公需求，结构化、科学化地为读者讲解 WPS 职场办公应用的相关知识，帮助读者更快、更好地掌握办公软件技能，更自信地融入职场。

几十年来，金山一直肩扛民族软件大旗，即便是在最艰难的时刻，也从未放弃。软件行业的人说："因为 WPS，才让微软在中国乃至世界办公软件市场不敢掉以轻心。因为 WPS，让全世界了解到中国还有一家公司能与微软抗衡。"在此，感谢广大用户对 WPS 的支持，也希望读者朋友能从这本书学到更多的知识，和 WPS 一起为祖国的建设添砖加瓦。

——金山办公软件 产品专家 王芳

前　言

WPS Office，民族品牌，值得信赖

欢迎你加入 WPS Office 办公软件应用大家庭！由金山软件股份有限公司推出的 WPS Office 办公软件，拥有数亿用户，其功能强大，操作简单，运行速度极快。若你有以下困难或需求，一定不要错过这本书！

如果你是一位文档小白，只会打字，却不会编排文档；

如果你是一位表格菜鸟，只会用表格记录数据，而不会使用公式进行计算；

如果你是一位 PPT 新手，想要熟练掌握幻灯片的奥秘，制作出专业的幻灯片；

如果你想成为职场达人，想轻松完成工作，不再加班；

如果你觉得自己的 WPS Office 操作水平太普通，希望全面提高自己的操作技能；

那么，《WPS Office 2019 完全自学教程》是你最好的选择！

进入职场后你会发现，编辑文档并非会打字就足够，表格似乎不只有记录和求和的功能，而幻灯片也并不是随便添加些文字和图片就可以做好。在这个信息化、智能化办公的时代，熟练掌握办公软件是职场的必备技能。但大部分职场人士对于办公软件的操作熟练度远远不能满足办公要求，所以在工作中经常会事倍功半。本书旨在帮助职场新人或在职人员掌握 WPS Office 的各项操作方法。

无论是初学者还是对 WPS Office 有所了解的职场人士，都能在本书中找到让你受益匪浅的办公技巧。

本书不但会告诉你怎样实现基础操作，还会告诉你怎样操作最快、最好、最规范，要精通 WPS Office，只要这一本书就够了！

本书特色与特点

1. 内容常用、实用

本书遵循"常用、实用"原则，以 WPS Office 2019 版本为讲解标准，勾画出了 WPS Office 2019 的"新功能"及"重点"知识，并结合日常办公的实际需求，安排了 148 个"实战"案例、85 个"妙招技法"、12 个行业应用"综合办公实战"，全面讲解了 WPS Office 2019 中文字、表格、演示文稿、PDF、脑图、流程图、图片设计、表单等组件的操作方法。

2. 一看即懂、一学就会

本书采用"步骤引导＋图解操作"的方式进行讲解，在步骤讲述中分解出详细操作步骤，并在图片上进行标注，便于读者学习和掌握，真正做到简单明了、一看即会、易学易懂。为了解决读者在自学过程中可能遇到的问题，我们在书中设置了"技术看板"板块，解释在操作过程中可能会遇到的一些疑难问题；添设了"技能拓展"板块，教大家通过其他方法来解决同类问题，达到举一反三的效果。

丰富的学习套餐，物超所值，让你的学习更轻松

本书配套赠送相关的学习资源，内容丰富、实用，包括同步练习文件、教学视频、PPT、电子书、高效办公资料等，让读者花一本书的钱，得到多本书的超值学习资源。套餐具体内容包括以下几个方面。

（1）同步素材文件：本书中所有章节实例的素材文件，全部收录在同步学习文件夹中的"\ 素材文件 \ 第 * 章 \"文件夹中。读者可以参考图书讲解内容，打开对应的素材文件进行同步操作练习。

（2）同步结果文件：本书中所有章节实例的最终效果文件，全部收录在同步学习文件夹中的"\ 结果文件 \ 第 * 章 \"文件夹中。读者可以打开结果文件，查看实例效果，为自己的练习操作提供帮助。

（3）同步视频教学文件：为读者提供长达 11 小时的与本书同步的视频教程。读者用微信扫一扫书中的二维码，即可播放讲解视频，轻松学会相关知识。

（4）同步 PPT 课件：与书中内容同步的 PPT 教学课件，便于教师教学使用。

（5）赠送"Windows 7 系统操作与应用"视频教程：共 13 集 220 分钟，让读者完全掌握最常用的 Windows 7 系统操作方法。

（6）赠送"Windows 10 系统操作与应用"视频教程：长达 9 小时的视频教程，让读者完全掌握 Windows 10 系统的操作方法。

（7）赠送高效办公电子书："微信高手技巧手册随身查""QQ 高手技巧手册随身查""手机办公 10 招就够"，帮助读者掌握移动办公诀窍。

（8）赠送"5 分钟学会番茄工作法"讲解视频：帮助读者在职场中高效工作，轻松应对职场那些事儿，真正做到"不加班，只加薪"！

（9）赠送"10 招精通超级时间整理术"讲解视频：专家传授 10 招时间整理术，教读者如何整理时间、有效利用时间，让自己的人生价值最大化。

> **温馨提示**：用微信扫一扫下方二维码关注微信公众号，并发送"19120m"获取以上资源的下载地址及密码。另外，在该微信公众号中，我们还为读者提供了丰富的图文和视频教程，为你的职场排忧解难！

本书不是一本单纯的 WPS Office 办公书，而是一本传授职场综合技能的实用书籍！

创作者说

本书由凤凰高新教育策划并组织编写。全书由一线办公专家和高校教师合作编写，他们具有丰富的 WPS Office 软件办公实战经验，同时，由于计算机技术发展非常迅速，书中若有疏漏和不足之处，敬请广大读者及专家指正。

若您在学习过程中产生疑问或有任何建议，可以通过 E-mail 或 QQ 群与我们联系。

读者信箱：2751801073@qq.com

读者交流 QQ 群：335239641

目　录

第2篇　WPS 文字编辑篇

WPS 文字是 WPS Office 2019 中的一个重要组件，是由金山软件股份有限公司推出的一款文字处理与排版工具。本篇主要讲解 WPS 文字的录入与编辑、设置文字格式以及表格、图文等高级排版操作。

第3篇　WPS 表格应用篇

WPS 表格是 WPS Office 2019 中的另一个主要组件，具有强大的数据处理能力，主要用于制作电子表格。本篇主要讲解 WPS 表格在数据录入与编辑、数据分析、数据计算、数据管理等方面的应用。

第4篇　WPS演示文稿篇

WPS演示文稿是用于制作会议流程、产品介绍和电子教学等内容的电子演示文稿，制作完成后可通过计算机或投影仪等器材进行播放，以便更好地辅助演说或演讲。掌握一些实用的技巧，可以更简单、高效地制作出精美的演示文稿。

第5篇 WPS 其他组件应用篇

WPS Office 2019 除常用的 3 个组件外，还可以创建 PDF 文件、使用流程图制作工作流程、组织结构图等，也可以使用脑图快速完成销售总结、设计思路的制作。此外，还可以使用图片设置制作海报、邀请函、祝福卡等。

第6篇　WPS 案例实战篇

通过对前面知识的学习，相信大家对 WPS Office 2019 已经非常熟悉，可是没有经过实战的知识并不能很好地应用于工作中。为了让大家更好地掌握 WPS Office 2019 的基本知识和技巧，本篇主要介绍一些工作中常见的案例，通过这些案例，帮助大家更灵活地使用 WPS Office 2019，轻松完成工作。

第1篇

快速入门篇

WPS Office 2019 是金山软件股份有限公司推出的套装办公软件，具有强大的办公功能。WPS Office 2019 包含了文字、表格、演示文稿、流程图、脑图、海报、PDF 等多个办公组件，被广泛应用于日常办公中。本篇将带领读者打开 WPS Office 2019 的大门，了解 WPS Office 2019 的基本使用方法。

第1章 初识 WPS Office 2019 办公软件

➡ WPS Office 2019 包括哪些组件？

➡ WPS Office 2019 新增了哪些功能？

➡ 新建与保存 WPS 组件的方法有哪些？

➡ 想要个性化的工作环境，应该如何优化？

➡ 怎样才能保证文件安全？

➡ 怎样把文件转换为其他格式？

本章将对 WPS Office 的基本操作、文件的保护和备份、文档格式的转换等基础知识进行讲解，带领读者快速了解 WPS Office 2019，为后面的学习奠定基础。

1.1 认识 WPS Office 2019

WPS 是英文 Word Processing System（文字处理系统）的缩写，WPS Office 2019 是继 WPS Office 2016 之后的新一代套装办公软件，其中包含 WPS 文字、WPS 表格、WPS 演示文稿、流程图、脑图、图片设计、表单等多个组件。在使用 WPS Office 2019 之前，需要先对其进行简单了解。

1.1.1 认识 WPS 文字

WPS 文字是 WPS Office 2019 中的重要组件之一。它集编辑与打印于一体，具有丰富的全屏幕编辑功能，并提供各种输出格式及打印功能，使打印出的文稿既美观又规范，基本上能满足各类文字工作者编辑、打印各种文件的需求，如图 1-1 所示。

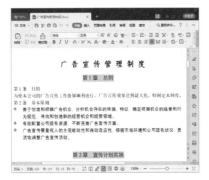

图 1-1

1.1.2 认识 WPS 表格

WPS 表格也是 WPS Office 2019 中的重要组件之一。它是电子数据表程序，用于进行数据运算、数据分析、数据管理等操作，如图 1-2 所示。

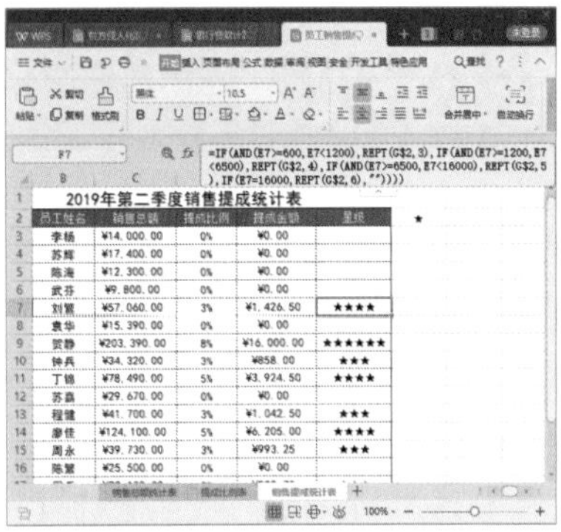

图 1-2

WPS 表格中内置多种函数，可以对大量数据进行分类、排序，并绘制图表查看数据走向，如图 1-3 所示。

图 1-3

1.1.3 认识 WPS 演示文稿

WPS 演示文稿也是 WPS Office 2019 中的重要组件之一，可以制作和播放多媒体演示文稿，还可用于培训演示、课堂教学、产品发布、广告宣传、商品展示和商业会议等，如图 1-4 所示。

图 1-4

1.1.4 认识 PDF

PDF 是工作中常见的一种文档格式，在其他计算机上打开时不易受到计算机环境的影响，也不容易被随意修改，如图 1-5 所示。

图 1-5

1.1.5 认识流程图

流程图是 WPS Office 中的编辑工具之一，用于制作公司组织结构、工作流程、战略计划、运营方案等展示用的框架图，如图 1-6 所示。

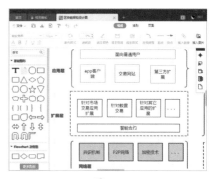

图 1-6

1.1.6 认识脑图

脑图是 WPS Office 中的编辑工具之一，用于制作工作笔记、梳理产品思路、分析商业数据等，如图 1-7 所示。

图 1-7

技术看板

流程图和脑图都需要登录 WPS 账户才能正常使用。

1.1.7 认识图片设计

WPS 的图片设计功能非常强大，通过使用模板、添加素材等操作，就可以制作出专业的海报、邀请函、名片等，如图 1-8 所示。

图 1-8

1.1.8 认识表单

表单是目前应用较多的工具之一。发布者通过表单将问题发布到网络上，被邀请者可以通过填写表单，让发布者了解被邀请者的意向，如图 1-9 所示。

图 1-9

1.2 WPS Office 2019 的新增功能

与 WPS Office 2016 相比，WPS Office 2019 增加了许多实用的功能，如整合桌面图标、统一窗口标签、增加流程图与思维导图等。下面，依次来了解 WPS Office 2019 所带来的全新体验。

★新功能 1.2.1 整合桌面图标

2019 版本之前的 WPS Office 安装完成后，桌面上会添加 WPS 文字、WPS 表格、WPS 演示和 WPS H5 共4 个快捷方式图标，如图 1-10 所示。

图 1-10

而安装 WPS Office 2019 之后，多个桌面图标被整合为一个 WPS Office 图标，使桌面更加整洁，如图 1-11 所示。

图 1-11

★新功能 1.2.2 整合任务窗格

WPS Office 2019 采用新的界面样式，更具现代风格。在左侧的功能选择栏中，除【打开】和【新建】功能按钮外，还集合了常用的附加功能。在功能选项栏右侧，是用户常用文档的保存位置及最近访问文档列表。在界面最右侧则显示天气预报、每日任务、应用通知等，如图 1-12 所示。

图 1-12

★新功能 1.2.3 增加全局搜索功能

WPS Office 2019 的主界面首页新增了一个全局搜索框，用户可以搜索本地硬盘中的文件，也可以查找稻壳里的模板，提高工作效率，如图 1-13 所示。

图 1-13

在 WPS Office 2019 的主界面右上角，单击【工作区 / 标签列表】按钮，可以显示当前打开的文件，在这里还可以分类浏览与管理打开的文档标签，如图 1-14 所示。

图 1-14

★新功能 1.2.4　统一窗口标签切换

在 2019 之前的版本中，WPS 文字、WPS 表格和 WPS 演示打开后，会显示在不同的窗口下，图 1-15 所示为 WPS 文字、图 1-16 为 WPS 表格、图 1-17 为 WPS 演示。在 WPS Office 2019 中，WPS 文字、表格和演示会统一整合到同一窗口下，用户可使用标签按钮来进行切换，如图 1-18 所示。

图 1-15

图 1-16

图 1-17

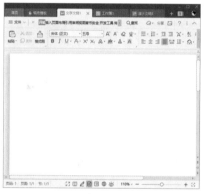

图 1-18

如果想要让某个窗口独立显示，也可以拖曳标签，将该文档拖出窗口范围，使其成为一个独立的窗口。使用同样的方法，也可以将某个独立的 WPS 窗口合并到另一个窗口下，操作非常方便。

★新功能 1.2.5　新增流程图与思维导图

除 WPS 文字、WPS 表格、WPS 演示三大功能套件外，WPS Office 2019 还支持流程图，内置多种类型的流程图及丰富的模板，如图 1-19 所示。

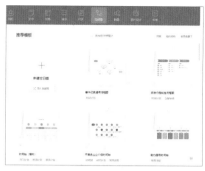

图 1-19

同时，WPS Office 2019 还支持创建脑图，同样内置丰富模板。所以，使用 WPS Office 2019，不用另外安装其他软件，就可以完成这两种较常用的办公类文档的制作，如图 1-20 所示。

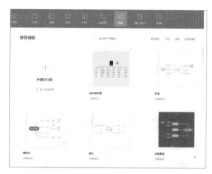

图 1-20

★新功能 1.2.6　内置 PDF 阅读工具

WPS Office 2019 内置 PDF 阅读工具，用户除可以快速打开 PDF 文档、转换、拆分、合并 PDF 文档外，还可以将已有文件另存为 PDF 文档或从扫描仪新建 PDF 文件，如图 1-21 所示。

图 1-21

文档转换完成后，可以在 WPS 中编辑 PDF 文档，如图 1-22 所示。

图 1-22

★新功能 1.2.7　内置网页浏览器

WPS Office 2019 内置一个简单的网页浏览器，如果要查看文档中的网页链接，单击链接后，会默认使用内置浏览器打开。

WPS 的内置浏览器具备浏览器的基本功能，拥有下载工具，还具有将网页添加到 WPS 的首页、将网页另存为 PDF 文件等功能，如图 1-23 所示。

图 1-23

★新功能 1.2.8　内置丰富的模板库

WPS Office 2019 内置稻壳资料库，为用户提供丰富的模板、范文、图片等素材资源，可以帮助用户快速创建一个美观大方的文档、表格或 PPT，如图 1-24 所示。

图 1-24

★新功能 1.2.9　随心选择皮肤功能

WPS Office 2019 不再是千篇一律的默认外观，内置多种风格的皮肤，用户可以根据自己的喜好自行

选择，如图 1-25 所示。

图 1-25

★新功能 1.2.10　加入表单设计功能

WPS Office 2019 中加入了制作表单的功能。表单中内置各种常见问题，用户只需动动鼠标就可以设置表单的问题。WPS 表单中设置了各种题型，让用户自行设置问题，获得答案。

用户制作完成后，可以将表单调查表上传到网络，通过强大的互联网搜集想要的信息，如图 1-26 所示。

图 1-26

1.3　安装并启动 WPS Office 2019

在使用 WPS Office 2019 之前，需要先安装和启动 WPS Office 2019。本节将介绍 WPS Office 2019 的安装与启动方法，并教大家注册、登陆 WPS 账户。

1.3.1 实战：安装 WPS Office 2019

实例门类	软件功能

在安装 WPS Office 2019 之前，需要在官方网站下载 WPS Office 2019 软件。

下载完成后，就可以开始安装 WPS Office 2019，操作方法如下。

Step01 下载 WPS Office 2019 安装程序到本地磁盘，双击安装程序，如图 1-27 所示。

图 1-27

Step02 打开 WPS Office 安装程序，❶ 勾选【已阅读并同意金山办公软件许可协议和隐私策略】复选框，❷ 单击【立即安装】按钮，如图 1-28 所示。

图 1-28

Step03 程序开始安装，请耐心等待，如图 1-29 所示。

Step04 安装完成后，WPS Office 2019 程序会自动打开，可查看程序的主界面，如图 1-30 所示。

图 1-29

图 1-30

1.3.2 启动与关闭 WPS Office 2019

启动与关闭是 WPS Office 使用前后的基本操作。

1. 启动 WPS Office 2019

要使用 WPS Office 2019 编辑文档，首先需要启动该程序，启动 WPS Office 2019 的方法有以下几种。

方法 1：单击【开始】按钮，在打开的开始面板中单击【WPS Office 2019】图标即可启动，如图 1-31 所示。

图 1-31

方法 2：双击桌面上的【WPS Office】图标，即可启动，如图 1-32 所示。

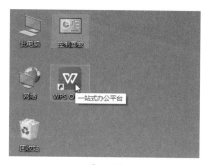

图 1-32

方法 3：如果已经创建了 WPS 文件，双击 WPS 文件的图标即可启动，如图 1-33 所示。

图 1-33

2. 关闭 WPS Office 2019

如果不再使用 WPS Office，可以将其关闭，操作方法主要有以下几种。

方法 1：单击 WPS 程序右上角的【关闭】按钮即可关闭，如图 1-34 所示。

图 1-34

方法 2：右击任务栏的 WPS 图标，在弹出的快捷菜单中选择【关闭窗口】即可，如图 1-35 所示。

图 1-35

方法 3：将鼠标移动到任务栏的 WPS 图标上，将出现缩略窗口，将鼠标指向该窗口，单击右上角出现的【关闭】按钮×即可，如图 1-36 所示。

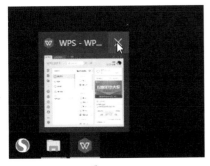

图 1-36

1.3.3　注册并登录 WPS Office 2019 账户

在使用 WPS 时，有一些功能必须登录账户才能使用，如流程图、脑图、云文档等。

WPS 可以使用微信、钉钉、QQ 等账户登录，操作方法如下。

Step01 单击 WPS 主界面右上角的【您正在使用访客账号】按钮，如图 1-37 所示。

图 1-37

Step02 在打开的对话框中，可以使用微信扫描二维码登陆，也可以使用钉钉登录，如果要注册新账户，则单击【其他登录方式】按钮。本例选择微信登录，使用手机微信的扫一扫功能，扫描二维码，如图 1-38 所示。

图 1-38

Step03 成功登录后，在界面右上角会显示昵称，如图 1-39 所示。

图 1-39

Step04 如果要退出登录，可以 ① 将鼠标移动到昵称右侧的头像上；② 在弹出的下拉菜单中单击【退出登录】按钮，如图 1-40 所示。

图 1-40

Step05 弹出【退出登录】对话框，根据需要勾选是否清除缓存记录，如果不需要在本地保存云端数据信息，直接单击【继续退出】按钮即可退出登录，如图 1-41 所示。

图 1-41

1.4 熟悉 WPS Office 2019

在了解 WPS Office 2019 的新功能和启动与关闭方法之后，我们就可以开始熟悉 WPS Office 2019 各组件的工作界面，学习新建和保存 WPS 组件的方法。

1.4.1 认识 WPS Office 2019 的工作界面

WPS Office 2019 的工作界面相较于之前的版本更加简洁。接下来，分别介绍 WPS 文字、WPS 表格和 WPS 演示文稿这三大常用组件的工作界面。

1. WPS 文字

WPS 文字的工作界面主要包括标题栏、窗口控制区、快速访问工具栏、功能区、导航窗格、文字编辑区、状态栏和视图控制区等部分，如图 1-42 所示。

图 1-42

➡ 标题栏：主要用于显示正在编辑的文档的文件名。

➡ 窗口控制区：主要用于控制窗口的最小化、还原和关闭。

➡ 快速访问工具栏：用于显示常用的工具按钮，默认显示的按钮有【保存】、【输出为 PDF】、【打印】、【打印预览】、【撤销】、【恢复】和【自定义快速访问工具栏】等，单击这些按钮可执行相应的操作。

➡ 功能区：功能区主要有【开始】【插入】【页面布局】【引用】【审阅】【视图】和【章节】等选项卡，单击功能区的任意选项卡，可以显示其按钮和命令。

➡ 导航窗格：在此窗格中，可以展示文档中的标题大纲、章节、书签等信息，还可以进行查找和替换操作。

➡ 文字编辑区：主要用于文字的编辑、页面设置和格式设置等操作，是 WPS 文档的主要工作区域。

➡ 状态栏：位于窗口的左下方，用于显示页码、页面、节、设置值、行、列、字数等信息。

➡ 视图控制区：主要用于切换页面视图方式和显示比例，常见的视图方式有页面视图、大纲视图、Web 版式视图等。

2. WPS 表格

WPS 表格的工作界面除标题栏、快速访问工具栏、功能区和视图控制区之外，还包括名称框、编辑栏、工作表编辑区、工作表列表区等，如图 1-43 所示。

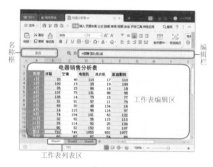

图 1-43

➡ 名称框：单元格名称框主要用来显示单元格名称。例如，将鼠标定位到第 15 行和 B 列相交的单元格中，就可以在单元格名称框中看到该单元格的名称，即 B15 单元格。

技术看板

编辑栏位于单元格名称框的右侧，用户可以在选定单元格后直接输入数据，也可以选定单元格后通过编辑栏输入数据。在单元格中输入的数据将同步显示到编辑栏中，并且可以通过编辑栏对数据进行插入、修改及删除等操作。

➡ 工作表编辑区：WPS 表格工作窗口中间的空白网状区域即工作表编辑区。工作表编辑区主要由行号标志、列号标志、编辑区域及水平和垂直滚动条组成。

➡ 工作表列表区：默认情况下打开的新工作簿中只有 1 张工作表，被命名为"Sheet1"。如果默认的工作表数量不能满足需求，则可以单击工作表标签右侧的【新建工作表】按钮，快速添加一个新的空白工作表。新添加的工作表将以"Sheet2""Sheet3"……命名。其中白色的工作表标签为当前工作表。

3. WPS 演示文稿

WPS 演示文稿的工作界面除标题栏、快速访问工具栏、功能区、状态栏和视图控制区之外，还包括视图窗格、幻灯片编辑区和备注窗格，如图 1-44 所示。

图 1-44

➜ 视图窗格：位于幻灯片编辑区的左侧，用于显示演示文稿的幻灯片数量及位置。

➜ 幻灯片编辑区：WPS 演示文稿窗口中间的白色区域为幻灯片编辑区，该部分是演示文稿的核心部分，主要用于显示和编辑当前幻灯片。

➜ 备注窗格：位于幻灯片编辑区的下方，通常用于为幻灯片添加注释说明，如幻灯片的内容摘要等。

★重点 1.4.2 新建 WPS Office 2019 组件

新建 WPS Office 2019 组件的方法有很多种，下面介绍几种最常用的创建方法。

1. 使用右键菜单创建

使用右键菜单创建 WPS 文字，操作方法如下。

❶ 在要创建 WPS 文字的位置右击；❷ 在弹出的快捷菜单中选择【新建】选项；❸ 在弹出的扩展菜单中选择【DOCX 文档】即可，如图 1-45 所示。

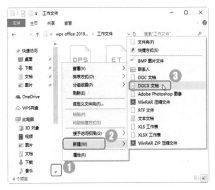

图 1-45

2. 使用新建命令创建

使用新建命令创建 WPS 演示文稿，操作方法如下。

Step01 启动 WPS Office 2019，单击【新建】按钮，如图 1-46 所示。

图 1-46

Step02 ❶ 单击【演示】选项卡；❷ 在下方单击【新建空白文档】按钮即可，如图 1-47 所示。

图 1-47

3. 使用模板创建

使用模板创建 WPS 表格，操作方法如下。

启动 WPS Office 2019。进入【新建】页面，❶ 选择【表格】选项卡；❷ 在推荐的模板中选择一种模板样式，单击【使用该模板】按钮即可，如图 1-48 所示。

图 1-48

除了用以上的方法新建 WPS 文档外，还可以通过下面的几种方法创建。

（1）在正在编辑的 WPS 文档窗口中单击程序左上角的【文件】按钮 ≡文件，在弹出的界面中单击【新建】命令。

（2）在正在编辑的 WPS 文档窗口中单击标题选项卡右侧的【新建标签】按钮，即可进入新建文档界面。

（3）在 WPS 环境下，按下【Ctrl+N】组合键，可直接创建一个空白 WPS 文档。

★重点 1.4.3 保存 WPS Office 2019 组件

创建 WPS 文档之后，可以使用保存命令来保存 WPS 文档。WPS 三大组件的保存方法相同，下面以保存 WPS 演示文稿为例，介绍 WPS Office 2019 组件的保存方法。

Step01 单击窗口左上角的【保存】按钮 📄，如图 1-49 所示。

图 1-49

Step02 ❶ 在弹出的【另存为】对话框中设置保存路径、文件名和文件类型；❷ 单击【保存】按钮，如图 1-50 所示。

图 1-50

Step03 返回程序编辑界面，即可看到标题栏已经更改为保存的文件名，如图 1-51 所示。

图 1-51

1.4.4　打开 WPS Office 2019 组件

如果要对计算机中已有的文档进行编辑，需要先将其打开。打开 WPS Office 2019 组件的方法有以下几种。

1. 双击打开

在 WPS 文件的保存位置双击文件图标，即可打开 WPS 文件，如图 1-52 所示。

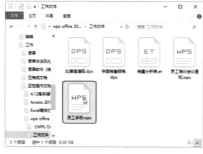

图 1-52

2. 通过【打开】对话框打开

通过【打开】命令也可以打开文件，操作方法如下。

Step01 ❶ 在 WPS 窗口中单击【文件】按钮；❷ 在打开的下拉菜单中单击【打开】命令，如图 1-53 所示。

图 1-53

Step02 在弹出的【打开】对话框中，❶ 找到并选中要打开的文档；❷ 单击【打开】按钮即可，如图 1-54 所示。

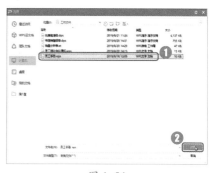

图 1-54

除以上方法外，以下方法也可以打开【打开】窗口。

➡ 在 WPS 窗口中按【Ctrl+O】组合键，可直接弹出【打开】对话框。

➡ 单击界面左上角的【文件】按钮 ☰ 文件，在打开的菜单中单击【打开】按钮 📂，也会弹出【打开】对话框。

1.5　自定义 WPS 工作界面

安装 WPS Office 2019 之后，可以通过自定义工作界面，使其更符合自己的使用习惯。例如，在快速访问工具栏中添加和删除按钮、隐藏和显示功能区等。

1.5.1　实战：在快速访问工具栏中添加或删除按钮

实例门类	软件功能

当某个命令按钮需经常使用时，将其添加到快速访问工具栏中，可以提高工作效率。例如，将【插入批注】命令添加到快速访问工具栏中，具体操作方法如下。

Step01 ❶ 单击快速访问工具栏中的【自定义快速访问工具栏】下拉按钮；❷ 在弹出的下拉菜单中选择【其他命令】选项，如图1-55所示。

图 1-55

Step02 打开【选项】对话框，系统自动切换到【快速访问工具栏】选项卡，❶ 在【从下列位置选择命令】列表框中选择【插入批注】命令；❷ 单击【添加】按钮；❸ 单击【确定】按钮，如图1-56所示。

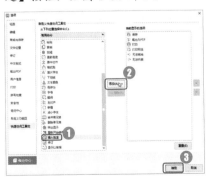

图 1-56

Step03 返回文档主界面，即可看到快速访问工具栏已经添加了【插入批注】按钮，如图1-57所示。

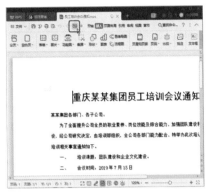

图 1-57

Step04 如果要删除快速访问工具栏中的按钮，可以重复第一步，打开【选项】对话框，❶ 在【快速访问工具栏】选项卡的【当前显示的选项】列表框中选择要删除的按钮；❷ 单击【删除】按钮；❸ 单击【确定】按钮即可，如图1-58所示。

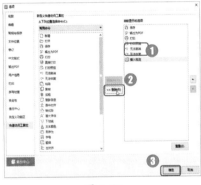

图 1-58

技术看板

单击快速访问工具栏中的【自定义快速访问工具栏】下拉按钮，在弹出的下拉菜单中，勾选和取消勾选相应的选项，可以快速添加和删除命令按钮。

1.5.2　实战：在新建选项卡中创建常用工具组

实例门类	软件功能

使用WPS时，将常用命令添加至一个新的选项卡，可以避免频繁切换选项卡，提高工作效率。例如，要在工具栏中添加一个名为【通知选项卡】的新选项卡，具体操作方法如下。

Step01 ❶ 单击【文件】按钮；❷ 在弹出的下拉菜单中单击【选项】命令，如图1-59所示。

图 1-59

Step02 打开【选项】对话框，❶ 在对话框左侧单击【自定义功能区】选项卡；❷ 在对话框右侧单击【新建选项卡】按钮，如图1-60所示。

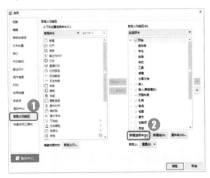

图 1-60

Step03 ❶ 选中刚刚新建的【新建选项卡（自定义）】；❷ 单击【重命名】按钮，如图1-61所示。

图 1-61

Step04 ❶ 在弹出的【重命名】对话框中的【显示名称】文本框中输入新选项卡名称；❷ 单击【确定】按钮，如图 1-62 所示。

图 1-62

Step05 返回【选项】对话框，❶ 选中【新建组（自定义）】选项；❷ 单击【重命名】按钮，如图 1-63 所示。

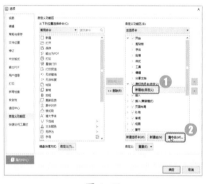

图 1-63

Step06 弹出【重命名】对话框，❶ 在【显示名称】文本框中输入新建组的名称；❷ 单击【确定】按钮，如图 1-64 所示。

图 1-64

Step07 ❶ 选中新建组，在【从下列位置选择命令】栏中选择需要添加

的命令；❷ 单击【添加】按钮将其添加到新建组中；❸ 添加完成后单击【确定】按钮，如图 1-65 所示。

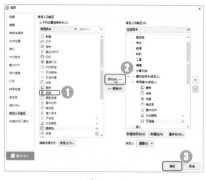

图 1-65

Step08 返回文档编辑界面，即可看到自定义选项卡已经创建成功，如图 1-66 所示。

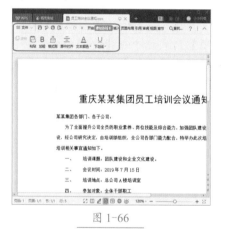

图 1-66

⚙️ **技能拓展——删除自定义选项卡**

　　如果不再需要自定义选项卡，在【选项】对话框的【自定义功能区】中选中要删除的自定义选项卡，然后单击【删除】按钮即可。

1.5.3　隐藏或显示功能区

　　在使用 WPS 办公时，为了扩展窗口的编辑区，可以将功能区隐藏，让编辑区显示更多的内容。隐藏或显示编辑区的操作方法如下。

Step01 如果要隐藏功能区，可以单击功能区右上角的【隐藏功能区】按钮 ∧，如图 1-67 所示。

图 1-67

Step02 隐藏功能区后，如果要显示功能区，可以单击功能区右上角的【显示功能区】按钮 ∨，如图 1-68 所示。

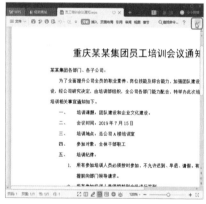

图 1-68

1.5.4　居中显示功能区按钮

　　默认情况下，功能区的选项卡和功能按钮为左侧对齐，如果有需要，也可以将其设置为居中排列，操作方法如下。

Step01 ❶ 单击功能区右上角的【界面设置】按钮 ；❷ 在弹出的下拉菜单中选择【功能区按钮居中排列】选项，如图 1-69 所示。

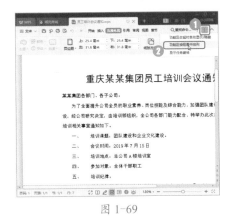

图 1-69

Step02 设置完成后，即可看到功能区的按钮已经居中排列，如图 1-70 所示。

图 1-70

1.6　文件的备份与安全

在创建文档之后，为了保证文档的安全，不仅需要及时备份文档，还需要为重要文件设置密码，以避免内容泄露造成损失。

★重点 1.6.1　实战：手动备份文档

实例门类	软件功能

用户的重要文档需要及时备份，以避免文件丢失带来损失，操作方法如下。

Step01 ❶ 单击【文件】按钮；❷ 在弹出的下拉菜单中选择【备份与恢复】选项；❸ 在弹出的扩展菜单中单击【备份中心】选项，如图 1-71 所示。

图 1-71

Step02 打开【备份中心】对话框，❶ 切换到【备份同步】选项卡；

❷ 单击【手动备份】下方的【选择文件】按钮，如图 1-72 所示。

图 1-72

技能拓展——自动备份文件

在【备份中心】的【备份同步】选项卡中，单击【文档云同步】下方的【未开启】按钮，可以开启自动同步，此时按钮变为【已开启】。如果要关闭自动同步，可以单击【已开启】按钮。

Step03 打开【选择一个或者更多的文件上传】对话框，❶ 选择要备份的文件；❷ 单击【打开】按钮，如图 1-73 所示。

图 1-73

Step04 打开【手动备份】对话框，提示正在进行备份，请稍等，如图 1-74 所示。

图 1-74

Step05 备份完成，单击【点击进入】链接，可以查看备份文档，如果无须查看，直接单击【关闭】按钮×即可，如图 1-75 所示。

图 1-75

1.6.2 打开与删除备份

备份的文档可以被打开和删除，操作方法如下。

Step 01 打开【备份中心】对话框，在【本地备份】选项卡右侧的列表框中选中要打开的备份文档，单击右侧的【打开】按钮即可打开备份文档，如图 1-76 所示。

图 1-76

Step 02 如果要删除备份文档，可以 ① 勾选文档前的复选框；② 单击【删除】按钮即可，如图 1-77 所示。

图 1-77

1.6.3 将文档保存在云端

将文档保存到云端后，在其他计算机登录 WPS 账号后，也可以打开该文档，操作方法如下。

Step 01 ① 右击标题栏；② 在弹出的快捷菜单中选择【保存到 WPS 云文档】选项，如图 1-78 所示。

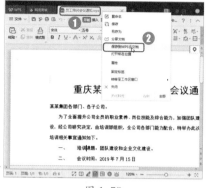

图 1-78

Step 02 打开【另存为】对话框，自动定位到【WPS 云文档】选项卡中的【WPS 网盘】目录，直接单击【保存】按钮即可将该文档保存到云端，如图 1-79 所示。

图 1-79

1.6.4 为文档设置打开和编辑密码

在工作中，遇到含有商业机密的文档或记载有隐藏内容的文档，不希望被人随意打开时，可以为该文档设置打开密码。如果希望其他人以只读方式或可编辑的方式打开文档，操作方法如下。

Step 01 ① 单击【文件】按钮；② 在弹出的下拉菜单中选择【文件加密】选项；③ 在弹出的扩展菜单中单击【密码加密】选项，如图 1-80 所示。

图 1-80

Step 02 打开【文档安全】对话框，① 单击【密码加密】选项卡；② 在【打开权限】下方的文本框中输入打开密码；③ 在【编辑权限】下方的文本框中输入编辑密码；④ 单击【应用】按钮，如图 1-81 所示。

图 1-81

技术看板

在工作中，可以根据实际情况只设置打开密码或只设置编辑密码。

Step 03 保存该文档并关闭，再次打开该文档时，会弹出【文档已加密】对话框，① 在文本框中输入打开密码；② 单击【确定】按钮即可打开，如图 1-82 所示。

Step 04 如果还设置了编辑密码，在不需要编辑的情况下，可以不输入密码，单击【只读模式打开】链接，使用只读模式打开文档；如果需要编辑文档，① 在文本框中输入密码；② 单击【确定】按钮即可，如图 1-83 所示。

图 1-82

图 1-83

1.7 使用 WPS 转换格式

WPS Office 2019 中，可以进行多种格式的转换，用户不仅可以将文档转换为 PDF、图片等格式，还可以将图片转换为文字、PDF 转换为 Word、PDF 转换为 Excel、PDF 转换为 PPT。

★重点 1.7.1 实战：将文档输出为 PDF

实例门类	软件功能

WPS Office 2019 支持将文档输出为 PDF 格式，操作方法如下。

Step01 打开"素材文件\第1章\年度销售报告.dps"，❶ 单击【文件】按钮；❷ 在弹出的下拉菜单中单击【输出为PDF】选项，如图 1-84 所示。

图 1-84

Step02 在弹出的【输出为 PDF】对话框中，❶ 设置输出的 PDF 样式和保存目录；❷ 单击【开始输出】，如图 1-85 所示。

图 1-85

Step03 输出完成后，在状态栏会显示【输出成功】，单击右侧的【打开文件】按钮，如图 1-86 所示。

图 1-86

Step04 打开文件，即可看到演示文稿已经转换为 PDF 文件，如图 1-87 所示。

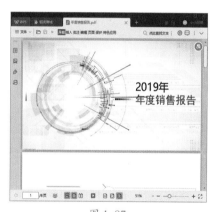

图 1-87

1.7.2 实战：将文档输出为图片

为了避免文档中的内容被其他用户更改，可以将文档输出为图片，操作方法如下。

Step01 打开"素材文件\第1章\绩效考核方案.wps"，❶ 单击【文件】按钮；❷ 在弹出的下拉菜单中单击【输出为图片】选项，如图 1-88 所示。

图 1-88

Step02 在弹出的【输出为图片】对话框中，❶在【图片质量】栏选择【带水印】选项；❷设置输出方式、格式和保存位置；❸取消勾选【备份到 WPS 网盘】复选框；❹单击【输出】按钮，如图 1-89 所示。

图 1-89

技术看板

如果想要转换为无水印的高质量图片，需要开通 WPS 会员。

Step03 转换完成后，会自动弹出【输出成功】对话框，单击【打开】按钮，如图 1-90 所示。

图 1-90

Step04 打开文件，即可看到文档已经输出为图片，如图 1-91 所示。

图 1-91

1.7.3 实战：将 PDF 输出为 PPT

如果有需要，也可以将 PDF 输出为 PPT，操作方法如下。

Step01 打开"素材文件\第 1 章\年度销售报告 .pdf"，单击右侧的【转为 PPT】按钮，如图 1-92 所示。

图 1-92

Step02 系统弹出【金山 PDF 转 Word】对话框，并自动切换到【PDF 转 PPT】选项卡，❶设置输出格式和输出目录；❷单击【开始转换】按钮，如图 1-93 所示。

图 1-93

技术看板

非 WPS 会员一次最多只能转换 5 页 PDF 文档。

Step03 输出完成后自动打开文档，即可看到 PDF 文档已经转换为 PPT 文档，如图 1-94 所示。

图 1-94

技术看板

此外，PDF 还可以输出为 Word、Excel 格式，操作方法与输出为 PPT 类似。

妙招技法

通过对前面知识的学习，相信读者已经对 WPS Office 2019 有了初步的了解。下面结合本章内容，给大家介绍一些实用技巧。

技巧 01：清除文档历史记录

在 WPS 中打开文档后，最近使用列表中会保存文档记录，如果不需要某条记录，可以将其移除，操作方法如下。

Step 01 ❶ 单击【文件】按钮；❷ 在右侧的最近使用列表中右击需要移除的历史记录；❸ 在弹出的快捷菜单中选择【从列表中移除】命令即可，如图 1-95 所示。

图 1-95

Step 02 如果要清空历史访问记录，❶ 右击任意历史记录；❷ 在弹出的快捷菜单中选择【清除全部本地记录】选项即可，如图 1-96 所示。

图 1-96

技巧 02：快速打开多个文档

如果用户需要一次性打开多个文档，不需要每一个都双击打开，可以使用以下方法快速打开多个文档。

Step 01 启动 WPS Office 2019，单击左侧的【打开】命令📂，如图 1-97 所示。

图 1-97

Step 02 弹出【打开】对话框，❶ 在目标文件夹中按住【Ctrl】键选中多个文档；❷ 单击【打开】按钮，如图 1-98 所示。

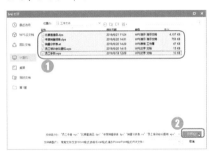

图 1-98

Step 03 操作完成后，即可打开所选的多个文档，如图 1-99 所示。

图 1-99

技巧 03：自定义皮肤和外观

WPS Office 2019 提供了换肤功能，用户可以根据自己的喜好随意切换漂亮的外观，操作方法如下。

Step 01 在 WPS Office 2019 工作主界面单击【稻壳皮肤】按钮🎨，如图 1-100 所示。

图 1-100

Step 02 打开【皮肤中心】对话框，❶ 在【皮肤】列表框中选择喜欢的皮肤；❷ 单击【关闭】按钮×，如图 1-101 所示。

图 1-101

Step 03 返回 WPS Office 2019 主界面，即可看到外观已经更改，如图 1-102 所示。

图 1-102

技巧 04：使用 WPS 账号加密

使用 WPS 账号为文档加密后，只有加密者和被授权者才可以打开文档，最大限度地保证了文档的安全，操作方法如下。

Step 01 单击【审阅】选项卡中的【文档权限】按钮，如图 1-103 所示。

图 1-103

Step 02 打开【文档权限】对话框，单击【私密文档保护】右侧的开关按钮即可开启保护状态，如图 1-104 所示。

图 1-104

Step 03 操作完成后，如果没有登录账号，打开文档时会弹出【无法打开文档】提示框，此时可以单击【在线登录】按钮登录后查看，如图 1-105 所示。

Step 04 如果要解密 WPS 账号加密的文档，需要登录账号后，单击【文档权限】对话框的【私密文档保护】右侧的开关按钮，使其关闭，如图 1-106 所示。

图 1-105

图 1-106

Step 05 在弹出的提示对话框中单击【确定】按钮即可，如图 1-107 所示。

图 1-107

技巧 05：更改快速访问工具栏的位置

快速访问工具栏默认显示在功能区的上方，如果有需要，也可以将其移动到其他位置，具体操作方法如下。

Step 01 ❶ 单击快速访问工具栏的【自定义快速访问工具栏】下拉按钮 ▾；❷ 在弹出的下拉菜单中选择【放置在功能区之下】选项，如图 1-108 所示。

图 1-108

Step 02 操作完成后，即可看到快速访问工具栏已经移动到功能区的下方。❶ 再次单击快速访问工具栏的【自定义快速访问工具栏】下拉按钮 ▾；❷ 在弹出的下拉菜单中选择【作为浮动工具栏显示】选项，如图 1-109 所示。

图 1-109

Step 03 操作完成后，即可看到快速访问工具栏已作为浮动工具栏浮动显示，如图 1-110 所示。

图 1-110

本章小结

　　本章主要介绍了 WPS Office 2019 的基本组件和主要功能，让读者了解 WPS Office 2019 的新功能，掌握如何安装 WPS Office 2019，熟练操作 WPS 的新建、保存、打开、关闭以及保护文档的方法，并介绍了如何优化工作环境，快速、高效地完成工作。

第2篇

WPS 文字编辑篇

WPS 文字是 WPS Office 2019 中的一个重要组件，是由金山软件股份有限公司推出的一款文字处理与排版工具。本篇主要讲解 WPS 文字的录入与编辑、设置文字格式以及表格、图文等高级排版操作。

第2章 办公文档的录入与编辑

➡ WPS 文字有哪些视图模式？

➡ 在录入文档时，怎样将光标移至文档末尾？

➡ 怎样录入特殊符号？

➡ 怎样才能快速录入大量重复的内容？

➡ 不小心误操作之后，怎样返回上一步操作？

➡ 如何一次性将某些相同的文本替换为其他文本？

不同的文档，对页面视图的要求也会有所不同，学会设置页面是使用 WPS 最基础的步骤。除此之外，快速地录入和编辑文档会使工作效率更高。认真学习本章内容，读者会得到以上问题的答案。

2.1 WPS 文字的视图设置

在编辑办公文档的过程中，经常需要打开文档进行查看或处理。此时，切换到合适的视图模式，可以使文档的查看和编辑工作更加便捷。

2.1.1 认识 WPS 文字的视图

WPS 文字提供了多种视图模式，用户可以根据需要选择合适的模式来查看文档。WPS 默认的视图模式为页面视图，除此之外，还有全屏显示、阅读版式、写作模式、大纲视图和 Web 版式。

1. 全屏显示

全屏显示只保留了标题栏和文字编辑区域，给用户提供更大的文字区域，以便用户查看，如图 2-1 所示。

全屏显示将隐藏功能区，但可以使用快捷菜单进行一些简单的操作，如复制、粘贴、段落设置、文本编辑和修改等。

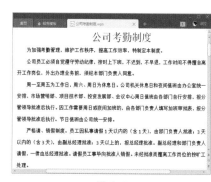

图 2-1

2. 阅读版式

如果只需要查看文档的内容，同时避免文档被修改，可以使用阅读版式，如图 2-2 所示。

图 2-2

在阅读版式中，可以直接以全屏方式显示文档内容，功能区将被隐藏，只在上方显示少量的必要工具，如【目录导航】【显示批注】【突出显示】【查找】等。

3. 写作模式

WPS Office 2019 提供了写作模式，选择该模式后，将会进入一个十分简洁的操作界面，帮助用户全身心投入写作之中，如图 2-3 所示。

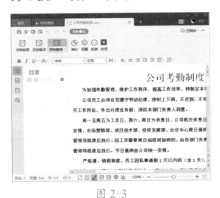

图 2-3

4. 页面视图

页面视图是 WPS 的默认视图，也是使用最多的视图模式。在页面视图中，屏幕上看到的文档就是实际打印在纸张上的真实效果，如

图 2-4 所示。

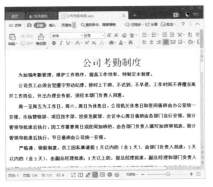

图 2-4

在页面视图中，可以进行编辑、排版、页眉页脚设计、页边距设置、插入图片等操作，也可以对页面内容进行修改。

5. 大纲视图

大纲视图主要用于设置文档的格式、显示标题的层级结构，也可以用来创建大纲。在大纲视图下可以很方便地折叠和展开层级文档，所以可以在大纲视图下检查文档的结构，如图 2-5 所示。

图 2-5

6. Web 版式

Web 版式以网页的形式显示文档内容，Web 版式不显示页码和节号信息，而是显示为一个没有分页符的长页，如图 2-6 所示。

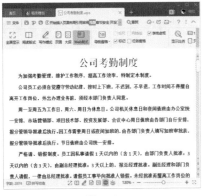

图 2-6

2.1.2　实战：切换合适的视图模式

实例门类	软件功能

在编辑和查看文档的时候，我们可以根据需要选择合适的视图模式。切换视图模式的方法很简单，例如，需要在阅读版式中查看劳动合同，操作方法如下。

Step 01 打开"素材文件\第 2 章\公司劳动合同 .wps"，单击【视图】选项卡中的【阅读版式】，如图 2-7 所示。

图 2-7

Step 02 进入阅读版式，将鼠标移动到 · 按钮一侧，当光标变为">"时，单击即可跳转到下一页。将鼠标移动到 · 按钮一侧，当光标变为"<"时，单击即可跳转到上一页，如图 2-8 所示。

Step03 如果要退出阅读版式，可以单击右上角的【退出阅读版式】按钮，或按【Esc】键退出阅读版式，如图2-9所示。

图2-8

图2-9

2.2 录入文档内容

WPS 文字主要用于编辑文本，可以用来制作各种结构清晰、版式精美的文档。在制作文档之前，在文档中输入文本是最基本的操作，所以在编辑文档之前，首先要学习如何录入文档内容。

★重点 2.2.1 实战：录入活动通知文档

实例门类	软件功能

录入文本，是指在 WPS 文字编辑区的文本插入点处输入所需的内容。文本插入点就是在文档编辑区中不停闪烁的指针 I，当用户在文档中输入内容时，文本插入点会自动后移，输入的内容也会显示在屏幕上。

录入文档时，可以根据需要录入中文文本和英文文本。录入英文文本的方法非常简单，直接按键盘上对应的字母键即可，如果要输入中文文本，则需要先切换到合适的中文输入法再进行操作。

在文档中输入文本前，需要先定位好文本插入点，方法主要有两种：一种是通过鼠标定位，另一种是通过键盘定位。

通过鼠标定位时，一般有几种方式。

（1）在空白文档中定位文本插入点：在空白文档中，文本插入点就在文档的开始处，此时可直接输入文本。

（2）在已有文本的文档中定位文本插入点：若文档已有部分文本，当需要在某一具体位置输入文本时，可将鼠标光标指向该处，当鼠标光标呈【I】形状时，单击即可。

（3）如果要在文档的任意空白位置添加文档，可以使用"即点即输"功能：将光标移动到文字编辑区中的任意位置，双击即可将文本插入点定位到该位置，然后输入需要的文字即可。

通过键盘定位时，可以采用以下几种方式。

（1）按下光标移动键【↑】【↓】【→】【←】，文本插入点将向相应的方向移动。

（2）按【End】键，文本插入点将向右移动至当前行行末；按【Home】键，光标插入点向左移动至当前行行首。

（3）按【Ctrl+Home】组合键，文本插入点可移至文档开头；按【Ctrl+End】组合键，文本插入点可移至文档末尾。

（4）按【PgUp】键，文本插入点向上移动一页；按【PgDn】键，文本插入点向下移动一页。

例如，要录入一则活动通知，操作方法如下。

Step01 新建一个空白文档，并将文件命名为"活动通知"，如图2-10所示。

图2-10

Step02 ❶ 单击任务栏右侧的输入法图标；❷ 在弹出的菜单中选择合适的汉字输入法，如【搜狗拼音输入法】，如图 2-11 所示。

图 2-11

Step03 光标自动定位在第一行的开始处，输入需要的汉字，如图 2-12 所示。

图 2-12

Step04 按【Enter】键换行，继续输入其他内容，完成后效果如图 2-13 所示。

图 2-13

技能拓展——删除文本

当输入错误或多余的内容时，我们可通过以下方法将其删除。

（1）按【Backspace】键，可删除文本插入点前一个字符。

（2）按【Delete】键，可删除文本插入点后一个字符。

（3）按【Ctrl+Backspace】组合键，可删除文本插入点前一个单词或短语。

（4）按【Ctrl+Delete】组合键，可删除文本插入点后一个单词或短语。

2.2.2 实战：在通知文档中插入特殊符号

实例门类	软件功能

录入文档内容时，经常会遇到需要输入符号的情况。普通的标点符号和常用数学符号可以通过键盘直接输入，但一些特殊的符号，如★、Ë、ÿ 等，则需要利用 WPS 提供的插入特殊符号功能来输入，操作方法如下。

Step01 打开"素材文件\第 2 章\活动通知.wps"文档，❶ 单击【插入】选项卡中的【符号】下拉按钮；❷ 在弹出的下拉菜单中单击【其他符号】命令，如图 2-14 所示。

图 2-14

Step02 打开【符号】对话框，❶ 在【字体】下拉列表框中选择需要应用的字符所在的字体集，如【Wingdings】；❷ 在下方的列表框中选择需要的符号；❸ 单击【插入】按钮，如图 2-15 所示。

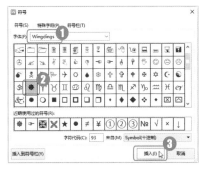

图 2-15

Step03 操作完成后，即可在文档中插入符号，单击【符号】对话框中的【关闭】按钮即可，如图 2-16 所示。

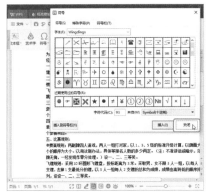

图 2-16

技术看板

某些输入法中也有特殊符号工具供用户选择输入，用户可以在输入法的状态栏查看有无插入特殊符号功能。

2.2.3 实战：在通知文档中快速输入当前日期

实例门类	软件功能

在工作中，用户撰写通知、请柬等文稿时，需要插入当前日期或时间。此时，可以使用 WPS 文字提供的【日期和时间】功能来快速插入所需格式的日期和时间，操作方法如下。

Step01 打开"素材文件\第2章\活动通知（插入日期）.wps"文档，❶ 将光标定位到需要插入日期的位置；❷ 单击【插入】选项卡中的【日期】命令，如图2-17所示。

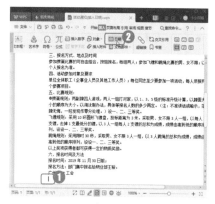

图 2-17

Step02 打开【日期和时间】对话框，❶ 在【可用格式】列表框中选择需要的日期格式；❷ 单击【确定】按钮，如图2-18所示。

图 2-18

Step03 操作完成后，即可在文档中插入当前日期，如图2-19所示。

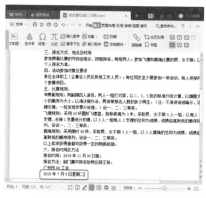

图 2-19

技能拓展——插入可以自动更新的日期和时间

如果希望在每次打开文档时，插入的日期和时间都会根据当前的系统时间自动更新，可以在【日期和时间】对话框中，勾选【自动更新】复选框。

2.2.4 实战：在文档中录入数学公式

实例门类	软件功能

编辑专业的数学文档时，经常需要添加数学公式，此时可以使用 WPS 中提供的插入公式命令。例如，要插入公式 "$AB^2 + AC^2 + BC^2 = $"，操作方法如下。

Step01 打开"素材文件\第2章\填空题.wps"文档，❶ 将光标定位到需要插入公式的位置；❷ 单击【插入】选项卡中的【公式】选项，如图2-20所示。

图 2-20

Step02 打开【公式编辑器】对话框，❶ 输入公式内容"AB"；❷ 单击【下标和上标模板】下拉按钮；❸ 在弹出的下拉菜单中选择【上标】按钮，如图2-21所示。

图 2-21

Step03 输入上标数字"2"，如图2-22所示。

图 2-22

Step04 使用相同的方法输入其他符号和公式内容后单击【关闭】按钮×，如图2-23所示。

图 2-23

Step**05** 返回文档，即可看到公式已经成功输入，如图 2-24 所示。

图 2-24

2.3 编辑文档内容

在制作文档时，录入完成并不代表文档制作完成。完成录入后，经常需要对文本进行修改、移动、删除等操作，此时，就需要对文档进行编辑。

★重点 2.3.1 选中文档内容

要对文档内容进行编辑，首先要确定需要修改或调整的对象，选中文档内容。根据所选文本的多少和是否连续，可以使用以下方法进行选择。

1. 选中任意数量的文本

如果要选择任意数量的文本，可以在文本的开始位置按住鼠标左键拖动到文本的结束位置，然后释放鼠标左键，即可选中文本。被选中的文本区域一般呈灰底显示，如图 2-25 所示。

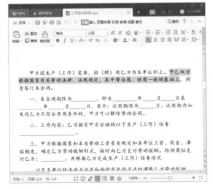

图 2-25

2. 快速选中单行或多行

如果要选择一行或多行文本，可以将鼠标移动到文档左侧的空白区域，即选定栏，当鼠标指针变为 ⏶ 时，按下鼠标左键，即可选中该行文本，如图 2-26 所示。

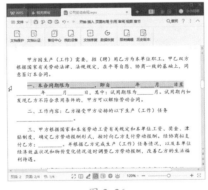

图 2-26

如果要选中多行文本，可以将鼠标移动到选择栏，当鼠标指针变为 ⏶ 时，按住鼠标左键不放向上或向下拖动即可，如图 2-27 所示。

图 2-27

3. 选中整个段落的文本

如果要选中的是一个段落，方法有以下几种。

（1）先将光标定位到段落中任意位置，单击三次。

（2）将鼠标移动到选定栏，当鼠标指针变为 ⏶ 时，双击即可将整个段落选中，如图 2-28 所示。

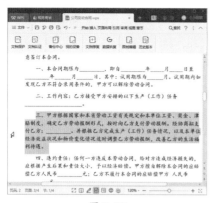

图 2-28

4. 选中块区域文本

在 WPS 文档中也可以选中区域文档，这种选择方法常常用于选中内容可以框选的位置，如规律排列的文档、编号、目录页码等。操作方法是将光标定位到想要选取的区域的开始位置，按住【Alt】键不放，按住鼠标左键拖动至目标位置，即可选中块区域内容，如图 2-29 所示。

图 2-29

5. 选中不连续区域的文本

如果要选中不连续的文本，可以先选择一个区域的文本内容，然后按住【Ctrl】键不放，再逐一选中其他内容即可，如图 2-30 所示。

图 2-30

6. 选中所有文本

如果要选中文档中的所有内容，可以使用以下两种方法。

（1）按【Ctrl+A】组合键，可以快速选中文档中的所有内容。

（2）将鼠标移动到选定栏，当鼠标指针变为◁时，连续单击三次即可选中文档中的所有内容，如图 2-31 所示。

图 2-31

2.3.2 复制、剪切与删除文本

编辑文档时，复制、剪切和删除文本是最常用的操作，熟练掌握这几个操作，可以加快文档的编辑速度。

1. 复制文本

在编辑文档时，如果前面的文档中有相同的内容，可以使用复制功能将其复制到目标位置，从而提高工作效率，操作方法如下。

Step01 ❶ 选中要复制的文本；❷ 单击【开始】选项卡中的【复制】命令，如图 2-32 所示。

图 2-32

Step02 ❶ 将光标定位到需要粘贴的位置；❷ 单击【开始】选项卡中的【粘贴】命令，如图 2-33 所示。

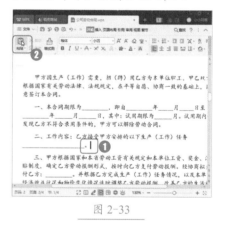

图 2-33

Step03 操作完成后，即可将复制的文本粘贴到目标位置，如图 2-34 所示。

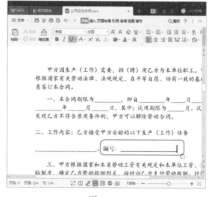

图 2-34

2. 剪切文本

在编辑文档的过程中，如果发现文本的位置错误，需要将文本移动到其他位置，可以使用剪切功能，操作方法如下。

Step01 ❶ 选中要剪切的文本；❷ 单击【开始】选项卡中的【剪切】命令，如图 2-35 所示。

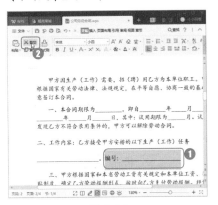

图 2-35

Step02 ❶ 将光标定位到需要粘贴的位置；❷ 单击【开始】选项卡中的【粘贴】命令，如图 2-36 所示。

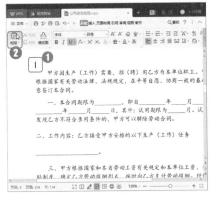

图 2-36

Step03 操作完成后，即可将剪切的文本移动到目标位置，如图 2-37 所示。

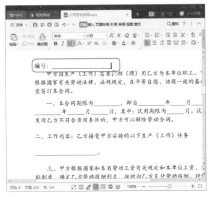

图 2-37

3. 删除文本

在编辑文档的过程中，如果发现文本输入错误，或输入多余的文本，可以将其删除。

删除文本的方法有以下 3 种。

（1）直接按【Backspace】键可以删除插入点之前的文本。

（2）直接按【Delete】键可以删除插入点之后的文本。

（3）选中要删除的文本，然后按【Backspace】键或【Delete】键即可删除文本。

2.3.3 撤销与恢复文本

在录入或编辑文档时，如果操作失误，可以使用撤销与恢复功能，返回之前的文本，操作方法如下。

Step01 对所选文档进行多次操作后，需要返回至其中一步时，❶ 单击快速访问工具栏中的【撤销】下拉按钮；❷ 在弹出的下拉列表中选择需要撤销的位置，如图 2-38 所示。

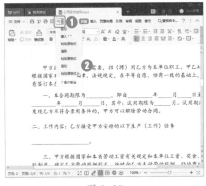

图 2-38

Step02 如果在撤销后觉得撤销的步骤过多，可以单击快速访问工具栏中的【恢复】按钮进行恢复，如图 2-39 所示。

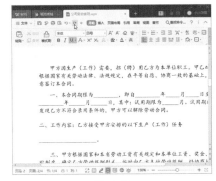

图 2-39

★重点 2.3.4 实战：查找与替换文本

实例门类	软件功能

在编辑文档的过程中，熟练使用查找和替换，可以简化某些重复的编辑过程，提高工作效率。

1. 查找文本

查找功能可以在文档中查找任意字符，包括中文、英文、数字和标点符号等，查找指定的内容是否出现在文档中并定位到该内容的具体位置。例如，要在"公司劳动合同"文档中查找"甲方"文本，操作方法如下。

Step01 打开"素材文件\第2章\公司劳动合同.wps"文档，单击【开始】选项卡中的【查找替换】命令，如图2-40所示。

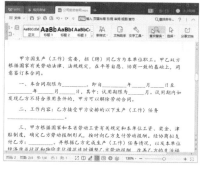

图 2-40

Step02 打开【查找和替换】对话框，❶在【查找内容】文本框中输入要查找的内容；❷单击【查找下一处】按钮，如图2-41所示。

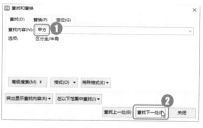

图 2-41

Step03 此时系统会自动从光标插入点所在位置开始查找，当找到第一个目标内容时，会以选中的形式显示，如图2-42所示。

图 2-42

技术看板

若继续单击【查找下一处】按钮，系统会继续查找，当查找完成后会弹出提示对话框提示完成搜索，单击【确定】按钮将其关闭，在返回的【查找和替换】对话框中单击【关闭】按钮关闭该对话框即可。

2. 替换文本

如果文档有多处相同的错误，可以使用替换功能查找并替换为其他文本，操作方法如下。

Step01 ❶单击【开始】选项卡中的【查找替换】下拉按钮；❷在弹出的下拉菜单中选择【替换】命令，如图2-43所示。

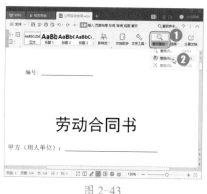

图 2-43

Step02 系统会打开【查找和替换】对话框，并自动定位到【替换】选项卡，❶将光标定位到【查找内容】文本框中，输入需要查找的内容；❷将光标定位到【替换为】文本框中，输入需要替换的内容；❸单击【全部替换】按钮，如图2-44所示。

图 2-44

Step03 操作完成后，弹出【WPS文字】对话框，提示替换完成，单击【确定】按钮，如图2-45所示。

图 2-45

Step04 单击【关闭】按钮，如图2-46所示。

图 2-46

Step05 返回文档，即可看到"单位"已经全部被替换为"公司"，如图2-47所示。

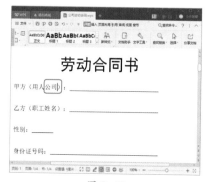

图 2-47

技术看板

在【查找和替换】对话框中，如果只在【查找内容】文本框中输入需要查找的内容，而【替换为】文本框保持空白，则执行替换操作后，可以将查找的内容全部删除。

妙招技法

通过对前面知识的学习，相信读者已经对文本的编辑有了一定了解。下面结合本章内容，给大家介绍一些实用技巧。

技巧 01：快速删除多余空行

在输入文档时，有时候会不小心输入多个段落标记，形成一个个空白行，如果逐一删除会耗费很多时间。WPS Office 2019 提供了删除空行的功能，可以一次性删除所有空行，操作方法如下。

Step01 打开"素材文件\第 2 章\散文集.wps"文档，❶单击【开始】选择卡中的【文字工具】下拉按钮；❷在弹出的下拉菜单中选择【删除空段】选项，如图 2-48 所示。

图 2-48

Step02 操作完成后，即可看到文档中的空行已经被删除，如图 2-49 所示。

图 2-49

技巧 02：快速将文字转换为繁体

在录入文档时，可能会遇到某些文字需要使用繁体字，此时，可以在录入简体文字后，再将其转换为繁体，操作方法如下。

Step01 打开"素材文件\第 2 章\燕歌行.wps"文档，❶选中要使用繁体字的文字；❷单击【审阅】选项卡的【简转繁】按钮，如图 2-50 所示。

图 2-50

Step02 操作完成后，即可将选中的文字转化为繁体字，如图 2-51 所示。

图 2-51

技巧 03：快速输入大写中文数字

制作办公文档时，有时候需要输入大写中文数字，如在收条或者收款凭证中填写人民币大写数值，直接输入不仅速度较慢，还容易出错，此时，可以使用数字功能快速将数字转换为中文大写，操作方法如下。

Step01 打开"素材文件\第 2 章\收据.wps"文档，❶选中数字【54688】；❷单击【插入】选项卡的【插入数字】按钮，如图 2-52 所示。

图 2-52

Step02 打开【数字】对话框，❶在【数字】栏显示了文档中选中的数字，在下方的【数字类型】列表框中选择【壹，贰，叁…】选项；❷单击【确定】按钮，如图 2-53 所示。

图 2-53

Step03 返回文档即可看到设置后的效果，如图 2-54 所示。

图 2-54

转换后的文本为默认的【宋体】【五号】字体，用户可以根据自己的需要设置字体和字号。

技巧 04：输入生僻字的技巧

在输入文字时，总会遇到一些生僻字，此时，可以使用符号库中的统一汉字或兼容汉字来实现快速输入生僻字。例如，要在文档中输入"叁"字，操作方法如下。

将光标定位到需要插入生僻字的位置后打开【符号】对话框，❶选择【字体】为【普通文本】；❷选择【子集】为【CJK 统一汉字扩充 A】；❸在下方的列表框中单击要输入的汉字；❹单击【插入】按钮即可插入生僻字，如图 2-55 所示。

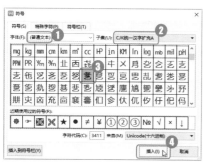

图 2-55

技巧 05：将文字替换为图片

在制作文档时，图片总是比文字更加直观。文档制作完成后，要想将其中的文字更改为图片，可以通过替换操作来实现，具体操作方法如下。

Step❶ 打开"素材文件\第 2 章\花开的声音 .wps"文档，❶将要替换的图片粘贴到文档中，并设置合适的大小；❷单击【开始】选项卡中的【剪贴板】按钮，如图 2-56 所示。

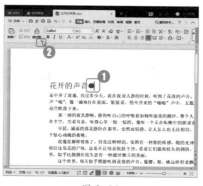

图 2-56

Step❷ 打开【剪贴板】窗格，❶选中图片，按【Ctrl+C】组合键，将图片复制到剪贴板中；❷单击【开始】选项卡中的【查找替换】下拉按钮；❸在弹出的下拉菜单中选择【替换】命令，如图 2-57 所示。

图 2-57

Step❸ 打开【查找和替换】对话框，❶在【替换】选项卡的【查找内容】文本框中输入"玫瑰"；❷在【替换为】文本框中输入"^c"；❸单击【高级搜索】按钮；❹勾选【使用通配符】复选框；❺单击【全部替换】按钮，如图 2-58 所示。

图 2-58

Step❹ 弹出【WPS 文字】对话框，单击【确定】按钮，如图 2-59 所示。

图 2-59

Step❺ 返回 WPS 文档，即可看到文字已经被替换为图片，如图 2-60 所示。

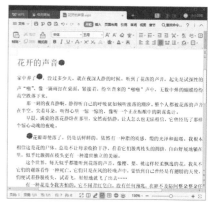

图 2-60

本章小结

　　本章主要介绍了在 WPS 文字中录入字符和编辑文档的操作方法。通过对本章内容的学习，读者可以了解切换视图模式的方式，掌握录入文档的方法，知晓除基本的文字录入之外，其他特殊字符和日期等的录入也很重要。为了提高文档的编辑速度，读者需要熟练掌握复制、剪切、查找和替换等技巧，以便更高效地完成工作。

第3章 设置办公文档的格式

- ➥ 怎样设置文档的标题文本和正文文本?
- ➥ 在同一篇文档中，怎样通过字体格式来区分不同的文本内容?
- ➥ 怎样设置字体格式?
- ➥ 怎样将特殊的内容设置成特殊的字形?
- ➥ 错落有致的段落应该怎样设置?
- ➥ 怎样设置编号?

通过设置字体格式、段落格式、项目符号和编号等，可以让文档的整体结构变得更加清晰明了。学习了本章内容后，读者可以轻松解答以上问题。

3.1 设计文字的方法

为了使文档更加美观，常常需要对文档的字体格式进行设置，如字体、字号、字体颜色等。通过这些简单的编辑操作，可以使文档更加严谨精致。

3.1.1 标题文字的设计

打开文档后，我们第一眼看见的就是标题，通过标题可以大致了解文档的主要内容。标题可以说是整个文档的灵魂所在。

设计标题时，首先要将其安排在最醒目的位置，作为整个版面的视觉引导，如我们通常会把标题放在首页的第一行。在设计时，可以从以下几个方面来考虑。

1. 标题的字体

标题字体的选择与文档内容密切相关，如果文档内容比较严肃，如工作计划、工作总结、通知通告等，标题需要尽量使用规范化的字体，如宋体、黑体、华文中宋等，如图 3-1 所示。

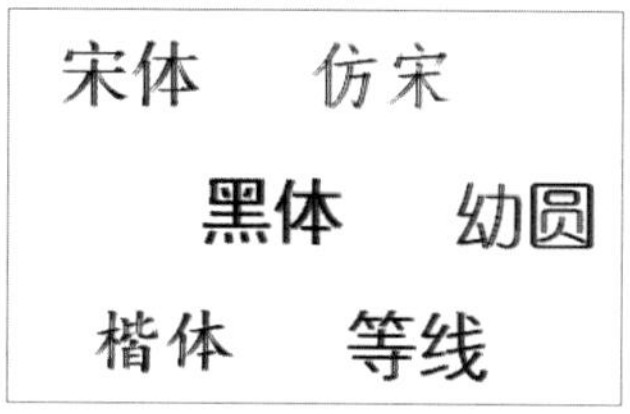

图 3-1

如果是艺术性较强的文档，如海报、广告策划等，可以使用灵动的手写体，让标题更加美观、新颖，如图 3-2 所示。

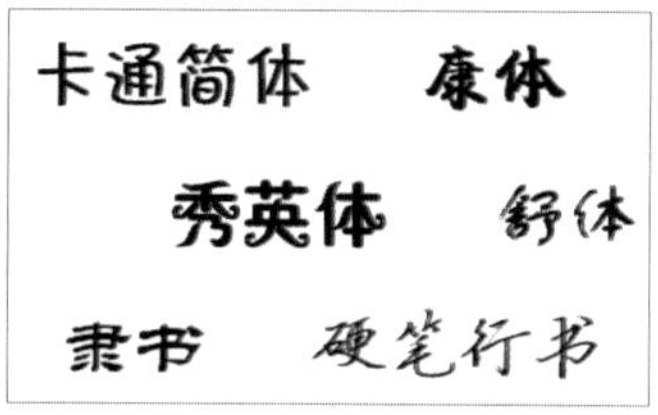

图 3-2

2. 标题的长度

创建标题时，不建议使用长标题。如果标题太长，不仅排版上不够美观，对阅读也会有一定的影响，如图 3-3 所示。

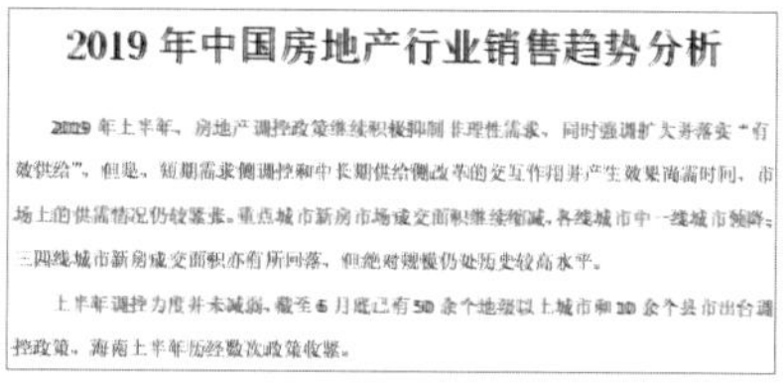

2019 年中国房地产行业销售趋势分析

2019 年上半年，房地产调控政策继续积极抑制非理性需求，同时强调扩大并落实“有效供给”。但是，短期需求侧调控和中长期供给侧改革的交互作用并产生效果尚需时间，市场上的供需情况仍较紧张。重点城市新房市场成交面积继续缩减，各线城市中一线城市触降；三四线城市新房成交面积亦有所回落，但绝对规模仍处历史较高水平。

上半年调控力度并未减弱，截至 6 月底已有 50 余个地级以上城市和 10 余个县市出台调控政策，海南上半年历经数次政策收紧。

图 3-3

如果遇到必须使用长标题的情况，可以将标题设计为多行的形式，如图 3-4 所示。

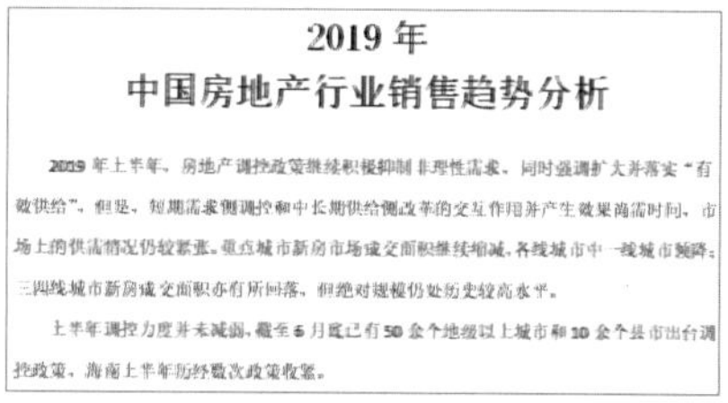

2019 年
中国房地产行业销售趋势分析

2019 年上半年，房地产调控政策继续积极抑制非理性需求，同时强调扩大并落实“有效供给”。但是，短期需求侧调控和中长期供给侧改革的交互作用并产生效果尚需时间，市场上的供需情况仍较紧张。重点城市新房市场成交面积继续缩减，各线城市中一线城市触降；三四线城市新房成交面积亦有所回落，但绝对规模仍处历史较高水平。

上半年调控力度并未减弱，截至 6 月底已有 50 余个地级以上城市和 10 余个县市出台调控政策，海南上半年历经数次政策收紧。

图 3-4

3. 标题的颜色

WPS 的默认字体颜色为白底黑字，单一的黑白色虽然简洁，却容易让人产生审美疲劳。此时，便可以更换标题的颜色。

如果是艺术性较强的文档，标题可以使用颜色鲜艳的字体或使用艺术字，如图 3-5 所示。

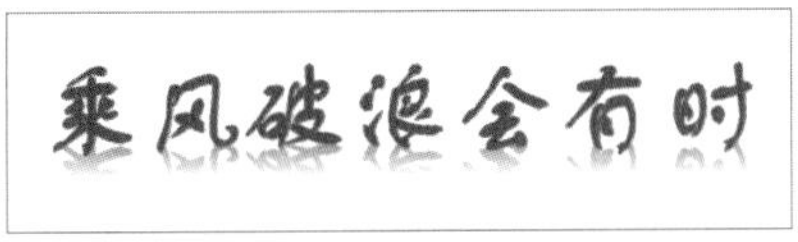

乘风破浪会有时

图 3-5

如果是比较严肃的文档，文档标题除黑色外，也可以选用蓝色、红色、暗红色等，如图 3-6 所示。

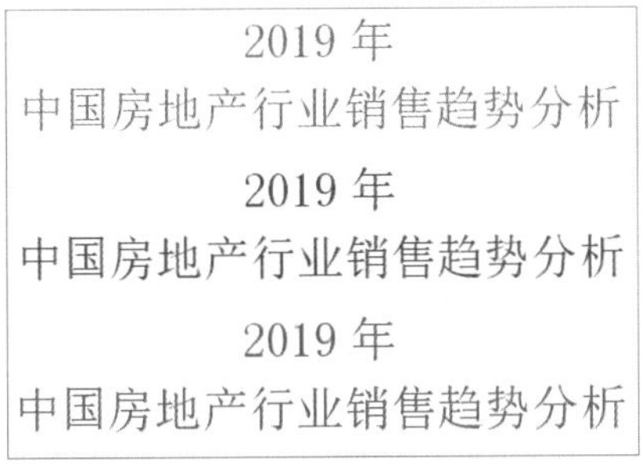

2019 年
中国房地产行业销售趋势分析

2019 年
中国房地产行业销售趋势分析

2019 年
中国房地产行业销售趋势分析

图 3-6

3.1.2 正文文字的设计

在设计正文文字时，应该从辨识度和易读性两个方面着手。在设计时，应该全面考虑字体、字号和颜色等是否协调。

1. 正文的字体

一般情况下，办公文档的字体会选用宋体、仿宋、楷体、黑体等传统字体，如图 3-7 所示。

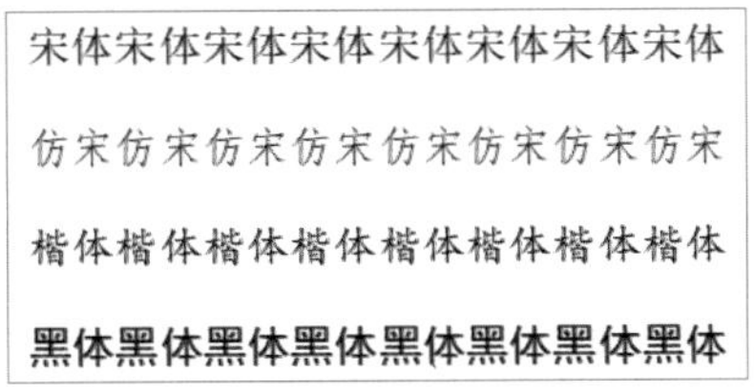

宋体宋体宋体宋体宋体宋体宋体宋体
仿宋仿宋仿宋仿宋仿宋仿宋仿宋仿宋
楷体楷体楷体楷体楷体楷体楷体楷体
黑体黑体黑体黑体黑体黑体黑体黑体

图 3-7

同一篇文档的正文中不要出现太多的字体。例如，第一个段落用宋体，第二个段落用仿宋，第三个段落用楷体，第四个段落用黑体，更不能一个段落中出现几种字体，这样会使内容看起来杂乱无章。

2. 正文的字号

字号的选择取决于观看的舒适度，一般情况下，不建议使用五号以下的字号，而过大的字号也会让页面中显示的内容过少，造成页面浪费。

在选择字号时，还应当注意其与标题的协调性，正文字号不应比标题大。

如果正文中有多个小标题，那么小标题的字号最好介于正文字号和标题字号之间，或者与正文字号相同，但一定不能小于正文字号。

3. 正文的颜色

办公文档的正文颜色建议使用默认的白纸黑字模式。

如果正文中有小标题，就算字号不同，也不容易区分，此时，可以为小标题设置颜色，如蓝色、红色等，如图 3-8 所示。

图 3-8

3.2 设置字符格式

WPS 文字的默认字符格式为字体"宋体"，字号"五号"，这也是最常用的字符格式，一般可以作为正文字符格式。但是，在一篇完整的文档中，不仅有正文，还会有标题、提示类文本，所以需要为不同的文本设置不同的字符格式。

3.2.1 设置字符格式的方法

在 WPS 文字中，可以使用多种方法来设置字符格式，包括通过字体工具组设置、通过浮动工具栏设置和通过【字体】对话框设置。

1. 通过字体工具组设置

字体工具组位于【开始】选项卡，可以很方便地设置文字的字体、字号、颜色、字形等，是最方便，也是最常用的文本字体设置方法。

使用字体工具组设置字符格式时，需要先选中要设置的文本，然后在【开始】选项卡中单击相应的选项或按钮，即可执行相关操作，如图 3-9 所示。

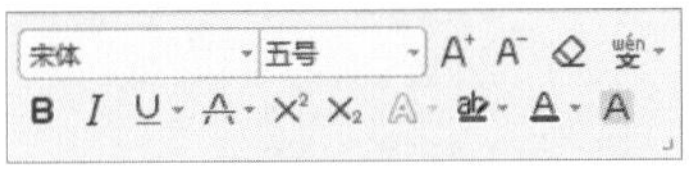

图 3-9

字体工具组中各选项和按钮的功能如下。

➡ 【字体】列表框：单击该列表框右侧的下拉按钮，在弹出的下拉列表中可以选择需要的字体，如黑体、楷体、隶书、幼圆等。

➡ 【字号】列表框：单击该列表框右侧的下拉按钮，在弹出的下拉列表中可以选择需要的字号，如四号、小四号、三号等。

➡ 【增大字号】按钮：单击该按钮，将根据【字号】列表中排列的字号大小依次增大所选字符的字号。

- ➥ 【减小字号】按钮 A：单击该按钮，将根据【字号】列表中排列的字号大小依次减小所选字符的字号。

- ➥ 【拼音指南】按钮 變：单击该按钮，可以打开【拼音指南】对话框，为所选文本添加拼音。单击右侧的下拉按钮，可以设置【更改大小写】【带圈字符】【字符边框】等文本效果。如果使用下拉菜单中的其他工具，则字体工具栏中的按钮会默认更换为其他工具。

- ➥ 【加粗】按钮 B：单击该按钮，可以将所选文本加粗显示；再次单击该按钮，可以取消文本的加粗显示。

- ➥ 【倾斜】按钮 I：单击该按钮，可以将所选文本倾斜显示；再次单击该按钮，可以取消文本的倾斜显示。

- ➥ 【下划线】按钮 U：单击该按钮，可以为所选文本添加下划线效果。单击该按钮右侧的下拉按钮，在打开的下拉列表中可以选择多种下划线样式和颜色。

- ➥ 【删除线】按钮 A：单击该按钮，可以为所选文本添加删除线；再次单击该按钮，可以取消文本的删除线。单击该按钮右侧的下拉按钮，在弹出的下拉菜单中可以选择为文本添加或取消着重号。

- ➥ 【上标】按钮 x：单击该按钮，可以将所选文本设置为上标样式，效果为 X^2；再次单击该按钮，可以取消为文本设置上标样式。

- ➥ 【下标】按钮 x：单击该按钮，可以将所选文本设置为下标样

式，效果为 X_2；再次单击该按钮，可以取消为文本设置下标样式。

- ➥ 【文字效果】按钮 A：单击该按钮，可以在打开的下拉菜单中选择文字效果，美化文本。

- ➥ 【突出显示】按钮 ✍：单击该按钮，可以为所选文本添加突出显示效果，突出重点；再次单击该按钮，可以取消突出显示效果。单击该按钮右侧的下拉按钮，可以设置突出显示的颜色。

- ➥ 【字体颜色】按钮 A：单击该按钮，可以自动为所选字符应用当前颜色。单击该按钮右侧的下拉按钮，在弹出的下拉菜单中可以设置字体颜色。

- ➥ 【字符底纹】按钮 A：单击该按钮，可以为选中的字符添加底纹效果。

2. 通过浮动工具栏设置

在 WPS 文字中选中需要编辑的文本之后，在该文本附近会出现一个浮动工具栏，在该工具栏中，可以设置常用的字符格式，如图 3-10 所示。

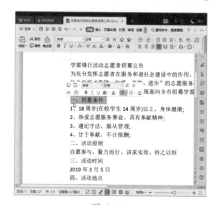

图 3-10

浮动工具栏中可用于设置字符格式的项目较少，设置方法和字体工具组中的设置方法相同。由于浮动工具栏距离需要设置字符格式的文本较近，所以使用浮动工具栏设置比在字体工具组中进行设置要方便很多。

3. 通过【字体】对话框设置

通过【字体】对话框，也可以很方便地设置文本样式。选中需要设置字符格式的文本后，单击【开始】选项卡中的【字体】按钮 ⌐，在打开的【字体】对话框中即可设置。

打开【字体】对话框后，可以在【字体】选项卡中设置字体、字形、字号、下划线等样式，如图 3-11 所示。

图 3-11

在【字符间距】选项卡中可以设置文字的【缩放】【间距】【位置】

等格式，如图 3-12 所示。

图 3-12

★重点 3.2.2　实战：设置公告的字体和字号

实例门类	软件功能

默认情况下，WPS 显示的字体为"宋体"，字号为"五号"，用户可以设置需要的字体和字号，操作方法如下。

Step01 打开"素材文件\第 3 章\学雷锋日活动志愿者招募公告 .wps"文档，❶ 选中要设置字体和字号的文本；❷ 单击【开始】选项卡中的【字体】下拉按钮；❸ 在弹出的下拉列表中选择合适的字体，如【黑体】，如图 3-13 所示。

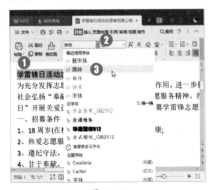

图 3-13

Step02 ❶ 单击【开始】选项卡中的【字号】下拉按钮；❷ 在弹出的下拉列表中选择合适的字号，如【二号】，如图 3-14 所示。

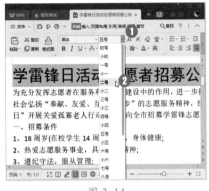

图 3-14

Step03 操作完成后，即可看到设置了字体和字号后的效果，如图 3-15 所示。

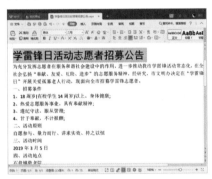

图 3-15

3.2.3　实战：设置公告的文字颜色

实例门类	软件功能

默认情况下，WPS 文字显示的字体颜色为黑色，用户可以根据需要设置字体颜色，操作方法如下。

Step01 打开"素材文件\第 3 章\学雷锋日活动志愿者招募公告（文本颜色）.wps"文档，❶ 选中要设置颜色的文本；❷ 单击【开始】选项卡中的【字体颜色】下拉按钮；❸ 在弹出的下拉菜单中选择合适的

颜色，如果没有合适的颜色，可以单击【其他字体颜色】选项，如图 3-16 所示。

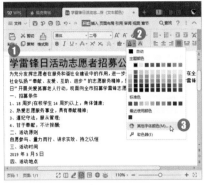

图 3-16

Step02 打开【颜色】对话框，❶ 在【标准】选项卡的颜色列表中选择一种颜色；❷ 单击【确定】按钮，如图 3-17 所示。

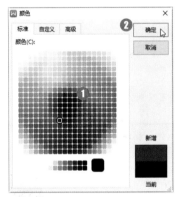

图 3-17

Step03 操作完成后，即可看到设置字体颜色后的效果，如图 3-18 所示。

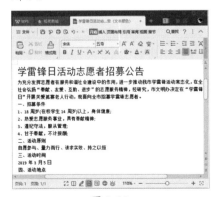

图 3-18

技术看板

如果【标准】选项卡中提供的颜色无法满足需求，可以切换到【自定义】选项卡或【高级】选项卡，根据颜色模式设置需要的颜色，如图3-19和图3-20所示。

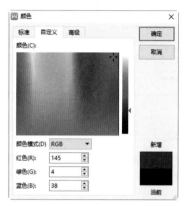

图 3-19

图 3-20

3.2.4 实战：设置公告的特殊字形

实例门类	软件功能

在WPS文字中，除字体、字号、文字颜色等基本设置外，我们还可以为文本设置加粗、倾斜以及添加下划线等效果。

1. 设置文字的加粗和倾斜效果

有时我们可以对某些文本设置加粗、倾斜效果，以突出重点，操作方法如下。

Step 01 打开"素材文件\第3章\学雷锋日活动志愿者招募公告（特殊字型）.wps"文档，❶选中要设置加粗效果的文本；❷单击【开始】选项卡中的【加粗】按钮B，如图3-21所示。

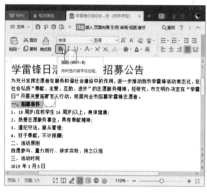

图 3-21

Step 02 ❶选中要设置倾斜效果的文本；❷单击【开始】选项卡中的【倾斜】按钮I，如图3-22所示。

图 3-22

2. 为文字添加下划线

在设置字符格式的过程中，对某些词、句添加下划线，不但可以美化文档，还能让文档的重点突出，操作方法如下。

Step 01 ❶选中要添加下划线的文本；❷单击【开始】选项卡中的【下划线】下拉按钮U·；❸在弹出的下拉菜单中选择下划线样式，如图3-23所示。

图 3-23

Step 02 如果要为下划线设置颜色，❶可以再次单击【开始】选项卡中的【下划线】下拉按钮U·；❷在弹出的下拉菜单中选择【下划线颜色】选项；❸在弹出的扩展菜单中选择一种颜色，如图3-24所示。

图 3-24

Step 03 操作完成后即可看到设置下划线后的效果，如图3-25所示。

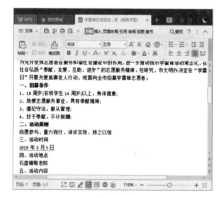

图 3-25

3. 设置带圈字符

有时我们还需要为文本设置带圈效果，操作方法如下。

Step01 ❶ 选中要设置带圈效果的文本；❷ 单击【拼音指南】右侧的下拉按钮；❸ 在弹出的下拉菜单中选择【带圈字符】选项，如图 3-26 所示。

图 3-26

Step02 打开【带圈字符】对话框，❶ 在【样式】栏选择样式；❷ 在【圈号】栏设置文字和圈的样式；❸ 单击【确定】按钮，如图 3-27 所示。

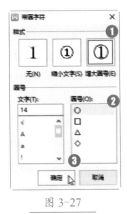

图 3-27

Step03 操作完成后即可看到设置后的效果，如图 3-28 所示。

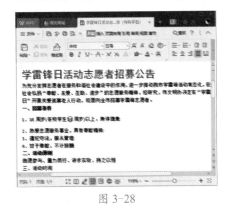

图 3-28

3.2.5　实战：设置公告的字符间距

实例门类	软件功能

字符间距是指各字符间的距离，通过调整字符间距可使文字排列得更紧凑或更松散。为了让文档版面更加协调，可以根据需要设置字符间距，操作方法如下。

Step01 打开"素材文件\第 3 章\学雷锋日活动志愿者招募公告（字符间距）.wps"文档，❶ 选中要设置字符间距的文本；❷ 单击【开始】选项卡中的【字体】功能扩展按钮，如图 3-29 所示。

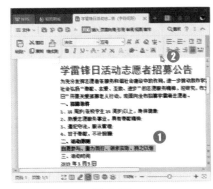

图 3-29

Step02 打开【字体】对话框，❶ 在【字符间距】选项卡的【间距】下拉菜单中选择【加宽】选项；❷ 在右侧的【值】微调框中设置字符的间距值；❸ 单击【确定】按钮，如图 3-30 所示。

图 3-30

Step03 操作完成后即可看到设置字符间距后的效果，如图 3-31 所示。

图 3-31

3.3　设置段落格式

对文档进行排版时，通常会以段落为基本单位进行操作。段落的格式设置主要包括对齐方式、缩进、间距、行距、边框和底纹等，合理设置这些格式，可使文档结构清晰、层次分明。

★重点 3.3.1 设置公告的段落缩进

实例门类	软件功能

为了增强文档的层次感，提高可读性，可对段落设置合适的缩进。段落缩进是指段落相对左右页边距向内缩进一段距离，分为文本之前缩进、文本之后缩进、首行缩进和悬挂缩进。

➡ 文本之前缩进：整个段落向文本之前缩进，如图 3-32 所示。

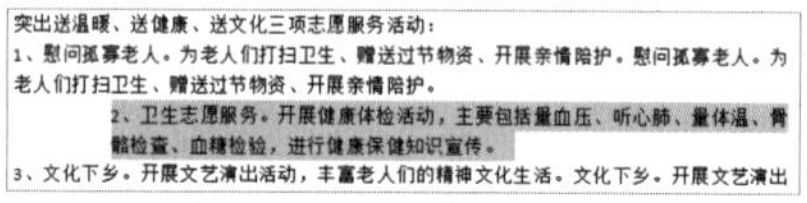

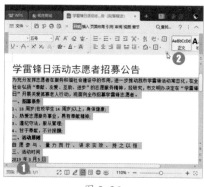

图 3-32

➡ 文本之后缩进：整个段落向文本之后缩进，如图 3-33 所示。

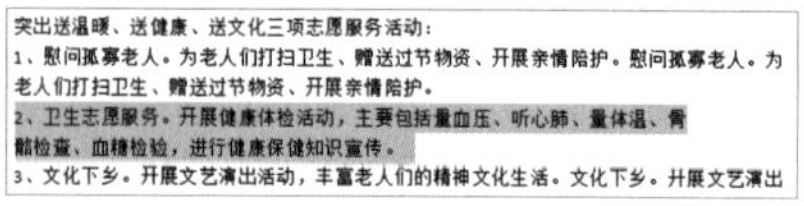

图 3-33

➡ 首行缩进：首行缩进是中文文档中最常用的段落格式，是从段落首行第一个字符开始向右缩进，使之区别于前面的段落，如图 3-34 所示。

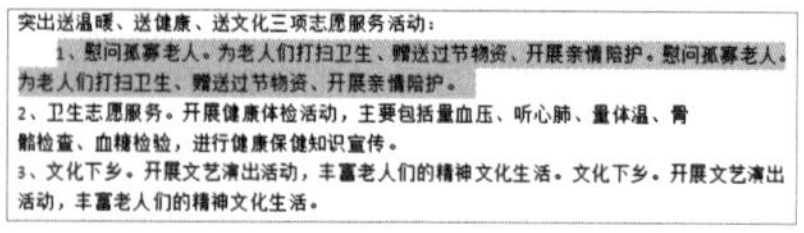

图 3-34

➡ 悬挂缩进：悬挂缩进是指段落中除首行以外的其他行的缩进，如图 3-35 所示。

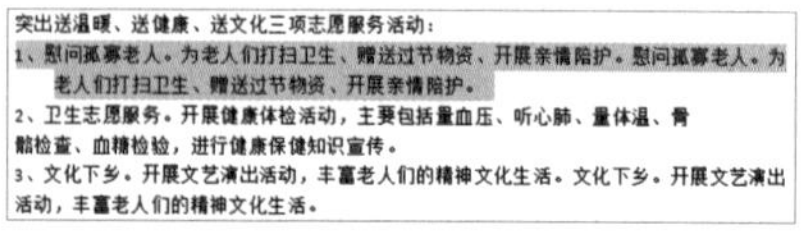

图 3-35

在工作中，我们最常用的缩进

方式是首行缩进，下面介绍在公告中对文档设置首行缩进的操作方法。

Step 01 打开"素材文件\第3章\学雷锋日活动志愿者招募公告（段落缩进）.wps"文档，❶ 选中除标题和落款外的文本；❷ 单击【开始】选项卡中的【段落】功能扩展按钮 ，如图 3-36 所示。

图 3-36

Step 02 打开【段落】对话框，❶ 在【缩进和间距】选项卡【缩进】组中设置【特殊格式】为【首行缩进】，【度量值】为【2字符】；❷ 单击【确定】按钮，如图 3-37 所示。

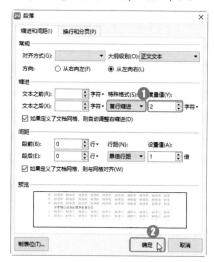

图 3-37

Step 03 操作完成后，即可看到设置首行缩进后的效果，如图 3-38 所示。

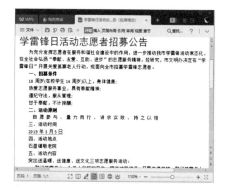

图 3-38

3.3.2 实战：设置公告的对齐方式

实例门类	软件功能

不同的对齐方式对文档的版面效果有很大的影响。在 WPS 文字中，有左对齐、居中对齐、右对齐、两端对齐和分散对齐 5 种常见的对齐方式，可分别单击段落工具组中的按钮来设置。

➡ 左对齐 ：指段落中的每一行文本都以文档的左边界为基准向左对齐，如图 3-39 所示。

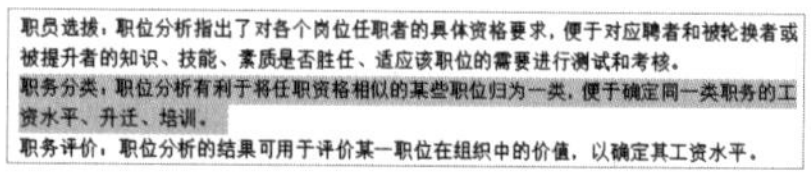

图 3-39

➡ 居中对齐 ：指文本位于文档左右边界的中间，如图 3-40 所示。

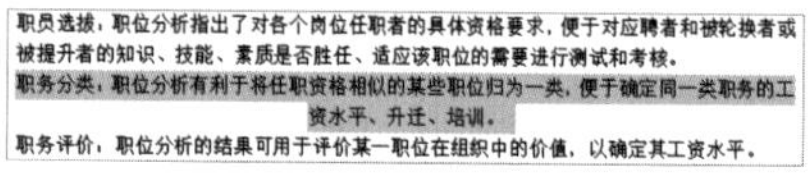

图 3-40

➡ 右对齐 ：指段落中的每一行文本都以文档的右边界为基准向右对齐，如图 3-41 所示。

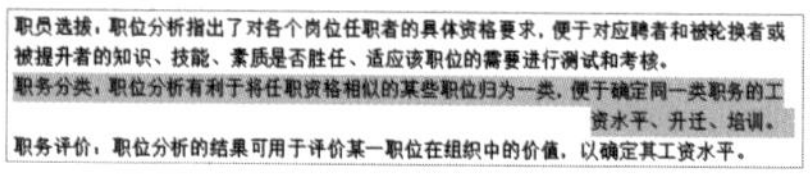

图 3-41

➡ **两端对齐** ≡：指段落中除最后一行文本外，其余行的文本的左右两端分别以文档的左右边界为基准向两端对齐。这种对齐方式是最常用的，平时看到的书籍正文大多都使用两端对齐，如图3-42所示。

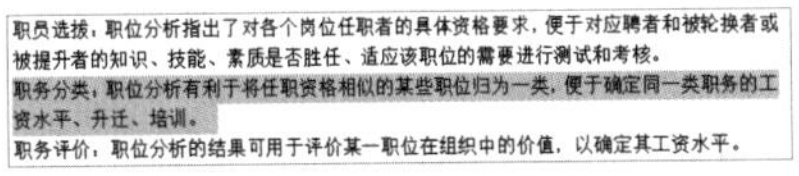

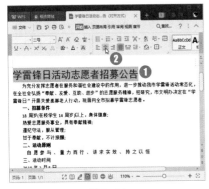

图 3-42

➡ **分散对齐** ≡：是指段落中所有行的文本的左右两端分别以文档的左右边界为基准向两端对齐，如图3-43所示。

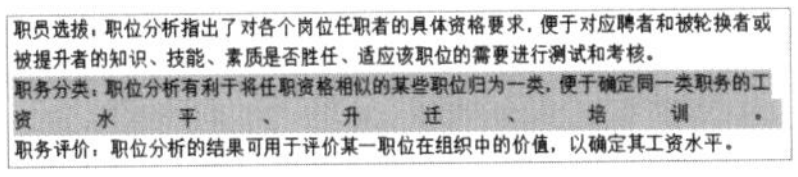

图 3-43

日常的工作文档的标题对齐方式多为居中对齐，落款的对齐方式为右对齐，具体的操作方法如下。

Step① 打开"素材文件＼第3章＼学雷锋日活动志愿者招募公告（对齐方式）.wps"文档，❶选中标题文本；❷单击【开始】选项卡中的【居中对齐】按钮 ≡，如图3-44所示。

图 3-44

Step② 操作完成后，标题即居中显示，如图3-45所示。

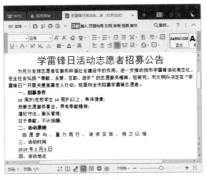

图 3-45

Step③ ❶选中落款和日期文本；❷单击【开始】选项卡中的【右对齐】按钮 ≡，如图3-46所示。

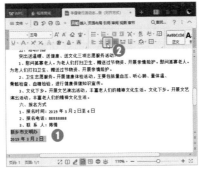

图 3-46

Step④ 操作完成后，即可看到落款和日期已经靠右对齐显示，如图3-47所示。

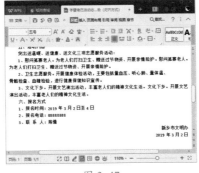

图 3-47

3.3.3 实战：设置公告的段间距和行间距

实例门类	软件功能

段间距是指相邻两个段落之间

的距离，包括段前距、段后距，以及行间距。相同的字体格式在不同的段间距和行间距下阅读体验也不相同。只有将字体格式和段间距设置成协调的比例，才能有最舒适的阅读体验，具体操作方法如下。

Step① 打开"素材文件＼第3章＼学雷锋日活动志愿者招募公告（间距）.wps"文档，❶选中要设置段间距和行间距的文本；❷单击【开始】选项卡中【段落】功能扩展按钮，如图3-48所示。

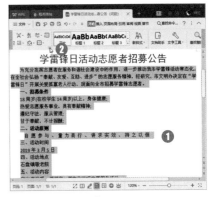

图 3-48

Step② 打开【段落】对话框，❶在【间距】组中设置【段后】值为【0.5行】，【行距】为【1.5倍行距】；❷单击【确定】按钮，如图3-49所示。

图 3-49

Step03 操作完成后即可看到段间距和行间距设置后的效果，如图3-50所示。

图 3-50

3.3.4 实战：使用【文字工具】快速排版混乱文档

实例门类	软件功能

有时候，在其他地方复制来的文字排版比较混乱，有较多不规律的空格、空行等，此时，可以使用【文字工具】进行快速排版，操作方法如下。

Step01 打开"素材文件\第3章\WPS简介.wps"文档，❶单击【开始】选项卡中的【文字工具】下拉按钮；❷在弹出的下拉菜单中选择【智能格式整理】选项，如图3-51所示：

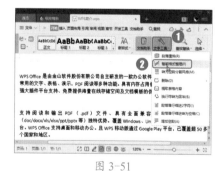

图 3-51

Step02 操作完成后，即可看到段落已经重新排版，如图3-52所示。

图 3-52

技术看板

单击段落左侧的【段落布局】按钮，进入段落布局模式后，可以通过拖动段落上的控点来改变段落的行间距、缩进等。

3.3.5 设置特殊的中文版式

在工作中经常会遇到需要制作带有特殊效果的文档，此时可以应用一些特殊的排版方式，如合并字符、双行合一、首字下沉等，使文档更加生动。

1. 设置合并字符

使用合并字符功能，可以将多个文字（可以是中文、英文、符号等，最多同时支持6个）合并成一个整体，操作方法如下。

Step01 打开"素材文件\第3章\培训通知（合并字符）.wps"文档，❶选中要合并的字符；❷单击【开始】选项卡中的【中文版式】下拉按钮 A▾；❸在弹出的下拉菜单中选择【合并字符】命令，如图3-53所示。

图 3-53

Step02 打开【合并字符】对话框，❶分别设置文字、字体、字号；❷单击【确定】按钮，如图3-54所示。

图 3-54

Step03 操作完成后，即可看到设置合并字符后的效果，如图3-55所示。

图 3-55

2. 设置双行合一

双行合一是指将两行文字显示在同一行中，在制作特殊格式的标题或注释时非常实用，操作方法如下。

Step01 打开"素材文件\第3章\培训通知（双行合一）.wps"文档，❶选中要设置双行合一的字符；❷单击【开始】选项卡中的【中文版式】下拉按钮 A▾；❸在弹出的下拉菜单中选择【双行合一】命令，如图3-56所示。

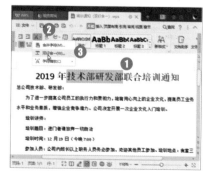

图 3-56

Step 02 打开【双行合一】对话框，❶【文字】列表框中自动显示选中的文本，勾选【带括号】复选框，在右侧的【括号样式】下拉列表中选择括号样式；❷ 单击【确定】按钮，如图 3-57 所示。

图 3-57

Step 03 操作完成后即可看到设置双行合一后的效果，如图 3-58 所示。

图 3-58

3. 设置首字下沉

首字下沉是将段落中的第一个字或开头几个字设置为不同的字体、字号，该类格式在报纸、杂志中比较常见，操作方法如下。

Step 01 ❶ 选中要设置为下沉的文本；❷ 单击【插入】选项卡中的【首字下沉】按钮，如图 3-59 所示。

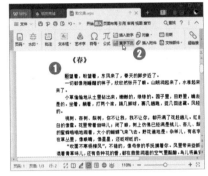

图 3-59

Step 02 打开【首字下沉】对话框，❶ 在【位置】栏选择下沉的样式；❷ 在【选项】栏设置下沉的【字体】【下沉行数】和【距正文】的距离；❸ 单击【确定】按钮，如图 3-60 所示。

图 3-60

Step 03 操作完成后，即可看到设置首字下沉后的效果，如图 3-61 所示。

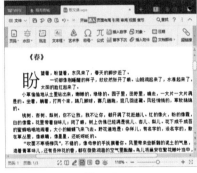

图 3-61

3.4　设置项目符号和编号

在制作文档时，为了使文档内容看起来层次清楚、要点明确，可以为相同层次或并列关系的段落添加编号或项目符号。长篇文档因为篇幅较长且结构复杂，更需要设置项目符号和编号。

★重点 3.4.1　实战：为制度文件添加项目符号

添加项目符号实际上是在段落前添加有强调效果的符号。当文档中存在一组有并列关系的段落时，可以在段落前添加项目符号，操作方法如下。

Step 01 打开"素材文件\第 3 章\行政管理制度 .wps"文档，❶ 选中要添加项目符号的段落；❷ 单击【开始】选项卡中的【项目符号】下拉按钮；❸ 在弹出的下拉菜单

中选择一种合适的项目符号样式，如图 3-62 所示。

图 3-62

Step 02 操作完成后，即可看到为段落添加项目符号后的效果，如图 3-63 所示。

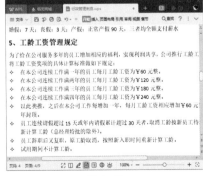

图 3-63

技能拓展——删除项目符号

如果要删除某一个项目符号，可以将光标定位到项目符号之后，按【Backspace】键删除。如果要删除多个项目符号，可以选中要删除项目符号的文本，再次单击【开始】选项卡中的【项目符号】按钮。

3.4.2 实战：为制度文件添加编号

如果想让文本的结构更清晰明了，用户可在文档的各个要点前添加编号，使文档更有条理。

默认情况下，在以"1、""一、"或"A."等编号开始的段落中，按【Enter】键切换到下一段时，下一段会自动产生连续的编号。

如果要为段落添加编号，可通过【开始】选项卡中的【编号】按钮三来实现，操作方法如下。

Step01 打开"素材文件\第3章\行政管理制度.wps"文档，❶选中要添加编号的文本；❷单击【开始】选项卡中的【编号】下拉按钮三；❸在弹出的下拉菜单中选择编号样式。如果没有合适的编号样式，可以单击【自定义编号】选项，如图3-64所示。

Step02 打开【项目符号和编号】对话框，❶在列表框中选择编号样式；❷单击【自定义】按钮，如图3-65所示。

图 3-64

图 3-65

Step03 打开【自定义编号列表】对话框，❶在【编号格式】文本框中"①"代表编号样式，在编号前输入"第"，编号后输入"条"；❷单击【高级】按钮，如图3-66所示。

图 3-66

Step04 ❶在【编号位置】栏，保持默认设置【左对齐】，设置【对齐位置】为【0厘米】；❷单击【确定】按钮，如图3-67所示。

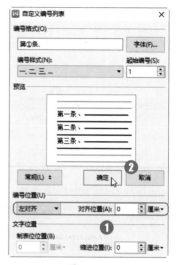

图 3-67

Step05 操作完成后，即可看到为段落添加编号后的效果，如图3-68所示。

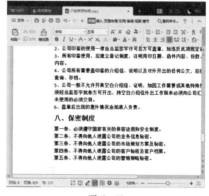

图 3-68

妙招技法

通过对前面知识的学习，相信读者已经对文档的格式设置有了一定了解。下面结合本章内容，给大家介绍一些实用技巧。

技巧 01：为多音字添加拼音

如果遇到需要添加拼音的多音字，如乐、便、长等字，在组成词语时，WPS 文字可以自动判断读音，但如果是单独出现，使用拼音指南默认只添加一个读音。例如，"乐"字，拼音指南默认添加的读音是"lè"，添加另一个读音的操作方法如下。

Step01 ❶ 选中要添加拼音的文字；❷ 单击【开始】选项卡中的【拼音指南】按钮，如图 3-69 所示。

图 3-69

Step02 打开【拼音指南】对话框，❶ 在【拼音文字】下拉列表中选择要添加的拼音；❷ 单击【确定】按钮，如图 3-70 所示。

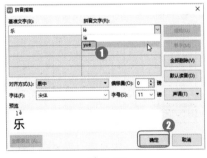

图 3-70

Step03 返回文档中，即可看到已经为文字添加了拼音"yuè"，如图 3-71 所示。

图 3-71

技巧 02：在重要文字下方添加着重号

制作通知文档时，如果有重要文字需要提醒他人不要误看漏看，可以在文字下方添加着重号，使其更加醒目。操作方法如下。

Step01 打开"素材文件\第 3 章\培训通知 .wps"文档，❶ 选中需要添加着重号的文字；❷ 单击【开始】选项卡【字体】组中的【下划线】按钮右侧的下拉按钮；❸ 在弹出的下拉菜单中单击【其他下划线】命令，如图 3-72 所示。

图 3-72

Step02 打开【字体】对话框，❶ 在【所有文字】栏的【着重号】下拉列表框中选择着重号类型；❷ 单击【确定】按钮即可，如图 3-73 所示。

图 3-73

Step03 返回文档中，即可看到所选文字已经添加着重号，如图 3-74 所示。

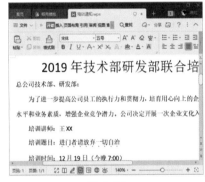

图 3-74

技巧 03：设置自动编号的起始值为"3"

默认情况下设置的自动编号都是从 1 开始的，但在一些特殊情况下也需要将起始编号更改为其他值，操作方法如下。

Step01 打开"素材文件\第 3 章\职位分析 .wps"文档，❶ 选中需要重新编号的文档；❷ 单击【开始】选项卡的【编号】下拉按钮；❸ 在弹出的下拉菜单中选择【自定义编号】选项，如图 3-75 所示。

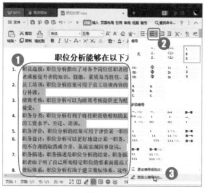

图 3-75

Step 02 打开【项目符号和编号】对话框，❶ 在【编号】选项卡的列表框中选择编号样式；❷ 单击【自定义】按钮，如图 3-76 所示。

图 3-76

Step 03 打开【自定义编号列表】对话框，❶ 在【起始编号】数值框中输入编号值，如 "3"；❷ 单击【确定】按钮，如图 3-77 所示。

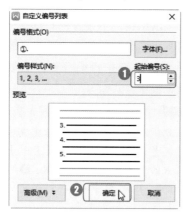

图 3-77

Step 04 返回文档，即可看到编号起

始值为 "3"，如图 3-78 所示。

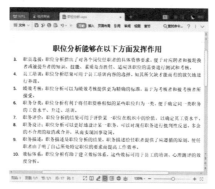

图 3-78

技巧 04：使用特殊符号作为项目符号

在添加项目符号时，内置的项目符号样式较少，可以通过自定义的方法添加更丰富的项目符号，操作方法如下。

Step 01 打开"素材文件\第 3 章\行政管理制度（自定义项目符号）.wps"文档，❶ 选中需要设置项目符号的文本；❷ 单击【开始】选项卡中的【项目符号】下拉按钮 ☰；❸ 在弹出的下拉菜单中单击【自定义项目符号】选项，如图 3-79 所示。

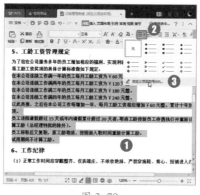

图 3-79

Step 02 打开【项目符号和编号】对话框，在【项目符号】选项卡的列表框中选择任意样式的项目符号后，单击【自定义】按钮，如图 3-80

所示。

图 3-80

Step 03 打开【自定义项目符号列表】对话框，单击【字符】按钮，如图 3-81 所示。

图 3-81

Step 04 打开【符号】对话框，选择要作为项目符号的符号，单击【插入】按钮，如图 3-82 所示。

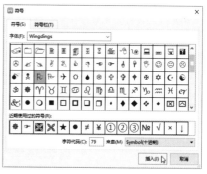

图 3-82

Step 05 返回【自定义项目符号列表】对话框，单击【字体】按钮，如图 3-83 所示。

图 3-83

Step 06 打开【字体】对话框，❶ 在【所有文字】栏设置【字体颜色】；❷ 单击【确定】按钮，如图 3-84 所示。

图 3-84

Step 07 返回【自定义项目符号列表】对话框，单击【确定】按钮，如图 3-85 所示。

图 3-85

Step 08 返回文档，即可看到自定义项目符号的效果，如图 3-86 所示。

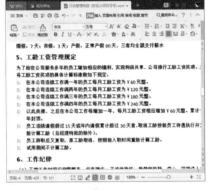

图 3-86

技巧 05：快速将英文单词的首字母更改为大写

默认情况下，输入英文句子时，每段第一个单词的首字母会自动变为大写，如果要让每个单词的首字母都变为大写，具体操作方法如下。

Step 01 打开"素材文件\第 3 章\简爱.wps"文档，❶ 选中要设置单词首字母大写的文本；❷ 单击【开始】选项卡中的【拼音指南】下拉按钮 變；❸ 在弹出的下拉菜单中选择【更改大小写】选项，如图 3-87 所示。

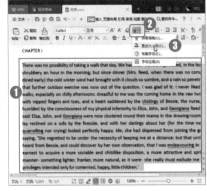

图 3-87

Step 02 打开【更改大小写】对话框，❶ 在【更改大小写】栏选择【词首字母大写】选项；❷ 单击【确定】按钮，如图 3-88 所示。

图 3-88

Step 03 返回文档，即可看到英文单词的每一个词的首字母都变为大写，如图 3-89 所示。

图 3-89

本章小结

本章主要介绍了在 WPS 文字中设置文档格式的操作方法，这是编排文档的基本操作，应用十分广泛。通过对本章内容的学习，读者可以了解到文字的基本设计方法以及字符格式和段落格式的设置方法。学习本章知识后，读者可以通过在不同的文档中应用不同文档格式的练习，快速掌握本章内容。

第**4**章 创建与编辑表格

- ➡ 怎样在 WPS 文字中创建合适的表格？
- ➡ 怎样将两个单元格合并为一个单元格？
- ➡ 怎样操作才能使表格内容纵向排列？
- ➡ 怎样更改表格的文字方向？
- ➡ 怎样才能让表格更具说服力？
- ➡ 怎样美化表格，使其脱颖而出？

表格在 WPS 文字中也十分常用，它不仅可以简化文字表述，还能使排版更美观，所以掌握表格的创建和编辑是相当重要的。学完本章，读者就可以在 WPS 文字中轻松地创建精美的表格了。

4.1 了解表格的使用技巧

在使用表格之前，需要先了解表格的一些使用技巧，这些技巧会让我们在使用表格时更得心应手，轻松地在 WPS 文字中创建出需要的表格。

4.1.1 熟悉表格的构成元素

表格是由一系列的线条相互分割后形成行、列和单元格来规整数据、表现数据的一种特殊的格式。一般来说，表格由行、列和单元格构成，但是为了让他人更好地理解表格内容，有时还会加入表头、表尾。为了美化表格，也可以为表格添加边框和底纹作为修饰。

在学习如何使用表格之前，我们先来了解表格的各个构成元素。

1. 单元格

表格由横向和纵向的线条构成，线条交叉后出现的可以用来放置数据的格子被称为单元格，如图 4-1 所示。

	单元格		

图 4-1

2. 行

在表格中，横向的一组单元格称为行。在一个用于表现数据的表格中，一行可用于表现同一条数据的不同属性，如图 4-2 所示。

姓名	理论	操作	综合
李光明	89	92	90
刘伟	82	79	86
陈明莉	95	94	97

图 4-2

表格也可以表现不同数据的同一种属性，如图 4-3 所示。

季度	销售额	成本	利润
第一季度	3.2 亿	1.6 亿	1.6 亿
第二季度	2.8 亿	1.4 亿	1.4 亿
第三季度	3.8 亿	1.8 亿	2 亿
第四季度	4.2 亿	2.0 亿	2.2 亿

图 4-3

3. 列

在表格中，纵向的一组单元格称为列，列与行的作用相同。在用于表现数据的表格中，需要分别赋予行和列不同的意义，才能形成清晰的数据表格。每一行代表一条数据，每一列代表一种属性，在表格中填入数据时，应该按照属性填写，避免数据混乱。

4. 表头

表头是指用于定义表格行列意义的行或列，通常是表格的第一行或第一列。例如，图 4-2 的成绩表中第一行的内容有姓名、理论、操作、综合，这些内容标明了表格中每一列的数据所代表的意义，所以这一行就是表格的表头。

5. 表尾

表尾是表格中可有可无的一种元素，通常用于显示表格数据的统计结果，或者用于说明、注释等，位于表格的最后一行或最后一列。如图 4-4 所示，最后一列即为表尾。

季度	销售额	成本	利润	平均利润
第一季度	3.2 亿	1.6 亿	1.6 亿	
第二季度	2.8 亿	1.4 亿	1.4 亿	1.8 亿
第三季度	3.8 亿	1.8 亿	2 亿	
第四季度	4.2 亿	2.0 亿	2.2 亿	

图 4-4

6. 表格的边框和底纹

为了使表格更加美观，我们通常会对表格进行修饰和美化。除设置表格的字体、颜色、大小等之外，还可以对表格的线条和单元格的背景进行设置。构成表格行、列、单元格的线条称为边框，单元格的背景称为底纹，为表格添加边框和底纹之后，效果如图 4-5 所示。

季度	销售额	成本	利润	平均利润
第一季度	3.2 亿	1.6 亿	1.6 亿	
第二季度	2.8 亿	1.4 亿	1.4 亿	1.8 亿
第三季度	3.8 亿	1.8 亿	2 亿	
第四季度	4.2 亿	2.0 亿	2.2 亿	

图 4-5

4.1.2 创建表格的思路与技巧

有人觉得表格使用起来很复杂，不仅要创建表格，还要考虑表格的结构。其实，只要掌握创建表格的思路与技巧，就可以轻松完成表格的制作。

1. 创建表格的思路

在创建表格之前，首先要了解创建表格的思路，其大致可以分为以下几步。

（1）制作表格前，首先要构思表格的大致布局和样式。

（2）对于复杂的表格，可以先在草稿纸上确定需要的表格样式及行、列数。

（3）新建 WPS 文字文档，制作表格的框架。

（4）输入表格内容。

按照以上步骤操作，就可以轻松制作出令人满意的表格。

2. 创建表格的技巧

在创建表格时，根据表格的难易程度，可以将表格简单分为规则表格和不规则表格。规则表格的结构方正，制作简单；而不规则的表格结构不方正也非对称，所以制作时需要一些特殊的技巧。

（1）规则表格的制作

规则表格可以直接使用 WPS 文字提供的虚拟表格快速创建，如图 4-6 所示。也可以通过插入表格对话框来定义表格的行数和列数，如图 4-7 所示，制作起来非常简单。

图 4-6

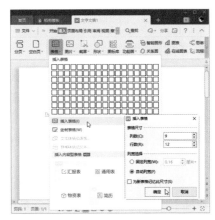

图 4-7

（2）不规则表格的制作

如果是非方正、非对称的不规则表格，我们可以使用表格的手动绘制功能来制作。在【表格】下拉菜单中选择【绘制表格】命令，就可以直接绘制表格，如图 4-8 所示。绘制表格功能与使用铅笔在纸上绘制表格一样简单，如果绘制出现错误，还可以使用擦除功能将其擦除。

图 4-8

4.1.3 表格设计与优化技巧

要制作一个布局合理、美观的表格，需要经过精心设计。用于表现数据的表格设计起来相对简单，只需要设计好表头、录入数据，然后加上一定的美化效果即可。

而对于规整内容、排版内容和数据的表格，设计相对比较复杂，这类表格在设计时，应该先厘清表格中需要展示的内容和数据，然后按照一定的规则将其整齐地排列起来。如果表格内容复杂，也可以先在纸上绘制草图，然后在文档中绘制，最后进行美化。

1. 数据表格的设计

在工作中，对表格制作的要求越来越高。制作数据表格时，需要站在阅读者的角度去思考怎样设计才能让表格内容表达得更清晰、更易于理解。

例如，一个密密麻麻全是数据的表格，很容易让人看得头晕眼花，所以在设计表格时就要想办法让表格看起来更加清晰简洁。

对于数据表格，我们通常可以从以下几个方面着手设计。

（1）精简表格字段

表格不适合展示字段很多的内容，如果表格中的数据字段过多，就会超出页面范围，不便于查看。另外，字段过多，也会影响阅读者对重要数据的把握。

在设计表格时，我们需要分析出表格字段的主次，将一些不重要的字段删除，仅保留重要字段。

（2）注意字段顺序

在表格中，字段的顺序也很重要。设计表格时，需要分清各字段的关系，按字段的重要程度或某种方便阅读的规律的来排列，每个字段放在什么位置都需要仔细推敲。

（3）行与列的内容对齐

使用表格对齐可以使数据展示得更整齐。表格单元格内部的内容，每一行和每一列也都应该整齐排列，如图4-9所示。

姓名	性别	年龄	学历	部门
李建兴	男	35	本科	研发部
陈明莉	女	29	本科	销售部
刘玲	女	36	硕士	工程部

图 4-9

（4）调整行高与列宽

表格中各字段的长度可能并不相同，当各列的宽度无法统一时，我们可以使各行的高度一致。在设计表格时，应该注意表格中是否有特别长的数据内容，如果有，尽量

通过调整列宽，使较长的内容在单元格中不用换行。如果有些单元格中的内容必须换行，可以统一调整各行的高度，让每一行的高度一致，使表格更整齐，如图4-10所示。

故障现象	故障排除
打印时墨迹稀少，字迹无法辨认的处理	该故障多数是由于打印机长期未使用或其他原因，造成墨水输送系统障碍或喷头堵塞。排除的方法是执行清洗操作。
喷墨打印机打印出的画面与计算机显示的色彩不同	这是由于打印机输出颜色的方式与显示器不一样。可通过应用软件或打印机驱动程序重新调整，使之输出期望颜色。
当需要打印的文件太大时，打印机无法打印	这是由于软件故障，排除的方法是查看硬盘上的剩余空间，删除一些无用文件，或查询打印机内存容量是否可以扩容。

图 4-10

（5）美化表格

数据表格的主要功能是展示数据，美化表格则是为了更好地展示数据。美化表格的目的在于使表格中的数据更加清晰明了，不要盲目追求艺术效果，如图4-11所示。

部门	员工编号	姓名	考勤时间	状态	机器编号	工作码
总公司	53	李建华	2019-10-02 08:19:32	上班签到	1	0
总公司	56	张余	2019-10-02 08:20:28	上班签到	1	0
总公司	60	李小波	2019-10-02 08:20:33	上班签到	1	0
总公司	63	王明明	2019-10-02 08:20:40	上班签到	1	0
总公司	1	罝礼	2019-10-02 08:24:11	上班签到	1	0
总公司	36	张馨	2019-10-02 08:24:15	上班签到	1	0
总公司	65	刘玲	2019-10-02 08:24:19	上班签到	1	0

图 4-11

2. 不规则表格的设计

如果要用表格来表现一系列相互之间没有太大关联的数据，且这些数据无法通过行或列来表现相同的意义时，就需要制作比较复杂的不规则表格。

例如，要设计一个员工档案表，表格中需要展示员工的详细信息，还需要粘贴照片，这些信息之间几

乎没有关联。如果仅使用文本来展示这些数据，远远不及使用表格展示更美观、清晰。

在设计这类表格时，不仅需要突出数据内容，还要兼顾美观，具体可以通过以下几个步骤来设计。

（1）明确表格信息

在设计表格之前，首先需要确定表格中要展示哪些数据内容，先将这内容列举出来，再设计表格结构。例如，在员工档案表中，需要包含姓名、年龄、性别、籍贯、出生日期、政治面貌等信息。

（2）分类信息

分析要展示的内容之间的关系，将有关联的、同类的信息归于一类。例如，可以将员工的所有信息分为基本信息、教育经历、工作经历三大类。

（3）按类别制作框架

根据表格内容划分出主要类别，制作出表格的大概结构，如图4-12所示。

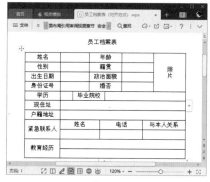

图 4-12

（4）绘制草图

如果需要展示的数据比较复杂，为了使表格的结构更加合理，可以先在纸上绘制草图，然后制作表格。

（5）合理利用空间

用表格展示数据，除可以让数据更加直观、更加清晰外，还可以有效地节省空间，用最少的空间展示更多的数据，如图 4-13 所示。

图 4-13

这类表格之所以复杂，是因为需要在有限的空间内，尽可能展示更多的内容，并且要求内容整齐、美观。要满足这些需求，就需要有目的地合并或拆分单元格。

4.2 创建表格的方法

在 WPS 文字中，用户不仅可以通过拖动鼠标和在插入表格对话框中定义行列数来创建表格，还可以手动绘制表格。如果对表格的构造不熟悉，也可以通过模板创建表格。

★重点 4.2.1 实战：拖动鼠标快速创建来访人员登记表

实例门类	软件功能

通过拖动虚拟表格来快速创建表格虽然方便、快捷，但是这样创建的表格最多只能有 17 列 8 行，适用于创建行与列都很规则的表格。操作方法如下。

Step01 打开"素材文件 \ 第 4 章 \ 来访人员登记表 .wps"文档，❶ 将光标定位到要插入表格的位置，单击【插入】选项卡中的【表格】下拉按钮；❷ 在弹出的下拉菜单中使用鼠标拖动虚拟表格，选择需要的行数和列数，选择完成后单击鼠标左键，如图 4-14 所示。

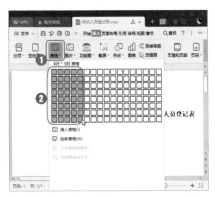

图 4-14

Step02 插入表格后，输入来访人员登记表的表头内容即可，如图 4-15 所示。

图 4-15

★重点 4.2.2 实战：指定行数与列数创建工会活动采购表

实例门类	软件功能

使用拖动鼠标创建表格的方法虽然快捷，但是创建表格的行数和列数却受到了限制。如果我们要插入指定行数与列数的表格，可以通过插入表格对话框来完成，操作方法如下。

Step01 打开"素材文件 \ 第 4 章 \ 工会活动采购表 .wps"文档，❶ 将光标定位到要插入表格的位置，单击

【插入】选项卡中的【表格】下拉按钮；❷ 在弹出的下拉菜单中选择【插入表格】命令，如图 4-16 所示。

图 4-16

Step02 打开【插入表格】对话框，❶ 在【表格尺寸】栏的【行数】和【列数】微调框中分别输入需要的行数和列数；❷ 单击【确定】按钮，如图 4-17 所示。

图 4-17

Step03 返回文档，即可看到指定行数与列数的表格已经插入，输入工

会活动采购表的相关数据即可，如图 4-18 所示。

图 4-18

4.2.3 实战：手动绘制员工档案表

实例门类	软件功能

手动绘制表格是指用画笔工具绘制表格的边线，用这种方法可以很方便地绘制出各种不规则的表格，操作方法如下。

Step 01 打开"素材文件\第 4 章\员工档案表 .wps"文档，❶ 将光标定位到要插入表格的位置，单击【插入】选项卡中的【表格】下拉按钮；❷ 在弹出的下拉菜单中选择【绘制表格】命令，如图 4-19 所示。

图 4-19

Step 02 此时光标将变为 ╱，在合适的位置按住鼠标左键不放，拖动鼠标，光标经过的地方会出现表格的虚框。直到绘制出需要的表格行列数

后，松开鼠标左键，如图 4-20 所示。

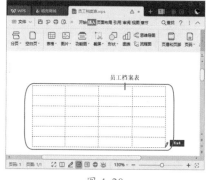
图 4-20

Step 03 此时绘制出的是标准行列的表格，继续拖动鼠标在需要的位置绘制，如图 4-21 所示。

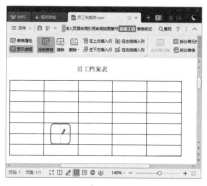
图 4-21

Step 04 如果绘制出错，可以进行擦除。❶ 单击【表格工具】选项卡中的【擦除】按钮；❷ 光标将变为 ╱，在需要擦除的线上单击或拖动鼠标即可擦除，如图 4-22 所示。

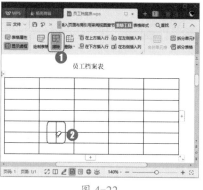
图 4-22

Step 05 拖动鼠标，继续绘制表格的其他行线和列线，完成后效果如图

4-23 所示。

图 4-23

4.2.4 实战：通过模板插入工作总结表

实例门类	软件功能

WPS 文字为用户提供了多种多样的表格模板，使用模板可以快速插入各种类型的表格，操作方法如下。

Step 01 打开"素材文件\第 4 章\工作总结表 .wps"文档，❶ 将光标定位到要插入表格的位置，单击【插入】选项卡中的【表格】下拉按钮；❷ 在弹出的下拉菜单的【插入内容型表格】栏选择表格类型，如【汇报表】，如图 4-24 所示。

图 4-24

Step 02 在打开的模板库中选择一种表格模板，当光标移动到该模板上时，将显示【插入】按钮，单击该按钮，如图 4-25 所示。

图 4-25

Step 03 返回文档,即可看到已经插入了相关模板的表格,如图 4-26 所示。

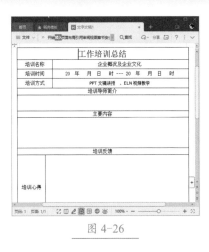

图 4-26

4.3 编辑表格的方法

表格创建完成后,就可以在表格中输入数据了。在输入数据的过程中,经常需要对表格进行添加行、列,以及组合与拆分单元格、调整行高与列宽等操作。

4.3.1 实战:在员工档案表中输入内容

实例门类	软件功能

在表格中输入内容的方法与在文档中输入文本的方法相似,只需要将光标定位到单元格中,然后输入相关内容即可。

例如,要在"员工档案表"中输入数据,操作方法如下。

Step 01 打开"素材文件\第 4 章\员工档案表 .wps"文档,❶ 将光标定位到需要输入内容的单元格;❷ 选择常用的输入法,如图 4-27 所示。

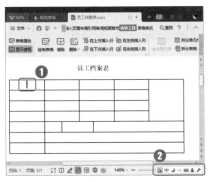

图 4-27

Step 02 在单元格中依次输入内容即可,如图 4-28 所示。

图 4-28

技术看板

在表格中,使用【Tab】键可以将光标移动到下一个单元格。

4.3.2 选择员工档案表中的表格对象

编辑表格时,首先需要选择表格对象,根据不同的需要,用户可以用不同的方法来选择不同形式的表格对象。

1. 选择单个单元格

将鼠标光标移动到单元格的左端线上,当光标变为指向右侧的黑色箭头 ➡ 时,单击即可选中该单元格,如图 4-29 所示。

图 4-29

2. 选择连续的多个单元格

将鼠标光标移动到需要选择的连续单元格的第一个单元格左端线上,当光标变为指向右侧的黑色箭头 ➡ 时,按住鼠标左键不放,拖动至最后一个单元格,松开鼠标左键即可,如图 4-30 所示。

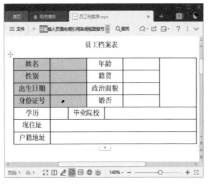

图 4-30

将光标定位到需要选择的连续单元格的第一个单元格中，按住【Shift】键，单击连续单元格的最后一个单元格，也可以选中多个连续的单元格。

3. 选择不连续的多个单元格

按住【Ctrl】键，依次单击需要选择的单元格即可，如图 4-31 所示。

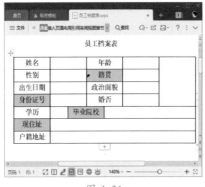

图 4-31

4. 选择行

将鼠标光标移动到表格边框的左端线外侧，当光标变为时，单击鼠标左键即可选中该行，如图 4-32 所示。

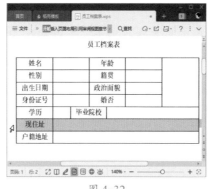

图 4-32

5. 选择列

将鼠标光标移动到表格边框的上端线外侧，当光标变为↓时，单击即可选中当前列，如图 4-33 所示。

图 4-33

6. 选择整个表格

将鼠标光标移动到表格的左上角，单击图标，即可选中整个表格，如图 4-34 所示。

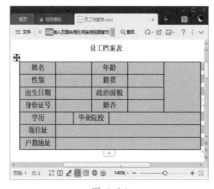

图 4-34

右击表格的任意单元格，在弹出的快捷菜单中选择【全选表格】选项，也可以选中整个表格，如图 4-35 所示。

图 4-35

技能拓展——使用选择功能

单击【表格工具】选项卡中的【选择】下拉按钮，在弹出的下拉菜单中可以选择单元格、行、列和整个表格。

4.3.3 在员工档案表中添加与删除行和列

创建表格后，可能会因为表格数据的变化而需要更改表格结构，如添加和删除行与列。

1. 添加行和列

制作表格时，可以通过以下几种方法插入行或列。

（1）将光标定位到表格中的任意单元格，单击表格下方的按钮可以添加行，单击表格右侧的按钮可以添加列，如图 4-36 所示。

（2）将鼠标移动到行或列的边线上，单击出现的按钮，即可添加行或列，如图 4-37 所示。

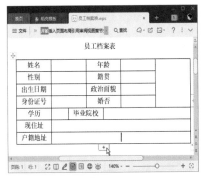

图 4-36

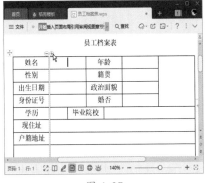

图 4-37

（3）将光标定位到需要添加行或列的位置，在【表格工具】选项卡中选择插入行或列的位置，如【在下方插入行】命令，如图 4-38 所示。

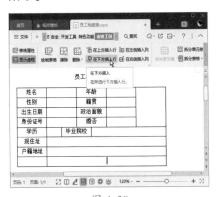

图 4-38

（4）将光标定位到需要添加行或列的位置，单击鼠标右键，在弹出的快捷菜单中选择【插入】命令，在弹出的扩展菜单中选择插入行或列的位置，如【行（在下方）】，

如图 4-39 所示。

图 4-39

（5）右击要添加行或列的单元格，在弹出的浮动工具栏中单击【插入】下拉按钮，在弹出的下拉菜单中选择插入行或列的位置，如【在下方插入行】，如图 4-40 所示。

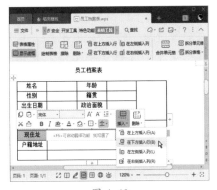

图 4-40

2. 删除行和列

如果插入的行或列用不上，为了让表格更加严谨美观，可以将多余的行或列删除，删除行和列可以使用以下几种方法。

（1）将鼠标移动到行或列的边线上，在出现的按钮上单击⊖按钮，即可删除行或列，如图 4-41 所示。

（2）选中要删除的行或列，单击鼠标右键，在弹出的快捷菜单中选择【删除行】或【删除列】命令即可，如图 4-42 所示。

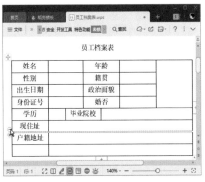

图 4-41

图 4-42

（3）右击要删除行或列的位置，在浮动工具栏上单击【删除】下拉按钮，在弹出的下拉菜单中选择要删除的选项，如【列】，如图 4-43 所示。

图 4-43

（4）选中要删除行或列中的任意单元格，单击【表格工具】选项卡中的【删除】下拉按钮，在弹出的下拉菜单中选择要删除的选项，如【列】，如图 4-44 所示。

图 4-44

★重点 4.3.4 实战：合并与拆分档案表中的单元格

实例门类	软件功能

在表现某些数据时，为了让表格更加规范，界面更加美观，可以对单元格进行合并或拆分操作。

1. 合并单元格

如果要合并单元格，操作方法如下。

Step01 打开"素材文件\第4章\员工档案表（合并与拆分）.wps"文档，❶选中要合并的多个单元格；❷单击【表格工具】选项卡中的【合并单元格】按钮，如图 4-45 所示。

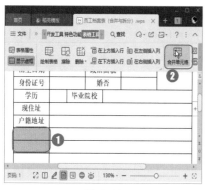

图 4-45

Step02 操作完成后，即可看到所选的多个单元格已经合并为一个，如图 4-46 所示。

图 4-46

2. 拆分单元格

在单元格中输入数据信息时，为了让数据更加清楚，可以将同一类别的不同数据分别放置在单独的单元格中，此时，可以拆分单元格，操作方法如下。

Step01 接上一例操作，❶选中要拆分的单元格；❷单击【表格工具】选项卡中的【拆分单元格】按钮，如图 4-47 所示。

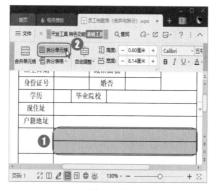

图 4-47

Step02 打开【拆分单元格】对话框，❶设置需要拆分的列数和行数；❷单击【确定】按钮，如图 4-48 所示。

图 4-48

Step03 操作完成后，即可看到所选

单元格已经拆分完成，如图 4-49 所示。

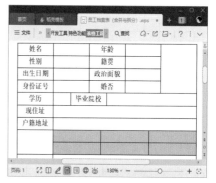

图 4-49

4.3.5 实战：调整采购表的行高与列宽

在文档中插入的表格的行高和列宽都是默认的，但每个单元格中输入的内容长短不一，此时，我们可以通过以下几种方法调整行高和列宽。

（1）将光标移动到要调整行高或列宽的边框线上，当光标变为 ⊕ 时，按住鼠标左键，将边框线拖动到合适的位置后松开鼠标左键即可，如图 4-50 所示。

图 4-50

（2）选中要调整行高或列宽的单元格，在【表格工具】选项卡的【高度】和【宽度】微调框中设置行高和列宽即可，如图 4-51 所示。

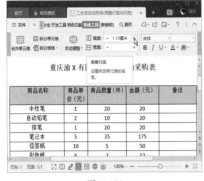

图 4-51

（3）选中要调整行高或列宽的单元格，单击【表格工具】选项卡中的【表格属性】按钮，打开【表格属性】对话框，在【行】或【列】选项卡中调整高度值和宽度值即可，如图 4-52 所示。

图 4-52

4.3.6 实战：为采购表绘制斜线表头

实例门类	软件功能

制作表格时，经常需要用到斜线表头，WPS 文字提供了【绘制斜线表头】的功能，用户可以很方便地绘制斜线表头，操作方法如下。

Step 01 打开"素材文件\第 4 章\工会活动采购表（斜线头）.wps"文档，❶ 将光标定位到要绘制斜线表头的单元格；❷ 单击【表格样式】选项卡中的【绘制斜线表头】命令，如图 4-53 所示。

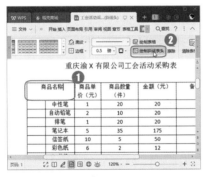

图 4-53

Step 02 打开【斜线单元格类型】对话框，❶ 选择斜线表头的样式；❷ 单击【确定】按钮，如图 4-54 所示。

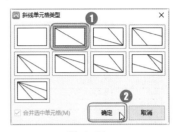

图 4-54

Step 03 操作完成后，即可看到该单元格已经绘制了斜线表头，如图 4-55 所示。

图 4-55

4.4 美化表格的方法

表格的默认样式千篇一律，难免会造成视觉疲劳，为了让表格更加美观，可以在创建表格后，对表格的格式进行设置，如设置文字方向、对齐方式、内置样式和自定义边框底纹等。

4.4.1 实战：为员工档案表设置文字方向

实例门类	软件功能

单元格中的文字方向默认为横向，但有时为了配合单元格的排列方向，使表格看起来更加美观，可以将表格中文字的排列方向设置为纵向，操作方法如下。

Step 01 打开"素材文件\第 4 章\员工档案表（文字方向）.wps"文档，❶ 将光标定位到要设置文字方向的单元格；❷ 单击【表格工具】选项卡中的【文字方向】下拉按钮；❸ 在弹出的下拉菜单中选择需要的文字方向，如【垂直方向从右往左】，如图 4-56 所示。

图 4-56

Step02 设置完成后，即可看到所选单元格中的文字方向已经更改，如图 4-57 所示。

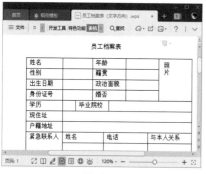

图 4-57

技术看板

右击需要更改文字方向的单元格，在弹出的快捷菜单中选择【文字方向】命令，在弹出的【文字方向】对话框中也可以设置文字方向。

4.4.2 实战：为员工档案表设置文字对齐方式

实例门类	软件功能

表格中文本的对齐方式是指单元格中文本的垂直对齐与水平对齐。在表格中，文本的对齐方式有 9 种，默认的文本对齐方式为【靠上两端对齐】。各对齐方式如图 4-58 所示。

靠上两端对齐	靠上居中对齐	靠上右对齐
中部两端对齐	水平居中	中部右对齐
靠下两端对齐	靠下居中对齐	靠下右对齐

图 4-58

如果要设置文本的对齐方式，操作方法如下。

Step01 打开"素材文件\第4章\员工档案表（对齐方式）.wps"文档，❶选中要设置对齐方式的单元格，如全

选表格；❷单击【表格工具】选项卡中的【对齐方式】下拉按钮；❸在弹出的下拉菜单中选择一种对齐方式，如【水平居中】，如图 4-59 所示。

图 4-59

Step02 设置完成后，即可看到所选单元格中的文字对齐方式已经更改，如图 4-60 所示。

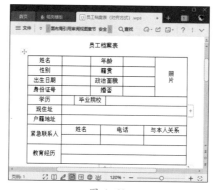

图 4-60

技术看板

右击要设置对齐方式的单元格，在弹出的快捷菜单中选择【单元格对齐方式】命令，在弹出的子菜单中也可设置对齐方式。

★重点 4.4.3 实战：为采购表应用内置样式

实例门类	软件功能

WPS 文字提供了丰富的表格样式库，用户可以直接应用内置的表格

样式，快速完成表格的美化操作，操作方法如下。

Step01 打开"素材文件\第4章\公会活动采购表（美化表格）.wps"文档，❶将光标定位到表格中的任意单元格；❷单击【表格样式】选项卡中的 按钮，如图 4-61 所示。

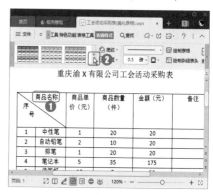

图 4-61

Step02 在打开的内置表格样式列表中选择一种合适的样式，如图 4-62 所示。

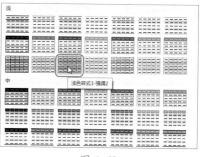

图 4-62

Step03 操作完成后，即可看到表格应用内置样式后的效果，如图 4-63 所示。

图 4-63

4.4.4 实战：为采购表自定义边框和底纹

实例门类	软件功能

如果对内置的表格样式不满意，也可以自定义表格的边框和底纹，操作方法如下。

Step01 打开"素材文件\第4章\工会活动采购表(边框和底纹).wps"文档，❶选中整个表格；❷单击【表格样式】选项卡中的【边框】下拉按钮；❸在弹出的下拉菜单中选择【边框和底纹】选项，如图 4-64 所示。

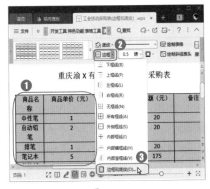

图 4-64

Step02 打开【边框和底纹】对话框，❶在【边框】选项卡的【设置】组中选择【方框】选项；❷在【线型】列表框中选择线条的类型；❸分别选择线条的颜色和宽度；❹在【预览】栏选中田、田、田、田按钮，如图 4-65 所示。

图 4-65

Step03 ❶在【设置】栏选择【自定义】选项；❷在【线型】栏中选择列表框的线型；❸分别选择线条的颜色和宽度；❹在【预览】栏中选中田和田按钮，如图 4-66 所示。

图 4-66

Step04 ❶切换到【底纹】选项卡；❷在【填充】下拉列表中设置【填充】颜色；❸单击【确定】按钮，如图 4-67 所示。

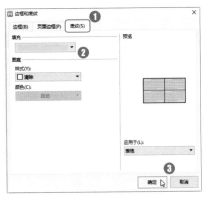

图 4-67

Step05 ❶选中表格的第一行；❷单击【表格样式】中的【底纹】下拉按钮；❸在弹出的下拉菜单中选择主题颜色，如图 4-68 所示。

Step06 保持第一行的选中状态，❶单击【开始】选项卡的【文字颜色】下拉按钮 ▲·；❷在弹出的下拉菜单中选择文字颜色，如图 4-69 所示。

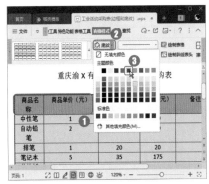

图 4-68

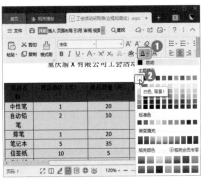

图 4-69

Step07 操作完成后，即可看到设置边框和底纹后的效果，如图 4-70 所示。

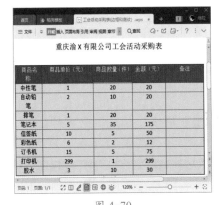

图 4-70

技术看板

在设置边框和底纹时，颜色的搭配要合理，原则上配色不超过 3 种颜色，商业表格应用颜色以黑、灰、蓝、红等颜色为主，艺术性较强的文档则可以使用更为活泼的颜色。

妙招技法

通过对前面知识的学习，相信读者已经对表格的创建和编辑有了一定的了解。下面结合本章内容，给大家介绍一些实用技巧。

技巧 01：表格拆分方法

在制作表格时，有时会遇到需要将一个表格拆分为两个部分的情况，此时可以应用以下方法来完成。

Step01 打开"素材文件\第 4 章\工会活动采购表（拆分表格）.wps"文档，❶ 选择需要拆分的部分表格；❷ 单击【表格工具】选项卡中的【拆分表格】下拉按钮；❸ 在弹出的下拉菜单中选择【按行拆分】命令，如图 4-71 所示。

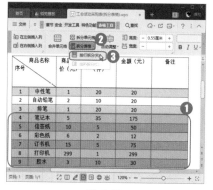

图 4-71

Step02 操作完成后，即可看到表格已经被拆分为两部分，如图 4-72 所示。

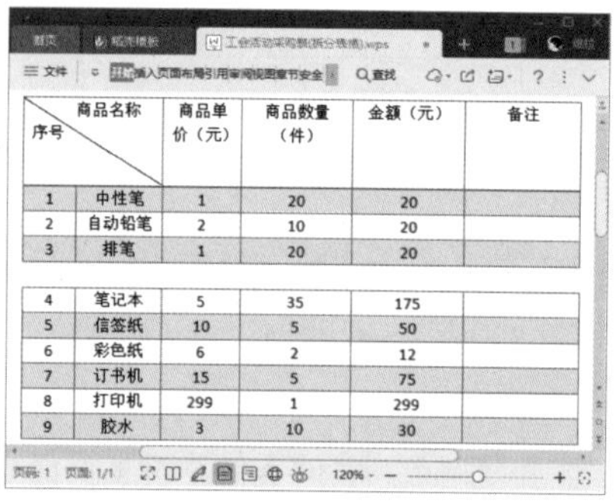

图 4-72

技巧 02：重复表格标题

表格的标题通常放在表格的第一行，称为表头。如果表格行数较多，会出现表格跨页的情况，但是跨页的内容是紧接上一页显示，并不包含标题，这会影响到后一页表格内容的阅读。此时，可以通过重复表格标题的方法在跨页后的表格中自动添加标题，操作方法如下。

Step01 打开"素材文件\第 4 章\工会活动采购表（重复标题）.wps"文档，❶ 将光标定位到标题行的任意单元格中；❷ 单击【表格工具】选项卡中的【标题行重复】按钮，如图 4-73 所示。

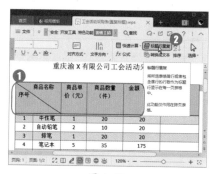

图 4-73

Step02 操作完成后，即可在下一页的表格中重复显示标题行的内容，如图 4-74 所示。

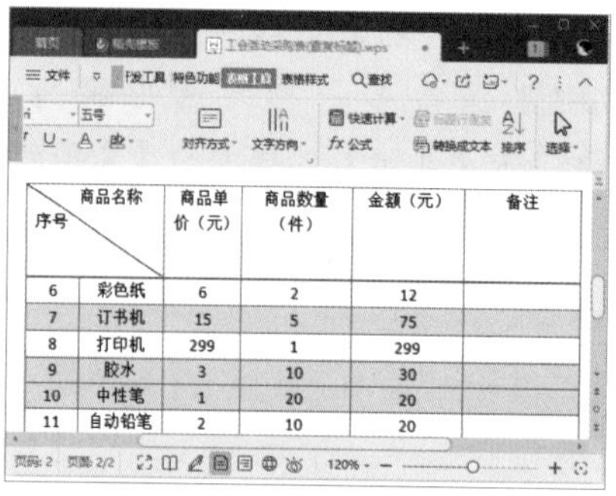

图 4-74

技术看板

在表格的后续页上不能对标题行进行修改，只能在第一页修改，修改后的结果会实时反映在后续页面。

技巧 03：让单元格大小随内容增减而变化

在单元格中输入较多内容时，经常会出现超出单元格列宽的情况，导致整个表格不美观。这时可以设置单元格大小随表格内容的增减而变化，操作方法如下。

Step01 打开"素材文件\第 4 章\工会活动采购表（单元格调整大小）.wps"文档，❶ 将光标定位到表格中；❷ 单击【表格工具】选项卡中的【自动调整】按钮；❸ 在弹出的下拉菜单中选择【根据内容调整表格】命令，如图 4-75 所示。

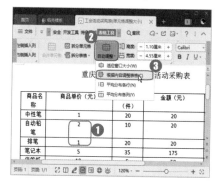

图 4-75

Step02 操作完成后，单元格的大小即可根据内容的增减自动调整，如图 4-76 所示。

图 4-76

技巧 04：在表格中进行计算

在 WPS 文字的表格中输入数据之后，可以在表格中执行简单的计算，操作方法如下。

Step 01 打开"素材文件\第 4 章\季度销售表 .wps"文档，❶ 选中要计算的单元格；❷ 单击【表格工具】选项卡中的【快速计算】下拉按钮；❸ 在弹出的下拉菜单中选择【求和】选项，如图 4-77 所示。

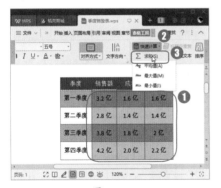

图 4-77

Step 02 操作完成后，表格下方会自动添加一行，用来显示各项的求和结果，如图 4-78 所示。

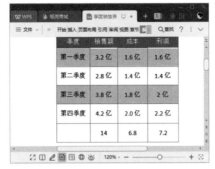

图 4-78

技巧 05：对表格中的内容进行排序

在表格中，除可以进行简单的计算之外，还可对表格中的数据进行排序，具体操作方法如下。

Step 01 打开"素材文件\第 4 章\季度销售表 .wps"文档，❶ 选中要排序的单元格；❷ 单击【表格工具】选项卡中的【排序】按钮，如图 4-79 所示。

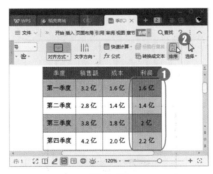

图 4-79

Step 02 打开【排序】对话框，❶ 在【主要关键字】栏自动选择所选列，设置【类型】为【数字】，保持默认选择【升序】；❷ 单击【确定】按钮，如图 4-80 所示。

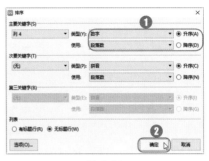

图 4-80

Step 03 返回文档中，即可看到表格中的数据已经按升序排列，如图 4-81 所示。

图 4-81

本章小结

本章主要介绍了在 WPS 文字中创建与编辑表格的方法，重点是创建表格、选择表格对象、合并与拆分单元格、设置文字方向和对齐方式等。此外，若要创建出与众不同的表格，还需要学会美化表格、对表格进行排序与计算等。

第**5**章 图文编排美化文档

- ➜ 怎样将图片应用到文档中？
- ➜ 文档中的图形扁平单调，该怎样设置立体的图形？
- ➜ 文字块总是不听话，如何用文本框来归类？
- ➜ 怎样插入绚丽的艺术字？
- ➜ 流程文字过于复杂，应该怎样修改？
- ➜ 如何用二维码制作 Wi-Fi 的帐号与密码？

本章我们将学习怎样在文档中使用图文混排来制作文档。在文档中加入图文元素，不仅可以美化文档，还可以将一些用文字难以描述的内容用多媒体元素轻松表达出来。通过对本章内容的学习，以上这些问题都会迎刃而解。

5.1 WPS 中的图文应用

在文档中，除输入文本和插入表格外，还会用到图片、形状、艺术字等元素。这些内容有时以主要内容的形式存在，有时只是用来修饰文档。只有合理地使用这些元素，才能使文档更具艺术性与可读性，才能更有效地发挥文档的作用。

5.1.1 多媒体元素在文档中的应用

多媒体是一种人机交互式信息交流和传播的媒体，多媒体元素包含了文字、图像、图形、链接、声音、动画、视频和程序等元素。在编排文档时，除使用文字外，还可以应用图像、图形、视频等，利用这些媒体元素，不仅可以更好地传达信息，还能美化文档，使文档更加生动、具体。

1. 在文档中应用图片

有些文档有时需要搭配照片，如进行产品介绍、产品展示和产品宣传时，可以在宣传文档中配上产品的图片，不仅可以更好地展示产品，吸引读者，还可以增加页面的美感，让读者充分了解产品，如

图 5-1 所示。

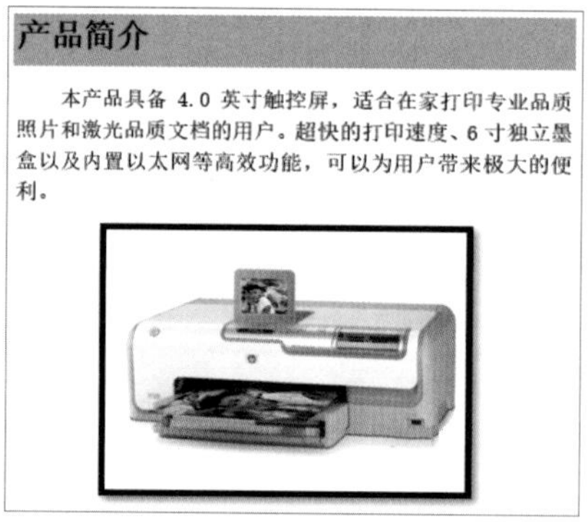

产品简介

本产品具备 4.0 英寸触控屏，适合在家打印专业品质照片和激光品质文档的用户。超快的打印速度、6 寸独立墨盒以及内置以太网等高效功能，可以为用户带来极大的便利。

图 5-1

图片除可以用来对文档内容进行说明外，还可以用于修饰文档，如作为文档背景或用小图片点缀页面等，如图 5-2 所示。

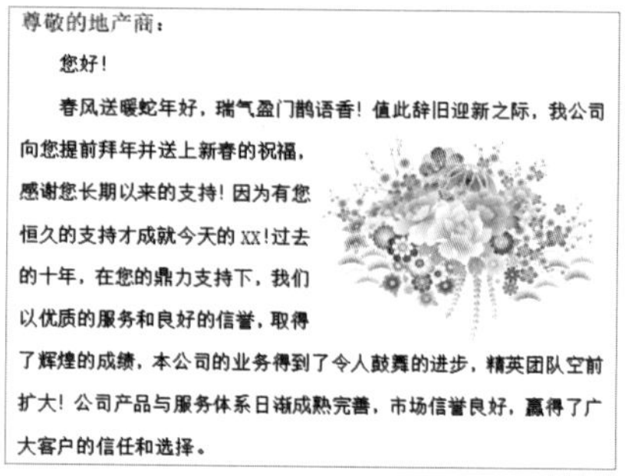

尊敬的地产商：

您好！

春风送暖蛇年好，瑞气盈门鹊语香！值此辞旧迎新之际，我公司向您提前拜年并送上新春的祝福，感谢您长期以来的支持！因为有您恒久的支持才成就今天的 XX！过去的十年，在您的鼎力支持下，我们以优质的服务和良好的信誉，取得了辉煌的成绩，本公司的业务得到了令人鼓舞的进步，精英团队空前扩大！公司产品与服务体系日渐成熟完善，市场信誉良好，赢得了广大客户的信任和选择。

图 5-2

2. 在文档中应用图形

当我们要传达某些信息时，最常用的方式是文字。可是，描述某些信息可能需要一大篇文字，甚至即使如此，也不一定能将其中的意思表达清楚。

例如，要介绍一个招聘流程，如果用文字来描述，可能需要大量的篇幅，而使用图形可以很直观地说明一切，如图 5-3 所示。

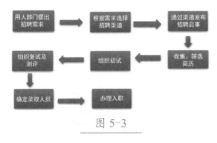

图 5-3

3. 在文档中应用其他多媒体元素

在 WPS 文字中，还可以插入一些特殊的媒体元素，如超链接、动画、音频、视频和交互程序等。但是，这一类多媒体元素如果应用在需要打印的文档中，效果不太明显，所以通常会应用在通过网络或以电子版的形式传播的文档中，如电子版的报告、电子版的商品介绍或网页等。

在电子文档中，应用各种多媒体元素，可以最大限度地吸引阅读者。超链接是电子文档中应用最多的一种交互元素，应用超链接可以提高文档的可操作性，方便读者快速阅读文档。例如，可以为文档中的某些内容建立书签和注释超链接，当用户对该内容感兴趣时，点击链接可以快速切换到相应的网站。

在电子文档中加入简单的动画辅助演示内容、增加音频进行解说或翻译、加入视频进行宣传推广，甚至加入一些交互程序与阅读者互动，可以在很大程度上提高文档的吸引力和可读性。

5.1.2 图片选择的注意事项

文字和图片都可以传递信息，但给人的感觉却不相同。

文字的优点是可以准确地描述概念、陈述事实，缺点是不够直观。文字需要一行一行地阅读，在阅读的过程中还需要加以思考，以理解作者的观点。

现代人更喜欢直白地传达各种信息，图片正好能弥补文字的不足，将要传达的信息直接展示在读者面前，不需要读者进行太多思考。

所以，"图片＋文字"的组合，是更好的信息传递方式。

但是，图片的使用并不能随心所欲，在选择图片时，需要注意以下几个方面。

1. 图片的质量

一般情况下，使用的图片的来源有两种。

（1）为文档精心拍摄或制作的图片，这种图片的像素和大小比较统一，运用到文档中的效果较好。

（2）通过其他途径收集的相关图片，由于来源不定，所以图片的大小不一，像素也各有差别。

如果使用第二种来源的图片，可能会导致同一份文档中的不同图片分辨率差异极大，有的极精致，如图 5-4 所示，有的极粗糙，如图 5-5 所示。

图 5-4

图 5-5

像素低的图片非但不能为文档增色，反而会影响文档的表现力，所以一定要选择质量上乘的图片。

技术看板

使用通过其他途径收集来的图片时，应注意图片上是否带有水印。无论是作为正文中的说明图片，还是用作背景图片，第三方水印都会让文档内容的真实性大打折扣。

2. 吸引读者注意力

阅读者大多只对自己喜欢的事物感兴趣，没有人愿意阅读一篇没有亮点的文档。为了抓住读者的眼球，在为文档选择图片时，不仅要选择质量高的，还要尽量选择有视觉冲击力和感染力的图片，如图 5-6 所示。

图 5-6

3. 契合主题

为文档添加图片，是为了让图片和文档的内容相契合，所以切记：不要使用与文字内容无关的图片。

将与主题完全不相关的图片插入文档，会给读者错误的暗示，将读者的注意力转移到无关的地方，如图 5-7 所示，花与主题毫无关联。

Ⅰ、区域市场分析

重点区域市场价格分析

在本月受调查的 5 个城市里，所调查的白酒品牌价格波动不太活跃，其中武汉市场和成都市场的白酒价格异常平静，南京、广州和北京市场也不象预期的那样活跃。在本月受调查的 15 个品种中，除了 55°古井贡在被调查的城市里均没有价格变化外，其他品牌在价格上都做了调整，被调查的 15 个品牌分别是：52°五粮液、38°台台、52°剑南春、52°水井坊、54°酒鬼、52°泸洲、53°郎酒、52°小糊涂仙、55°古井贡、45°西凤酒、53°沱酒、35°中国劲酒、金六福（一星）、52°尖庄、红星二锅头。

以下是具体调查情况的图表分析：

图 5-7

如果将相关数据整理为图表，并对图表加以美化，不仅能增加文字的说服力，还能美化文档，如图 5-8 所示。

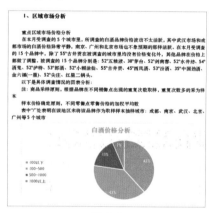

图 5-8

在文档中插入图片，一定要用得贴切，用得巧妙，只有这样才能发挥图片的作用。在选择图片的时候，首先要考虑它与文档观点的相关性，图片是对观点的解释，也是观点的延伸。

5.1.3　设置图片的环绕方式

WPS 文字为图片提供了嵌入型、四周型、紧密型、衬于文字下方、衬于文字上方、上下型和穿越型共 7 种文字环绕方式，不同的环绕方式可为阅读者带来不一样的视觉感受。

1.　嵌入型环绕

将图片插入到 WPS 文字文档后，默认的环绕方式为嵌入型，如果将图片插入包含文字的段落中，该行的行高将以图片的高度为准，如图 5-9 所示。

图 5-9

把一张图片嵌入文字段落中时，使用嵌入型环绕方式会导致文档出现大段的空白。如果一行中有两张或者多张图片，将其嵌入文档时可以并列排版，这样看起来就比较美观，如图 5-10 所示。

图 5-10

2.　四周型环绕

四周型环绕是以图片的方形边界框为界，文字环绕在图片四周的环绕方式，如图 5-11 所示。

图 5-11

当文档中的图片被裁剪为其他形状时，文字内容与图片的方形边界框之间的空白区域不会被文字填充，形成的空白不仅浪费版面，还影响美观，如图 5-12 所示。

图 5-12

3.　紧密型环绕

紧密型环绕可以环绕于图片的方形边界框内，使文字紧密环绕在实际图片的边缘，如图 5-13 所示。

图 5-13

4.　衬于文字下方

将图片衬于文字下方，就等于将图片作为文字的背景。但是，如果文字颜色为黑色，那么当图片颜色较深时，就会导致文字不清晰，如图 5-14 所示。

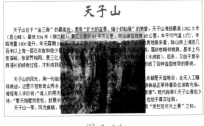

图 5-14

这时可以调整文字颜色，以适应图片，如图 5-15 所示。

图 5-15

5. 衬于文字上方

图片显示在文字的上方，文字不会环绕图片，而是衬于图片的下方。这种环绕方式会导致图片

下方的文字被遮挡而无法阅读，如图 5-16 所示。

图 5-16

6. 上下型环绕

上下型环绕方式是指文字位于图片的上方和下方，其效果与将图片单独置于一行的嵌入型环绕方式很相似，但二者的区别在于，设置为嵌入型环绕的图片不能移动，而设置为上下型环绕的图片可以任意移动，如图 5-17 所示。

图 5-17

7. 穿越型环绕

穿越型环绕是指文字沿着图片的环绕顶点进行环绕，如图 5-18 所示。

图 5-18

5.2　在海报中插入图片

制作文档时，可以在适当的位置插入一些图片作为补充说明。例如，在制作海报文档时，插入产品的宣传图片，可以激发消费者的购买欲。为了让插入图片后的文档更美观，在插入图片之后，还需要对图片进行编辑。下面以制作海报为例，讲解如何在 WPS 文字中插入图片。

5.2.1　实战：在海报中插入图片

实例门类	软件功能

在制作海报、广告宣传类文档时，图片可以让读者更好地理解文档中的内容。例如，要在海报中插入图片，操作方法如下。

Step01 打开"素材文件\第 5 章\促销海报 .wps"文档，单击【插入】选项卡中的【图片】按钮，如图 5-19 所示。

图 5-19

技术看板

单击【图片】下拉按钮，在弹出的下拉菜单中可以选择【扫描仪传图】【手机传图】等图片上传方式。

Step02 打开【插入图片】对话框，❶ 在地址栏中选择要插入的图片所在的位置，如"素材文件\第 5 章\咖啡 3.JPG"图片；❷ 选中要插入的图片；❸ 单击【插入】按钮，如图 5-20 所示。

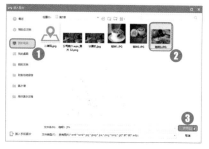

图 5-20

Step 03 操作完成后，即可将所选图片插入到文档中，如图 5-21 所示。

图 5-21

5.2.2 实战：设置图片的格式

实例门类	软件功能

在文档中插入图片之后，还可以设置图片的格式，如调整图片大小、设置环绕方式、裁剪图片、移动图片、设置边框等。

1. 调整图片的大小

在文档中插入图片之后，图片会以原始大小显示，如果图片大小大于页面，则自动缩放为与页面大小相同。如果要调整图片的大小，可以使用以下几种方法。

（1）选中图片，在【图片工具】选项卡的【高度】和【宽度】微调框中调整图片的尺寸，如图 5-22 所示。

图 5-22

（2）选中图片，图片的四周将出现白色的控制点，将光标移动到控制点上，光标会变为黑色的双向箭头，按住鼠标左键，将图片拖动到合适的大小后松开鼠标左键即可，如图 5-23 所示。

图 5-23

（3）右击图片，在弹出的快捷菜单中选择【设置对象格式】命令，在弹出的【设置对象格式】对话框中选择【大小】选项卡，调整【高度】和【宽度】的绝对值，然后单击【确定】按钮即可，如图 5-24 所示。

图 5-24

技术看板

调整图片大小时，如果调整了高度，图片会自动等比例调整宽度。如果只需要调整宽度或高度，可以取消勾选【设置对象格式】对话框【大小】选项卡中的【锁定纵横比】复选框。

2. 设置图片的环绕方式

图片插入文档后的默认环绕方式为嵌入型，可是在排版时，有时需要对图片的摆放位置进行调整，此时可以通过以下几种方法更改图片的环绕方式。

（1）打开【设置对象格式】对话框，在【版式】选项卡中选择图片的环绕方式，然后单击【确定】按钮即可，如图 5-25 所示。

图 5-25

（2）选中图片，在【图片工具】选项卡中单击【文字环绕】下拉按钮，在弹出的快捷菜单中选择一种环绕方式，如图 5-26 所示。

图 5-26

（3）选中图片，图片右侧会出现浮动按钮，单击【布局选项】按钮，在弹出的布局选项菜单中选择一种环绕方式即可，如图 5-27 所示。

图 5-27

3. 裁剪图片

将图片插入文档后，如果只需要图片的部分内容，可以对图片进行裁剪，操作方法如下。

Step01 按上一例操作，❶ 选中图片；❷ 单击【图片工具】选项卡中的【裁剪】按钮，如图 5-28 所示。

图 5-28

Step02 图片四周将出现 8 个裁剪控制点，将光标移动到控制点上，按住鼠标左键将控制点拖动到合适的位置，然后松开鼠标左键，如图 5-29 所示。

Step03 按【Enter】键确认裁剪，即可完成裁剪，如图 5-30 所示。

图 5-29

图 5-30

技能拓展——将图片裁剪为其他形状

选中图片后，单击【图片工具】选项卡中的【裁剪】下拉按钮，在弹出的形状列表中选择需要的形状工具，可以将图片裁剪为任意形状。

4. 移动图片

图片的摆放位置关系着版面是否美观，在制作文档时，可以将图片移动到合适的位置，操作方法如下。

Step01 接上一例操作，选中图片，当光标变为十时按住鼠标左键不放，拖动图片到合适的位置，如图 5-31 所示。

Step02 释放鼠标左键后，图片即被移动到目标位置，如图 5-32 所示。

图 5-31

图 5-32

5. 调整图片的亮度与对比度

如果对插入的图片的亮度和对比度不满意，可以在 WPS 文字中进行简单的调整，操作方法如下。

Step01 接上一例操作，❶ 选中图片；❷ 单击【增加对比度】按钮或【降低对比度】按钮，可以调整图片的对比度，如图 5-33 所示。

图 5-33

Step⑫ 单击【增加亮度】按钮或【降低亮度】按钮，可以调整图片的亮度，如图 5-34 所示。

图 5-34

6. 为图片设置阴影

在文档中插入图片后，还可以给图片设置阴影效果，具体操作方法如下。

Step⑪ 接上一例操作，❶ 选中图片；❷ 单击【图片工具】选项卡中的【阴影效果】下拉按钮；❸ 在弹出的下拉菜单中选择一种阴影样式，如图 5-35 所示。

图 5-35

Step⑫ ❶ 单击【图片工具】选项卡中的【阴影颜色】下拉按钮；❷ 在弹出的下拉菜单中选择一种阴影颜色，如图 5-36 所示。

图 5-36

Step⑬ 设置阴影之后，可以通过图片工具选项卡中的上移、下移、左移和右移按钮，更改阴影样式，如图 5-37 所示。

图 5-37

Step⑭ 如果要取消阴影，可以单击【图片工具】选项卡中的【设置阴影】按钮来设置和取消阴影，如图 5-38 所示。

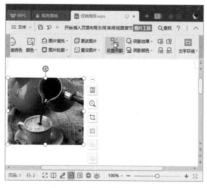

图 5-38

7. 设置图片边框

为图片设置边框可以让图片更加美观，设置图片边框的操作方法如下。

Step⑪ 接上一例操作，❶ 选中图片；❷ 单击【图片工具】选项卡中的【图片轮廓】下拉按钮；❸ 在弹出的下拉菜单中选择一种轮廓颜色后再次单击【图片轮廓】下拉按钮；❹ 在弹出的下拉菜单中选择【线型】选项；❺ 在弹出的子菜单中选择线条的大小，如【6磅】，如图 5-39 所示。

图 5-39

Step⑫ 操作完成后，即可看到为图片设置边框后的效果，如图 5-40 所示。

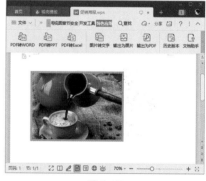

图 5-40

8. 设置图片效果

为图片设置特殊效果，可以增强图片的表现力，设置图片效果的操作方法如下。

Step⑪ 打开"素材文件\第5章\促销海报（图片样式）.docx"文档，❶ 选中图片；❷ 单击【图片工具】选项卡中的【图片效果】下拉按钮；❸ 在弹出的下拉菜单中选择【柔化边缘】选项；❹ 在弹出的扩展菜单中选择柔化的磅值，如图 5-41 所示。

Step02 操作完成后，即可看到为图片设置柔化后的效果，如图 5-42 所示。

图 5-41

图 5-42

5.3 在文档中使用形状图形

在制作文档时，单纯的文字叙述会让人觉得枯燥，有些特定的内容也不容易被理解。如果为文档加上形状，图文混合排版，不仅可以丰富页面，还能让阅读者更直观地了解文档内容。

★重点 5.3.1 实战：在海报中绘制形状

实例门类	软件功能

WPS 文字中提供了形状功能，我们可以在文档中绘制出各种各样的形状，操作方法如下。

Step01 打开"素材文件\第 5 章\促销海报（形状）.wps"文档，❶ 单击【插入】选项卡中的【形状】下拉按钮；❷ 在弹出的下拉列表中选择需要的形状，如【椭圆】○，如图 5-43 所示。

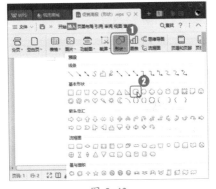

图 5-43

Step02 此时，鼠标光标将变为+，按

住鼠标左键拖动，如图 5-44 所示。

图 5-44

Step03 拖动到合适的位置后，松开鼠标左键，即可绘制出一个椭圆形，如图 5-45 所示。

图 5-45

技能拓展——绘制矩形

按住【Ctrl】键再绘图，可以绘制出一个从中间向四周延伸的矩形；按住【Shift+Ctrl】组合键再绘图，可以绘制出一个从中间向四周延伸的正方形。

5.3.2 设置形状的样式

默认的形状样式为白色填充，黑色边框。为了让形状的样式与文档更加契合，可以对形状的样式进行设置。

1. 设置轮廓和阴影

为形状设置轮廓和阴影，可以让形状更加立体，操作方法如下。

Step01 接上一例操作，❶ 选中形状；❷ 单击【绘图工具】选项卡中的【填充】下拉按钮；❸ 在弹出的下拉菜单中选择一种填充颜色，如图 5-46 所示。

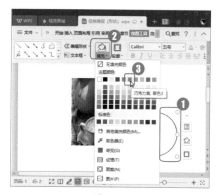

图 5-46

Step 02 保持形状的选中状态，❶单击【绘图工具】选项卡中的【轮廓】下拉按钮；❷在弹出的下拉菜单中选择一种轮廓颜色，本例选择【无线条颜色】，如图 5-47所示。

图 5-47

Step 03 ❶单击【效果设置】选项卡中的【阴影效果】下拉按钮；❷在弹出的下拉菜单中选择一种阴影样式，如图 5-48 所示。

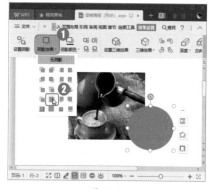

图 5-48

Step 04 单击【效果设置】选项卡中的【上移】❏、【下移】❏、【左移】❏和【右移】❏按钮，调整阴影的大小和位置，即可完成形状的阴影设置，如图 5-49 所示。

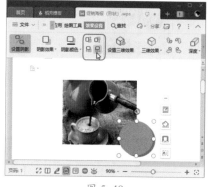

图 5-49

2. 设置形状的图层

绘制多个形状时，先绘制的形状会被后绘制的形状遮盖，此时，可以通过以下两种方法设置形状的图层。

（1）选中要设置图层的形状，单击【绘图工具】选项卡中的【下移一层】按钮，如图 5-50 所示。

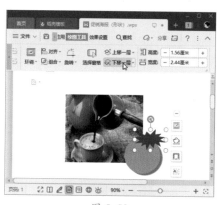

图 5-50

（2）右击形状，在快捷菜单中选择【置于底层】选项，在弹出的子菜单中选择【置于底层】命令，如图 5-51 所示。

图 5-51

3. 旋转形状

绘制形状后，如果要旋转形状，方法有以下两种。

（1）选中形状，单击【绘图工具】选项卡中的【旋转】下拉按钮，在弹出的下拉菜单中选择旋转方向，如【向右旋转 90°】，如图 5-52 所示。

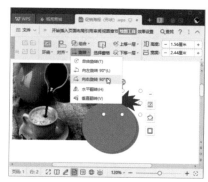

图 5-52

（2）选中形状，拖动形状上方出现的旋转按钮❂，即可自由旋转形状，如图 5-53 所示。

图 5-53

4. 组合形状

设置好多个形状的样式后，为了更方便地移动和编辑形状，可将它们组合成一个整体，操作方法有以下几种。

（1）选中多个需要组合的形状，在出现的浮动工具栏中单击【组合】按钮，如图 5-54 所示。

图 5-54

（2）选中多个需要组合的形状，单击【绘图工具】选项卡中的【组合】下拉按钮，在弹出的下拉菜单中选择【组合】命令即可，如图 5-55 所示。

图 5-55

（3）选中多个需要组合的形状，单击鼠标右键，在弹出的快捷菜单中选择【组合】选项，在弹出的子菜单中单击【组合】命令，如图 5-56 所示。

图 5-56

5.3.3　在形状中添加文字

绘制了形状之后，我们不仅可以设置形状的样式，还可以在形状中添加文字，操作方法如下。

Step01 ❶ 右击要添加文字的形状；❷ 在弹出的快捷菜单中选择【添加文字】命令，如图 5-57 所示。

图 5-57

Step02 直接在形状中输入需要的文字，如图 5-58 所示。

图 5-58

Step03 在【开始】选项卡中设置文本格式即可，如图 5-59 所示。

图 5-59

5.4　在文档中使用文本框

文本框是指一种可移动、可调大小的文字或图形容器。使用文本框可以在一页上放置多个文字块，并且可以将文字以不同的方向排列。

★重点 5.4.1 实战：在海报中绘制文本框

实例门类	软件功能

如果要在文档的任意位置插入文本，可以使用文本框来完成。文本框分为横向文本框和竖向文本框两类。

1. 插入横向文本框

插入横向文本框的操作方法如下。

Step01 打开"素材文件\第5章\促销海报（文本框）.wps"文档，❶单击【插入】选项卡中的【文本框】下拉按钮；❷在弹出的下拉菜单中选择【横向】命令，如图5-60所示。

图 5-60

Step02 此时光标将变为＋形状，按住鼠标左键将文本框拖动到合适的大小，如图5-61所示。

图 5-61

Step03 操作完成后，即可在文档中插入文本框，然后在文本框中输入需要的文字，如图5-62所示。

图 5-62

Step04 在【开始】选项卡中设置文本格式即可，如图5-63所示。

图 5-63

2. 插入竖向文本框

插入竖向文本框的操作方法如下。

Step01 接上一例操作，❶单击【插入】选项卡中的【文本框】下拉按钮；❷在弹出的下拉菜单中选择【竖向】命令，如图5-64所示。

Step02 此时光标将变为＋形状，按住鼠标左键将文本框拖动到合适的大小，如图5-65所示。

图 5-64

图 5-65

Step03 操作完成后，即可在文档中插入文本框，在文本框中输入需要的文字，然后在【开始】选项卡中设置文本格式即可，如图5-66所示。

图 5-66

5.4.2 编辑海报中的文本框

创建的文本框默认为黑色边框白色填充，插入文本框之后，可以设置文本框的样式。

1. 设置文本框的填充颜色

白色填充比较单调，在制作海报、宣传册等文档时，可以为文本框设置更丰富的填充颜色，操作方法如下。

Step 01 接上一例操作，❶ 选中文本框；❷ 单击【绘图工具】选项卡中的【填充】下拉按钮；❸ 在弹出的下拉菜单中选择一种填充颜色，如【渐变】，如图 5-67 所示。

图 5-67

Step 02 打开【填充效果】对话框，❶ 在【渐变】选项卡的【颜色】栏选择【双色】单选项，并分别设置【颜色1】和【颜色2】；❷ 在【底纹样式】栏选择一种底纹样式；❸ 在【变形】栏选择渐变样式；❹ 单击【确定】按钮，如图 5-68 所示。

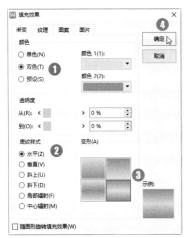

图 5-68

Step 03 返回文档，即可看到为文本框设置渐变填充后的效果，如图 5-69 所示。

图 5-69

2. 设置文本框的轮廓颜色

如果要设置文本框的轮廓颜色，操作方法如下。

Step 01 接上一例操作，❶ 选中文本框；❷ 单击【绘图工具】选项卡中的【轮廓】下拉按钮；❸ 在弹出的下拉菜单中选择一种轮廓颜色，如图 5-70 所示。

图 5-70

Step 02 ❶ 再次单击【轮廓】下拉按钮；❷ 在弹出的下拉菜单中选择【线型】选项；❸ 在弹出的子菜单中选择线条的粗细，如图 5-71 所示。

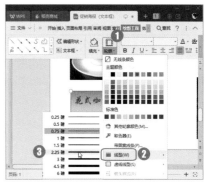

图 5-71

Step 03 操作完成后，即可看到设置轮廓颜色后的效果，如图 5-72 所示。

图 5-72

3. 更改文本框的形状

绘制的文本框形状默认为直角矩形，如果要追求更佳的艺术效果，我们可以更改文本框的形状，操作方法如下。

Step 01 接上一例操作，❶ 选中文本框；❷ 单击【绘图工具】选项卡中的【编辑形状】下拉按钮；❸ 在弹出的下拉菜单中选择【更改形状】选项；❹ 在弹出的子菜单中选择需要的文本框形状，如图 5-73 所示。

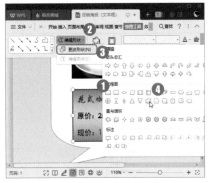

图 5-73

Step02 操作完成后，即可看到所选文本框的形状已经更改，如图 5-74 所示。

图 5-74

5.5 在文档中使用艺术字

为了使文档更美观，经常需要在文档中插入一些具有艺术效果的文字，这种文字就是艺术字。艺术字是经过专业的字体设计师加工的变形字体，具有美观有趣、易认易识、醒目张扬等特性，是一种有图案意味或装饰意味的字体。

★重点 5.5.1 实战：在海报中插入艺术字

实例门类	软件功能

WPS 文字提供了多种艺术字样式，用户可以根据需要插入艺术字，操作方法如下。

Step01 打开"素材文件\第 5 章\促销海报（艺术字）.docx"文档，❶单击【插入】选项卡中的【艺术字】下拉按钮；❷在弹出的下拉菜单中选择一种艺术字样式，如图 5-75 所示。

图 5-75

Step02 文档中将插入艺术字占位符"请在此放置您的文字"，如图 5-76 所示。

图 5-76

Step03 直接输入需要的文字，即可插入艺术字，如图 5-77 所示。

图 5-77

5.5.2 编辑海报中的艺术字

插入了艺术字之后，经常需要对艺术字进行调整。

1. 更改艺术字的字体和字号

如果需要更改艺术字的字体和字号，操作方法如下。

Step01 接上一例操作，❶选中艺术字；❷单击【文本工具】选项卡中的【字体】下拉按钮；❸在弹出的下拉菜单中选择一种字体，如图 5-78 所示。

图 5-78

Step 02 保持艺术字的选中状态，❶ 单击【文本工具】选项卡中的【字号】下拉按钮；❷ 在弹出的下拉菜单中选择合适的字号，如图 5-79 所示。

图 5-79

Step 03 返回文档，即可看到艺术字的字体和字号已经更改，如图 5-80 所示。

图 5-80

2. 更改艺术字的样式

如果对艺术字的样式不满意，也可以更改艺术字样式，操作方法如下。

Step 01 接上一例操作，❶ 选中艺术字，单击【文本工具】选项卡中的下拉按钮；❷ 在弹出的下拉菜单中选择一种艺术字样式，如图 5-81 所示。

图 5-81

Step 02 操作完成后即可更改艺术字的样式，如图 5-82 所示。

图 5-82

3. 更改艺术字的形状

创建艺术字之后，还可以为艺术字设置不同的形状效果，操作方法如下。

Step 01 接上一例操作，❶ 选中艺术字，单击【绘图工具】选项卡中的【形状效果】下拉按钮；❷ 在弹出的下拉菜单中选择一种形状效果，例如【三维旋转】选项；❸ 在弹出的子菜单中选择一种三维效果，如图 5-83 所示。

图 5-83

Step 02 操作完成后，即可看到为艺术字设置的三维效果，如图 5-84 所示。

图 5-84

4. 更改艺术字的填充样式

如果要更改艺术字的填充样式，操作方法如下。

Step 01 接上一例操作，❶ 选中艺术字，单击【绘图工具】选项卡中的【填充】下拉按钮；❷ 在弹出的下拉菜单中选择一种填充颜色，如图 5-85 所示。

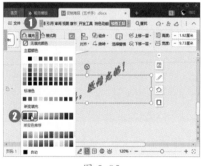

图 5-85

Step 02 操作完成后即可看到颜色填充后的效果，如图 5-86 所示。

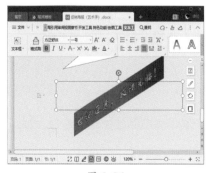

图 5-86

5. 移动艺术字的位置

如果要移动艺术字的位置，操作方法如下。

接上一例操作，将鼠标指针指向艺术字的边框，当鼠标变为飞形状时，按住鼠标左键不放拖动即可移动艺术字，如图 5-87 所示。

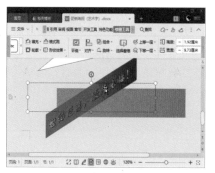

图 5-87

5.6 在文档中使用智能图形

当我们要表达的几个内容具有某种关系时，单纯使用文字说明不仅枯燥，而且不容易被他人理解。此时可以使用智能图形，图形结构和文字说明相结合的形式可以更好地传达作者的观点和文档的信息。

★重点 5.6.1 实战：在公司简介中插入智能图形

实例门类	软件功能

在文档中插入智能图形时，如果使用".wps"格式的文档，在美化文档时会有一些限制。所以，建议将文档保存为".docx"格式。在创建智能图形时，首先要确定图形的类型和布局，然后输入相应的内容。例如，要创建组织结构图，操作方法如下。

Step01 打开"素材文件\第5章\公司简介.docx"文档，❶将光标定位到要插入智能图形的位置；❷单击【插入】选项卡中的【智能图形】按钮，如图 5-88 所示。

图 5-88

Step02 打开【选择智能图形】对话框，❶在列表框中选择一种图形的样式；❷单击【确定】按钮，如图 5-89 所示。

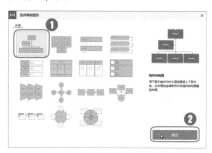

图 5-89

Step03 操作完成后，即可在文档中插入智能图形，如图 5-90 所示。

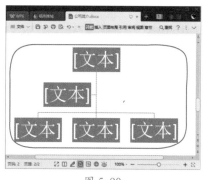

图 5-90

Step04 在文本框中添加文字信息即可，如图 5-91 所示。

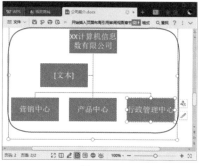

图 5-91

5.6.2 编辑智能图形

插入智能图形后，会发现每个样式的形状的个数是固定的，但在制作图形时，默认的形状的数量和样式不一定能满足使用需求。此时，可以根据需要添加、删除和美化形状。

1. 添加形状

由于智能图形默认布局的形状个数有限，在制作文档的过程中，用户可以根据实际需要添加形状，操作方法如下。

Step01 接上一例操作，❶选中要添加形状的图形；❷单击【设计】选项卡中的【添加项目】下拉按钮；❸在弹出的下拉菜单中选择添加形状的位置，如【在后面添加项目】，如图5-92所示。

图 5-92

Step02 操作完成后，即可在该形状后方添加一个形状，然后输入文字信息即可，如图5-93所示。

图 5-93

技术看板

选中形状后，在出现的浮动工具栏上单击【添加项目】按钮，在弹出的下拉菜单中也可以添加形状。

2. 删除形状

如果智能图形中有多余的形状，需要及时删除，操作方法如下。接上一例操作，选中需要删除的形状，按【Delete】键或【Backspace】键即可删除形状，如图5-94所示。

图 5-94

3. 升级或降级形状

使用升级形状或降级形状功能，可以方便地调整形状的级别，操作方法如下。

Step01 接上一例操作，如果要升级形状，❶选中要升级的形状；❷单击【设计】选项卡中的【升级】按钮即可，如图5-95所示。

图 5-95

Step02 如果要降级形状，❶选中要降级的形状；❷单击【设计】选项卡中的【降级】按钮即可，如图5-96所示。

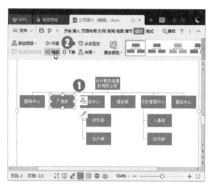

图 5-96

Step03 如果要移动形状的位置，❶选中要移动的形状；❷单击【设计】选项卡中的【上移】或【下移】按钮，如图5-97所示。

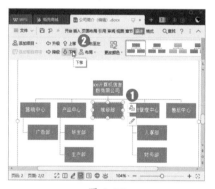

图 5-97

4. 更改智能图形的颜色

系统默认的智能图形颜色为蓝底白字，如果对默认的颜色不满意，可以更改颜色，操作方法如下。

Step01 接上一例操作，❶选中智能图形；❷单击【设计】选项卡中的【更改颜色】下拉按钮；❸在弹出的下拉菜单中选择一种颜色，如图5-98所示。

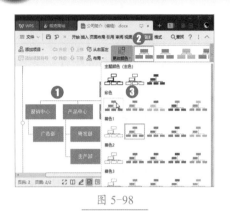

图 5-98

图 5-99

Step02 操作完成后，即可看到设置颜色后的效果，如图 5-99 所示。

5.7 在文档中使用功能图

在日常的工作和生活中，二维码、条形码等功能图的应用十分广泛，如商品的条形码、WiFi 二维码、联系方式二维码等。除专业的工具之外，使用 WPS 文字也可以很方便地制作二维码和条形码。

★重点 5.7.1 实战：制作产品条形码

实例门类	软件功能

条形码多用于物流业、食品业、医学业、图书行业等，制作条形码的方法如下。

Step01 新建一个 WPS 文字文档，❶ 单击【插入】选项卡中的【功能图】下拉按钮；❷ 在弹出的下拉菜单中选择【条形码】选项，如图 5-100 所示。

图 5-100

Step02 打开【插入条形码】对话框，❶ 选择编码类型；❷ 在【输入】文

本框中输入产品的数字代码；❸ 单击【确定】按钮，如图 5-101 所示。

图 5-101

Step03 返回文档，即可看到条形码已经创建，如图 5-102 所示。

图 5-102

Step04 打开【另存为】对话框，❶ 设置文件名、文件类型和保存位置；❷ 单击【保存】按钮即可，如图

5-103 所示。

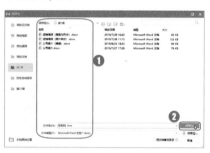

图 5-103

WPS 文字的默认保存格式为".wps"，但制作了条形码的文档中包含扩展数据，建议保存为".docx"格式，否则扩展数据将不支持修改。

5.7.2 实战：制作二维码

实例门类	软件功能

二维码是近几年来非常流行的一种编码方式，它能比传统的条形码存储更多的信息，也能显示更多的数据类型。

1. 制作文本二维码

将文本制作为二维码的操作方法如下。

Step01 新建 WPS 文字文稿，❶ 单击【插入】选项卡中的【功能图】下拉按钮；❷ 在弹出的下拉菜单中选择【二维码】选项，如图 5-104 所示。

图 5-104

Step02 打开【插入二维码】对话框，❶ 在【文本】选项卡的【输入内容】文本框中输入文本内容；❷ 在右侧的【颜色设置】选项卡中设置二维码的颜色，如图 5-105 所示。

图 5-105

技术看板

二维码样式设置并不是必须的操作，如果只需要默认的二维码样式，在输入文本内容后单击【确定】按钮即可。

Step03 ❶ 切换到【嵌入 Logo】选项卡；❷ 单击【点击添加图片】按钮，如图 5-106 所示。

图 5-106

Step04 打开【打开文件】对话框，❶ 选中 Logo 图片；❷ 单击【打开】按钮，如图 5-107 所示。

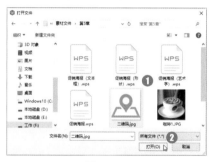

图 5-107

Step05 ❶ 切换到【图案样式】选项卡；❷ 在【定位点样式】下拉菜单中选择一种样式；❸ 设置完成后单击【确定】按钮即可，如图 5-108 所示。

图 5-108

2. 制作名片二维码

制作名片二维码的操作方法如下。

打开【插入二维码】对话框，❶ 切换到【名片】选项卡；❷ 输入联系人信息；❸ 单击【确定】按钮即可，如图 5-109 所示。

图 5-109

3. 制作 WiFi 帐号信息二维码

制作 WiFi 帐号信息二维码的操作方法如下。

打开【插入二维码】对话框，❶ 切换到【WiFi】选项卡；❷ 输入 WiFi 帐号信息；❸ 单击【确定】按钮即可，如图 5-110 所示。

图 5-110

4. 制作电话二维码

制作电话二维码的操作方法如下。

打开【插入二维码】对话框，❶ 切换到【电话】选项卡；❷ 输入电话号码信息；❸ 单击【确定】按钮即可，如图 5-111 所示。

图 5-111

> **技术看板**
>
> WPS 文档的功能图除可以制作条形码和二维码外，还可以制作几何图和地图。

妙招技法

通过对前面知识的学习，相信读者已经熟悉了图片、形状、文本框、艺术字、智能图形和功能图的相关操作。下面结合本章内容，给大家介绍一些实用技巧。

技巧 01：压缩图片大小

在文档中插入图片后，为了节约存储空间，可以对图片进行压缩，操作方法如下。

Step❶ ❶ 选中要压缩的图片；❷ 单击【图片工具】选项卡中的【压缩图片】按钮，如图 5-112 所示。

图 5-112

Step❷ 打开【压缩图片】对话框，保持默认设置，直接单击【确定】按钮即可，如图 5-113 所示。

图 5-113

技巧 02：将图片裁剪为其他形状

裁剪图片的形状，可以使文档更美观，操作方法如下。

Step❶ 打开"素材文件\第5章\促销海报（裁剪为形状）.wps"文档，❶ 选中图片；❷ 单击【图片工具】选项卡中的【裁剪】下拉按钮；❸ 在弹出的下拉菜单中选择一种形状，如图 5-114 所示。

图 5-114

Step❷ 在图片上将出现一个形状，拖动鼠标调整形状，如图 5-115 所示。

图 5-115

Step❸ 调整完成后按下【Enter】键，即可成功地将图片裁剪为其他形状，如图 5-116 所示。

图 5-116

技巧 03：对齐多个形状

绘制多个图形后，可能会导致文档界面看起来比较凌乱。为了让图形更加整齐，需设置形状的对齐方式，操作方法如下。

Step01 打开"素材文件\第 5 章\对齐形状 .wps"文档，❶ 选中多个形状；❷ 单击【绘图工具】选项卡的【对齐】下拉按钮；❸ 在弹出的下拉菜单中选择一种对齐方式，如【水平居中】选项，如图 5-117 所示。

图 5-117

Step02 操作完成后，即可看到所选形状已经按照要求水平居中，如图 5-118 所示。

图 5-118

技巧 04：一次性保存文档中的所有图片

要将 WPS 文字文稿中的图片保存到本地时，可以右击图片，在弹出的快捷菜单中选择【另存为图片】选项。可是，当文档中含有较多的图片时，如果想要将图片全部保存到计算机中，使用该方法就会浪费许多时间，此时可以使用以下方法将文档中的所有图片一次性保存到计算机中。

Step01 打开"素材文件\第 5 章\促销海报（保存所有图片）.wps"文档，❶ 单击【文件】下拉按钮；❷ 在弹出的下拉菜单中选择【另存为】选项；❸ 在弹出的子菜单中单击【其他格式】命令，如图 5-119 所示。

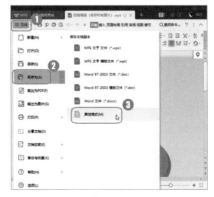

图 5-119

Step02 打开【另存为】对话框，❶ 在【文件类型】下拉列表中设置保存类型为【网页文件（*.html; *.htm)】格式；❷ 单击【保存】按钮，如图 5-120 所示。

图 5-120

Step03 目标位置会新建一个后缀为".files"的文件夹，打开文件夹即可看到文档中的所有图片已被保存到该文件夹，如图 5-121 所示。

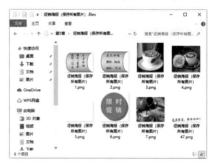

图 5-121

技巧 05：绘制水平线条

绘制线条时，如果没有标尺参照，很容易偏离水平线。要快速绘制水平线条，可以使用快捷键辅助绘制，操作方法如下。

Step01 ❶ 单击【插入】选项卡中的【形状】下拉按钮；❷ 在弹出的下拉菜单中选择一种线条工具，如图 5-122 所示。

图 5-122

Step**02** 在绘制线条前，先按住【Shift】键，然后拖动鼠标，即可得到一条水平线条，如图 5-123 所示。

技术看板

选中直线工具后，按住【Shift】键拖动鼠标，可以画出 15°、30°、45°、60°、75° 等特殊角度的直线。

图 5-123

本章小结

　　本章主要介绍了在 WPS 文字中进行图文混排的方法。把单调的文字转换为图文混排，可以增强文档的表现力。希望读者通过对本章内容的学习，可以熟练地运用图文装饰文档，并进行实操练习，如制作海报、产品简介等需要进行图片混排的文档，以便快速掌握相关的技能，排版出漂亮的文档。

第6章 文档的高级编排

- ➡ 什么是样式？
- ➡ 如何统一文档格式？
- ➡ 内置的模板怎么使用？如何创建个性的自定义模板？
- ➡ 文档编辑完成后，如何添加封面和目录？
- ➡ 如何自如地转换题注和脚注？
- ➡ 如何快速创建大量重复的通知书？
- ➡ 如何审阅和修订文档？

在 WPS 文字中对长文档进行排版时，经常需要做很多没有必要的工作，WPS 文字的样式、模板等排版功能可以快速解决以上问题，提高工作效率。

6.1 了解样式和模板

样式和模板可以提高文档的编辑效率，统一设置文档中的某些特定组成部分。在为文档设置样式和模板之前，首先要了解什么是样式、模板，以及样式的重要性等知识。

6.1.1 了解样式

在编辑文档时，你是否曾有过这样的困惑：文档的内容很多，需要设计的地方也很多，如重点的文字需要加粗或添加下划线、数字需要设置不同的颜色、步骤需要添加编号等，这些样式都需要统一的编排。

但如果通过重复操作来进行设置，不仅浪费时间，也容易发生错漏。此时，如果使用样式功能，再复杂的样式都可以轻松设置。

1. 样式的概念

所谓样式，就是用来呈现"某种特定身份的文字"的一组格式，包括字体类型、字体大小、字体颜色、对齐方式、制表位和边距、特殊效果、对齐方式、缩进等。

文档中具有"特定身份"的文字，如正文、页眉、大标题、小标题、章名、程序代码、图表、脚注等，都需要以特定的风格呈现，并且在整个文档中风格必须统一。此时可以将这些风格设置储存起来，并赋予其一个特定的名称，之后设置文字样式时就可以快速套用了。

2. 样式的类型

根据作用对象的不同，样式可以分为段落样式、字符样式两种类型。

其中，段落样式应用于被选中的整个段落中，字符样式则应用于被选中的文字。

6.1.2 样式的作用

很多人都觉得默认的样式过于简单，使用起来并不方便，还不如在文档中设置文本格式后，再使用格式刷来统一样式。有这种误解的读者显然对样式功能还不太了解。

样式是排版的基础，也是整个排版工程的灵魂，如果不了解样式，不妨先来看看样式在排版中的作用，再思考为什么要使用样式。

1. 系统化管理页面元素

文档中的内容通常会包括文字、图、表、脚注等元素，通过样式可以对文档中的所有可见页面元素进行系统化的归类命名，如章名、一级标题、二级标题、正文、图、表等。

2. 同步级别相同的标题格式

样式就是各种页面元素的形貌设置，使用样式可以确保同一种内容格式一致，可以省略许多重复的操作。所以，我们需要对所有可见页面元素的样式进行统一管理，而不是逐一进行设置和调整。

3. 快速修改样式

为各页面元素设置样式后，如果想要修改整个文档中某种页面元素的形貌，并不需要重新设置该文档的文本格式，只需要修改对应的样式就可以快速更新整个文档的设置，在短时间内修改出高质量的文档。

技术看板

在文档中修改样式时，一定要先修改正文样式。各级标题样式大多是基于正文格式生成的，修改正文样式的同时，各级标题样式的格式也会改变。

4. 实现自动化

WPS 文字提供的每一项自动化工程都是根据用户事先规划的样式来完成的，如目录和索引的收集。只有正文使用样式之后，才可以自动生成目录并设置目录形貌、自动制作页眉和页脚等。有了样式，排版不再需要一字一句、一行一段地逐一设置，而是着眼于整篇文档，再对部分内容进行微调即可。

6.1.3 设置样式的小技巧

在文档中应用样式时，系统会自动完成该样式中所包含的所有格式的设置工作，大大提高了排版的效率。在设置样式时，适当运用一些小技巧，可以帮助用户更快操作。

1. 自定义样式设置

如果 WPS 文字文稿提供的内置样式不能满足需求，可以自行修改其中的样式设置。每个样式都包含了字段、段落、制表位等的设置，用户可以有针对性地进行修改，使样式达到令人满意的效果。

2. 设置样式的快捷键

在设置和修改样式时，可以为样式指定一个快捷键。例如，将正文样式的快捷键设置为【Ctrl+1】，那么在设置正文样式时，只需要将光标定位到需要设置的文本中，按【Ctrl+1】就可以为其应用正文样式，十分方便。

6.1.4 模板文件

模板又被称为样式库，它是样式的集合，包含各种版面设置参数，如纸张大小、页边距、页眉和页脚、封面及版面设计等。

如果用户通过模板创建新文档，便自动载入了模板中的版面设置参数和其中所设置的样式，用户只需在模版中填写数据即可。

对于新手来说，想要制作出美观、专业的文档，使用模板是最佳选择。

WPS 文字为用户提供了多种多样的模板，图 6-1 和图 6-2 所示为 WPS 的免费模板，而收费模板则更加精美，用户可以酌情选择。

图 6-1

图 6-2

6.2 使用样式编排文档

为了提高文档格式设置的效率，WPS 文字专门预设了一些默认样式，如正文、标题 1、标题 2、标题 3 等。熟练使用样式编排文档，可以提高工作效率。

★重点 6.2.1 实战：为通知应用样式

实例门类	软件功能

文档录入完成后，可以使用样式统一文档格式，操作方法如下。

Step 01 打开"素材文件\第 6 章\公司旅游活动通知 .wps"文档，❶ 将光标定位到要应用样式的段落；❷ 在【开始】选项卡选择要应用的样式，如【标题 1】，如图 6-3 所示。

图 6-3

Step 02 操作完成后，即可为该段落应用样式，如图 6-4 所示。

图 6-4

技术看板

在【开始】选项卡的【样式】组中单击【功能扩展】按钮，打开【样式和格式】窗格，也可以为文档应用样式。

6.2.2　实战：新建自定义样式

实例门类	软件功能

WPS 内置的样式比较固定，如果要制作一篇有特色的文档，还可以自己设计样式，操作方法如下。

Step 01 打开"素材文件\第6章\公司旅游活动通知.wps"文档，单击【开始】选项卡中的【新样式】按

钮，如图 6-5 所示。

图 6-5

Step 02 打开【新建样式】对话框，❶ 在【属性】栏的【名称】文本框中输入样式名称；❷ 单击【格式】下拉按钮；❸ 在弹出的下拉菜单中单击【段落】命令，如图 6-6 所示。

图 6-6

Step 03 打开【段落】对话框，❶ 在【缩进和间距】选项卡的【缩进】栏设置特殊格式；❷ 在【间距】栏设置行距；❸ 单击【确定】按钮，如图 6-7 所示。

Step 04 返回【新建样式】对话框，❶ 在【格式】栏设置文本样式；❷ 单击【确定】按钮，如图 6-8 所示。

Step 05 返回文档，单击【开始】选项卡的【样式】组中的功能扩展按钮，如图 6-9 所示。

图 6-7

图 6-8

图 6-9

Step 06 打开【样式和格式】窗格，❶ 将光标定位到要应用样式的段落中；❷ 在【请选择要应用的格式】列表框中选择自定义样式的名称，如图 6-10 所示。

图 6-10

Step 07 操作完成后，所选段落即可成功应用自定义的样式，如图 6-11 所示。

图 6-11

★重点 6.2.3 更改和删除样式

若样式的某些格式设置不合理，可根据需要进行修改。修改样式后，所有应用了该样式的文本的格式都会发生相应的变化。此外，也可以删除多余的样式。

1. 修改样式

如果对样式的效果不满意，可以修改样式，操作方法如下。

Step 01 打开"素材文件\第 6 章\公司旅游活动通知（修改样式）.wps"文档，打开【样式和格式】窗格，❶ 将鼠标指针指向需要修改的样式，单击样式右侧出现的下拉按钮；❷ 在弹出的下拉菜单中选择【修改】命令，如图 6-12 所示。

图 6-12

Step 02 打开【修改样式】对话框，❶ 根据需要修改样式；❷ 单击【确定】按钮，如图 6-13 所示。

图 6-13

Step 03 操作完成后，返回文档，即可看到样式修改后的效果，如图 6-14 所示。

图 6-14

2. 删除样式

如果不再需要样式，可以将样式删除，操作方法如下。

Step 01 打开【样式和格式】窗格，❶ 将鼠标指针指向需要修改的样式，单击样式右侧出现的下拉按钮；❷ 在弹出的下拉菜单中选择【删除】命令，如图 6-15 所示。

图 6-15

Step 02 在弹出的对话框中单击【确定】按钮，即可删除该样式，如图 6-16 所示。

图 6-16

6.3 为文档应用模板

模板决定了文档的基本结构，新建的文档都是基于模板创建的，熟练使用模板可以快速创建专业的文档，从而大大提高工作效率。

★重点 6.3.1 实战：使用内置模板创建固定资产申购表

实例门类	软件功能

WPS 文字内置了多种模板，使用模板可以快速创建文档，操作方法如下。

Step01 在 WPS 文字的新建页面，单击【免费专区】选项，如图 6-17 所示。

图 6-17

Step02 在打开的【免费专区】页面，选择一种模板，如【固定资产购置申报表】，单击【免费使用】按钮，如图 6-18 所示。

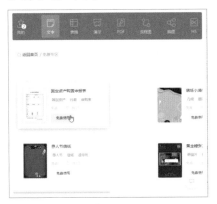

图 6-18

Step03 操作完成后，即可根据模板创建一个新文档，如图 6-19 所示。

图 6-19

6.3.2 实战：新建自定义模板

实例门类	软件功能

内置的模板虽然操作方便，但千篇一律的样式有时候并不能满足实际的工作需求。当工作中需要经常使用某种特定样式的文档时，我们可以新建自定义模板。

1. 另存为模板文件

创建模板文件最常用的方法是在 WPS 文字文稿中另存为模板文件，此时需要先创建一个 WPS 文字文档，然后再执行之后的操作。在 WPS 文字文稿中新建一个空白文档，并打开【另存为】对话框，❶在【文件类型】下拉列表中选择【Microsoft Word 模板文件（*.dotx）】选项；❷单击【保存】按钮，如图 6-20 所示。

图 6-20

技术看板

新建的空白文档也可以另存为【WPS 文字模板文件】，但此格式会影响模板中某些功能的使用。

2. 在功能区显示开发工具选项卡

在制作模板文档时，需要用到【开发工具】选项卡中的功能，而【开发工具】选项卡并没有默认显示在工具栏中，需要通过以下操作来使其显示出来。

Step01 ❶单击【文件】下拉按钮；❷在弹出的下拉菜单中单击【选项】命令，如图 6-21 所示。

图 6-21

Step02 打开【选项】对话框，❶在【自定义功能区】选项卡的【自定义功能区】列表框中勾选【开发工具】复选框；❷单击【确定】按钮即可，如图6-22所示。

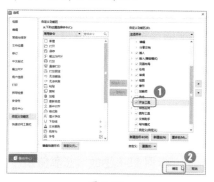

图6-22

Step03 返回文档，即可看到【开发工具】选项卡已经在默认工具栏中显示，如图6-23所示。

图6-23

3. 制作模板内容

创建好模板文件之后，就可以为模板添加内容并设置到该文件中，以便以后直接使用该模板创建文件。模板中的内容通常含有固定的装饰成分，如固定的标题、背景、页面版式等，操作方法如下。

Step01 双击页眉位置，激活页眉页脚编辑模式，如图6-24所示。

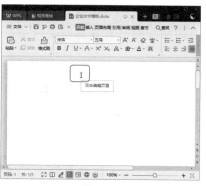

图6-24

技术看板

单击【插入】选项卡中的【页眉和页脚】按钮，也可以进入页眉页脚编辑模式。

Step02 ❶单击【插入】选项卡中的【形状】下拉按钮；❷在弹出的下拉菜单中选择【曲线】工具，如图6-25所示。

图6-25

Step03 在页眉处绘制曲线，如图6-26所示。

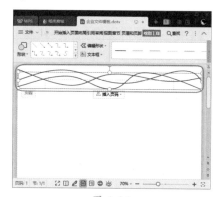

图6-26

Step04 分别选中页眉处的不同曲线，在【绘图工具】选项卡中设置各曲线的样式，如图6-27所示。

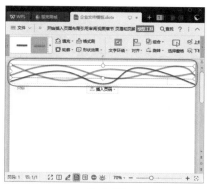

图6-27

Step05 单击【插入】选项卡中的【图片】按钮，如图6-28所示。

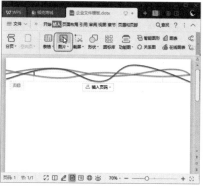

图6-28

Step06 打开【插入图片】对话框，❶选择"素材文件\第6章\公司图标.jpg"素材图片；❷单击【打开】按钮，如图6-29所示。

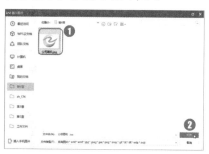

图6-29

Step07 ❶选中图片；❷单击浮动工具栏中的【布局选项】按钮；❸在弹出的下拉菜单中选择【四周

型】，如图 6-30 所示。

图 6-30

Step⑧ ❶ 单击【图片工具】选项卡中的【下移一层】下拉按钮；❷ 在弹出的下拉菜单中选择【置于底层】命令，如图 6-31 所示。

图 6-31

Step⑨ ❶ 单击【插入】选项卡中的【文本框】下拉按钮；❷ 在弹出的下拉菜单中选择【横向】命令，如图 6-32 所示。

图 6-32

Step⑩ 在页眉中绘制文本框，并输入公司名称，如图 6-33 所示。

图 6-33

Step⑪ 设置文本框格式为无填充颜色轮廓和无线条颜色，如图 6-34 所示。

图 6-34

Step⑫ ❶ 单击【插入】选项卡中的【形状】下拉按钮；❷ 在弹出的下拉菜单中选择【矩形】工具□，如图 6-35 所示。

图 6-35

Step⑬ ❶ 在页脚处绘制形状；❷ 在

【绘图工具】选项卡中设置形状的样式，如图 6-36 所示。

图 6-36

Step⑭ ❶ 单击【页眉和页脚】选项卡中的【页码】下拉按钮；❷ 在弹出的下拉菜单中选择页码的位置，如图 6-37 所示。

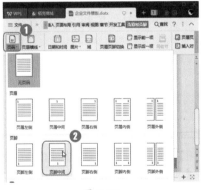

图 6-37

Step⑮ ❶ 单击【插入】选项卡中的【水印】下拉按钮；❷ 在弹出的下拉菜单中单击【插入水印】选项，如图 6-38 所示。

图 6-38

Step⑯ 打开【水印】对话框，❶ 勾选【图片水印】复选框；❷ 单击【选择图片】按钮，如图 6-39 所示。

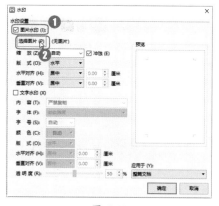

图 6-39

Step⑰ 打开【选择图片】对话框，❶ 选择"素材文件\第 6 章\公司图标.jpg"素材图片；❷ 单击【打开】按钮，如图 6-40 所示。

图 6-40

Step⑱ 返回【水印】对话框，单击【确定】按钮，如图 6-41 所示。

图 6-41

Step⑲ ❶ 复制多个水印图片到页面，

并调整图片的大小和位置；❷ 单击【页眉和页脚】选项卡中的【关闭】按钮，退出页眉页脚编辑状态，如图 6-42 所示。

图 6-42

4. 添加内容控件

在模板文件中，有时需要制作一些固定的格式，这时可以使用【开发工具】选项卡中的【格式文本内容控件】来进行设置。在使用模板创建新文件时，只需要修改少量的文字内容就可以制作出一份完整的文档，操作方法如下。

Step① ❶ 单击【开发工具】选项卡【控件】组中的【格式文本内容控件】按钮；❷ 在模板文档中插入内容控件，显示控件的占位符文本为【单击此处输入标题】，如图 6-43 所示。

图 6-43

Step② 选中插入的标题占位符文本，在【开始】选项卡中设置字体样式，如图 6-44 所示。

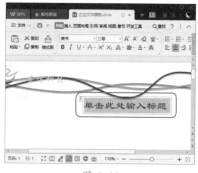

图 6-44

Step③ ❶ 单击【开始】选项卡的【边框】下拉按钮；❷ 在弹出的下拉菜单中选择【边框和底纹】命令，如图 6-45 所示。

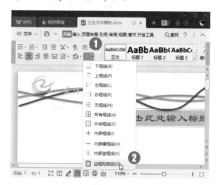

图 6-45

Step④ 打开【边框和底纹】对话框，❶ 在【边框】选项卡的【设置】栏选择【自定义】选项；❷ 分别设置线条的线型、颜色和宽度；❸ 单击【预览】栏中的【下框线】按钮；❹ 设置【应用于】选项为【段落】；❺ 单击【确定】按钮，如图 6-46 所示。

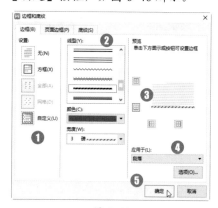

图 6-46

Step 05 使用相同的方法在下方插入第二个格式文本内容控件，并设置控件的样式，如图 6-47 所示。

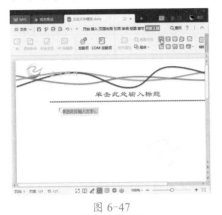

图 6-47

Step 06 ❶ 在文档的末尾处输入"文档输入日期："文本；❷ 单击【开发工具】选项卡【控件】组中的【日期选取器内容控件】按钮，如图 6-48 所示。

图 6-48

Step 07 ❶ 选中日期控件所在段落；

❷ 在【开始】选项卡中单击【右对齐】按钮即可，如图 6-49 所示。

图 6-49

5. 使用模板创建文档

模板创建完成后，就可以使用模板创建文档了，操作方法如下。

Step 01 ❶ 单击【文件】下拉按钮；❷ 在弹出的下拉菜单中选择【新建】命令；❸ 在弹出的子菜单中单击【本机上的模板】命令，如图 6-50 所示。

图 6-50

Step 02 ❶ 单击标题区域的格式文本内容控件，输入标题文字；❷ 单击文本中的正文格式文本内容控件，输入正文内容；❸ 单击文档末尾右侧的日期选取器内容控件，选择发布的日期，如图 6-51 所示。

图 6-51

Step 03 操作完成后，即可看到使用模板创建的文档，如图 6-52 所示。

图 6-52

6.4 为文档创建封面和目录

在制作书籍、论文等长篇文档时，一个引人注目的封面可以给人耳目一新的感觉。同时，因为这类文档大多有几十页甚至几百页，所以往往还需要为文档制作目录。

★重点 6.4.1 实战：为投标书创建封面

实例门类	软件功能

封面是整个文档的灵魂，使用内置封面可以快速制作出专业、美观的封面，操作方法如下。

Step 01 打开"素材文件\第 6 章\投标书 .wps"文档，❶ 单击【章节】选项卡中的【封面页】下拉按钮；❷ 在弹出的下拉菜单中选择一种封面样式，如图 6-53 所示。

图 6-53

Step 02 操作完成后，封面会插入文档首页，在占位符中输入文字内容，如图 6-54 所示。

图 6-54

Step 03 输入完成后，最终效果如图 6-55 所示。

图 6-55

★重点 6.4.2 实战：为投标书创建目录

实例门类	软件功能

WPS 文字不仅可以根据标题样式提取目录，还可以根据文档中的编号等内容智能识别目录。如果要在文档中插入目录，操作方法如下。

Step 01 打开"素材文件 \ 第 6 章 \ 投标书（插入目录）.wps"文档，❶ 将光标定位到要插入目录的位置，单击【引用】选项卡中的【目录】下拉按钮；❷ 在弹出的下拉列表中选择一种目录样式，如图 6-56 所示。

图 6-56

Step 02 操作完成后，即可看到目录已经插入到文档中，如图 6-57 所示。

图 6-57

6.4.3 实战：编辑投标书的目录

为文档添加目录后，可以根据需要编辑目录，如更新目录、删除目录等。

1. 更新目录

插入目录后，如果文档中的标题有变化，并不需要重新插入目录，只需要更新目录即可，操作方法如下。

Step 01 打开"素材文件 \ 第 6 章 \ 投标书（编辑目录）.wps"文档，在目录上单击鼠标右键，在弹出的快捷菜单中选择【重新识别目录】选项，如图 6-58 所示。

图 6-58

Step 02 在弹出的对话框中单击【确定】按钮，如图 6-59 所示。

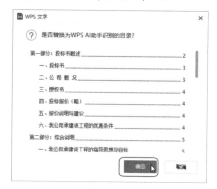

图 6-59

Step 03 操作完成后，即可看到目录已经更新，如图 6-60 所示。

图 6-60

图 6-61

图 6-62

图 6-63

2. 自定义目录

默认的内置目录样式多为提取 1、2、3 级标题，如果用户只需要提取 1 级标题，则可以自定义目录，操作方法如下。

Step01 ❶ 单击【章节】选项卡中的【目录页】下拉按钮；❷ 在弹出的下拉菜单中选择【自定义目录】选项，如图 6-61 所示。

Step02 打开【目录】对话框，❶ 在【制表符前导符】下拉列表中选择【无】，在【显示级别】列表框中选择【1】；❷ 单击【确定】按钮，如图 6-62 所示。

Step03 操作完成后，即可看到目录中只提取了 1 级标题，而前导符也已经消失，如图 6-63 所示。

3. 删除目录

在插入目录后，如果不再需要目录，可以将其删除，操作方法如下。

❶ 单击【章节】选项卡中的【目录页】下拉按钮；❷ 在弹出的下拉菜单中选择【删除目录】命令，即可删除目录，如图 6-64 所示。

图 6-64

6.5　在文档中插入题注与脚注

在编辑文档的时候，为了帮助读者理解文档内容，经常需要在文档中插入题注或脚注，用于对文档内容进行解释说明。

6.5.1　实战：在文档中插入题注

实例门类	软件功能

题注由题注标签、流水号和说明文字组成，主要作用是用简短的话语补充叙述关于图、表等元素的一些重要信息。

1. 为图片添加题注

为图片添加题注，操作方法如下。

Step01 打开"素材文件\第 6 章\植物的分类.wps"文档，❶ 选中要添加题注的图片；❷ 单击【引用】选项卡中的【题注】命令，如图 6-65 所示。

图 6-65

Step02 打开【题注】对话框，① 在【标签】下拉列表中选择【图】选项，在【位置】下拉列表中选择【所选项目下方】；② 在【题注】文本框中输入题注内容；③ 单击【确定】按钮，如图 6-66 所示。

图 6-66

Step03 操作完成后，即可看到图片下方已插入题注，如图 6-67 所示。

图 6-67

2. 为表格添加题注

为表格添加题注，操作方法如下。

Step01 ① 选中要插入题注的表格；② 单击【引用】选项卡中的【题注】命令，如图 6-68 所示。

图 6-68

Step02 打开【题注】对话框，单击【编号】按钮，如图 6-69 所示。

图 6-69

Step03 打开【题注编号】对话框，① 勾选【包含章节编号】复选框；② 设置【章节起始样式】为【标题 3】，【使用分隔符】为【-（连字符）】；③ 单击【确定】按钮，如图 6-70 所示。

图 6-70

Step04 返回【题注】对话框，① 设置【位置】为【所选项目上方】；② 单击【确定】按钮，如图 6-71 所示。

Step05 操作完成后，即可看到表格已添加题注，如图 6-72 所示。

图 6-71

图 6-72

6.5.2 实战：为古诗添加脚注

实例门类	软件功能

脚注出现在文档当前页的底端，即对哪一页的内容插入脚注，其脚注内容就显示在哪一页的底端。在文档中插入脚注，操作方法如下。

Step01 打开"素材文件\第 6 章\唐诗.wps"文档，① 将光标定位到需要插入脚注的位置；② 单击【引用】选项卡中的【插入脚注】按钮，如图 6-73 所示。

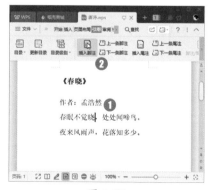

图 6-73

Step 02 正文和页面下方将出现相同的序号，在页面下方输入脚注内容，如图 6-74 所示。

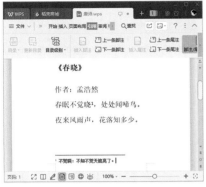

图 6-74

Step 03 使用相同的方法添加其他脚注即可，如图 6-75 所示。

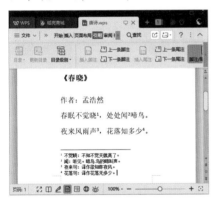

图 6-75

6.5.3　实战：为古诗添加尾注

实例门类	软件功能

所谓尾注，就是将注解内容安排在文档或章节最末端的标注方法。它的优点是可以统一查看整篇文档的所有注释，印刷时也比较方便。为文档插入尾注，操作方法如下。

Step 01 打开"素材文件 \ 第 6 章 \ 唐诗 .wps"文档，❶ 将光标定位到需要插入尾注的位置；❷ 单击【引用】选项卡中的【插入尾注】按钮，如图 6-76 所示。

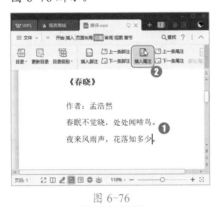

图 6-76

Step 02 在文档的最后一页将出现与文中一样的编号，在编号处输入尾注内容即可，如图 6-77 所示。

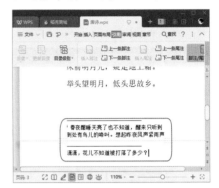

图 6-77

> **技术看板**
>
> 如果要删除脚注或尾注，可以选中文中脚注或尾注的序号，删除序号后，注释内容就会自动删除。

6.6　使用邮件合并功能

如果要批量制作通知书、准考证、明信片、信封、请柬、工资条等格式统一的内容，可以使用 WPS 的邮件合并功能，批量制作此类文件，大大提高工作效率。

★重点 6.6.1　实战：使用邮件合并功能批量创建通知书

实例门类	软件功能

在工作中经常需要制作通知书、邀请函等文档，此类文档除部分关键文字不同之外，其余部分完全相同。如果一个一个制作，难免浪费时间，此时可以使用邮件合并功能批量制作。使用邮件合并功能批量创建通知书的操作方法如下。

Step 01 打开"素材文件 \ 第 6 章 \ 录取通知书 .wps"文档，单击【引用】选项卡中的【邮件】按钮，如图 6-78 所示。

图 6-78

Step 02 激活邮件合并功能后，❶单击【邮件合并】选项卡中的【打开数据源】下拉按钮；❷在弹出的下拉菜单中选择【打开数据源】选项，如图 6-79 所示。

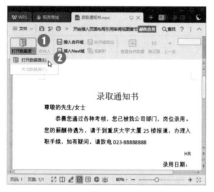

图 6-79

Step 03 打开【选取数据源】对话框，❶选择"素材文件\第6章\录取通知书数据源 .et"素材文件；❷单击【打开】按钮，如图 6-80 所示。

图 6-80

Step 04 ❶将光标定位到需要插入姓名的位置；❷单击【邮件合并】选项卡中的【插入合并域】按钮，如图 6-81 所示。

图 6-81

Step 05 打开【插入域】对话框，❶在【域】列表框中选择【姓名】字段；❷单击【插入】按钮，如图 6-82 所示。

图 6-82

Step 06 操作完成后，即可看到在文档中插入了【《姓名》】域，如图 6-83 所示。

图 6-83

Step 07 使用相同的方法插入其他域，如图 6-84 所示。

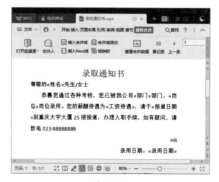

图 6-84

Step 08 插入完成后，单击【邮件合并】选项卡中的【查看合并数据】命令，如图 6-85 所示。

图 6-85

Step 09 预览录取通知书的内容，单击【上一条】或【下一条】按钮，可以预览其他通知书的内容，如图 6-86 所示。

图 6-86

Step 10 单击【邮件合并】选项卡中的【合并到新文档】命令，如图 6-87 所示。

图 6-87

Step⑪ 打开【合并到新文档】对话框，❶ 在【合并记录】栏选择【全部】选项；❷ 单击【确定】按钮，如图6-88所示。

图 6-88

Step⑫ 返回文档，即可看到所有通知书均已合并到新建文档中，如图6-89所示。

图 6-89

技术看板

如果单击【邮件合并】选项卡中的【合并到打印机】按钮，可以直接打印通知书。

6.6.2 管理收件人列表

导入数据源之后，如果需要管理收件人列表，操作方法如下。

Step⑪ 单击【邮件合并】选项卡中的【收件人】命令，如图6-90所示。

图 6-90

Step⑫ 打开【邮件合并收件人】对话框，❶ 使用复选框添加或删除邮件合并的收件人；❷ 单击【确定】按钮，如图6-91所示。

图 6-91

6.7 文档的审阅与修订

在工作中，文档编辑完成后通常并不能直接使用，经常还需要经过领导审阅或者大家的讨论后才能够执行，需要在文档上添加一些修改批示。此时，可以使用审阅和修订功能，对文档进行批注、修订。

★重点 6.7.1 实战：为论文添加和删除批注

实例门类	软件功能

批注是指文章的编写者或审阅者为文档添加的注释或批语。在对文章进行审阅时，可以使用批注来对文档内容做出标注，说明意见和建议。

1. 添加批注

使用批注时，首先要在文档中插入批注框，然后在批注框中输入批注内容。为文档内容添加批注后，会在文档的文本中显示标记，批注标题和批注内容会显示在右页边距的批注框中，操作方法如下。

Step⑪ 打开"素材文件\第6章\毕业论文.wps"文档，❶ 选中文本或将鼠标光标定位到需要添加批注的位置；❷ 单击【审阅】选项卡

中的【插入批注】按钮，如图6-92所示。

图 6-92

Step 02 批注框将显示在窗口右侧，且插入点会自动定位到批注框中，直接输入批注文字即可，如图 6-93 所示。

图 6-93

2. 删除批注

当编写者按照批注者的建议修改文档后，如果不需要再显示批注，可以将其删除，删除批注有以下几种方法。

（1）选中批注，单击【审阅】选项卡中的【删除】按钮，如图 6-94 所示。

图 6-94

（2）单击批注框右上角的【编辑批注】按钮，在弹出的下拉菜单中单击【删除】命令，如图 6-95 所示。

（3）右击批注框，在弹出的快捷菜单中选择【删除批注】命令，如图 6-96 所示。

图 6-95

图 6-96

（4）选中批注，单击【审阅】选项卡中的【删除】下拉按钮，在弹出的下拉菜单中选择【删除文档中的所有批注】命令，如图 6-97 所示。

图 6-97

★重点 6.7.2 实战：修订计划书文档

实例门类	软件功能

在实际工作中，文稿一般先由编写者录入，然后由审阅者提出修改建议，最后再由编写者根据建议进行全面修改。一篇成熟的文稿，一般都需要经过多次修改才能定稿。

在审阅文档时，如果启用了修订功能，WPS 文字将根据修订内容的不同，以不同的修订格式显示修改后的内容。

默认状态下，增加的文字下方将添加下划线，删除的文字会改变颜色，并添加删除线，使审阅者可以清楚地看到文档中哪些文字被修改。

在对文档进行增、删、改的过程中，WPS 文字将会记录所有的操作内容，并以批注的形式显示出来，而且被修改的行左侧还会出现一条竖线，表示该行已经被修改。

如果需要在审阅状态下修订文档，首先需要启用修订功能，操作方法如下。

Step 01 打开"素材文件\第 6 章\毕业论文 .wps"文档，单击【审阅】选项卡中的【修订】按钮，如图 6-98 所示。

图 6-98

Step 02 进入修订模式，对文档进行的修改会在右侧以批注框的形式显示，如图 6-99 所示。

图 6-99

6.7.3 实战：修订的更改和显示

实例门类	软件功能

修订功能被启用后，在文档中进行的所有编辑操作都会显示修订标记。审阅者可以更改修订的显示方式，如显示的状态、颜色等。

1. 设置修订的标记方式

有时我们可以对某些文本设置加粗、倾斜效果，以突出重点，操作方法如下。

Step 01 接上一例操作，❶ 单击【审阅】选项卡中的【显示以供审阅】下拉按钮，❷ 在弹出的下拉菜单中选择【显示标记的原始状态】，如图 6-100 所示。

图 6-100

Step 02 操作完成后，即可显示标记的原始状态，如图 6-101 所示。

图 6-101

2. 更改修订标记格式

默认情况下，插入的文本的修订标记线为下划线，被删除的文本标记线为删除线。如果多人对一个文稿进行修订，修订痕迹很容易混淆。所以，WPS 为不同用户提供了不同的修订颜色，以便区分。更改修订标记的格式的操作方法如下。

Step 01 接上一例操作，❶ 单击【审阅】选项卡中的【修订】下拉按钮，❷ 在弹出的下拉菜单中选择【修订选项】命令，如图 6-102 所示。

图 6-102

Step 02 系统会打开【选项】对话框，并自动切换到【修订】选项卡，❶ 在【标记】栏设置【插入内容】和【删除内容】的样式和颜色；

❷ 单击【确定】按钮，如图 6-103 所示。

图 6-103

Step 03 操作完成后，即可看到修订的标记格式已经修改完成，如图 6-104 所示。

图 6-104

6.7.4 实战：使用审阅功能

实例门类	软件功能

当审阅者对文档进行修订后，原作者或其他审阅者可以决定是否接受修订意见，操作方法如下。

Step 01 打开"素材文件\第 6 章\毕业论文（审阅）.wps"文档，❶ 选中批注文档；❷ 单击【审阅】选项卡中的【接受】按钮，即可接受该修订，如图 6-105 所示。

图 6-105

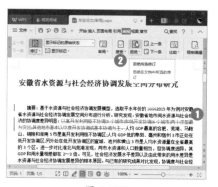

图 6-106

Step02 ❶ 选中批注文档；❷ 单击【审阅】选项卡中的【拒绝】按钮，即可拒绝该修订，如图 6-106 所示。

妙招技法

通过对前面知识的学习，相信读者朋友已经掌握了 WPS 文字样式、模板、目录、脚注、题注、邮件合并及审阅与修订的相关知识。下面将结合本章内容，给大家介绍一些实用技巧。

技巧 01：快速统计文档字数

在制作文档时，有时候需要统计全文字数，使用 WPS 文字的字数统计功能可以很方便地查看文档字数，操作方法如下。

Step01 打开"素材文件 \ 第 6 章 \ 毕业论文 .wps"文档，单击【审阅】选项卡中的【字数统计】按钮，如图 6-107 所示。

图 6-107

Step02 ❶ 在打开的【字数统计】对话框中可以查看页数、字数、段落数等具体数据；❷ 查看完毕后单击【关闭】按钮即可，如图 6-108 所示。

图 6-108

技巧 02：将字体嵌入文件

文档制作完成后，我们经常需要发送给他人审阅。如果该文档中使用的字体在他人的计算机中没有安装，就会发生字体不正常、版式混乱的情况。为了避免这种情况的发生，我们可以将字体嵌入文件，操作方法如下。

单击【文件】选项卡打开【选项】对话框，❶ 在【常规与保存】选项卡中勾选【将字体嵌入文件】复选框；❷ 单击【确定】按钮即可，如图 6-109 所示。

图 6-109

技巧 03：根据样式提取目录

目录大多是根据大纲级别来提取的，如果有需要，也可以通过样式提取目录，操作方法如下。

Step01 打开"素材文件\第 6 章\毕业论文（样式提取目录）.wps"文档，❶ 单击【引用】选项卡中的【目录】下拉按钮；❷ 在弹出的下拉菜单中选择【自定义目录】选项，如图 6-110 所示。

图 6-110

Step02 打开【目录】对话框，单击【选项】按钮，如图 6-111 所示。

图 6-111

Step03 打开【目录选项】对话框，❶ 勾选【样式】复选框；❷ 在【目录级别】中设置目录级别，不提取的目录样式保持空白；❸ 单击【确定】按钮，如图 6-112 所示。

图 6-112

Step04 返回【目录】对话框，单击【确定】按钮退出，如图 6-113 所示。

图 6-113

Step05 返回文档，即可看到已经根据样式提取的目录，如图 6-114 所示。

图 6-114

技巧 04：将目录转换为普通文本

通过大纲或样式提取的目录是一种可更新的内容，当文档内容有所改变时，可以通过自动更新来更新目录。当文档编辑完成，不需要

再更改时，可以将目录转换为普通文本，这样目录就不会再发生变化。将目录转换为普通文本，操作方法如下。

Step01 打开"素材文件\第 6 章\毕业论文（目录转换为普通文本）.wps"文档，选中整个目录，在键盘上按【Ctrl+Shift+F9】组合键，如图 6-115 所示。

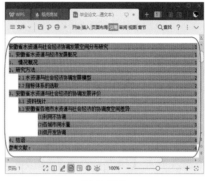

图 6-115

Step02 操作完成后，即可看到目录已被转换为普通文本，如图 6-116 所示。

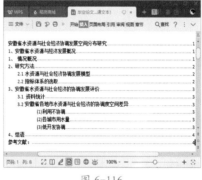

图 6-116

技术看板

将目录转换为普通文本后，若再修改正文中的标题，就只能重新创建目录，而不能将已转换为文本的目录转换回原来的格式了。

技巧 05：脚注和尾注互换

插入脚注和尾注后，可以自由切换脚注和尾注的位置，具体操作方法如下。

Step① 打开"素材文件\第6章\唐诗（尾注转换脚注）.wps"文档，单击【引用】选项卡中的【脚注/尾注分隔线】命令，如图 6-117 所示。

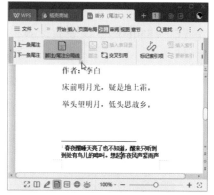

图 6-117

Step② 打开【脚注和尾注】对话框，单击【转换】按钮，如图 6-118 所示。

图 6-118

Step③ 打开【转换注释】对话框，❶ 选择【尾注全部转换成脚注】选项；❷ 单击【确定】按钮，如图 6-119 所示。

图 6-119

Step④ 返回【脚注和尾注】对话框，单击【关闭】按钮，如图 6-120 所示。

图 6-120

Step⑤ 返回文档中，即可看到尾注已经被全部转换为脚注，如图 6-121 所示。

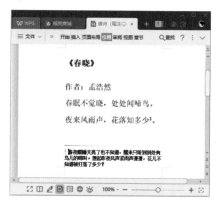

图 6-121

本章小结

　　本章主要介绍了 WPS 文字中文档的高级编排，主要包括应用样式、模板，插入封面和目录、题注与脚注，使用邮件合并，审阅与修订文档等知识。通过对本章知识的学习，读者可以极大地提高工作效率。希望读者在实践中勤加练习，快速掌握文档高级编排的精髓。

第7章 文档的页面设置与打印

- ➡ 分节符有什么作用?
- ➡ 怎样为文档添加公司图片水印?
- ➡ 白色的页面背景太普通,怎样为文档添加背景?
- ➡ 纸张大小除 A4 外,有其他选择吗?
- ➡ 怎样添加页眉和页脚?
- ➡ 文档打印前怎样预览?

在工作中,文档制作完成后,经常需要打印后再使用,而在打印之前,页面设置是必须的步骤。本章将介绍页面设置和打印的方法。相信学习本章之后,以上问题都可以得到解答。

7.1 了解页面设置

WPS 文档的所有操作都是在页面中完成的,页面直接决定了版面中内容的多少及摆放位置。在排版过程中,可以使用默认的页面设置,也可以根据需要对页面进行自定义设置。

7.1.1 认识页面的基本结构

我们在 WPS 文字中的所有操作都是在页面中完成的,在学习设置页面之前,需要了解页面的组成部分。

一个页面主要由版心、天头、地脚、页眉和页脚等部分组成,如图 7-1 所示。

- ➡ 版心:版心是页面中主要内容所在的区域,即每页版面正中的位置,又叫节口。
- ➡ 天头:指页面上边缘到页面顶部黑色横线之间的区域。
- ➡ 页眉:指页面顶部黑色虚线到顶部黑色横线之间的区域。
- ➡ 地脚:指页面下边缘到页面底部黑色横线之间的区域。
- ➡ 页脚:指页面底部蓝色虚线到页面底部黑色横线之间的区域。

图 7-1

在制作文档时,可以在版心和页眉、页脚中输入需要的内容,包括文字、表格、图片、图形等。

如果要调整版心的大小,可以通过调整页边距实现,页边距就是版心与页面四个边缘的距离。

7.1.2 WPS 分节符的妙用

在对 WPS 文档进行排版时,经常会遇到同一个文档中的不同部分需要使用不同的版面的情况。

例如,要设置不同的页面方向、页边距、页眉和页脚以及重新分栏排版等。此时,如果通过页面设置来改变,会更改整个文档的页面效果,不能达到设置多种页面样式的目的。

再如,要设置一个文档的版面,该文档由文档 A 和文档 B 组成,文档 A 是文字部分,共 40 页,要求纵向打印;文档 B 包括若干图形和一些较大的表格,要求横向打印。文档 A 和文档 B 已经按照要求分别设置好了页面格式,只要将文档 B 插入文档 A 的第 20 页,并按照要求统一编排页码即可。

按照常规的操作,要先打开文

档 A，将插入点定位到第 20 页的开始部分，执行插入文件操作后，文档 B 的页面设置信息会全部变为文档 A 的页面设置。

在这种情况下，要在文档 A 中重新设置插入进来的文档 B 的格式是很费时费力的，若分别打印文档 A 和文档 B，页码又难以统一。

此时，使用 WPS 的分节功能，就可以轻松解决这个问题。

操作步骤如下。

（1）打开文档 B，在文档末尾处插入一个分节符。

（2）全部选中后复制文档。

（3）打开文档 A，并在第 19 页的末尾处插入一个分节符。

（4）将光标定位到文档 A 第 20 页的开始部分，执行粘贴操作。

当操作完成后，你就会发现，文档不仅保留了文档 A 和文档 B 的页面设置，页码也进行了统一的自动编排。

使用分节符前，应该注意以下几个问题。

（1）节是文档格式的最大单位，分节符是一个节的结束符号。默认情况下，WPS 文字将整个文档视为一个节，所以对文档页面的设置是应用于整篇文档的。

如果要在一页之内或多页之间采用不同的版面布局，只需要插入分节符，将文档分成几个节，然后根据需要设置每节的格式即可。

（2）分节符中存储了节的格式设置信息，一定要注意，分节符只控制它前面文字的格式。

（3）插入分节符后，要使当前节的页面设置与其他节不同，一定要在页面设置对话框的【应用于】下拉菜单中选择【本节】选项，如图 7-2 所示。

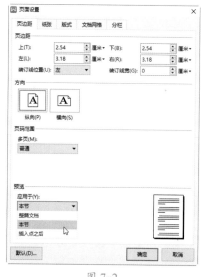

图 7-2

技能拓展——分节符的类型

在设置分节时，可根据需要选择分节符的类型。

下一页分节符：分节符后的文本从新的一页开始。

连续分节符：新一节与其前面一节处于同一页中。

偶数页分节符：分节符后面的内容转入下一个偶数页。

奇数页分节符：分节符后面的内容转入下一个奇数页。

7.1.3　编排注意事项

很多人都会花费很多时间来编排和处理各类文档，但实际上很多时候处理文档的最终目的不在于文档本身，而在于将一些思想、数据或制度进行归纳和传递。所以，我们需要将更多的精力放在内容处理上，而非文档的编辑和排版上。

所以，我们必须提高编辑和排版效率。提高效率除要提升打字的速度和软件操作的熟练度之外，还应该注意以下几点。

1. 格式设置从大到小

从大到小的意思，是指在美化文档时，我们可以先统一设置所有段落的字符格式和段落格式，然后再设置标题、重点段落和文字格式。

2. 利用快捷键

WPS 文字设置了很多快捷键，使用快捷键操作会比用鼠标单击功能按钮的操作快很多。只要记住几个常用的快捷键就可以大大加快排版速度。例如，复制【Ctrl+C】、剪切【Ctrl+X】、粘贴【Ctrl+V】等。

3. 熟悉 WPS 的功能

在 WPS 文字中，有很多功能可以帮助大家提高工作效率。例如，查找和替换功能可以快速将文档中所有目标文字替换为新的文字，而且除可以替换文字之外，还能替换文字颜色、文字样式等。

4. 不能一心二用

在编写和录入文档时，先不要急着设置文档格式，而应该专心录入内容，等文档内容录入完成后再统一进行格式的调整和美化。

7.2 设置文档的背景

默认情况下，WPS 文字文稿的页面都是白色的，但是不同的文档用途不同，千篇一律的白色有时无法满足使用需求。如果要追求更好的阅读效果，可以对文档的背景进行相应的设置，如添加水印、设置页面颜色及页面边框等。

7.2.1 实战：为文档添加水印

实例门类	软件功能

在工作中经常需要为文档添加水印，如添加公司名称、文档机密等级等，此时可以使用添加水印的功能。

1. 添加图片水印

在添加水印时，我们可以将图片作为水印添加，操作方法如下。

Step01 打开“素材文件 \ 第 7 章 \ 毕业论文 .wps”文档，❶ 单击【页面布局】选项卡中的【背景】下拉按钮；❷ 在弹出的下拉菜单中选择【水印】选项；❸ 在弹出的子菜单中选择【自定义水印】栏，点击【点击添加】按钮，如图 7-3 所示。

技术看板

如果只需要插入内置水印，在【页面布局】选项卡的【背景】下拉列表中选择一种内置样式即可。

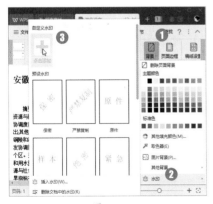

图 7-3

Step02 打开【水印】对话框，❶ 勾选【图片水印】复选框；❷ 单击【选择图片】按钮，如图 7-4 所示。

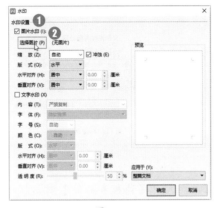

图 7-4

Step03 打开【选择图片】对话框，❶ 选择“素材文件 \ 第 7 章 \ 公司图标 .jpg”素材图片；❷ 单击【打开】按钮，如图 7-5 所示。

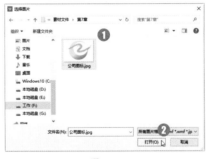

图 7-5

Step04 返回【水印】对话框，单击【确定】按钮，如图 7-6 所示。

Step05 返回文档，❶ 单击【页面布局】选项卡中的【背景】下拉按钮；❷ 在弹出的下拉菜单中选择【水印】选项；❸ 在弹出的子菜单中选择在【自定义水印】栏中添加的图片水印，如图 7-7 所示。

图 7-6

图 7-7

Step06 操作完成后，即可为文档添加图片水印，如图 7-8 所示。

摘要：基于水资源与社会经济协调发展模型，选取平水年份的 2005 年为例对安徽省水资源与社会经济协调发展空间分布进行分析。研究发现：安徽省地市间水资源与社会经济的协调度差异明显：以高开发利用极不协调(5 个城市)和低开发协调(6 个城市)两个类型最为突出;其他地市基本以中度开发协调或基本协调为主。人均 GDP 最高的合肥、芜湖、马鞍山、铜陵和淮南 5 市是高开发利用极不协调区;人均 GDP 低的阜阳、亳州和宿州 3 市正处在低开发协调区;另外处在低开发协调区的宣城、池州和黄山 3 市是人均水资源量在全省最高的 3 个区。进一步对比淮北与芜湖发现，两市水资源和人口数量相当，但协调度迥异，其 GDP 和用水量相差都在 2~3 倍。可见，社会经济发展水平差异以及由此带来的用水差异是水资源与社会经济协调发展差异的根本原因。与已有的研究成果对比发现，协调度与社会经济干旱指标在度量水资源支持社会可持续发展上结论基本吻合，尤其在经济发展水平较高区域表现出更高的一致性。

1、安徽省水资源与经济发展概况

1、 情况概况

安徽省位于暖温带与亚热带的过渡带，从降雨量看，水资源较为丰沛，多年平均降雨量 800~1 800 mm(河川径流深 200~800 mm)。但由于特殊的地理位置，受季风环流和地形的影响，降雨时空分布极为不均，旱涝灾害频繁发生。全省人均、每公顷平均水资源量分别为 16 500 m3 和 15 600 m3，不足全国平均数的一半;淮河流域特别是淮北地区，水资源人均亩均占有量仅为全省的 50%左右，淮北中北部不足 500 m3。按照世界惯例，安徽大部分地区已接近或达到中度和重度缺水地区，部分地区已达极度缺水区。

安徽省位于中国华东地区，是中国经济最具发展活力的长江三角洲的腹地;东邻江苏、浙江，北接山东，是承接沿海发达地区经济辐射和产业转移的前沿地带;西有湖北、河南，南有江西，是中国实施西部大开发、加快中西部发展战略的桥头堡，具有独特的承东启西、连南接北的区位优势。2011 年全年全省生产总值 15 110.3 亿元，按可比价格计算，比上年增长 13.5%，连续 8 年保持两位数增长，但省内各区域经济发展并不均衡，水资源分布亦不均衡，发展过程中，安徽省水资源与社会经济和人口的协调状况值得进一步深入探讨。

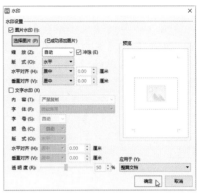

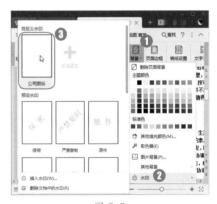

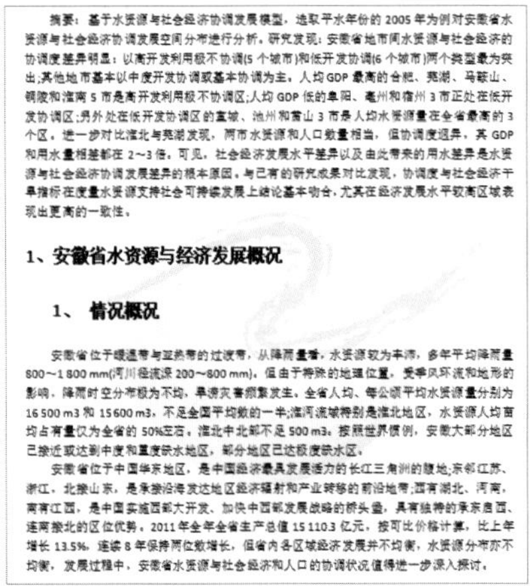

图 7-8

2. 添加文字水印

如果要添加文字水印，除使用内置的水印样式外，还可以自定义文字内容，操作方法如下。

Step01 打开"素材文件\第7章\毕业论文.wps"文档，打开【水印】对话框，❶ 勾选【文字水印】复选框；❷ 在下方设置内容、字体、字号等参数；❸ 单击【确定】按钮，如图7-9所示。

图 7-9

Step02 返回文档，即可看到文字水印已经添加，如图7-10所示。

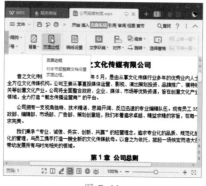

图 7-10

★重点 7.2.2 实战：为文档添加边框

实例门类	软件功能

文档编辑完成后，为文档添加边框可以增强视觉效果，操作方法如下。

Step01 打开"素材文件\第7章\公司规章制度.wps"文档，单击【页面布局】选项卡中的【页面边框】按钮，如图7-11所示。

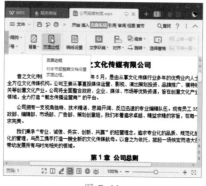

图 7-11

Step02 打开【边框和底纹】对话框，❶ 在【页面边框】选项卡的【设置】栏中选择【方框】选项；❷ 在【线型】列表框中选择边框的线条样式；在【颜色】下拉列表中选择边框颜色，在【宽度】下拉列表中选择边框宽度；❸ 单击【确定】按钮，如图7-12所示。

图 7-12

Step03 操作完成后即可看到设置边框后的效果，如图7-13所示。

图 7-13

7.2.3 实战：为文档设置页面颜色

实例门类	软件功能

WPS文档的页面颜色默认为白色，如果用户希望将其他颜色作为页面颜色，可以通过相应的设置来实现，操作方法如下。

Step01 打开"素材文件\第7章\公司规章制度（页面颜色）.wps"文档，❶ 单击【页面布局】选项卡中的【背景】下拉按钮；❷ 在弹出的下拉菜单中选择一种主题颜色，如果对此处的颜色不满意，可以单击【其他填充颜色】按钮，如图7-14所示。

图 7-14

Step02 打开【颜色】对话框，❶ 在【标准】选项卡的颜色栏选择一种页面颜色；❷ 单击【确定】按钮，如图7-15所示。

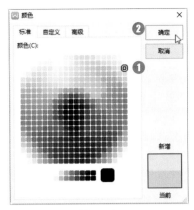

图 7-15

Step 03 操作完成后，即可看到设置页面颜色后的效果，如图 7-16 所示。

图 7-16

技术看板

如果【标准】选项卡中提供的颜色无法满足需求，可以切换到【自定义】选项卡和【高级】选项卡，通过颜色模式设置需要的颜色。

7.2.4　实战：使用纹理作为页面背景

实例门类	软件功能

除使用颜色作为页面背景外，还可以使用纹理、图片、图案等作为页面背景。例如，要使用纹理作为页面背景，操作方法如下。

Step 01 打开"素材文件 \ 第 7 章 \ 公司规章制度（底纹）.wps"文档，❶ 单击【页面布局】选项卡中的【背景】下拉按钮；❷ 在弹出的下拉菜单中选择【其他背景】选项；❸ 在打开的子菜单中单击【纹理】选项，如图 7-17 所示。

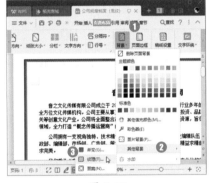

图 7-17

Step 02 打开【填充效果】对话框，❶ 在【纹理】选项卡的【纹理】列表框中选择一种纹理；❷ 单击【确定】按钮，如图 7-18 所示。

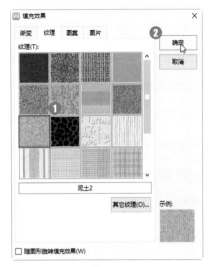

图 7-18

Step 03 操作完成后即可看到为页面设置纹理填充后的效果，如图 7-19 所示。

图 7-19

技术看板

使用渐变、图案和图片填充的操作方法与使用纹理填充的方法类似，用户可以自行尝试。

7.3　设置页面布局

文档制作完成后，用户可根据实际情况，对页面布局进行设置，如设置页边距、纸张大小和纸张方向等。

★重点 7.3.1　实战：设置页面边距

实例门类	软件功能

文档的版心主要是指文档的正文部分，用户在设置页面属性的时候，可以在对话框中对页边距进行设置，以达到控制版心大小的目的，操作方法如下。

Step 01 打开"素材文件 \ 第 7 章 \ 公司规章制度（页边距）.wps"文档，❶ 单击【页面布局】选项卡中的【页边距】下拉按钮；❷ 在弹出的下拉菜单中选择页边距，如果内置的页边距不合适，可以单击【自定义页边距】选项，如图 7-20 所示。

图 7-20

Step(02) 打开【页面设置】对话框，❶ 在【页边距】栏设置上、下、左、右的距离；❷ 单击【确定】按钮，如图 7-21 所示。

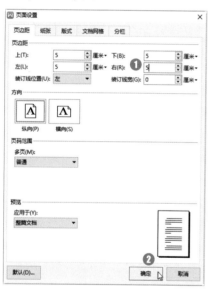

图 7-21

Step(03) 返回文档中，即可看到设置页边距后的效果，如图 7-22 所示。

图 7-22

7.3.2 实战：设置页面方向

实例门类	软件功能

WPS 文档中纸张的默认方向为纵向，但某些文档适合以横向显示，此时可以重新设置页面方向，操作方法如下。

Step(01) 打开"素材文件\第 7 章\公司规章制度（页面方向）.wps"文档，❶ 单击【页面布局】选项卡中的【纸张方向】下拉按钮；❷ 在弹出的下拉菜单中选择【横向】命令，如图 7-23 所示。

图 7-23

Step(02) 操作完成后，即可看到页面已经横向显示，如图 7-24 所示。

图 7-24

7.3.3 实战：设置页面大小

实例门类	软件功能

WPS 文字文稿的默认页面大小为 A4，这也是最常用的页面大小，

但 A4 并不适用于所有的文档。如果用户对默认的页面尺寸不满意，可以通过设置改变纸张大小，操作方法如下。

Step(01) 打开"素材文件\第 7 章\唐诗.wps"文档，❶ 单击【页面布局】选项卡中的【纸张大小】下拉按钮；❷ 在弹出的下拉菜单中选择一种纸张大小，如果没有合适的内置大小，可以单击【其它页面大小】选项，如图 7-25 所示。

图 7-25

Step(02) 打开【页面设置】对话框，❶ 在【纸张】选项卡的【纸张大小】栏分别设置【宽度】和【高度】值；❷ 单击【确定】按钮，如图 7-26 所示。

图 7-26

Step **03** 操作完成后，即可看到纸张大小已经更改，如图 7-27 所示。

图 7-27

7.4 设置页眉、页脚和页码

页眉和页脚主要用于为文档添加注释信息和说明性文字，常插入时间、日期、页码、单位名称等。漂亮的页眉和页脚不仅可以补充文档的内容，还能美化文档。

★重点 7.4.1 实战：为公司规章制度文档添加页眉和页脚

实例门类	软件功能

虽然并不是每一份文档都需要添加页眉和页脚，但办公文档在加入页眉和页脚之后，会更具有专业性。

1. 添加页眉

页眉是文档的重要组成部分，添加页眉的操作方法如下。

Step **01** 打开"素材文件\第7章\公司规章制度 .wps"文档，单击【插入】选项卡中的【页眉和页脚】按钮，如图 7-28 所示。

图 7-28

Step **02** 光标将自动定位到页眉处，直接输入文本，如图 7-29 所示。

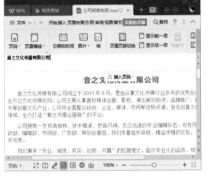

图 7-29

Step **03** 在【开始】选项卡中设置页眉文字的字体样式，如图 7-30 所示。

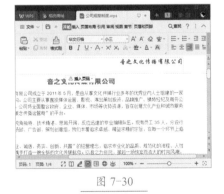

图 7-30

Step **04** ❶ 单击【页眉横线】下拉按钮；❷ 在弹出的下拉菜单中选择一种横线样式，如图 7-31 所示。

图 7-31

Step **05** ❶ 再次单击【页眉横线】下拉按钮；❷ 在弹出的下拉菜单中选择【页眉横线颜色】选项；❸ 在弹出的扩展菜单中选择一种页眉横线的颜色，如图 7-32 所示。

图 7-32

Step **06** 单击【页眉和页脚】选项卡中的【关闭】按钮，如图 7-33 所示。

图 7-33

Step① 操作完成后，即可看到添加页眉后的效果，如图 7-34 所示。

图 7-34

技能拓展——在页眉中添加图片

如果要在页眉中添加图片，可以单击【页眉和页脚】选项卡中的【图片】按钮，在打开的【插入图片】对话框中选择需要的图片插入即可。

2. 添加页脚

在文档中添加页脚，操作方法如下。

Step① 接上一例操作，进入页眉和页脚编辑状态，光标将自动定位到页眉处，单击【页眉和页脚】选项卡中的【页眉页脚切换】按钮，如图 7-35 所示。

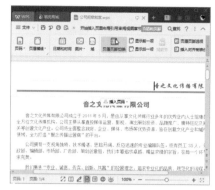

图 7-35

Step② 光标将切换到页脚处，单击【页眉和页脚】选项卡中的【日期和时间】按钮，如图 7-36 所示。

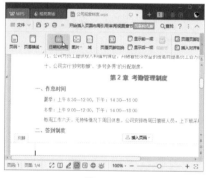

图 7-36

Step③ 打开【日期和时间】对话框，❶ 在【可用格式】列表框中选择一种日期格式；❷ 单击【确定】按钮，如图 7-37 所示。

图 7-37

Step④ 操作完成后，即可在页脚处插入日期，如图 7-38 所示。

图 7-38

技术看板

单击【页眉和页脚】组中的【域】按钮，在打开的【域】对话框中可以选择更多的域。

7.4.2 实战：为公司规章制度文档添加页码

实例门类	软件功能

当编辑的文档页数较多时，可以为文档添加页码。

1. 添加页码

如果要为文档添加页码，操作方法如下。

Step① 打开"素材文件\第 7 章\公司规章制度（页码）.wps"文档，激活页眉页脚编辑状态，❶ 单击页面下方的【插入页码】下拉按钮；❷ 在弹出的下拉菜单中，单击【样式】下拉列表，选择一种页码样式，如图 7-39 所示。

图 7-39

Step 02 ❶ 在【位置】栏选择页码的位置；❷ 单击【确定】按钮，如图 7-40 所示。

图 7-40

Step 03 操作完成后，即可看到页面底部已经添加了页码，如图 7-41 所示。

图 7-41

2. 删除页码

添加页码后，如果不再需要页码，也可以将其删除。操作方法如下。

激活页眉页脚编辑状态，❶ 在页面

下方单击【删除页码】下拉按钮；❷ 在弹出的下拉菜单中选择需要删除页码的范围，如【本页】，如图 7-42 所示。

图 7-42

7.5　打印文档

文档的页面设置完成后，就可以将文档打印出来。在打印文档时，我们可能会遇到打印全部、打印部分页、单面打印或双面打印等情况。本节将带领大家学习打印文档的相关知识，让你"玩转"打印。

★重点 7.5.1　实战：预览与打印文档

实例门类	软件功能

文档制作完成后，大多都需要打印出来，以纸张的形式呈现在大家面前。在打印之前，需要先预览文档，再执行打印操作，操作方法如下。

Step 01 打开"素材文件\第 7 章\公司规章制度（打印）.wps"文档，❶ 单击【文件】下拉按钮；❷ 在弹出的下拉菜单中选择【文件】选项；❸ 在弹出的扩展菜单中选择【打印预览】选项，如图 7-43 所示。

图 7-43

Step 02 预览之后，如果没有需要修改的地方，可以单击【打印预览】选项卡中的【直接打印】按钮打印文档，如图 7-44 所示。

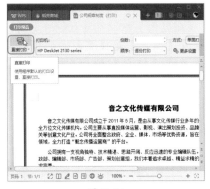

图 7-44

Step 03 如果要退出打印预览界面，则单击【打印预览】选项卡中的【关闭】按钮，如图 7-45 所示。

图 7-45

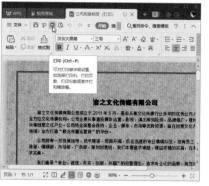

图 7-46

7.5.2 打印文档的部分页

在工作中，有时候只需打印文档中的某几页，此时不需要将这几页文档重新排版再打印，只需在打印时设置要打印的页数即可，操作方法如下。

Step01 打开"素材文件\第7章\公司规章制度（打印）.wps"文档，单击【快速访问工具栏】中的【打印】按钮，如图7-46所示。

Step02 打开【打印】对话框，❶ 在【页码范围】栏设置要打印的页码；❷ 在【副本】栏设置打印的份数；❸ 单击【确定】按钮即可，如图7-47所示。

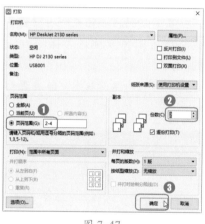

图 7-47

7.5.3 双面打印文档

默认情况下，文档都是单面打印的，这样会浪费大量的纸张，如果要解决这个问题，可通过双面打印来实现，操作方法如下。

Step01 打开【打印】对话框，❶ 勾选【双面打印】复选框；❷ 单击【确定】按钮，如图7-48所示。

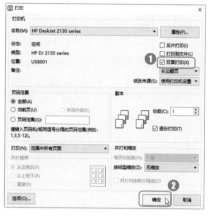

图 7-48

Step02 打印完一面之后，将弹出提示对话框，按照提示将打印完的纸张放回送纸器中，然后单击【确定】按钮即可，如图7-49所示。

图 7-49

妙招技法

通过对前面知识的学习，相信读者已经对文档的页面设置和打印方法有了一定的了解。下面将结合本章内容，给大家介绍一些实用技巧。

技巧 01：为文档预留装订线区域

如果文档打印后需要装订，可以在文档中预留装订线区域，即在文档的两侧或顶部增加额外边距空间，确保文件在装订之后内容不会被遮挡，操作方法如下。

打开【页面设置】对话框，❶ 在【页边距】选项卡的【页边距】栏设置【装订线】的位置；❷ 在【装订线宽】微调框中设置装订线的宽度；❸ 单击【确定】按钮，即可为文档预留装订线区域，如图7-50所示。

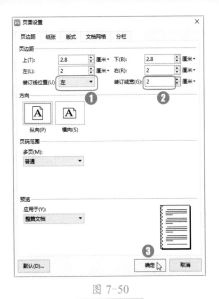

图 7-50

技巧 02：设置奇偶页不同的页眉和页脚

对于两页或两页以上的文档，可以为其设置奇偶页不同的页眉和页脚，以丰富页眉和页脚的样式，且便于并区分奇偶页，操作方法如下。

Step01 打开"素材文件\第 7 章\公司规章制度（页眉和页脚）.wps"文档，进入页眉和页脚编辑状态，单击【页眉和页脚】选项卡中的【页眉页脚选项】按钮，如图 7-51 所示。

图 7-51

Step02 打开【页眉 / 页脚设置】对话框，❶ 勾选【页面不同设置】组中的【奇偶页不同】复选框；❷ 勾选【显示页眉横线】组中的【显示奇数页页眉横线】复选框；❸ 单击【确定】按钮，如图 7-52 所示。

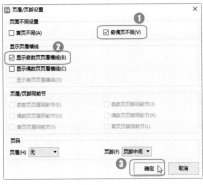

图 7-52

Step03 操作完成后，即可看到奇偶页的页眉已经有所不同，如图 7-53 所示。

图 7-53

技巧 03：让页码从指定数值开始编号

默认情况下，页码都是从 1 开始的，但是，如果编辑了多个文档，想让各个文档的页码相连，可以分别设置每个文档的起始页码，操作方法如下。

Step01 打开"素材文件\第 7 章\公司规章制度（页码）.wps"文档，

进入页眉和页脚编辑状态，❶ 在页脚处单击【重新编号】下拉按钮；❷ 在弹出的下拉菜单中的【页码编号设为】微调框中输入起始页码，如"6"，然后单击右侧的【✓】按钮，如图 7-54 所示。

图 7-54

Step02 操作完成后，即可看到页码已经从"6"开始，如图 7-55 所示。

图 7-55

技巧 04：打印文档的背景颜色

文档在打印时默认不打印背景颜色，如果要打印背景颜色，需要经过相应的设置，操作方法如下。

Step01 打开【打印】对话框，单击【选项】按钮，如图 7-56 所示。

图 7-56

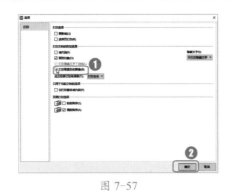

图 7-57

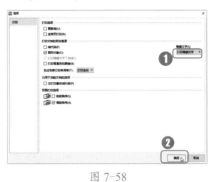

图 7-58

Step 02 打开【选项】对话框后，❶ 在【打印】选项卡中勾选【打印背景色和图像】复选框；❷ 单击【确定】按钮，再进行打印即可，如图 7-57 所示。

技巧 05：打印隐藏的文字

默认情况下，隐藏的文字是不会被打印出来的。如果想在不更改其属性的情况下将隐藏的文字打印出来，需要通过相应的设置才能实现，具体操作方法如下。

打开【选项】对话框，❶ 在【打印】选项卡的【隐藏文字】下拉列表中选择【打印隐藏文字】选项；❷ 单击【确定】按钮，再进行打印即可，如图 7-58 所示。

本章小结

　　本章主要介绍了在 WPS 文字中设置页眉、页脚、页面布局及打印文档的相关知识。通过对本章内容的学习，读者可以了解页面设置的重要性。掌握了页眉、页脚和页面布局的设置方法后，相信大家已经能制作出各种出色的页眉和页脚样式。希望读者在学习的过程中能够做到举一反三，制作出更加出彩的文档。

第3篇

WPS 表格应用篇

WPS 表格是 WPS Office 2019 中的另一个主要组件，具有强大的数据处理能力，主要用于制作电子表格。本篇主要讲解 WPS 表格在数据录入与编辑、数据分析、数据计算、数据管理等方面的应用。

第 8 章　WPS 表格数据的录入与编辑

➡ 怎样通过颜色来区分不同的工作表？

➡ 怎样在工作表中添加漏记的数据？

➡ 怎样在工作表中录入以 "0" 开头的数据？

➡ 怎样把多个单元格合并为一个？

➡ 怎样设置与众不同的表格样式？

➡ 怎样为单元格创建下拉列表？

本章将介绍 WPS 表格数据的录入与编辑方法，包括认识 WPS 表格、操作 WPS 表格、录入表格数据、美化表格和设置数据有效性等相关知识。通过对本章内容的学习，读者可以制作出专业的表格，并得到以上问题的答案。

8.1　认识 WPS 表格

在日常工作中，人们经常需要借助一些工具来对数据进行处理，WPS 表格作为专业的数据处理工具，可以帮助人们将繁杂的数据转化为有效的信息。因为具有强大的数据计算、汇总和分析能力，WPS 表格备受广大用户的青睐。

8.1.1　认识工作簿

WPS 表格中的工作簿扩展名为 .et，它是计算和存储数据的文件，是用户进行数据操作的主要对象和载体，也是 WPS 表格最基本的文件类型。

用户使用 WPS 表格创建表格、在表格中编辑数据，以及数据编辑完成后进行保存等一系列操作大都是在工作簿中完成的。

一个工作簿可以由一个或多个工作表组成，默认情况下，新建的工作簿将以"工作簿 1"命名，

之后新建的工作簿将以"工作簿 2""工作簿 3"等依次命名。

通常，一个新工作簿中包含一个工作表，且该工作表被默认命名为"Sheet1"，如图 8-1 所示。

图 8-1

8.1.2 认识工作表

工作表是由单元格按照行列方式排列组成的,一个工作表由若干个单元格构成,它是工作簿的基本组成单位,也是 WPS 表格的工作平台。

工作表是工作簿的组成部分,如果把工作簿比作一本书,那么一个工作表就类似于书中的一页。工作簿中的每个工作表都以工作表标签的形式显示在工作簿的编辑区,方便用户切换。

在工作簿中,可以对工作表标签进行操作,如根据需要增减工作表,或改变工作表顺序。

8.1.3 认识行与列

我们常说的表格,是由许多横线和竖线交叉形成的一排排格子所构成,在这些线条围成的格子中填上数据,就成为我们使用的表,如学生用的课程表、公司用的考勤表等。

在 WPS 表格的工作表中,横线所隔出来的区域称为行,竖线分隔出来的区域称为列,行和列交叉所形成的格子就称为单元格。

在窗口中,左侧垂直标签中的

阿拉伯数字是电子表格的行号标识,上方水平标签的英文字母是电子表格的列号标识,这两组标签分别被称为"行号"和"列标",如图 8-2 所示。

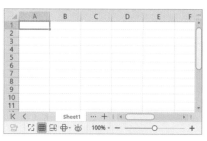

图 8-2

8.1.4 工作簿的视图应用

在处理比较复杂的大型表格时,用户需要花费很多时间来切换工作簿或工作表,查找和浏览数据也比较麻烦。如果能够改变工作窗口的视图方式,就可以更快地查询和编辑内容,提高工作效率。

1. 创建新窗口

打开工作簿后,通常每个工作簿都只有一个独立的工作簿窗口,并处于最大化显示状态。如果使用【新建窗口】命令为同一个工作簿创建多个窗口,就可以在不同的窗口中选择不同的工作表作为当前工作表,或者将窗口显示定位到同一个工作表中的不同位置,以满足浏览或编辑需求。

创建新窗口的方法很简单,操作方法如下。

Step01 在【视图】选项卡单击【新建窗口】按钮,如图 8-3 所示。

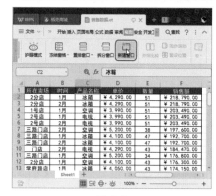

图 8-3

Step02 操作完成后,即可创建一个与当前工作簿相同的窗口,如图 8-4 所示。

图 8-4

2. 使用阅读模式

使用阅读模式,可以通过高亮显示的方式将当前选中单元格的位置标注出来,防止看错该数据所对应的行列,使用阅读模式的操作方法如下。

Step01 在【视图】选项卡单击【阅读模式】按钮,如图 8-5 所示。

图 8-5

Step 02 操作完成后，选中任意单元格，该单元格所在的行和列即可高亮显示，如图8-6所示。

图 8-6

技术看板

单击【视图】选项卡中【阅读模式】的下拉按钮，在弹出的下拉菜单中可以更改高亮的颜色。

3. 并排比较

当要对两个工作簿中的数据进行对比时，如果频繁地切换窗口进行对比，不仅效率低，而且容易出错。此时可以使用并排比较，将两个窗口数据并排，操作方法如下。

Step 01 打开需要比较的两个工作簿，在【视图】选项卡中单击【并排比较】按钮，即可进入并排查看状态，如图8-7所示。

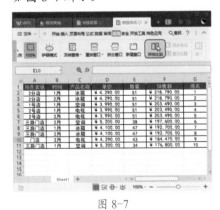

图 8-7

Step 02 默认情况下，两个工作簿会同步滚动，方便对比查看。如果不需要同步滚动，可以单击【视图】选项卡中的【同步滚动】按钮，如图8-8所示。

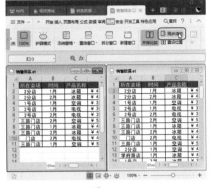

图 8-8

Step 03 查看数据时，如果调整了各个窗口的大小和位置，单击【视图】选项卡中的【重设位置】按钮，可以将窗口恢复到默认的大小和位置，如图8-9所示。

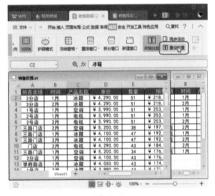

图 8-9

技术看板

如果打开的工作簿超过两个，会弹出【并排窗口】对话框，选择需要系统对比的工作簿，单击【确定】按钮，即可进入并排查看。如果要退出并排查看，再次单击【并排比较】即可。

4. 拆分窗口

当工作表中含有大量的数据信息，窗口显示不便于用户查看时，可以拆分工作表。

拆分工作表是指把当前工作表拆分成两个或者多个窗口，每一个窗口可以利用滚动条显示工作表的一部分，用户可以通过多个窗口查看数据信息。

下面以拆分"销售数据"工作簿中的数据为例，介绍拆分工作表、调整拆分窗口大小及取消拆分状态的操作方法。

Step 01 ❶ 选中目标单元格；❷ 单击【视图】选项卡中的【拆分窗口】按钮，如图8-10所示。

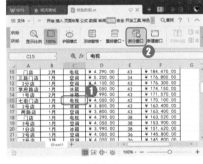

图 8-10

Step 02 将光标指向拆分条，当光标变为 ÷ 或 ╫ 形状时，按住鼠标左键拖动拆分条，即可调整各个拆分窗口的大小，如图8-11所示。

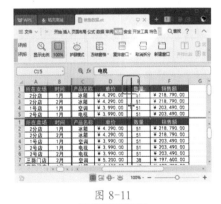

图 8-11

Step 03 单击【视图】选项卡中的【取消拆分】按钮，即可取消工作表的拆分状态，如图8-12所示。

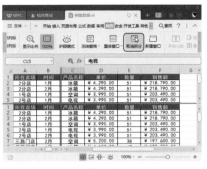

图 8-12

技术看板

将光标指向水平拆分条或垂直拆分条，光标呈 ÷ 或 ╫ 形状时，双击水平拆分条或垂直拆分条也可取消该拆分。

5. 冻结窗口

"冻结"工作表后，当工作表滚动时，窗口中被冻结的数据区域不会随工作表的其他部分一起移动，而是始终保持可见状态，这样可以更方便地查看工作表的数据信息。

下面以冻结"销售数据"工作簿为例，介绍如何冻结工作表、取消冻结工作表，具体操作方法如下。

Step01 ❶选中目标单元格，如 D4 单元格；❷单击【视图】选项卡中的【冻结窗格】下拉按钮；❸在弹出的下拉菜单中选择【冻结至第 3 行 C 列】选项，如图 8-13 所示。

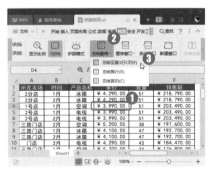

图 8-13

Step02 此时拖动垂直滚动条与水平滚动条，可见第 3 行 C 列之前的行与列保持不变，如图 8-14 所示。

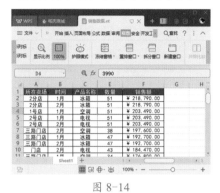

图 8-14

Step03 如果要取消冻结空格，❶单击【冻结窗格】下拉按钮；❷单击【取消冻结窗格】命令，即可取消冻结，如图 8-15 所示。

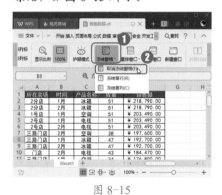

图 8-15

6. 缩放窗口

使用 WPS 表格工作簿时，可以根据工作表的内容、字体大小等将窗口放大或缩小，以便于更好地编辑和查看表格内容。窗口缩放的操作方法如下。

Step01 在【视图】选项卡上单击【显示比例】按钮，如图 8-16 所示。

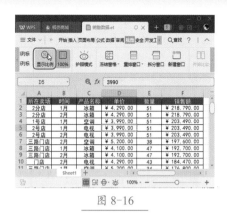

图 8-16

Step02 打开【显示比例】对话框，❶选择显示比例；❷单击【确定】按钮即可，如图 8-17 所示。

图 8-17

技术看板

在状态栏上拖动显示比例滑动按钮，或单击 ＋ 与 － 按钮，抑或在按住【Ctrl】键的同时滚动鼠标的滚轮，也可以调整显示比例。

Step03 操作完成后，即可看到工作簿的显示比例已经按照所选比例更改，如图 8-18 所示。

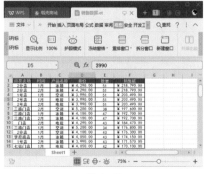

图 8-18

8.2 工作表的基本操作

工作表是由多个单元格组合而成的一个平面整体，是一个平面二维表格。要对工作表进行基本的操作，就要学会选择工作表、重命名工作表、新建与删除工作表、移动与复制工作表等基础操作方法。

★重点 8.2.1 新建与删除工作表

创建工作簿时系统默认工作簿中已经包含了一个名为"Sheet1"的工作表，可是在工作中，有时一个工作表并不能满足需求，需要及时新建与删除工作表。

1. 新建工作表

工作表的创建大致分为两种，一种是随着工作簿一同创建，还有一种是从现有的工作簿中创建新工作表，第二种方法应用得更多。下面介绍几种从现有的工作簿中创建新工作表的方法。

（1）单击【开始】选项卡中的【工作表】下拉按钮，在弹出的下拉菜单中单击【插入工作表】命令，如图 8-19 所示。

图 8-19

（2）单击工作表标签右侧的【新建工作表】按钮+，可以快速插入新工作表，如图 8-20 所示。

图 8-20

（3）右击工作表标签，在弹出的快捷菜单中选择【插入】命令，在弹出的【插入工作表】对话框中设置相关参数后，单击【确定】按钮，即可插入工作表，如图 8-21 所示。

图 8-21

2. 删除工作表

编辑工作簿时，如果发现工作簿中存在多余的工作表，可以将其删除。删除工作表的方法有以下几种。

（1）选中需要删除的工作表，在【开始】选项卡中单击【工作表】下拉按钮；在弹出的下拉菜单中选择【删除工作表】命令即可，如图 8-22 所示。

图 8-22

（2）在工作簿窗口中，右击需要删除的工作表标签，在弹出的快捷菜单中，单击【删除工作表】命令即可，如图 8-23 所示。

图 8-23

8.2.2 移动与复制工作表

移动与复制工作表是使用 WPS 表格管理数据时较常用的操作。工作表的移动与复制操作主要分两种情况，即在同一工作簿内操作与在不同工作簿内操作，下面将分别进行介绍。

1. 在同一工作簿内操作

在同一个工作簿中移动或复制工作表的方法很简单，主要是利用鼠标拖动来操作，操作方法如下。

Step01 将鼠标指针指向要移动的工作表，按住鼠标左键，将工作表标签拖动到目标位置后释放鼠标，如图 8-24 所示。

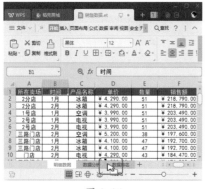

图 8-24

Step02 操作完成后，即可看到工作表已经被移动到目标位置，如图 8-25 所示。

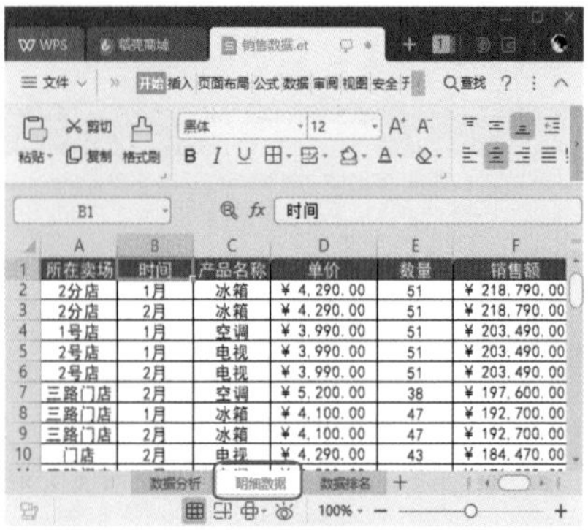

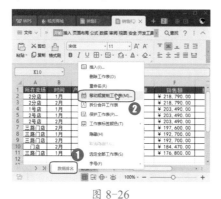

图 8-25

技能拓展——复制工作表

如果要复制工作表，可以将鼠标放置在要复制的工作表标签上，在拖动工作表的同时按住【Ctrl】键，拖至目标位置后释放鼠标即可。

2. 在不同工作簿内操作

在不同的工作簿间移动或复制工作表的方法较为复杂。例如，将"销售排名"工作簿中的"数据排名"工作表复制到"销售数据"工作簿中，方法如下。

Step01 打开"素材文件\第 8 章\销售数据.et"和"素材文件\第 8 章\销售排名.et"工作簿，❶ 在"销售排名"工作簿中右击【数据排名】工作表标签；❷ 在弹出的快捷菜单中单击【移动或复制工作表】命令，如图 8-26 所示。

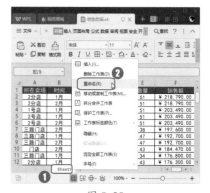

图 8-26

Step02 打开【移动或复制工作表】对话框，❶ 在【工作簿】下拉列表框中选择【销售数据】工作簿；❷ 在【下列选定工作表之前】列表框中，选择工作表移动后在工作簿中的位置；❸ 勾选【建立副本】复选框；❹ 单击【确定】按钮即可，如图 8-27 所示。

图 8-27

技术看板

如果用户只需要跨工作簿移动工作表而不需要复制工作表，则在【移动或复制工作表】对话框中不勾选【建立副本】复选框即可。

8.2.3 重命名工作表

在默认情况下，工作表以 sheet1、sheet2、sheet3……依次命名。在实际应用中，为了区分工作表，可以根据表格名称、创建日期、表格编号等对工作表进行重命名，操作方法如下。

Step01 ❶ 右击工作表标签；❷ 在弹出的快捷菜单中，单击【重命名】命令，如图 8-28 所示。

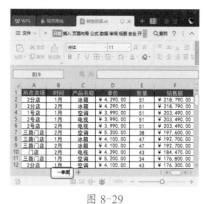

图 8-28

Step02 此时工作表标签呈可编辑状态，直接输入新的工作表名称，然后按【Enter】键确认即可，如图 8-29 所示。

图 8-29

技术看板

双击工作表标签，此时工作表标签呈可编辑状态，直接输入新的工作表名称，也可以修改工作表名称。

8.2.4 隐藏和显示工作表

用户因为工作需要，有时需要将某些工作表隐藏起来，这时可以使用工作表的隐藏功能。

1. 隐藏工作表

如果要隐藏工作表，操作方法如下。

❶单击【开始】选项卡中的【工作表】下拉按钮；❷在弹出的下拉菜单中选择【隐藏与取消隐藏】命令；❸在弹出的子菜单中选择【隐藏工作表】选项，如图8-30所示。

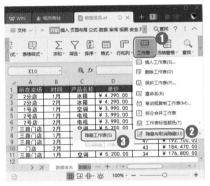

图 8-30

📖 技术看板

右击工作表标签，在弹出的快捷菜单中选择【隐藏】命令可以快速隐藏工作表。

2. 显示工作表

隐藏了工作表之后，如果要查看该工作表，可以使用取消隐藏命令使工作表重新显示，操作方法如下。

Step01 ❶单击【开始】选项卡中的【工作表】下拉按钮；❷在弹出的下拉菜单中选择【隐藏和取消隐藏】命令；❸在弹出的子菜单中选

择【取消隐藏工作表】命令，如图8-31所示。

图 8-31

Step02 打开【取消隐藏】对话框，❶选择需要取消隐藏的工作表；❷单击【确定】按钮即可，如图8-32所示。

图 8-32

📖 技术看板

右击任意工作表标签，在弹出的快捷菜单中单击【取消隐藏】命令，在打开的【取消隐藏】对话框中选择需要取消隐藏的工作表，再单击【确定】按钮，也可取消隐藏工作表。

★重点 8.2.5 更改工作表标签颜色

当一个工作簿中存在很多工作

表，不方便用户查找时，可以通过更改工作表标签颜色的方法来标记常用的工作表，使用户能够快速查找到需要的工作表。更改工作表标签颜色的操作方法有以下两种。

（1）右击工作表标签，在弹出的快捷菜单中选择【工作表标签颜色】命令，在展开的颜色面板中选择需要的颜色即可，如图8-33所示。

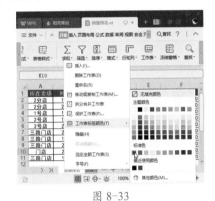

图 8-33

（2）单击【开始】选项卡中的【工作表】下拉按钮，在弹出的下拉菜单中选择【工作表标签颜色】命令，在弹出的子菜单中选择需要的颜色即可。如图8-34所示。

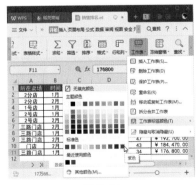

图 8-34

8.3 行与列的基本操作

在工作表中可输入的数据类型有很多，要想快速输入不同类型的数据，需要掌握行、列、单元格及单元格区域操作的相关技巧，才能提高工作效率。

★重点 8.3.1 选择行和列

制作电子表格时，有时需要选择工作簿中的行与列进行相应的操作，选择行和列包括选择单行或单列、选择相邻连续的多行或多列，以及选择不相邻的多行或多列。

1. 选择单行或单列

选择单行或单列的操作方法如下。

Step01 单击某个行号标签即可选中该行，如图 8-35 所示。

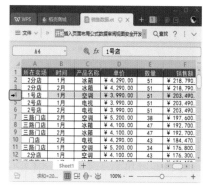

图 8-35

Step02 单击某个列号标签，即可选中该列，如图 8-36 所示。

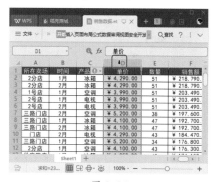

图 8-36

> **技术看板**
>
> 选中某行后，该行的行号标签会改变颜色，而所有列标签会加亮显示，此行的所有单元格也会加亮显示，以表示该行正处于选中状态。同样，选中某列之后也会有相似的变化。

2. 选择相邻的多行或多列

如果要选择相邻的多行或多列，操作方法如下。

Step01 选择多行时，单击某行的标签后按住鼠标左键不放，向上或向下拖动，即可选中连续的多行，如图 8-37 所示。

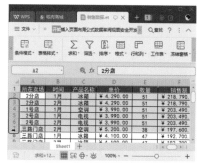

图 8-37

Step02 选中多列的方法与选中多行相似，选中列之后向左或向右拖动鼠标即可，如图 8-38 所示。

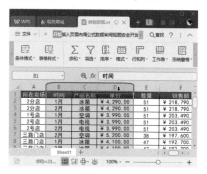

图 8-38

3. 选择不相邻的多行或多列

如果要选择不相邻的多行或多列，操作方法如下。

选中单行或单列之后，按住【Ctrl】键不放，继续单击其他行或列的标签，直至选中所有需要选择的行或列，松开【Ctrl】键，如图 8-39所示。

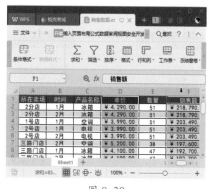

图 8-39

★重点 8.3.2 设置行高和列宽

在默认情况下，行高与列宽都是固定的，当单元格中的内容较多时，可能无法全部显示出来，这时就需要设置单元格的行高或列宽。

1. 精确设置行高和列宽

设置行高和列宽的操作方法如下。

Step01 ❶ 选中要设置的行或列；❷ 单击【开始】选项卡中【行和列】的下拉按钮；❸ 在弹出的下拉菜单中选择【行高】或【列宽】选项，如图 8-40 所示。

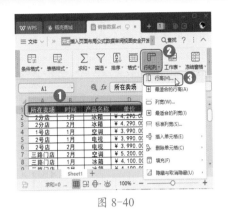

图 8-40

Step02 ❶ 在弹出的【行高】/【列宽】对话框中输入精确的行高/列宽值；❷ 单击【确定】按钮，如图 8-41 所示。

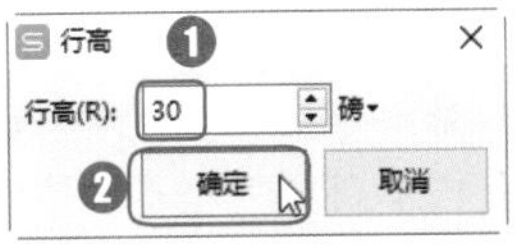

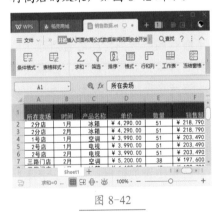

图 8-41

Step03 返回工作表中，即可看到设置行高后的效果，如图 8-42 所示。

图 8-42

🔧 技术看板

在工作簿中选中需要调整的行或列，单击鼠标右键，在弹出的快捷菜单中单击【行高】/【列宽】按钮，在弹出的窗口中也可以精确设置行高或列宽。

2. 拖动改变行高和列宽

拖动鼠标改变行高和列宽的操作方法如下。

Step01 将光标移至行标的间隔线处，当鼠标指针变为 ✛ 形状时，按住鼠标左键不放，此行标签上方会出现一个提示框，显示当前的行高。调整到合适的行高后，松开鼠标左键，即可完成对行高的设置，如图 8-43 所示。

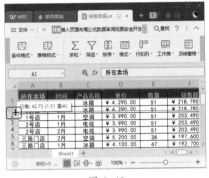

图 8-43

Step02 将光标移至列标的间隔线处，当鼠标指针变为 ✛ 形状时，按住鼠标左键不放，此时列标签上方会出现一个提示框，显示当前的列宽。当调整到合适的列宽时，松开鼠标左键，即可完成对列宽的设置，如图 8-44 所示。

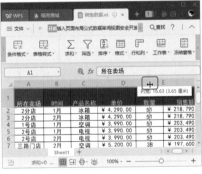

图 8-44

8.3.3 插入与删除行与列

一个工作表创建之后并不是固定不变的，用户可以根据实际情况重新设置工作表的结构。例如，根据实际情况插入或删除行与列，以满足使用需求。

1. 插入行与列

插入行与列，可以使用以下几种方法。

（1）右击要插入行所在的行号或列号，在弹出的快捷菜单中的【插入】选项右侧设置行数值或列数值，然后单击 ✓ 按钮即可，如图 8-45 所示。

图 8-45

（2）选中要插入行或列所在的任意单元格，单击【开始】选项卡中的【行和列】下拉按钮，在弹出的下拉菜单中选择【插入单元格】选项，在弹出的扩展菜单中选择【插入行】或【插入列】即可，如图 8-46 所示。

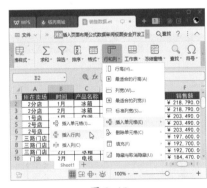

图 8-46

🔧 技术看板

如果只需要插入一行或一列，可以在选中行或列后单击鼠标右键，在弹出的快捷菜单中单击【插入】按钮。

2. 删除行与列

如果要删除行与列，可以使用以下几种方法。

（1）右击要删除的行或列中的任意单元格，在弹出的快捷菜单中选择【删除】选项，在弹出的扩展菜单中单击【整行】或【整列】命令即可，如图8-47所示。

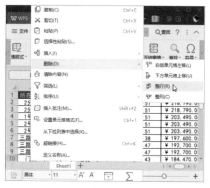

图 8-47

（2）选中要删除的行或列中的任意单元格，单击【开始】选项卡中的【行和列】下拉按钮，在弹出的快捷菜单中选择【删除单元格】选项，在弹出的扩展菜单中选择【删除行】或【删除列】命令即可，如图8-48所示。

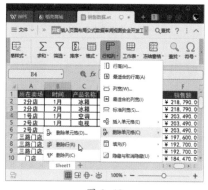

图 8-48

8.3.4 移动和复制行与列

在制作工作表时，经常需要更改表格内容的顺序，此时，可以使用移动或复制操作来实现。

1. 移动行与列

如果需要移动行或列，可以直接使用鼠标拖动，操作方法如下。

Step01 选中需要移动的行或列，将光标移动到选定行或列的绿色边框上，等光标呈现时按住鼠标左键，然后按住【Shift】键拖动鼠标，此时可以看到有一条较粗的黑色横线，将该横线拖动到需要的位置后松开鼠标左键，该行或列就移动到目标位置了，如图8-49所示。

图 8-49

除通过拖动来移动行和列之外，使用选项卡菜单和右键菜单也可以移动行和列，操作方法如下。

Step02 ❶ 选中需要移动的行或列；❷ 单击【开始】选项卡中的【剪切】按钮，如图8-50所示。

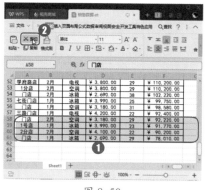

图 8-50

Step03 ❶ 选中需要移动的目标位置的下一行，单击鼠标右键；❷ 在弹出的快捷菜单中选择【插入已剪切的单元格】命令即可，如图8-51所示。

图 8-51

技术看板

如果要移动多行或多列，则选中多行或多列即可。非连续的多行或多列不能同时移动。

2. 复制行与列

复制行与列与移动行与列的操作方法类似，区别在于，前者保留了原有的行或列，而后者清除了原有的行或列。最常用的，也最简单的方法是拖动鼠标复制行与列。在复制行与列时，很可能会遇到需要保留数据和替换数据两种情况。

→ 保留数据：复制时如果想要保留目标位置的数据，可以在选定行或列之后按【Ctrl+Shift】组合键，然后按住鼠标左键将其拖动到需要的位置，该行会以插入的方式出现在目标位置。

→ 替换数据：复制时如果想替换目标位置的数据，可以在选定行或列之后按【Ctrl】键，然后按住鼠标左键将其拖动到需要的位置，该行或列被移动到目标位置后，会覆盖原区域中的数据。

技术看板

如果目标行已有数据，或拖动鼠标的同时没有按住【Ctrl】键，在目标行松开鼠标左键后，会弹出对话框询问【是否替换目标单元格内容】，此处单击【确定】按钮，该行会移动并替换数据。

除用鼠标拖动来复制行或列外，也可以使用菜单来完成，操作方法如下。

Step01 ❶ 选中需要复制的行或列；❷ 单击【开始】选项卡中的【复制】按钮，如图 8-52 所示。

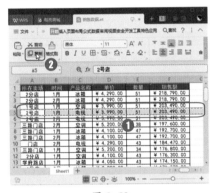

图 8-52

Step02 ❶ 选中需要复制的目标位置的下一行，然后单击鼠标右键；❷ 在弹出的快捷菜单中选择【插入复制单元格】命令即可，如图 8-53 所示。

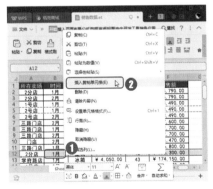

图 8-53

8.3.5　隐藏与显示行和列

用户在编辑工作表时，除可以在工作表中插入或删除行和列外，还可以根据需要隐藏或显示行和列。

1. 隐藏行和列

如果工作表中的某行或某列暂时用不到，或是不愿意被别人看见，可以将这些行或列隐藏，操作方法有以下两种。

（1）选中要隐藏的行或列中的任意单元格，单击【开始】选项卡中的【行和列】下拉按钮，在弹出的下拉菜单中选择【隐藏与取消隐藏】选项，在弹出的扩展菜单中选择【隐藏行】或【隐藏列】命令即可，如图 8-54 所示。

图 8-54

（2）选中要隐藏的行或列，单击鼠标右键，在弹出的快捷菜单中选择【隐藏】命令即可，如图 8-55 所示。

图 8-55

2. 显示行和列

用户如果想取消隐藏，即重新显示被隐藏的行或列，操作方法有以下两种。

（1）选中被隐藏的行或列邻近的行或列，单击【开始】选项卡中【行和列】的下拉按钮，在弹出的下拉菜单中选择【隐藏与取消隐藏】选项，在弹出的扩展菜单中选择【取消隐藏行】或【取消隐藏列】命令即可，如图 8-56 所示。

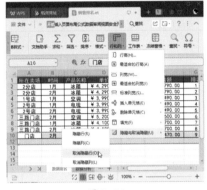

图 8-56

（2）选中被隐藏的行或列邻近的行或列，单击鼠标右键，在弹出的快捷菜单中单击【取消隐藏】命令即可，如图 8-57 所示。

图 8-57

8.4 单元格的基本操作

单元格是工作表的基本元素，是 WPS 表格的最小单位。单元格的基本操作包括选择单元格、插入单元格、删除单元格、移动与复制单元格等。

★重点 8.4.1 选择单元格

在 WPS 表格中对单元格进行编辑之前首先要将其选中，选中单元格主要有以下几种方法。

（1）选中单个单元格：将鼠标指向该单元格，单击即可，如图 8-58 所示。

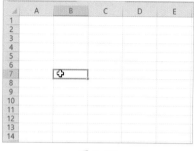

图 8-58

（2）选择连续的多个单元格：选中需要选择的单元格区域左上角的单元格，按住鼠标左键拖动到需要选择的单元格区域右下角的单元格后，松开鼠标左键即可，如图 8-59 所示。

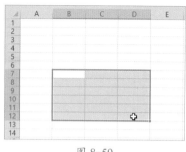

图 8-59

（3）选择不连续的多个单元格：按住【Ctrl】键，分别单击需要选择的单元格即可，如图 8-60 所示。

图 8-60

技术看板

选中需要选择的单元格区域左上角的单元格，然后在按住【Shift】键的同时单击需要选择的单元格区域右下角的单元格，也可以选定连续的多个单元格。

★重点 8.4.2 实战：插入单元格

实例门类	软件功能

在工作中，我们常常需要在工作表中插入空白单元格。插入单元格的方法主要有以下两种。

1. 通过右键菜单插入

通过右键菜单插入单元格比较快捷，因此在实际应用中比较常用。下面以在 A1 单元格下方插入一个单元格为例，介绍其具体操作方法。

Step01 打开"素材文件\第 8 章\销售数据 .et"工作簿，❶ 选中 A2 单元格，然后单击鼠标右键；❷ 在弹出的快捷菜单中选择【插入】命令；❸ 在弹出的子菜单中选择【插入单元格，活动单元格下移】命令，如图 8-61 所示。

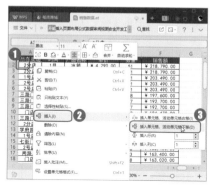

图 8-61

Step02 返回工作表，可见选中的单元格下移，同时在其上方插入了一个单元格，如图 8-62 所示。

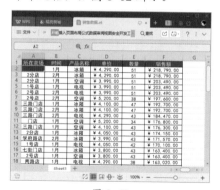

图 8-62

2. 通过功能区插入

除右键菜单外，还可以通过【开始】选项卡中的【行和列】下拉菜单中的【插入单元格】命令插入空白单元格。下面以在 A1 单元格前方插入一个空白单元格为例，介绍其具体操作方法。

Step01 打开"素材文件\第 8 章\销售数据 .et"工作簿，❶ 选中 A1 单元格；❷ 在【开始】选项卡中单击【行和列】下按按钮；❸ 在弹出的下拉菜单中选择【插入单元格】命令；❹ 在弹出的子菜单中选择【插入单元格】命令，如图8-63所示。

图 8-63

Step02 打开【插入】对话框，❶ 选择【活动单元格右移】单选项；❷ 单击【确定】按钮，如图8-64所示。

图 8-64

Step03 返回工作表，可见选中的单元格已经右移，同时在其左侧插入了一个单元格，如图8-65所示。

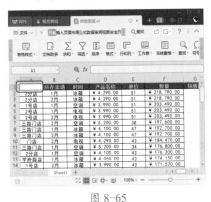

图 8-65

8.4.3 删除单元格

与插入单元格的方法类似，用户也可以通过右键菜单或功能区删除不需要的单元格。

1. 通过右键菜单删除

通过右键菜单删除单元格的操作方法如下。

❶ 右击要删除的单元格；❷ 在弹出的快捷菜单中选择【删除】命令；❸ 在弹出的子菜单中选择【右侧单元格左移】或【下方单元格上移】命令即可，如图8-66所示。

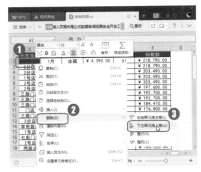

图 8-66

2. 通过功能区删除

通过功能区删除单元格的操作方法如下。

Step01 ❶ 选中要删除的单元格；❷ 在【开始】选项卡中单击【行和列】下拉按钮；❸ 在弹出的下拉菜单中选择【删除单元格】命令；❹ 在弹出的子菜单中选择【删除单元格】命令，如图8-67所示。

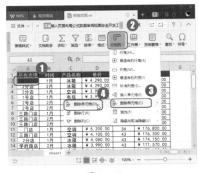

图 8-67

Step02 打开【删除】对话框，❶ 选择【右侧单元格左移】或【下方单元格上移】单选项；❷ 单击【确定】按钮即可，如图8-68所示。

图 8-68

8.4.4 移动与复制单元格

在 WPS 表格中，可以将选中的单元格移动或复制到同一个工作表的不同位置、不同的工作表甚至不同的工作簿中。通常可以通过剪贴板或鼠标拖动两种方式来移动或复制单元格，下面分别进行介绍。

1. 使用剪贴板

以在"销售数据"工作簿中移动单元格为例，使用剪贴板移动单元格的方法如下。

Step01 打开"素材文件\第8章\销售数据.et"工作簿，❶ 选中需要移动的单元格或区域；❷ 单击【开始】选项卡中的的【剪切】按钮，如图8-69所示。

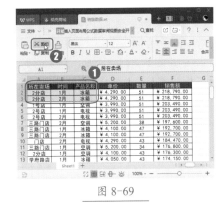

图 8-69

Step02 ❶ 选中要移动到的目标位置；❷ 单击【开始】选项卡中的【粘贴】按钮，如图8-70所示。

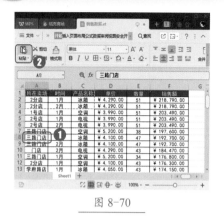

图 8-70

Step03 操作完成后，即可看到单元格区域已经移动到目标位置，如图 8-71 所示。

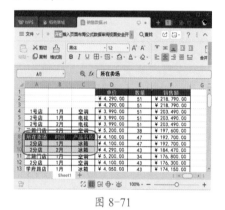

图 8-71

技能拓展——复制单元格

如果要复制单元格，先选中要复制的单元格或区域，单击【开始】选项卡中的【复制】按钮，然后在目标位置执行【粘贴】操作即可。

2. 使用鼠标拖动

用户还可以使用鼠标移动或复制单元格，但这种方法比较适用于原区域与目标区域相距较近的情况，操作方法如下。

Step01 在工作簿中选中需要移动的单元格，将光标指向该单元格的边缘，当鼠标指针变为形状时按住鼠标左键拖动，此时会有一个线框指示移动的位置，将线框拖动到目

标位置，释放鼠标左键，如图 8-72 所示。

图 8-72

技术看板

如果目标单元格中已经有数据，则会弹出提示对话框，提示是否替换数据。单击【确定】按钮，可以替换数据；单击【取消】按钮，则取消移动操作。

Step02 操作完成后，即可看到所选单元格中的内容已经移动到目标单元格，如图 8-73 所示。

图 8-73

技能拓展——使用鼠标拖动复制

需要复制单元格时，选中要复制的单元格，在按住【Ctrl】键的同时拖动鼠标到目标位置，然后释放鼠标即可。

★重点 8.4.5 实战：合并与取消合并单元格

实例门类	软件功能

合并单元格是指将两个或多个单元格合并为一个单元格，在 WPS 表格中，这是一个非常常用的功能。

1. 合并单元格

合并单元格的操作方法如下。

Step01 打开"素材文件\第8章\销售数据(合并单元格).et"工作簿，❶ 选中要合并的单元格区域；❷ 单击【开始】选项卡中的【合并居中】下拉按钮；❸ 在弹出的下拉菜单中选择【合并居中】命令，如图 8-74 所示。

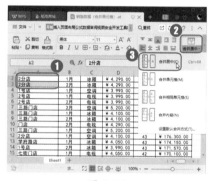

图 8-74

Step02 操作完成后，即可看到所选单元格区域已经合并为一个单元格，且其中的文字为居中显示，如图 8-75 所示。

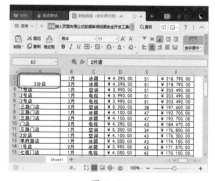

图 8-75

在合并居中下拉菜单中，有 4 种合并方式，如图 8-76 所示，其含义如下。

图 8-76

→ 合并居中：将选中的多个单元格合并为一个大的单元格，保留左上角单元格中的数据，并将其中的数据自动居中显示，如图 8-77 所示。

图 8-77

→ 合并单元格：将选中的多个单元格合并为一个大的单元格，保留左上角单元格中的数据，如图 8-78 所示。

图 8-78

→ 合并相同单元格：所选单元格区域中如果有数据相同的连续单元格，则自动合并，保留一个数据，如图 8-79 所示。

图 8-79

→ 合并内容：合并单元格后，保留全部数据，如图 8-80 所示。

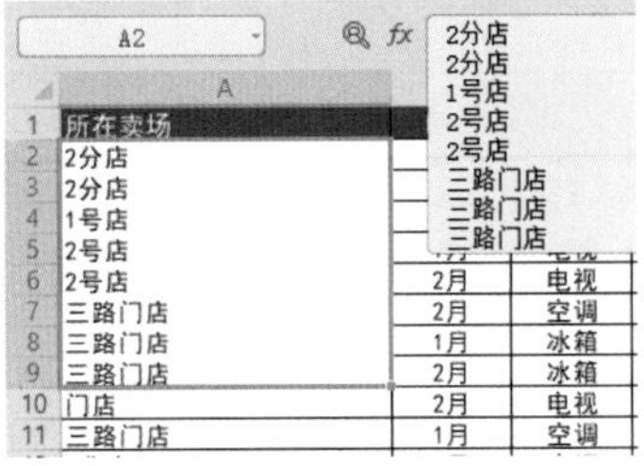

图 8-80

2. 取消合并单元格

取消合并单元格的操作方法如下。

❶ 选中要取消合并的单元格；❷ 单击【开始】选项卡中的【合并居中】下拉按钮；❸ 在弹出的下拉菜单中选择【取消合并单元格】，即可取消合并单元格，如图 8-81 所示。

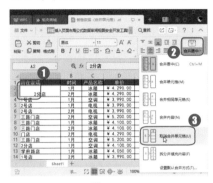

图 8-81

技术看板

如果选择【拆分并填充内容】选项，在合并单元格被拆分之后，会为拆分后的每一个单元格填充相同的内容。

8.5 输入表格数据

在 WPS 表格中，常见的数据类型有文本、数字、日期和时间等，不同的数据类型显示方式不同。默认情况下，输入的文本的对齐方式为左对齐，数字的对齐方式为右对齐，输入的日期与时间如果不是 WPS 中的日期与时间数据类型，WPS 将无法识别。

★重点 8.5.1 实战：在员工档案表中输入姓名

实例门类	软件功能

员工姓名属于文本，文本通常是指非数值性的文字、符号等，如公司职员的姓名、企业的产品名称、学生的考试科目等。除此之外，一些不需要进行计算的数字也可以保存为文本格式，如电话号码、身份证号码等。

Step01 打开"素材文件\第 8 章\员工档案表 .et"工作簿，选中需要输入文本的单元格，直接输入文本后按【Enter】键或单击其他单元格即可，如图 8-82 所示。

图 8-82

Step02 继续输入文本数据，双击需输入文本的单元格，将光标插入其中，在单元格中输入文本，完成后按【Enter】键或单击其他单元格即可，如图 8-83 所示。

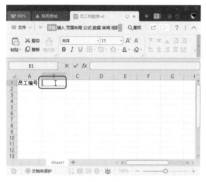

图 8-83

Step03 继续输入文本数据，选中单元格，在编辑栏中输入文本，单元格也会自动显示输入的文本，如图 8-84 所示。

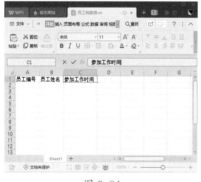

图 8-84

Step04 使用相同的方法继续输入文本数据，输入完成后的效果如图

8-85 所示。

图 8-85

技术看板

在单元格中输入数据后，按【Tab】键，可以自动将光标定位到所选单元格右侧的单元格中。例如，在 C1 单元格输入数据后，按【Tab】键，光标将自动定位到 D1 单元格中。

★重点 8.5.2 实战：在员工档案表中输入员工编号

实例门类	软件功能

在工作表中，除需要输入一些文本数据外，还需要输入数值。数值是代表数量的数字形式，如工厂的生产利润、学生的成绩、个人的工资等。数值可以是正数，也可以是负数，但共同的特点是都可以用于数值计算，如加、减、求和、求平均值等。除数字外，还有一些特殊的符号也被 WPS 表格理解为数值，如百分号(%)，货币符号($)、科学计数符号（E）等。

除此之外，有时还需要输入一些特殊的数据。例如，输入以"0"开始的员工编号，如果直接输入，WPS 表格会自动省略"0"，原本输入的"001"，会在自动调整后显示

为"1"。此时，就需要用特殊的方法来输入数据，操作方法如下。

Step01 接上一例操作，❶选中需要输入数值的单元格区域，单击鼠标右键；❷在弹出的快捷菜单中选择【设置单元格格式】选项，如图 8-86 所示。

图 8-86

Step02 打开【单元格格式】对话框，❶在【数字】选项卡的【分类】组中选择【文本】选项；❷单击【确定】按钮，如图 8-87 所示。

图 8-87

技术看板

在输入以 0 开头的数据之前，先输入英文的单引号，也可以成功输入以 0 开头的数据。例如，如果要输入"001"，则需要输入"'001"。

Step03 返回工作表，在单元格中输入"001"，如图 8-88 所示。

图 8-88

Step04 按【Enter】键确认输入，可以看到以 0 开头的数据已经输入，如图 8-89 所示。

图 8-89

★重点 8.5.3 实战：在员工档案表中输入日期

实例门类	软件功能

在 WPS 表格中，日期和时间是以一种特殊的数值形式来储存的，这种数值形式被称为序列值。序列值是大于等于 0，小于 2 958 466 的数值，所以，日期也可以理解为一个数值区间。

日期是以数值的形式存储的，因此它具有数值的所有运算功能，如日期数据可以参与加、减等数值运算。如果要计算两个日期之间相距的天数，可以直接在单元格中输入两个日期，再用减法运算公式来求得结果。

用户在输入日期和时间时，可以直接输入一般的日期和时间格式，

也可以通过设置单元格格式输入多种不同类型的日期和时间格式。

1. 输入时间

在单元格中可以直接以时间格式输入时间，如输入"15:30:00"。在 WPS 表格中，系统默认的是 24 小时制，如果按照 12 小时制输入，就要在输入的时间后加上"AM"或者"PM"字样，表示上午或下午。

2. 输入日期

输入日期时需要在年、月、日之间用"/"或者"-"隔开。例如，在 A2 单元格中输入"19/10/1"，按【Enter】键后就会自动显示为日期格式"2019/10/1"。

3. 设置日期或时间格式

如果要使输入的日期或时间以其他格式显示，如输入日期"2019/10/1"后自动显示为"2019 年 10 月 1 日"，就需要对单元格格式进行设置。下面接上一例的素材输入日期并设置日期格式，操作方法如下。

Step01 接上一例操作，❶ 选中需要输入日期的单元格区域，在选中的区域上单击鼠标右键；❷ 在弹出的快捷菜单中单击【设置单元格格式】命令，如图 8-90 所示。

图 8-90

Step02 打开【单元格格式】对话框，❶ 在【数字】选项卡的分类列表框中选择【日期】选项；❷ 在【类型】列表框中选择一种日期格式，如【2001 年 3 月 7 日】；❸ 单击【确定】按钮，如图 8-91 所示。

图 8-91

Step03 返回工作表中，使用常用的日期格式输入日期，如图 8-92 所示。

图 8-92

Step04 按下【Enter】键，会发现输入日期"2019/10/1"后将自动显示为"2019 年 10 月 1 日"，如图 8-93 所示。

图 8-93

8.5.4 实战：在员工档案表中插入特殊符号

实例门类	软件功能

在制作表格时有时需要插入一些特殊符号，如●、▓和★等。这些符号有些可以通过键盘输入，有些却无法在键盘上找到与之匹配的键位，此时可通过 WPS 表格的插入符号功能输入。下面，以在"员工档案表"中"谭方平"的备注栏添加特殊符号为例，介绍输入特殊符号的方法。

Step01 接上一例操作，❶ 选中要插入特殊符号的单元格；❷ 单击【插入】选项卡中的【符号】下拉按钮；❸ 在弹出的下拉菜单中选择一种符号，如果菜单中没有适合的符号，可以单击【其他符号】选项，如图 8-94 所示。

图 8-94

Step02 打开【符号】对话框，❶ 在列表框中选择需要的符号样式；❷ 单击【插入】按钮，如图 8-95 所示。

图 8-95

Step03 单击【关闭】按钮关闭该对话框，返回工作表，即可看到插入的特殊符号，如图 8-96 所示。

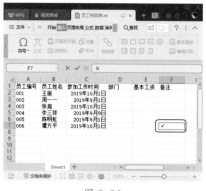

图 8-96

8.5.5 在工作表中填充数据

在表格中输入数据时有很多技巧可以帮助用户提高工作效率，如使用填充柄填充数据、输入等差序列、输入等比序列、自定义填充序列等。

1. 使用填充柄填充数据

在编辑表格的过程中，有时需要在多个单元格中输入序号，此时可以通过拖动单元格右下角的填充柄来快速输入，操作方法如下。

Step01 接上一例操作，❶ 在 D2 单元格中输入部门数据，选中 D2 单元格；❷ 将光标移到 D2 单元格右下角的填充柄上，当鼠标指针变为+形状时，按住鼠标左键不放并拖动至需要的位置，如图 8-97 所示。

图 8-97

Step02 释放鼠标左键，即可在 D3 到 D4 单元格中快速填充相同的部门信息，如图 8-98 所示。

图 8-98

技能拓展——填充数字

如果要为单元格填充数字，使用填充柄下拉后，会自动填充数据序列。例如，输入数字"1"，使用填充柄会自动填充"2，3，4…"。

2. 输入等差序列

在制作表格时，有时候需要输入等差序列，如1，3，5，7…，此时，可以使用序列功能快速填充，操作方法如下。

Step01 ❶ 在 A1 单元格输入起始数据；❷ 单击【开始】选项卡中的【填充】下拉按钮；❸ 在弹出的下拉菜单中选择【序列】命令，如图 8-99 所示。

图 8-99

Step02 打开【序列】对话框，❶ 在【序列产生在】栏中选择【列】单选项；❷ 在【类型】栏中选择【等差序列】单选项；❸ 在【步长值】数值框中输入步长值，如输入"2"，在【终止值】栏输入终止值，如"20"；❹ 单击【确定】按钮，如图8-100所示。

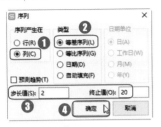

图 8-100

Step03 返回工作表，即可看到在A1单元格下的单元格区域中自动输入了设置的等差序列，如图8-101所示。

图 8-101

技术看板

在单元格中输入等差序列的两个起始数据后，选中两个起始数据所在的单元格区域，然后按住鼠标左键拖动填充柄至所需单元格，可以快速填充等差序列。

3. 输入等比序列

所谓等比序列数据是指成倍数关系的序列数据，如"3，6，12，24…"，快速输入此类序列数据的方法如下。

Step01 在单元格中输入具有等比规律的前两个数据，如"3、6"，如图8-102所示。

图 8-102

Step02 ❶ 选中输入了起始数据的单元格区域；❷ 按住鼠标左键拖动填充柄至所需的单元格，在弹出的下拉菜单中单击【等比序列】命令，如图8-103所示。

图 8-103

Step03 此时，可以看到所选的单元格区域中已经快速填充了等比序列数据，如图8-104所示。

图 8-104

另外，在 WPS 表格中，除可以填充数字序列外，还可以填充日

期序列，方法与填充数字序列一样。下面的表格列出了初始值及由此生成的相应序列。

表 8-1

初始值	扩展序列
8:00	9:00 10:00 11:00
Mon	Tue Wed Thu
星期一	星期二 星期三 星期四
Jan	Feb Mar Apr
一月、四月	七月 十月 一月
Jan-96、Apr-96	Jul-96 Oct-96 Jan-97
1998、1999	2000 2001 2002
1 月 15 日、4 月 15 日	7 月 15 日 10 月 15 日 1 月 15 日

4. 自定义填充序列

如果需要经常使用某个数据序列，可以将其创建为自定义序列，之后在使用时拖动填充柄便可快速输入，操作方法如下。

Step01 ❶ 单击【文件】下拉按钮；❷ 在弹出的下拉菜单中单击【选项】命令，如图8-105所示。

图 8-105

Step02 打开【选项】对话框，单击【自定义序列】选项，❶ 在【输入序列】列表中输入自定义序列；❷ 单击【添加】按钮，如图8-106所示。

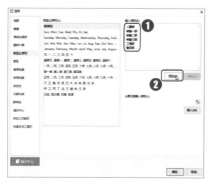

图 8-106

Step03 输入的序列将添加到【自定义序列】列表中，单击【确定】按钮，如图 8-107 所示。

图 8-107

Step04 返回工作表，输入序列初始数据后，即可利用填充柄快速填充自定义序列，如图 8-108 所示。

图 8-108

8.5.6 导入数据与刷新数据

除手动输入数据外，还有一个重要的数据录入方式，就是在 WPS 表格中导入外部数据。数据导入后，

如果原数据发生变化，我们可以直接在导入的数据中刷新数据。

1. 导入数据

如果数据已经存储在文本文档中，可以直接导入到 WPS 表格中。例如，将"预约记录"文本文件导入 WPS 表格中，操作方法如下。

Step01 打开"素材文件\第 8 章\预约记录 .et"，单击【数据】选项卡中的【导入数据】按钮，如图 8-109 所示。

图 8-109

Step02 弹出提示对话框，如果确定导入数据，单击【确定】按钮，如图 8-110 所示。

图 8-110

Step03 打开【第一步：选择数据源】对话框，保持默认设置，单击【选择数据源】按钮，如图 8-111 所示。

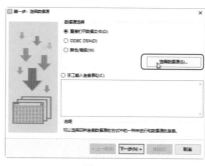

图 8-111

Step04 ❶打开【打开】对话框，选择"素材文件\第 8 章\预约记录 .txt"文本文件；❷单击【打开】按钮，如图 8-112 所示。

图 8-112

Step05 打开【文件转换】对话框，保持默认设置，单击【下一步】按钮，如图 8-113 所示。

图 8-113

Step06 打开【文本导入向导 -3 步骤之 1】对话框，❶在【请选择最合适的文件类型】栏中选择【分隔符号】单选项；❷单击【下一步】按钮，如图 8-114 所示。

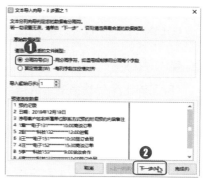

图 8-114

Step 07 打开【文本导入向导 -3 步骤之 2】对话框，❶ 在【分隔符号】栏中勾选【Tab 键】复选框；❷ 单击【下一步】按钮，如图 8-115 所示。

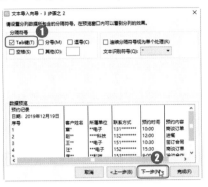

图 8-115

Step 08 打开【文本导入向导 -3 步骤之 3】对话框，❶ 在【列数据类型】栏中选择【常规】单选项；❷ 单击【完成】按钮，如图 8-116 所示。

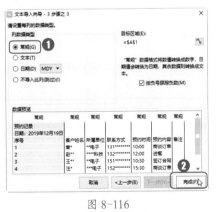

图 8-116

Step 09 返回工作表，可以看到系统已经将文本文件中的数据导入工作

表中，如图 8-117 所示。

图 8-117

2. 刷新数据

将数据导入工作表后，如果数据发生变化，可以刷新数据。例如，文本数据中的日期由 "2019 年 12 月 19 日" 更改为 "2020 年 12 月 19 日" 后，如果要刷新数据，操作方法如下。

Step 01 接上一例操作，单击【数据】选项卡中的【全部刷新】按钮，如图 8-118 所示。

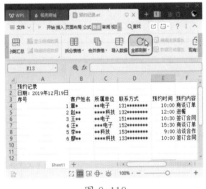

图 8-118

Step 02 打开【导入文本文件】对话框，❶ 选择 "素材文件 \ 第 8 章 \ 预约记录 1.txt" 文本文件；❷ 单击【打开】按钮，如图 8-119 所示。

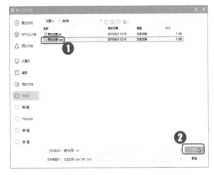

图 8-119

Step 03 返回工作表，即可看到数据已经更新，如图 8-120 所示。

图 8-120

8.6 设置表格样式

很多时候我们制作的表格都需要向别人展示，所以表格不仅要保证数据准确、有效，还要保证整体美观。对表格格式进行设置及使用对象美化表格，可以使制作出的表格更加美观大方。本节将详细介绍设置数据格式、边框和底纹，以及使用对象美化表格的相关知识。

8.6.1 实战：设置记录表文本格式

实例门类	软件功能

在 WPS 表格中输入的文本格式默认为【宋体，11 号，黑色】。为了使表格更美观，用户可以更改工作表中单元格或单元格区域中的字体、字号或字体颜色等文本格式，操作方法如下。

Step01 打开"素材文件\第8章\往来信函记录表 .et"工作簿，❶ 选中 A1 单元格；❷ 单击【开始】选项卡中的【字体】下拉按钮；❸ 在弹出的下拉菜单中选择一种字体样式，如【隶书】，如图 8-121 所示。

图 8-121

Step02 保持单元格的选中状态，❶ 单击【开始】选项卡中的【字号】下拉按钮；❷ 在弹出的下拉菜单中选择合适的字号，如【20】，如图 8-122 所示。

图 8-122

技能拓展——填充数字

如果要为单元格填充数字，使用填充柄下拉后，会自动填充数据序列。例如，输入数字"1"，使用填充柄会自动填充"2、3、4…"。

Step03 保持单元格的选中状态，❶ 单击【开始】选项卡中的【字体颜色】下拉按钮 A·；❷ 在弹出的下拉菜单中选择字体颜色，如图 8-123 所示。

图 8-123

Step04 设置完成后，即可看到设置文本格式后的效果，如图 8-124 所示。

图 8-124

★重点 8.6.2 实战：设置工资表的数据格式

实例门类	软件功能

在 WPS 表格中输入数字后可根据需要设置数字的格式，如常规格式、货币格式、会计专用格式、日期格式和分数格式等。如果要为数据设置数据格式，操作方法如下。

Step01 打开"素材文件\第 8 章\员工工资统计表 .et"工作簿，❶ 选中要设置数据格式的单元格区域；❷ 单击【开始】选项卡中的【数字格式】下拉按钮；❸ 在弹出的下拉菜单中单击【货币】选项，如图 8-125 所示。

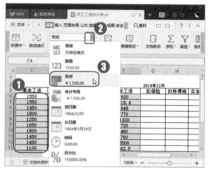

图 8-125

Step02 操作完成后，所选数据即可设置为货币格式，单击两次【开始】选项卡中的【减少小数位数】按钮，如图 8-126 所示。

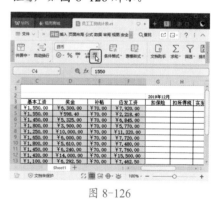

图 8-126

Step03 操作完成后，即可看到设置后的效果，如图 8-127 所示。

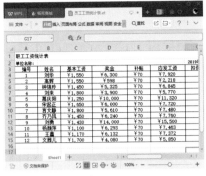

图 8-127

技术看板

选中单元格，然后在单元格上单击鼠标右键，在弹出的快捷菜单中选择【单元格格式】选项，在打开的【单元格格式】对话框中，也可以设置单元格的格式。

8.6.3 实战：设置工资表的对齐方式

实例门类	软件功能

在 WPS 表格的单元格中，文本默认为左对齐，数字默认为右对齐。为了保证工作表中数据整齐，可以为数据重新设置对齐方式，操作方法如下。

Step01 接上一例操作，❶ 选中 A1 单元格；❷ 单击【开始】选项卡中的【水平居中】按钮，如图 8-128 所示。

图 8-128

Step02 操作完成后，所选单元格中

的文本即以所选的方式对齐，如图 8-129 所示。

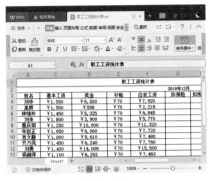

图 8-129

8.6.4 实战：设置工资表的边框和底纹样式

实例门类	软件功能

在编辑表格的过程中，可以通过添加边框和单元格背景色、为工作表设置背景图案，使表格轮廓更加清晰，整个表格更整齐美观，操作方法如下。

Step01 接上一例操作，❶ 选中要添加边框和底纹的单元格区域；❷ 单击【开始】选项卡中的【边框】下拉按钮；❸ 在弹出的下拉菜单中选择【其他边框】选项，如图 8-130 所示。

图 8-130

Step02 打开【单元格格式】对话框，❶ 在【线条】栏设置线条的样式和颜色；❷ 在【预置】栏单击【外边框】和【内部】按钮，如图 8-131 所示。

图 8-131

Step03 ❶ 在【图案】选项卡的【颜色】栏选择单元格底纹颜色；❷ 单击【确定】按钮，如图 8-132 所示。

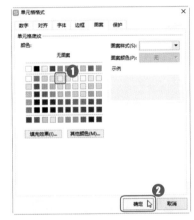

图 8-132

Step04 返回工作表中，即可看到边框和底纹设置后的效果，如图 8-133 所示。

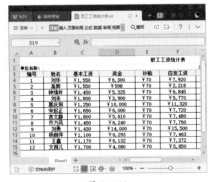

图 8-133

8.6.5 实战：为工资表应用单元格样式

实例门类	软件功能

WPS 表格中内置了多种单元格样式，应用这些单元格样式可快速美化单元格，操作方法如下。

Step01 接上一例操作，❶ 选中 A1 单元格；❷ 单击【开始】选项卡中的【格式】下拉按钮；❸ 在弹出的下拉菜单中选择【样式】选项；❹ 在弹出的子菜单中选择一种单元格样式，如图 8-134 所示。

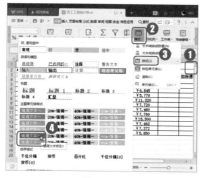

图 8-134

Step02 操作完成后，即可看到所选单元格已经应用了单元格样式，如图 8-135 所示。

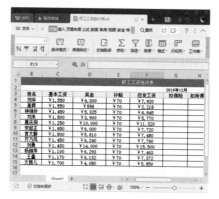

图 8-135

技术看板

单元格样式是应用于整个工作簿的文档主题的，如果将文档切换为另一主题，单元格样式会随之更新，以便与新主题相匹配。

★新功能 8.6.6 实战：为工资表应用表格样式

实例门类	软件功能

WPS 表格中内置了多种表格样式，合理地应用这些表格样式，可以快速设置工作表的样式，美化工作表，操作方法如下。

Step01 接上一例操作，❶ 将光标定位到数据区域；❷ 单击【开始】选项卡中的【表格样式】下拉按钮；❸ 在弹出的下拉列表中选择一种内置的表格样式，如图 8-136 所示。

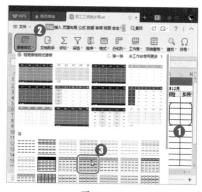

图 8-136

Step02 打开【套用表格样式】对话框，直接单击【确定】按钮，如图 8-137 所示。

图 8-137

Step03 返回工作簿中，即可看到表格已经套用了选定的表格样式，如图 8-138 所示。

图 8-138

8.7 设置数据有效性

数据有效性功能可以用来验证用户在单元格中输入的数据是否有效，以及限制输入数据的类型或范围等，减少输入错误，提高工作效率。在工作中，常用数据有效性来限制单元格中输入的文本长度、文本内容、数值范围等。

★重点 8.7.1 实战：只允许在单元格中输入整数

实例门类	软件功能

在工作表中输入数据时，如果某列的单元格只能输入整数数字，则可以在该列中设置只能输入整数的限制，并设定最小值和最大值，操作方法如下。

Step01 打开"素材文件\第8章\海尔冰箱销售统计.et"工作簿，❶选中要设置数据有效性的单元格区域；❷单击【数据】选项卡中的【有效性】按钮，如图8-139所示。

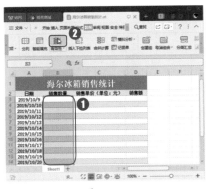
图 8-139

Step02 打开【数据有效性】对话框，❶在【允许】下拉列表中选择【整数】，在【数据】下拉列表中选择【介于】，在【最小值】文本框中输入允许输入的最小数值，在【最大值】文本框中输入允许输入的最大数值；❷单击【确定】按钮，如图8-140所示。

图 8-140

Step03 设置完成后，如果在单元格区域中输入非整数数值，则会弹出错误提示，如图8-141所示。

图 8-141

★重点 8.7.2 实战：为数据输入设置下拉列表

实例门类	软件功能

设置下拉列表后，可在输入数据时选择设置好的单元格内容，提高工作效率。为单元格设置下拉列表的方法有如下两种。

1. 使用【插入下拉列表】按钮

使用【插入下拉列表】功能设置下拉列表的操作方法如下。

Step01 打开"素材文件\第8章\员工档案表1.et"工作簿，❶选中要设置下拉列表的单元格区域；❷单击【数据】选项卡中的【插入下拉列表】按钮，如图8-142所示。

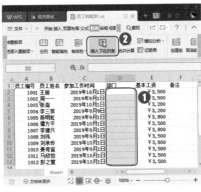
图 8-142

Step02 打开【插入下拉列表】对话框，❶在列表框中输入下拉菜单的项目；❷单击按钮添加新项目，如图8-143所示。

图 8-143

Step03 ❶使用相同的方法输入其他下拉菜单中的项目；❷单击【确定】按钮，如图8-144所示。

图 8-144

Step04 返回工作表，单击设置了下拉列表的单元格，其右侧会出现一个下拉箭头，单击该箭头，将弹出下拉列表，单击某个选项，即可在单元格中快速输入所选内容，如图8-145所示。

图 8-145

2. 使用【数据有效性】按钮

使用【数据有效性】按钮设置下拉列表的操作方法如下。

Step01 打开"素材文件\第8章\员工档案表1.et"工作簿，❶选中要设置下拉列表的单元格区域；❷单击【数据】选项卡中的【有效性】按钮，如图8-146所示。

图 8-146

Step02 打开【数据有效性】对话框，❶在【允许】下拉列表中选择【序列】选项，在【来源】文本框中输入以英文逗号为间隔的序列内容；❷单击【确定】按钮，如图8-147所示。

图 8-147

Step03 返回工作表，单击设置了下拉列表的单元格，其右侧会出现一个下拉箭头，单击该箭头，将弹出一个下拉列表，单击某个选项，即可快速在该单元格中输入所选内容，如图8-148所示。

图 8-148

技术看板

设置下拉列表时，在【数据验证】对话框的【设置】选项卡中，一定要确保【提供下拉箭头】为勾选状态（默认是勾选状态），否则，选中设置了数据有效性下拉列表的单元格时，不会出现下拉箭头，无法弹出下拉列表供用户选择。

8.7.3 实战：限制重复数据的输入

实例门类	软件功能

在 WPS 表格中录入数据时，有时会要求某个区域的单元格数据具有唯一性，如身份证号码、发票号码等数据。为了防止错误输入相同数据，可以使用【拒绝录入重复项】功能防止重复输入，操作方法如下。

Step01 打开"素材文件\第8章\信息登记表.et"工作簿，选中要设置限制重复数据输入的单元格区域，本例选择的单元格区域为A3:A17。❶单击【数据】选项卡中的【拒绝录入重复项】下拉按钮；❷在弹出的下拉菜单中单击【设置】命令，如图8-149所示。

图 8-149

Step02 打开【拒绝重复输入】对话框，直接单击【确定】按钮，如图8-150所示。

图 8-150

Step03 返回工作表，当在 A3:A17 区域输入重复数据时，就会出现拒绝重复输入提示，如图8-151所示。

图 8-151

技术看板

如果要查找重复数据，可以在选中数据列之后单击【数据】选项卡中的【高亮重复项】下拉按钮，在弹出的下拉菜单中选择【设置高亮重复项】选项，在弹出的对话框中单击【确定】按钮，可以高亮显示重复项。

8.7.4 设置输入信息提示

编辑工作表数据时，可以为单元格设置输入信息提示，提醒用户应该在单元格中输入什么样的内容。设置输入数据前的提示信息的操作方法如下。

Step01 打开"素材文件\第8章\信息登记表1.et"工作簿，选中要设置输入信息提示的单元格区域，本例选择D3:D17，打开【数据有效性】对话框，❶在【输入信息】选项卡的【标题】和【输入信息】文本框中输入提示内容；❷单击【确定】按钮，如图8-152所示。

图 8-152

Step02 返回工作表，在单元格区域D3:D17中选中任意单元格，都会出现提示信息，如图8-153所示。

图 8-153

8.7.5 设置出错警告提示

在单元格中设置了数据有效性后，当输入错误的数据时，系统会自动弹出警告信息。除系统默认的警告信息之外，我们还可以自定义警告信息。设置出错警告信息的操作方法如下。

Step01 打开"素材文件\第8章\商品定价表.et"工作簿，选中要设置出错警告提示的单元格区域B3:B8，打开【数据有效性】对话框，在【设置】选项卡中设置允许输入的内容信息，如图8-154所示。

Step02 ❶在【出错警告】选项卡的【样式】下拉列表中选择警告样式，如【停止】；❷在【标题】文本框中输入提示标题，在【错误信息】文本框中输入提示信息；❸完成设置后单击【确定】按钮，如图8-155所示。

图 8-154

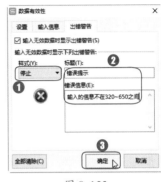

图 8-155

Step03 返回工作表，在B3:B8单元格中输入不符合条件的数据时，会出现自定义样式的警告信息，如图8-156所示。

图 8-156

妙招技法

通过对前面知识的学习，相信读者已经对WPS表格数据的录入与编辑有了一定的了解。下面将结合本章内容，给大家介绍一些实用技巧。

技巧01：快速在多个单元格中输入相同数据

在输入数据时，有时需要在多个单元格中输入相同数据，如果逐一输入会非常费时，为了提升输入速度，用户可使用以下方法在多个单元格中快速输入相同数据。例如，要在多个单元格中输入"1"，具体操作方法如下。

Step01 打开"素材文件\第8章\销售列表.et"工作簿，选中要输入"1"的单元格区域，输入"1"，如图8-157所示。

图 8-157

Step 02 按【Ctrl+Enter】组合键确认，即可在选中的多个单元格中输入相同内容，如图 8-158 所示。

图 8-158

技巧 02：快速填充所有空白单元格

在表格中输入数据时，有时需要在多个空白单元格内输入相同的数据内容。除手动逐一输入，或者手动选中空白单元格后使用【Ctrl+Enter】组合键快速输入数据外，还可以利用 WPS 表格提供的【定位条件】功能选中空白单元格，然后再利用【Ctrl+Enter】组合键，快速在空白单元格中输入相同的数据内容，操作方法如下。

Step 01 打开"素材文件\第8章\答案.et"工作簿，❶ 在工作表的数据区域中选中任意单元格；❷ 在【开始】选项中单击【查找】下拉按

钮；❸ 在弹出的下拉列表中单击【定位】选项，如图 8-159 所示。

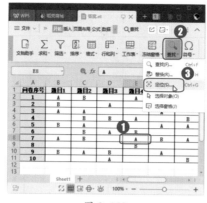

图 8-159

Step 02 弹出【定位】对话框，❶ 选择【空值】单选项；❷ 单击【定位】按钮，如图 8-160 所示。

图 8-160

Step 03 返回工作表，可以看见所选单元格区域中的所有空白单元格都呈选中状态。输入需要的数据内容，如"C"，如图 8-161 所示。

图 8-161

Step 04 按【Ctrl+Enter】组合键，即可快速填充所选空白单元格，如图 8-162 所示。

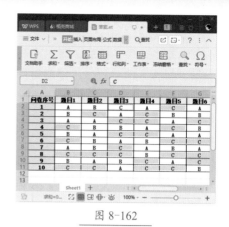

图 8-162

技巧 03：巧妙输入位数较多的员工编号

用户在编辑工作表的时候，经常需要输入位数较多的员工编号、学号、证书编号等，如"LYG2014001、LYG2014002"，这些编号的部分字符可能是相同的，若重复录入会非常烦琐，且易出错。此时，可以通过自定义数据格式快速输入。例如，要输入员工编号"LYG2018001"，具体操作方法如下。

Step 01 打开"素材文件\第8章\信息登记表.et"工作簿，选中要输入员工编号的单元格区域，打开【单元格格式】对话框，❶ 在【数字】选项卡的【分类】列表框中选择【自定义】选项；❷ 在右侧【类型】文本框中输入编号""LYG2018"000"（"LYG2018"是固定不变的内容）；❸ 单击【确定】按钮，如图 8-163 所示。

Step 02 返回工作表，在单元格区域中输入编号中的序号，如"1"，如图 8-164 所示。

Step 03 按【Enter】键确认，即可显示完整的编号，如图 8-165 所示。

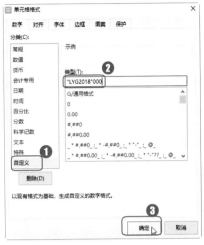

图 8-163

图 8-164

图 8-165

技巧 04：如何自动填充日期值

编辑账单、销售统计等类型的工作表时，经常要输入连贯的日期值。除手动输入外，还可以通过填充功能快速输入，以提高工作效率，具体操作方法如下。

Step 01 在单元格中输入起始日期，并选中该单元格，将鼠标指针指向单元格的右下角，指针呈+时按住鼠标右键不放并向下拖动，当拖动到目标单元格后释放鼠标右键，在自动弹出的快捷菜单中选择日期填充方式，如【以月填充】，如图 8-166 所示。

图 8-166

Step 02 操作完成后，即可按月填充序列，如图 8-167 所示。

图 8-167

技能拓展——按天数填充日期

当指针呈+时，按住鼠标左键向下拖动，可直接按【以天数填充】方式填充日期值。

本章小结

本章主要介绍了在 WPS 表格中录入数据、设置表格样式，以及通过数据有效性控制数据的方法。通过对本章内容的学习，读者可以根据需要创建工作表，并对工作表进行美化。

第9章　对电子表格数据进行分析

- ➜ 怎样突出显示符合特定条件的单元格？
- ➜ 想要把数据形象地表现出来，可以将不同范围的值用不同的符号标出来吗？
- ➜ 想要将工作表中的数据从高到低，或者从低到高排列，如何操作？
- ➜ 默认的排序方式是以列排序，如果需要按行排序，应该如何设置？
- ➜ 表格制作完成后，如何将其中的一项数据筛选出来？
- ➜ 工作表中的特殊数据设置了单元格颜色后，怎样通过颜色来筛选数据？
- ➜ 如果想要筛选的数据有多个条件，应该怎样筛选？
- ➜ 要查看各地区的销量表，应该怎样汇总数据，以提高查看效率？
- ➜ 公司每个季度制作一张销量统计表，现在需要将全年的工作表进行合并计算，该怎样操作？

在日常工作中，人们经常需要借助一些工具来对数据进行处理，WPS 表格作为专业的数据处理工具，可以帮助人们将繁杂的数据转化为有效的信息。因为具有强大的数据计算、汇总和分析等功能，WPS 表格备受广大用户的青睐。学习了本章内容后，读者可以学到数据处理与分析的方法，快速掌握 WPS 的数据处理与分析技巧。

9.1　认识数据分析

利用 WPS 表格我们可以完成绝大多数的数据整理、统计、分析工作，挖掘出隐藏在数据背后的信息，帮助我们做出正确的判断和决策。数据分析广泛应用于行政管理、市场营销、财务管理、人事管理和金融管理等诸多领域。在学习数据分析之前，我们先来了解与数据分析有关的知识。

9.1.1　数据分析

WPS 表格是重要的数据分析工具，使用 WPS 表格可以对数据进行排序、筛选、分类汇总和设置条件格式等操作。借助 WPS 表格，我们可以对收集到的大量数据进行统计和分析，并从中提取有用的信息，如图 9-1 所示。

数据分析的作用如下。

- ➜ 对数据进行有效整合，挖掘数据背后潜在的信息。
- ➜ 对数据整体中缺失的信息进行科学预测。

- ➜ 对数据所代表的系统趋势进行预测。
- ➜ 支持对数据所在系统的功能优化，对决策起到评估和支撑作用。

图 9-1

9.1.2　数据排序的规则

在 WPS 表格中，要让数据展现得更加直观，就必须有一个合理的排序。排序的规则包含以下几种。

1. 按列排序

在 WPS 表格中，默认的排序方向是按列排序，用户可以根据输入的列字段对数据进行排序，如图 9-2 所示。

图9-2

2．按行排序

除默认的按列排序之外，还可以将数据按行排序。有时候，为了让数据更美观或者出于工作的需要，表格的数据需要横向排列。

按行排序的操作方法与按列排序相似。在【排序选项】对话框的【方向】栏选择【按行排序】，再单击【确定】按钮，就可以改变排序的方向。

3．按拼音排序

在 WPS 表格中，默认对汉字的排序方法是按拼音排序，即按第一个字的拼音字母在 26 个英文字母中出现的次序（从 A 至 Z 的顺序）对数据进行排序，第一个字相同则向后依次比较第二个字、第三个字等。

4．按笔画排序

中国人通常习惯按照姓名的笔画来排序。

在【排序选项】对话框的【方式】栏选择【笔画排序】，就可以按汉字的笔画来排序。

按笔画排序，包括了以下几种情况。

（1）按姓氏笔画的多少排序，同笔画数的姓氏按起笔顺序（横、竖、撇、捺、折）排列。

（2）笔画数和起笔都相同的

字，按字形结构排序，先左右，再上下，最后是整体字形。

（3）如果姓氏相同，则依次按第二字、第三字排序，规则同姓氏的排序。

5．按数字排序

WPS 表格中经常包含大量的数字，如数量、金额等。按数字排序，就是按数值的大小进行升序或降序排列。

6．自定义排序

在某些情况下，WPS 表格中的一些数据并没有明显的顺序特征，如产品名称、销售区域、业务员姓名、部门等信息。如果要对这些数据进行排序，已有的排序规则并不能满足用户的需求，此时可以使用自定义排序。

在【排序】对话框中，单击【次序】下拉列表中的【自定义序列】选项，打开【自定义序列】对话框，在其中输入新的序列，并将其添加到【自定义序列】列表框中，如图9-3所示。

图9-3

添加自定义序列后，再次进行排序时，只要在【排序】对话框的【次序】下拉列表中选择自定义的新序列，即可按照自定义的序列排序。

9.1.3 数据筛选的几种方法

WPS 表格提供了筛选的功能，通过这个功能，我们可以从成千上万的数据中筛选出我们需要的数据。

在 WPS 表格中筛选数据时，首先要执行【筛选】命令，进入筛选状态。此时，在每个字段右侧会出现一个下拉按钮，单击此按钮可以进行筛选，如图9-4所示。

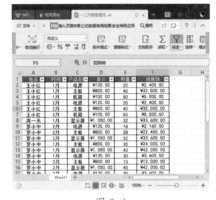

图9-4

1．单条件筛选

单条件筛选是 WPS 表格中最简单，也最常用的筛选方法。单条件筛选是针对一个字段进行简单的一个条件进行筛选，将不满足该条件的数据暂时隐藏起来，只显示符合条件的数据。

2．多条件筛选

WPS 表格也提供了多条件筛选的功能。

按照第一个字段进行数据筛选后，还可以使用其他的筛选字段继续进行数据筛选，这就形成了多条件筛选。

技术看板

设在筛选状态下，单击某个字段右侧的下拉按钮，在弹出的筛选列表中取消选中【全选】复选框，然后选中符合条件的复选框，单击【确定】按钮，可以筛选出该字段中符合某个单项条件的筛选，如图 9-5 所示。

图 9-5

除使用文本筛选数据外，还可以根据数字进行筛选，如金额、数量等。配合常用的数字符号，如等于、大于、小于等，可以对数据进行各种筛选操作，如图 9-6 所示。

图 9-6

9.1.4 分类汇总的要点

在工作中，经常会接触到二维数据表格，需要根据表中的某列数据字段对数据进行分类汇总，得出汇总结果。此时，就需要使用分类汇总功能。

在进行分类汇总时，还需要注意以下要点。

1. 汇总前排序

在创建分类汇总之前，首先要对工作表中的数据进行排序。如果没有对汇总字段进行排序，数据汇总时就无法得出正确的结果。

2. 生成汇总表

对需要汇总的字段排序之后，就可以执行分类汇总命令，再设置分类汇总选项，就可以生成汇总表，如图 9-7 所示。

图 9-7

3. 分级查看汇总数据

默认情况下，WPS 表格中的分类汇总表会显示全部的 3 级汇总结果。如果汇总结果较多，查看不方便，也可调整【汇总级别】，使汇总表只显示 1 级或 2 级汇总结果，如图 9-8 所示。

图 9-8

4. 取消分类汇总

根据某个字段进行分类汇总之后，还可以取消分类汇总结果，还原到汇总前的状态。

在【分类汇总】对话框中，单击【全部删除】按钮，就可以删除所有的分类汇总，还原到汇总前的状态，如图 9-9 所示。

图 9-9

9.2 使用条件格式

在编辑表格时，可以为表格设置条件格式。WPS 表格中提供了非常丰富的条件格式，并且，当单元格中的数据发生变化时，系统会自动评估并应用指定的格式。下面将详细讲解条件格式的使用方法。

★重点 9.2.1 实战：在销售表中突出显示符合条件的数据

实例门类	软件功能

如果要在 WPS 表格中突出显示一些数据，如大于某个值的数据、小于某个值的数据、等于某个值的数据等，可以使用突出显示单元格规则来实现。

1. 突出显示单元格规则的含义

在使用突出显示单元格规则之前，首先需要了解其中有哪些命令，各命令的具体含义又是什么，如图 9-10 所示。

图 9-10

➦【大于】命令：表示将大于某个值的单元格突出显示。

➦【小于】命令：表示将小于某个值的单元格突出显示。

➦【介于】命令：表示将位于某个数值范围内的单元格突出显示。

➦【等于】命令：表示将等于某个值的单元格突出显示。

➦【文本包含】命令：表示将包含所设置的文本信息的单元格突出显示。

➦【发生日期】命令：表示将单元格中与设置的日期相符合的信息突出显示。

➦【重复值】命令：表示将重复出现的单元格突出显示。

2. 突出显示单元格规则的使用方法

下面以在"空调销售表"工作簿中显示销售数量小于"20"的单元格为例，介绍突出显示单元格规则的使用方法。

Step01 打开"素材文件\第9章\空调销售表.et"工作簿，❶ 选中 D3:D11 单元格区域；❷ 单击【开始】选项卡中的【条件格式】下拉按钮；❸ 在弹出的下拉菜单中选择【突出显示单元格规则】选项；❹ 在弹出的子菜单中选择【小于】命令，如图 9-11 所示。

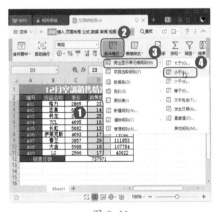

图 9-11

Step02 打开【小于】对话框，❶ 在数值框中输入"20"，在【设置为】下拉列表框中选择【浅红填充色深红色文本】选项；❷ 单击【确定】按钮，如图 9-12 所示。

图 9-12

Step03 返回工作簿中，即可看到 D3:D11 单元格区域中小于20的数值已经以浅红色填充色深红色文本的单元格格式突出显示，如图 9-13 所示。

图 9-13

★重点 9.2.2 实战：在销售表中选取销售额前 3 的数据

实例门类	软件功能

如果要识别项目中最大或最小的百分数或数字所指定的项，或者指定大于或小于平均值的单元格，可以使用项目选取规则。

1. 项目选取规则的含义

在使用项目选取规则之前，首先需要了解其中有哪些命令，而各命令的具体含义又是什么，如图 9-14 所示。

图 9-14

➦【前 10 项】命令：表示将突出显示值最大的 10 个单元格。

➦【前 10%】命令：表示将突出显示值最大的 10% 的单元格。

➦【最后 10 项】命令：表示将突出显示值最小的 10 个单元格。

➦【最后 10%】命令：表示将突出

显示值最小的 10% 的单元格。

➡ 【高于平均值】命令：表示将突出显示值高于平均值的单元格。

➡ 【低于平均值】命令：表示将突出显示低于平均值的单元格。

2. 项目选取规则的使用方法

下面以在"空调销售表"工作簿中分别设置销售金额前 3 位的单元格和低于平均销售额的单元格为例，介绍项目选取规则的使用方法。

Step01 打开"素材文件\第 9 章\空调销售表 .et"工作簿，❶ 选中 E3:E11 单元格区域；❷ 单击【开始】选项中的【条件格式】下拉按钮；❸ 在弹出的下拉菜单中选择【项目选取规则】选项；❹ 在弹出的子菜单中选择【前 10 项】命令，如图 9-15 所示。

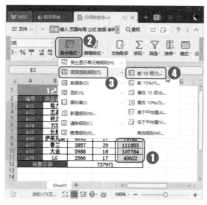

图 9-15

Step02 打开【前 10 项】对话框，❶ 在数值框中输入"3"，在【设置为】下拉列表框中选择【浅红填充色深红色文本】选项；❷ 单击【确定】按钮，如图 9-16 所示。

图 9-16

Step03 保持单元格区域的选中状态，

❶ 单击【开始】选项卡中的【条件格式】下拉按钮；❷ 在弹出的下拉菜单中选择【项目选取规则】选项；❸ 在弹出的子菜单中选择【低于平均值】命令，如图 9-17 所示。

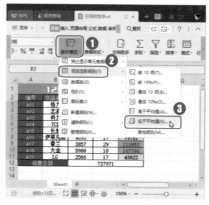

图 9-17

Step04 打开【低于平均值】对话框，❶ 在【针对选定区域，设置为】下拉列表框中选择【黄填充色深黄色文本】选项；❷ 单击【确定】按钮，如图 9-18 所示。

图 9-18

Step05 返回工作簿中，即可看到已经对 E3:E11 单元格区域中销售金额前 3 的单元格和金额低于平均值的单元格进行了设置，如图 9-19 所示。

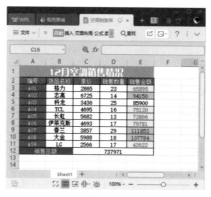

图 9-19

★ 重点 9.2.3 实战：使用数据条、色阶和图标集显示数据

实例门类	软件功能

使用条件格式功能，可以根据条件使用数据条、色阶和图标集来突出显示相关单元格，强调异常值，实现数据的可视化。

1. 使用数据条设置条件格式

数据条可用于查看某个单元格中数据相对于其他单元格中数据的值。数据条的长度代表单元格中的值，数据条越长，表示值越大；数据条越短，表示值越小。使用数据条分析大量数据中的较大值和较小值非常方便。下面以在"空调销售表"工作簿中使用数据条来显示销售数量的数值为例，介绍使用数据条设置条件格式的方法。

Step01 打开"素材文件\第 9 章\空调销售表 .et"工作簿，❶ 选中 D3:D11 单元格区域；❷ 单击【开始】选项中的【条件格式】下拉按钮；❸ 在弹出的下拉菜单中选择【数据条】选项；❹ 在弹出的子菜单中选择数据条样式，如图 9-20 所示。

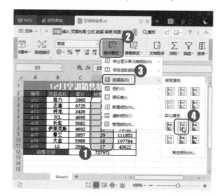

图 9-20

Step02 返回工作簿中即可看到 D3:D11 单元格区域已经根据数值大小填充了数据条，如图 9-21 所示。

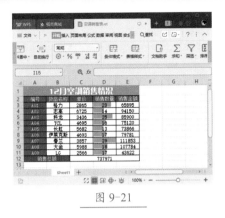

图 9-21

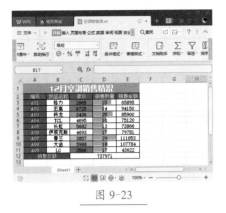

图 9-23

小设置了图标,如图 9-25 所示。

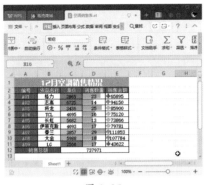

图 9-25

2. 使用色阶设置条件格式

色阶可以帮助用户直观地了解数据的分布和变化情况。WPS 表格默认使用双色刻度和三色刻度来设置条件格式,通过颜色的深浅程度来反映某个区域的单元格数据值的大小。下面以在 C3:C11 单元格区域使用色阶为例,介绍使用色阶设置条件格式的方法。

Step01 接上一例操作,❶选中 C3:C11 单元格区域;❷单击【开始】选项卡中的【条件格式】下拉按钮;❸在弹出的下拉菜单中选择【色阶】选项;❹在弹出的子菜单中选择一种色阶样式,如图 9-22 所示。

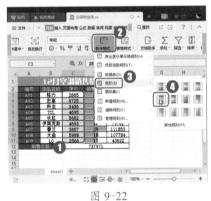

图 9-22

Step02 返回工作簿中,即可看到 C3:C11 单元格区域已经根据数值大小填充了选定的颜色,如图 9-23 所示。

3. 使用图标集设置条件格式

图标集用于对数据进行注释,并按值的大小将数据划分出 3~5 个类别,每个图标代表一个数据范围。例如,在"三向箭头"图标集中,绿色的上箭头表示较高的值,黄色的横向箭头表示中间值,红色的下箭头表示较低的值。下面,以为"空调销售表"工作簿中的销售金额设置图标集为例,介绍使用图标集设置条件格式的方法。

Step01 接上一例操作,❶选中 E3:E11 单元格区域;❷单击【开始】选项卡中的【条件格式】下拉按钮;❸在弹出的下拉菜单中选择【图标集】选项;❹在弹出的子菜单中选择一种图标集样式,如图 9-24 所示。

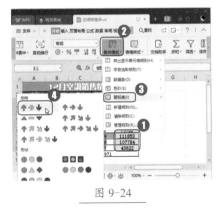

图 9-24

Step02 返回工作簿中,即可看到 E3:E11 单元格区域已经根据数值大

9.2.4 新建条件格式

如果内置的条件格式不能满足使用的需求,用户可以通过新建规则自定义能够满足工作要求的条件格式和规则。

1. 使用内置样式设置条件格式

下面以在"空调销售表"工作簿中为 C3:C11 单元格区域新建条件格式为例,将单价高于 5000 的数据用【红旗】🚩标记,操作方法如下。

Step01 打开"素材文件 \ 第 9 章 \ 空调销售表 .et"工作簿,❶选中 C3:C11 单元格区域;❷单击【开始】选项卡中的【条件格式】下拉按钮;❸在弹出的下拉菜单中选择【新建规则】选项,如图 9-26 所示。

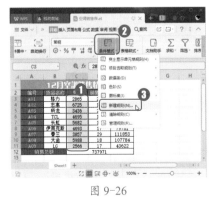

图 9-26

Step02 打开【新建格式规则】对话

框，❶在【编辑规则说明】列表框的【格式样式】下拉列表中选择【图标集】；❷在【类型】下拉列表框中选择【数字】；❸在【值】编辑框中输入"5000"；❹在【图标】下拉列表框中选择【红旗】▶；❺在【当 <5000 且】和【当 <33】两行的【图标】下拉列表框中选择【无单元格图标】选项；❻单击【确定】按钮，如图 9-27 所示。

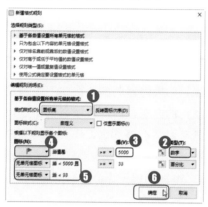

图 9-27

Step**03** 返回工作簿中，即可看到 C3:C11 单元格区域大于 5000 的数值已标记了【红旗】▶符号，如图 9-28 所示。

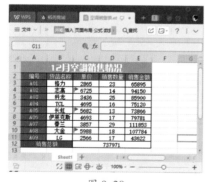

图 9-28

2. 使用公式新建条件格式

除使用内置的自定义格式外，我们还可以使用公式来新建条件格式。例如，在"空调销售表"工作簿中，当销售数量低于 20 时，则突出显示货品名称。操作方法如下。

Step**01** 接上一例操作，❶选中 B3:B11 单元格区域；❷单击【开始】选项卡中的【条件格式】下拉按钮；❸在弹出的下拉菜单中选择【新建规则】选项，如图 9-29 所示。

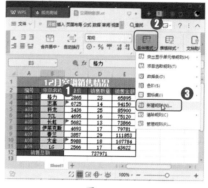

图 9-29

Step**02** 打开【新建格式规则】对话框，❶在【选择规则类型】列表框中选定【使用公式确定要设置格式的单元格】；❷在【只为满足以下条件的单元格设置格式】编辑框中输入公式"=$D3<20"；❸单击【格式】按钮，如图 9-30 所示。

图 9-30

Step**03** 打开【单元格格式】对话框，在【字体】选项卡的【颜色】下拉列表中选择【白色】，如图 9-31 所示。
Step**04** ❶在【图案】选项卡的【颜色】栏选择一种背景色；❷单击【确定】按钮，如图 9-32 所示。

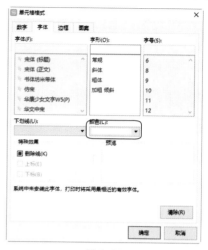

图 9-31

图 9-32

Step**05** 返回【新建格式规则】对话框，在【预览】栏可以看到设置的单元格格式，单击【确定】按钮，如图 9-33 所示。

图 9-33

Step 06 返回工作表，即可看到货品名称已经按要求填充了颜色，如图9-34所示。

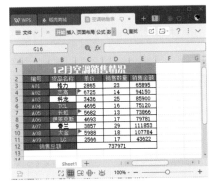

图 9-34

9.2.5 编辑和删除条件格式

为表格设置条件格式之后，如果对所设置的条件格式不满意，可以对条件格式进行修改。如果不再使用条件格式，也可以将其删除。

1. 修改条件格式

下面以"空调销售情况"工作簿为例，修改 C3:C11 单元格区域的条件格式，操作方法如下。

Step 01 打开"素材文件\第9章\空调销售表1.et"工作簿，❶ 将光标定位到要修改条件格式的单元格区域的任意单元格中；❷ 单击【开始】选项卡中的【条件格式】下拉按钮；❸ 在弹出的下拉菜单中选择【管理规则】命令，如图9-35所示。

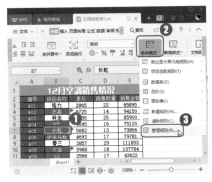

图 9-35

Step 02 打开【条件格式规则管理器】对话框，❶ 选中需要编辑的规则项目；❷ 单击【编辑规则】按钮，如图9-36所示。

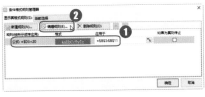

图 9-36

Step 03 打开【编辑规则】对话框，❶ 在【只为满足以下条件的单元格设置格式】编辑框中将公式修改为"=$D3>25"；❷ 单击【确定】按钮，如图9-37所示。

图 9-37

Step 04 返回工作簿，即可看到条件格式修改后的效果，如图9-38所示。

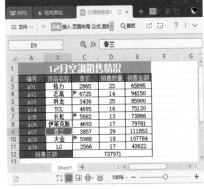

图 9-38

2. 删除条件格式

如果不再需要条件格式，也可以删除条件格式，删除条件格式的方法主要有以下几种。

（1）将光标定位到要删除条件格式的单元格区域的任意单元格中，单击【条件格式】下拉按钮，在弹出的下拉菜单中选择【清除规则】选项，在弹出的子菜单中单击【清除所选单元格的规则】，即可删除该区域的条件格式，如图9-39所示。

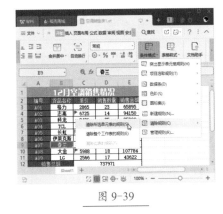

图 9-39

（2）将光标定位到数据区域的任意单元格中，单击【条件格式】下拉按钮，在弹出的下拉菜单中选择【清除规则】选项，在弹出的子菜单中单击【清除整个工作表的规则】，即可删除工作表的全部条件格式，如图9-40所示。

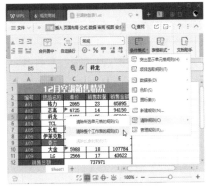

图 9-40

WPS Office 2019 完全自学教程

（3）选中设置了条件格式的单元格区域或选中整个表格，打开【条件格式规则管理器】对话框，在列表框中选中要删除的条件

格式，单击【删除规则】按钮，然后单击【确定】按钮，即可删除该条件格式，如图9-41所示。

图 9-41

9.3 排序数据

在 WPS 表格中，排序数据是指按照一定的规则对工作表中的数据进行排列，以便进一步处理和分析这些数据。WPS 表格提供了多种方法对数据列表进行排序，用户可以根据需要按行或列、按升序或降序进行排序，也可以自定义排序命令。

★重点 9.3.1 实战：对成绩表进行简单排序

实例门类	软件功能

在 WPS 表格中，有时会需要对数据进行升序或降序排列。升序是指对选择的数据按从小到大的顺序排序，降序是指对选择的数据按从大到小的顺序排序。

根据某个条件对数据进行升序或降序排序的方法很简单，下面以对"员工考核成绩表"中的总分进行降序排列为例，介绍按条件排序的方法。

Step 01 打开"素材文件\第9章\员工考核成绩表.et"工作簿，❶选中总分字段中的任意单元格；❷单击【开始】选项卡中的【排序】下拉按钮；❸在弹出的下拉菜单中选择【降序】命令，如图9-42所示。

Step 02 操作完成后，即可看到总分字段的数据已经按照降序排列，如图9-43所示。

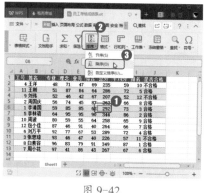

图 9-42

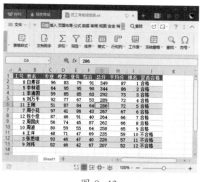

图 9-43

使用以下两个方法，也可以对数据进行简单排序。

（1）选中要排序的字段中的任意单元格，单击【数据】选项卡中的【升序】按钮或【降序】按钮即可，如图9-44所示。

图 9-44

（2）右击要排序的字段，在弹出的快捷菜单中选择【排序】命令，在弹出的子菜单中单击【升序】或【降序】命令即可，如图9-45所示。

图 9-45

9.3.2 实战：对成绩表进行多条件排序

实例门类	软件功能

多条件排序是指依据多列的数据规则对数据表进行排序。例如，在"员工考核成绩表"中要同时对"总分"列和"平均分"列进行【升序】排序，操作方法如下。

Step01 打开"素材文件\第9章\员工考核成绩表.et"工作簿，❶选中数据区域的任意单元格；❷单击【数据】选项卡中的【排序】按钮，如图 9-46 所示。

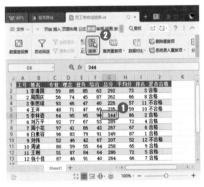

图 9-46

Step02 打开【排序】对话框，❶在【主要关键字】下拉列表框中选择【总分】，在【排序依据】下拉列表框中选择【数值】，在【次序】下拉列表框中选择【升序】；❷单击【添加条件】按钮；如图 9-47 所示。

图 9-47

Step03 ❶在【次要关键字】下拉列表框中选择【平均分】，在【排序依据】下拉列表框中选择【数值】，在【次序】下拉列表框中选择【升序】；❷单击【确定】按钮，如图 9-48 所示。

图 9-48

Step04 返回工作表，即可看到表中的数据已经按照设置的多个条件进行排序，如图 9-49 所示。

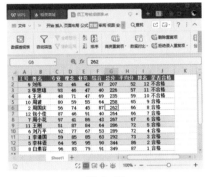

图 9-49

技术看板

在【排序】对话框【自定义排序】中单击【选项】按钮，在弹出的【排列选项】对话框中可以选择字母排序或笔画排序。

9.3.3 在成绩表中自定义排序条件

如果工作表中没有合适的排序方式，我们还可以自定义排序条件来进行排序。例如，在"员工考核成绩表"中，要将合格的数据排列在前方，操作方法如下。

Step01 打开"素材文件\第9章\员工考核成绩表.et"工作簿，打开【排序】对话框，❶在对话框中将【主要关键字】设为【是否合格】；❷单击【次序】下拉列表，在弹出的下拉列表框中选择【自定义序列】选项，如图 9-50 所示。

图 9-50

Step02 打开【自定义序列】对话框，❶在【输入序列】栏中输入需要的序列；❷单击【添加】按钮；❸单击【确定】按钮保存自定义序列的设置，如图 9-51 所示。

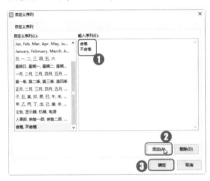

图 9-51

Step03 返回【排序】对话框，即可看到【次序】已经默认设置为自定义序列，单击【确定】按钮，如图 9-52 所示。

图 9-52

Step04 返回工作表中，即可看到表中的数据已经按照自定义的序列排列，如图 9-53 所示。

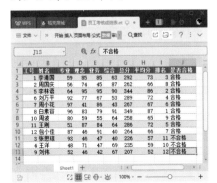

图 9-53

9.4 筛选数据

在 WPS 表格中，数据筛选是指只显示符合用户设置条件的数据信息，同时隐藏不符合条件的数据信息。用户可以根据实际需要进行自动筛选、高级筛选或自定义筛选。

★重点 9.4.1 实战：在销量表中进行自动筛选

实例门类	软件功能

在 WPS 表格中，自动筛选是按照指定的条件进行筛选，主要分为简单的条件筛选和对指定数据的筛选。下面介绍两种筛选的操作方法。

1. 简单的条件筛选

下面以在"一二月销售情况"工作表中筛选名为"1月"的销售情况为例，介绍进行简单的条件筛选的方法。

Step01 打开"素材文件\第9章\一二月销售情况 .et"工作簿，❶ 将光标定位到工作表的数据区域；❷ 单击【数据】选项卡中的【自动筛选】按钮，如图 9-54 所示。

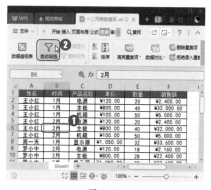
图 9-54

Step02 此时工作表数据区域中字段名右侧会出现下拉按钮，❶ 单击【时间】字段名右侧的下拉按钮▼；❷ 在弹出的下拉列表中的【名称】列表框中勾选【1月】复选框；❸ 单击【确定】按钮，如图 9-55 所示。

图 9-55

Step03 返回工作表，即可看到工作表只显示符合筛选条件的数据信息，同时【时间】右侧的下拉按钮变为▼形状，如图 9-56 所示。

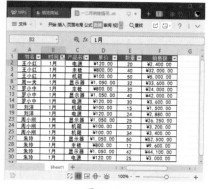
图 9-56

2. 对指定数据的筛选

例如，要在"一二月销售情况"工作簿中筛选出员工【销售额】的 5 个最大值，操作方法如下。

Step01 打开"素材文件\第9章\一二月销售情况 .et"工作簿，❶ 将光标定位到工作表的数据区域中；❷ 单击【开始】选项卡中的【筛选】按钮，如图 9-57 所示。

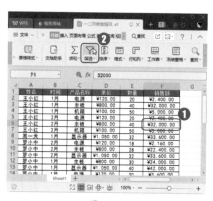
图 9-57

Step02 进入筛选状态，单击【销售额】字段名右侧的下拉按钮▼，❶ 在打开的下拉列表中单击【数字筛选】选项；❷ 在打开的下拉菜单中选择【前十项】命令，如图 9-58 所示。

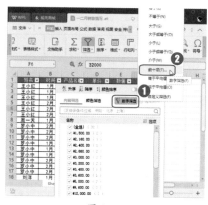
图 9-58

Step03 打开【自动筛选前 10 个】对话框，❶ 在【显示】组合框中根据需要进行选择，如选择显示【最大】的【5】项数据；❷ 单击【确定】按钮，如图 9-59 所示。

图 9-59

Step04 返回工作表，即可看到工作表中的数据已经按照【销售额】字段的最大前5项进行筛选，如图9-60所示。

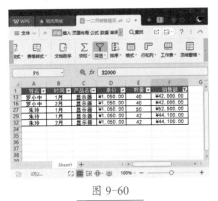

图 9-60

9.4.2 实战：在销量表中自定义筛选

实例门类	软件功能

在筛选数据时，可以通过WPS表格提供的自定义筛选功能来进行更复杂、更具体的筛选，使数据筛选更具灵活性。例如，要筛选出销售数量在30~50的数据，操作方法如下。

Step01 打开"素材文件\第9章\一二月销售情况.et"工作簿，进入筛选状态，❶单击【数量】字段名右侧的下拉按钮▼；❷在打开的下拉列表中单击【数字筛选】选项；❸在打开的下拉菜单中选择【自定义筛选】命令，如图9-61所示。

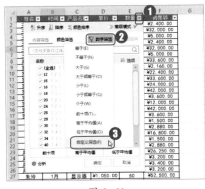

图 9-61

Step02 打开【自定义自动筛选方式】对话框，❶在【数量】组合框中设置筛选条件；❷单击【确定】按钮，如图9-62所示。

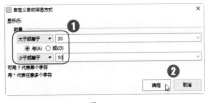

图 9-62

Step03 返回工作表，即可看到符合条件的数据已经被筛选出来，如图9-63所示。

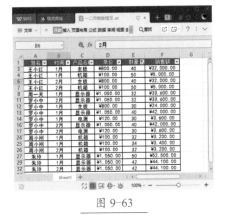

图 9-63

9.4.3 实战：在销量表中高级筛选

实例门类	软件功能

在实际工作中，有时需要筛选的数据区域中数据信息很多，同时筛选的条件又比较复杂，这时使用高级筛选能够极大地提高工作效率。

例如，要在"一二月销售情况"工作簿中筛选出"主板"数量">20"，"机箱"数量">30"和"显示器"数量">40"的数据，操作方法如下。

Step01 打开"素材文件\第9章\一二月销售情况.et"工作簿，❶在数据区域下方创建筛选条件区域；❷选

中数据区域内的任意单元格；❸单击【开始】选项卡中的【筛选】下拉按钮；❹在弹出的下拉菜单中选择【高级筛选】选项，如图9-64所示。

图 9-64

Step02 打开【高级筛选】对话框，❶在【方式】栏选择【在原有区域显示筛选结果】选项；❷【列表区域】中自动设置了参数区域（若有误，需手动修改），将光标插入点定位在【条件区域】参数框中，单击【折叠】按钮，如图9-65所示。

图 9-65

Step03 ❶在工作表中拖动鼠标选中参数区域；❷单击【展开】按钮，如图9-66所示。

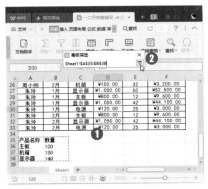

图 9-66

Step 04 返回【高级筛选】对话框，直接单击【确定】按钮，如图 9-67 所示。

图 9-67

Step 05 返回工作表，即可看到表格中显示了所有符合条件的筛选结果，如图 9-68 所示。

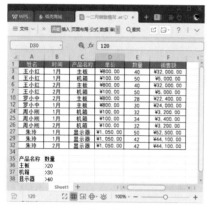

图 9-68

技能拓展——将筛选结果复制到其他位置

如果要将筛选结果显示到其他位置，可以在【高级筛选】对话框的【方式】栏选中【将筛选结果复制到其他位置】选项，然后在【复制到】文本框中输入要保存筛选结果的单元格区域的第一个单元格地址。

9.4.4 取消筛选

筛选完成之后需要继续编辑工作表时，可以取消筛选。取消筛选又分为两种情况，一种是退出筛选状态，另一种是保留筛选状态，只是清除筛选结果。

1. 退出筛选状态

如果要直接退出筛选状态，主要有以下几种方法。

（1）单击【开始】选项卡中的【筛选】按钮，可以取消筛选，如图 9-69 所示。

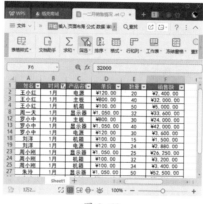

图 9-69

（2）单击【数据】选项卡中的【自动筛选】按钮，可以取消筛选，如图 9-70 所示。

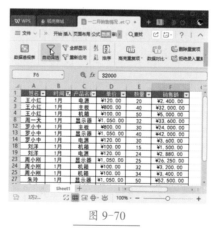

图 9-70

（3）右击数据区域，在弹出的快捷菜单中选择【筛选】命令，在弹出的子菜单中选择【筛选】命令，即可退出筛选状态，如图 9-71 所示。

图 9-71

2. 保留筛选状态

如果需要保留筛选状态，只是清除筛选结果，操作方法有以下几种。

（1）在【开始】选项卡中单击【筛选】下拉按钮，在弹出的下拉菜单中选择【全部显示】命令，如图 9-72 所示。

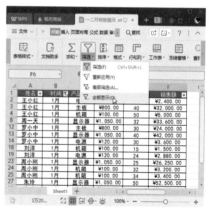

图 9-72

（2）在【数据】选项卡中单击【全部显示】按钮，如图 9-73 所示。

（3）单击筛选后的下拉按钮，在弹出的下拉菜单中选择【全选】复选框，然后单击【确定】按钮，如图 9-74 所示。

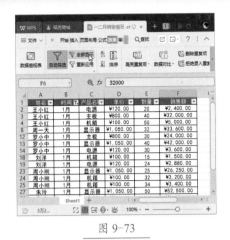

图 9-73

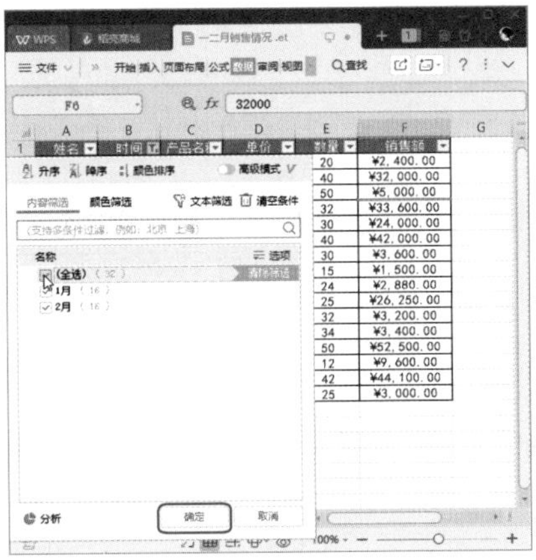

图 9-74

弹出的子菜单中选择【全部显示】命令，如图 9-75 所示。

图 9-75

（4）右击数据区域，在弹出的快捷菜单中选择【筛选】选项，在

9.5 分类汇总数据

用户可以通过 WPS 表格提供的分类汇总功能对表格中的数据进行分类，把性质相同的数据汇总到一起，使表格的结构更清晰，更便于查找数据信息。下面将介绍创建简单分类汇总、高级分类汇总和嵌套分类汇总的方法。

★重点 9.5.1 实战：对业绩表进行简单分类汇总

实例门类	软件功能

简单分类汇总常用于对数据清单中的某一列进行排序，然后进行分类汇总，操作方法如下。

Step 01 打开"素材文件\第 9 章\销售业绩表 .et"工作簿，❶将光标定位到【所在省份】列的任意单元格中；❷单击【数据】选项卡中的【升序】按钮，该列将按升序排序，如图 9-76 所示。

Step 02 在【数据】选项卡中单击【分类汇总】按钮，如图 9-77 所示。

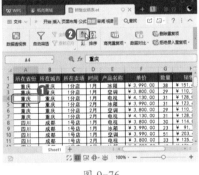

图 9-76

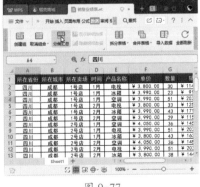

图 9-77

Step 03 打开【分类汇总】对话框，❶在【分类字段】下拉列表中选择【所在省份】选项；❷在【汇总方式】下拉列表中选择【求和】选项；❸在【选定汇总项】列表框中勾选【销售额】复选框；❹单击【确定】按钮，如图 9-78 所示。

图 9-78

Step 04 返回工作表，即可看到表中数据已经按照设置进行了分类汇总，并分组显示出分类汇总的数据信息，如图 9-79 所示。

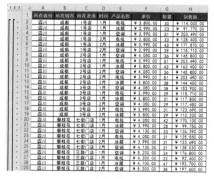

图 9-79

技能拓展——分页存放汇总结果

　　如果希望将分类汇总后的每组数据分页存放，可以在【分类汇总】对话框中勾选【每组数据分页】复选框。

9.5.2　实战：对业绩表进行高级分类汇总

实例门类	软件功能

　　高级分类汇总主要用于对数据清单中的某一列进行两次不同方式的汇总。相对于简单分类汇总而言，高级分类汇总的结果更加清晰，更便于用户分析数据信息，操作方法如下。

Step 01 打开"素材文件\第 9 章\销售业绩表 .et"工作簿，❶ 将光标定位到【所在省份】列的任意单元格中；❷ 单击【开始】选项卡中的【排序】下拉按钮；❸ 在弹出的下拉菜单中选择【升序】命令，该列将按升序排序，如图 9-80 所示。

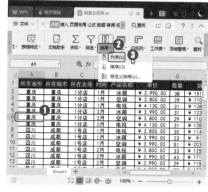

图 9-80

Step 02 在【数据】选项卡中单击【分类汇总】按钮，如图 9-81 所示。

图 9-81

Step 03 打开【分类汇总】对话框，❶ 在【分类字段】下拉列表中选择【所在省份】选项；❷ 在【汇总方式】下拉列表中选择【求和】选项；❸ 在【选定汇总项】列表框中勾选【销售额】复选框；❹ 单击【确定】按钮，如图 9-82 所示。

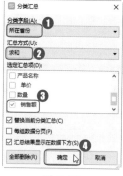

图 9-82

Step 04 返回工作表，将光标定位到数据区域中，再次执行【分类汇总】命令，如图 9-83 所示。

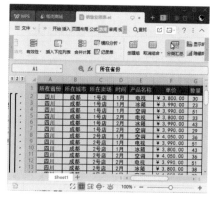

图 9-83

Step 05 打开【分类汇总】对话框，❶ 在【分类字段】下拉列表中选择【所在省份】字段；❷ 在【汇总方式】下拉列表中选择【最大值】选项；❸ 在【选定汇总项】列表框中勾选【销售额】复选框；❹ 取消勾选【替换当前分类汇总】复选框；❺ 单击【确定】按钮，如图 9-84 所示。

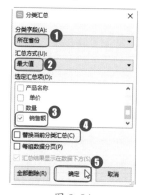

图 9-84

Step 06 返回工作表，即可看到表中数据已经按照前面的设置进行分类汇总，并分组显示出分类汇总的数据信息，如图 9-85 所示。

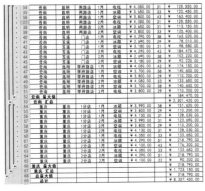

图 9-85

技能拓展——将汇总项显示
在数据上方

默认情况下，对表格数据进行
分类汇总后，汇总项会显示在数据
的下方，如果需要将汇总项显示在
数据的上方，可以取消勾选【汇总
结果显示在数据下方】复选框（默
认为勾选状态）。

9.5.3 对业绩表进行嵌套
分类汇总

嵌套分类汇总是对数据清单中
两列或者两列以上的数据信息同时
进行汇总，进行嵌套分类汇总的操
作方法如下。

Step01 打开"素材文件\第9章\销
售业绩表 .et"工作簿，❶ 将光标
定位到【所在省份】列的任意单元
格中；❷ 单击【数据】选项卡中的
【升序】按钮，该列将按升序排
序，如图 9-86 所示。

Step02 在【数据】选项卡中单击
【分类汇总】按钮，如图 9-87 所示。

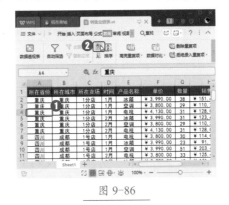

图 9-86

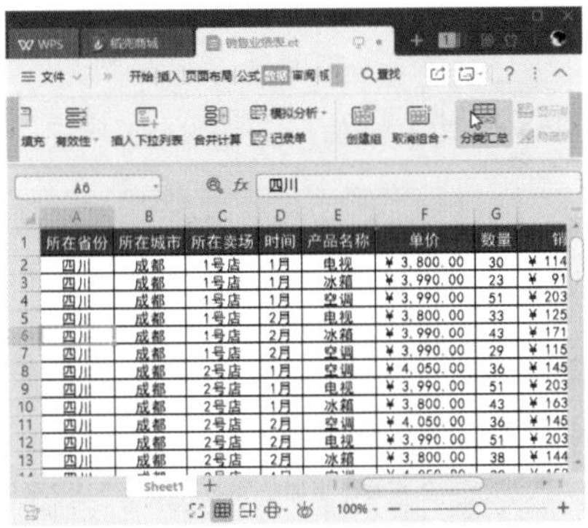

图 9-87

Step03 打开【分类汇总】对话框，
❶ 在【分类字段】下拉列表中选
择【所在省份】选项；❷ 在【汇总
方式】下拉列表中选择【求和】选
项；❸ 在【选定汇总项】列表框
中勾选【销售额】复选框；❹ 单击
【确定】按钮，如图 9-88 所示。

图 9-88

Step04 返回工作表，将光标定位到
数据区域中，再次执行【分类汇总】
命令，如图 9-89 所示。

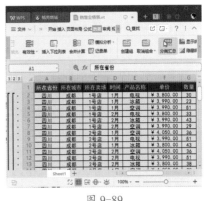

图 9-89

Step05 打开【分类汇总】对话框，
❶ 在【分类字段】下拉列表中选择
【所在城市】选项；❷ 在【汇总方
式】下拉列表中选择【求和】选项；
❸ 在【选定汇总项】列表框中勾选
【销售额】复选框；❹ 取消勾选【替
换当前分类汇总】复选框；❺ 单击
【确定】按钮，如图 9-90 所示。

图 9-90

Step06 返回工作表，即可看到表中
数据已经按照前面的设置进行了分
类汇总，并分组显示出分类汇总的
数据信息，如图 9-91 所示。

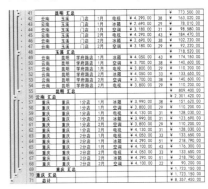

图 9-91

9.6　合并计算数据

合并计算是指将多个相似格式的工作表或数据区域，按指定的方式进行自动匹配计算。使用合并计算，可以快速计算多个工作表中的数据，提高工作效率。

9.6.1　实战：合并计算销售情况表

实例门类	软件功能

如果所有数据在同一张工作表中，则可以在同一张工作表中进行合并计算，操作方法如下。

Step01 打开"素材文件\第9章\家电销售情况表.et"工作簿，❶选中存放汇总数据的起始单元格；❷单击【数据】选项卡中的【合并计算】按钮，如图9-92所示。

图 9-92

Step02 打开【合并计算】对话框，❶在【函数】下拉列表中选择计算方式，如【求和】；❷将插入点定位到【引用位置】参数框，在工作表中拖动鼠标选中参与计算的数据区域；❸完成选择后，单击【添加】按钮，将选中的数据区域添加到【所有引用位置】列表框中；❹在【标签位置】栏中勾选【首行】和【最左列】复选框；❺单击【确定】按钮，如图9-93所示。

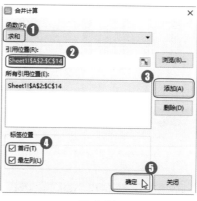

图 9-93

Step03 返回工作表，即可完成合并计算，如图9-94所示。

图 9-94

9.6.2　实战：合并计算销售汇总表的多个工作表

实例门类	软件功能

在制作销售报表、汇总报表等类型的表格时，经常需要对多张工作表的数据进行合并计算，以便更好地查看数据，操作方法如下。

Step01 打开"素材文件\第9章\家电年度汇总表.et"工作簿，❶在要存放结果的工作表中，选中存放汇总数据的起始单元格；❷单击【数据】选项卡中的【合并计算】按钮，如图9-95所示。

图 9-95

Step02 打开【合并计算】对话框，❶在【函数】下拉列表中选择汇总方式，如【求和】；❷将光标插入点定位到【引用位置】参数框，如图9-96所示。

图 9-96

Step03 ❶单击参与计算的工作表的标签；❷在工作表中拖动鼠标选中参与计算的数据区域，如图9-97所示。

图 9-97

图 9-98

Step04 完成选择后，单击【添加】按钮，将选中的数据区域添加到【所有引用位置】列表框中，如图 9-98所示。

Step05 ❶ 参照上述方法，添加其他需要参与计算的数据区域；❷ 勾选【首行】和【最左列】复选框；❸ 单击【确定】按钮，如图 9-99所示。

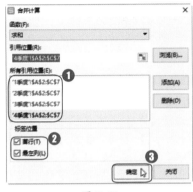

图 9-99

Step06 返回工作表，即可完成对多张工作表的合并计算，如图 9-100所示。

图 9-100

妙招技法

通过对前面知识的学习，相信读者已经对电子表格数据的分析方法有了一定的了解。下面结合本章内容，给大家介绍一些实用技巧。

技巧01：让数据条不显示单元格数值

在编辑工作表时，为了能一目了然地查看数据的大小情况，可使用数据条功能。使用数据条显示单元格数值后，还可以根据需要，设置让数据条不显示单元格数值，操作方法如下。

Step01 打开"素材文件\第9章\各级别职员工资总额对比 .et"文档，❶ 选中 C3:C9 单元格区域中的任意单元格；❷ 单击开始选项卡中的【条件格式】下拉按钮；❸ 在弹出的下拉菜单中单击【管理规则】选项，如图 9-101 所示。

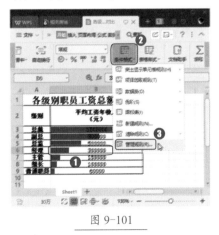

图 9-101

Step02 打开【条件格式规则管理器】对话框，❶ 在列表框中选中【数据条】选项；❷ 单击【编辑规则】按钮，如图 9-102 所示。

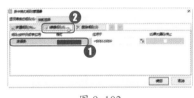

图 9-102

Step03 打开【编辑规则】对话框，❶ 在【编辑规则说明】栏中勾选【仅显示数据条】复选框；❷ 单击【确定】按钮，如图 9-103 所示。

图 9-103

Step04 返回【条件格式规则管理器】对话框，单击【确定】按钮，返回工作表，即可查看效果，如图 9-104所示。

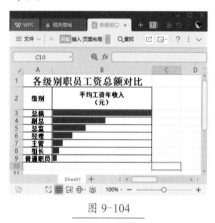

图 9-104

技巧 02：只在不合格的单元格上显示图标集

在使用图标集时，默认会为选中的单元格区域都添加上图标，如果只在特定的某些单元格上添加图标集，可以使用公式来实现。

例如，只需要在不合格的单元格上显示图标集，操作方法如下。

Step01 打开"素材文件\第 9 章\行业资格考试成绩表 .et"文档，❶选中单元格区域 B3:D16；❷单击【开始】选项卡中的【条件格式】下

拉按钮；❸在弹出的下拉列表中单击【新建规则】选项，如图 9-105所示。

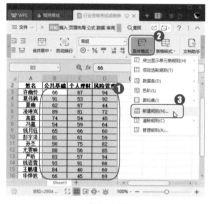

图 9-105

Step02 打开【新建格式规则】对话框，❶在【选择规则类型】列表框中选择【基于各自值设置所有单元格的格式】选项；❷在【编辑规则说明】列表框中，在【基于各自值设置所有单元格的格式】栏的【格式样式】下拉列表中选择【图标集】选项；❸在【图标样式】下拉列表中选择一种打叉的样式；❹在【根据以下规则显示各个图标】栏设置【类型】为数字，在【值】文本框中设置等级参数，其中第一个【值】参数框可以输入大于 60 的任意数字，第二个【值】参数框必须输入"60"；❺相关参数设置完成后单击【确定】按钮，如图 9-106所示。

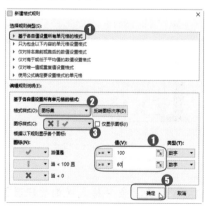

图 9-106

Step03 返回工作表，保持单元格区域 B3:D16 的选中状态，❶单击【条件格式】下拉按钮；❷在弹出的下拉列表中单击【新建规则】选项，如图 9-107 所示。

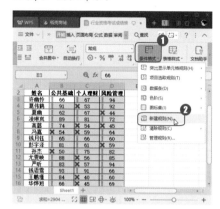

图 9-107

Step04 打开【新建格式规则】对话框，❶在【选择规则类型】列表框中选择【使用公式确定要设置格式的单元格】选项；❷在【只为满足以下条件的单元格设置格式】文本框中输入公式"=B3>=60"；❸不设置任何格式，直接单击【确定】按钮，如图 9-108 所示。

图 9-108

Step05 保持单元格区域 B3:D16 的选中状态，❶单击【条件格式】下拉按钮；❷在弹出的下拉列表中单击【管理规则】选项，如图 9-109所示。

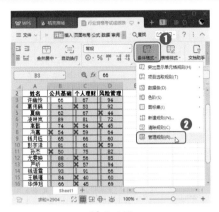

图 9-109

Step06 打开【条件格式规则管理器】对话框，❶ 在列表框中选择【公式：=B3>=60】选项，保证其优先级最高，勾选右侧的【如果为真则停止】复选框；❷ 单击【确定】按钮，如图 9-110 所示。

图 9-110

Step07 返回工作表，可看到只有不及格的成绩才有打叉的图标集，而及格的成绩没有图标集，也没有改变格式，如图 9-111 所示。

图 9-111

技巧 03：利用筛选功能快速删除空白行

从外部导入的表格有时可能会包含大量的空白行，整理数据时需将其删除。若按照常规的方法一个一个删除会非常烦琐，此时可以通过筛选功能先筛选出空白行，然后统一进行删除，操作方法如下。

Step01 打开"素材文件\第 9 章\电脑销售清单 .et"文档，❶ 单击选中 A 列；❷ 单击【开始】选项卡中的【筛选】按钮，如图 9-112 所示。

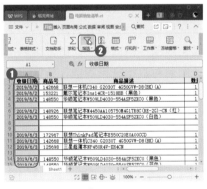

图 9-112

Step02 打开筛选状态，❶ 单击 A 列中的自动筛选下拉按钮▼；❷ 取消勾选【全选】复选框，然后勾选【（空白）】复选框；❸ 单击【确定】按钮，如图 9-113 所示。

图 9-113

Step03 系统将自动筛选出所有空白行，❶ 选中所有空白行；❷ 单击【开始】选项卡中的【行和列】下拉按钮；❸ 在弹出的下拉菜单中选择【删除单元格】选项；❹ 在弹出的子菜单中单击【删除行】命令，如图 9-114 所示。

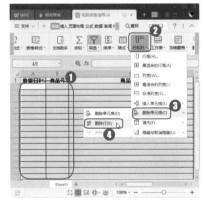

图 9-114

Step04 单击【开始】选项卡中的【筛选】按钮关闭筛选状态，即可看到所有空白行已经被删除，如图 9-115 所示。

图 9-115

技巧 04：在文本筛选中使用通配符进行模糊筛选

筛选数据时，如果无法确定筛选的条件，可以使用通配符进行模糊筛选。常见的通配符有"？"和"*"，其中"？"代表单个字符，而"*"代表任意多个连续的字符。

使用通配符进行模糊筛选的具体操作方法如下。

Step 01 打开"素材文件\第9章\销售清单.et"文档，打开筛选状态，单击【品名】列右侧的下拉按钮，❶ 在弹出的下拉列表中单击【文本筛选】选项；❷ 在打开的下拉菜单中单击【包含】选项，如图 9-116 所示。

图 9-116

Step 02 在弹出的【自定义自动筛选方式】对话框中设置筛选条件，❶ 本

例在第一个文本框中输入"雅*"；❷ 单击【确定】按钮即可，如图 9-117 所示。

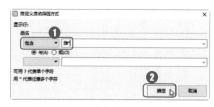

图 9-117

Step 03 返回工作表，即可看到筛选结果，如图 9-118 所示。

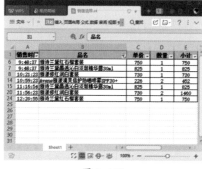

图 9-118

技巧 05：按单元格颜色进行筛选

在编辑表格时，经常会为某些单元格设置单元格背景颜色、字体颜色或条件格式等。此时，可以按照颜色对数据进行筛选，具体操作方法如下。

Step 01 打开"素材文件\第9章\销售清单1.et"文档，打开筛选状态，❶ 单击【品名】列右侧的下拉按钮，在弹出的下拉列表中单击【颜色筛选】选项；❷ 在弹出的扩展菜单中选择要筛选的颜色，如图 9-119 所示。

图 9-119

Step 02 返回工作表，即可查看筛选效果，如图 9-120 所示。

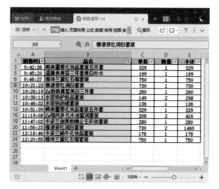

图 9-120

本章小结

本章主要介绍了在 WPS 表格中进行数据分析的方法。本章的重点是数据的统计与分析，主要包括使用条件格式分析数据、排序数据、筛选数据、分类汇总数据和合并计算数据等。希望读者在查看表格时，可以熟练地使用本章介绍的统计与分析的操作方法，对数据进行快速分类查看和分析，提高工作效率。

第10章 使用公式和函数计算数据

➡ 利用公式计算数据时，想要引用其他工作表中的数据，应该如何操作？

➡ 在制作预算表时设置了计算公式，但又担心公式不小心被他人更改，应该如何保护公式？

➡ 如何为单元格自定义名称，并使用自定义名称进行公式计算？

➡ 使用公式时发生错误，怎样解决？

➡ 怎样使用 SUM 函数对销售表的预算进行求和？

➡ 怎样使用 AVERAGE 函数在销量表中计算月销量平均值？

➡ 公司要对销量靠前的员工进行奖励，怎样使用 RANK 函数计算排名？

本章将学习 WPS 表格中的公式和函数的相关知识，希望通过对本章内容的学习，能帮助你解决以上问题，并掌握更多函数的使用技巧。

10.1 认识公式与函数

公式是对工作表中的数值执行计算的等式，是以"="开头的计算表达式，包含数值、变量、单元格引用、函数和运算符等。下面将介绍公式的组成、运算符的种类和优先级、自定义公式和复制公式等知识。

10.1.1 认识公式

公式是以等号（=）为引导，通过运算符按照一定的顺序组合进行数据运算处理的等式。函数则是按特定算法执行计算时产生的一个或一组结果的预定义的特殊公式。

使用公式是为了有目的地计算结果，或根据计算结果改变其所作用的单元格的条件格式、设置规划求解模型等。因此，WPS 表格的公式必须返回一个或几个值。

1. 公式的基本结构

公式的组成要素为等号（=）、运算符和常量、单元格引用、函数、名称等，常见公式的组成有以下几种。

➡ =52+65+78+54+53+89：包含常量运算的公式。

➡ =B4+C4+D4+E4+F4+G4：包含单元格引用的公式。

➡ =SUM(B5:G5)：包含函数的公式。

➡ = 单价 * 数量：包含名称的公式。

2. 公式的规定

在 WPS 表格中输入公式，需要遵守以下规则。

➡ 输入公式之前，必须先选择存放运算结果的单元格。

➡ 公式通常以"="开始，"="之后是计算的元素。

➡ 参加计算的单元格地址表示方法：列标 + 行号，如 B3、F5 等。

➡ 参加计算的单元格区域的地址表示方法：左上角的单元格地址：右下角的单元格地址，如 B5:G5、A2:A10 等。

10.1.2 认识运算符

运算符是连接公式中的基本元素并完成特定计算的符号，如 +、/ 等，不同的运算符，可以完成不同的运算。

在 WPS 表格中，有 4 种运算

符类型，分别是算术运算符、比较运算符、文本运算符和引用运算符。

1. 算术运算符

用于完成基本的数据运算，主要分类和含义如表 10-1 所示。

表 10-1　算术运算符

算术运算符	含义	示例
+	加号	300+100
−	减号	360-120
*	乘号	56*96
/	除号	96/3
^	乘幂号	9^5
%	百分号	50%

2. 比较运算符

用于比较两个值。当使用操作符比较两个值时，结果是逻辑值 TRUE 或 FALSE，其中 TRUE 表示真，FALSE 表示假。比较运算符的主要分类和含义如表 10-2 所示。

表 10-2　比较运算符

比较运算符	含义	示例
=	等于	A1=B1
<>	不等于	A1<>B1
<	小于	A1<B1
>	大于	A1>B1
<=	小于等于	A1<=B1
>=	大于等于	A1>=B1

3. 文本运算符

文本运算符用"&"表示，用于将两个文本连接起来合并成一个文本。例如，"北京市"&"朝阳区"的计算结果就是"北京市朝阳区"。

4. 引用运算符

引用运算符主要用于标明工作表中的单元格或单元格区域，包括"：（冒号）""，（逗号）"和"（空格）"。

➡ ：冒号为区域运算符，用于对两个引用之间包括两个引用在内的所有单元格进行引用，如 B5:G5。

➡ ，逗号为联合操作符，用于将多个引用合并为一个引用，如 SUM(B5:B10,D5:D10)。

➡ 空格为交叉运算符，用于对两个引用区域中共有的单元格进行运算，如 SUM(A1:B8 B1:D8)。

5. 运算符的优先级

公式中众多的运算符在进行运算时，有着不同的优先顺序。例如，数学运算中，*、/ 运算符优先于 +、-，在公式计算中，运算符的优先顺序如表 10-3 所示。

表 10-3　运算符的优先级

优先顺序	运算符	说明
1	：（冒号） ，（逗号） （空格）	引用运算符
2	-	作为负号使用，如 -9
3	%	百分比运算
4	^	乘幂运算
5	* 和 /	乘和除运算
6	+ 和 -	加和减运算
7	&	连接两个文本字符串
8	=、<、>、<>、<=、>=	比较运算符

10.1.3　认识函数

WPS 表格中的函数其实是一些预定义的公式，它们使用一些被称为参数的特定数值，并按特定的顺序或结构进行计算。用户可以直接用函数对某个区域内的数值进行一系列运算，如分析和处理日期值、时间值，确定贷款的支付额，确定单元格中的数据类型，计算平均值，排序显示和运算文本数据等。

WPS 表格中的函数只有唯一的名称，且不区分大小写，每个函数都有特定的功能和作用。

1. 函数的结构

函数是预先编写的公式，可以将其当作一种特殊的公式。它一般具有一个或多个参数，可以更加简单、便捷地进行多种运算，并返回一个或多个值。函数与公式的使用方法有很多相似之处，如需要先输入函数才能使用函数进行计算。输入函数前，还需要了解函数的结构。

函数作为公式的一种特殊形式，也是以"="开始的，右侧依次是函数名称、左括号、以半角逗号分隔的参数和右括号。具体结构如图 10-1 所示。

图 10-1

2. 函数的分类

根据函数的功能，可将函数划分为 11 种类型。函数在使用过程中，一般也是依据这个分类进行选择的。因此，学习函数知识，必须了解函数的分类。11 种函数的具体介绍如下。

➜ 财务函数：WPS 表格中提供了非常丰富的财务函数，使用这些函数，可以完成大部分的财务统计和计算。例如，DB 函数可返回固定资产的折旧值，IPMT 函数可返回投资回报的利息部分等。财务人员如果能够正确、灵活地运用 WPS 表格进行财务函数的计算，可以大大减少日常工作中有关指标计算的工作量。

➜ 逻辑函数：该类型的函数只有 7 个，用于测试某个条件，总是返回逻辑值 TRUE 或 FALSE。逻辑函数与数值的关系：（1）在数值运算中，TRUE=1，FALSE=0；（2）在逻辑判断中，0=FALSE，所有非 0 数值 =TRUE。

➜ 文本函数：在公式中处理文本字符串的函数叫作文本函数。主要功能包括截取、查找或搜索文本中的某个特殊字符或提取某些字符，也可以改变文本的编写状态。例如，TEXT 函数可将数值转换为文本，LOWER 函数可将文本字符串的所有字母转换成小写形式。

➜ 日期和时间函数：用于分析或处理公式中的日期和时间值。例如，TODAY 函数可以返回当前系统日期。

➜ 查找与引用函数：用于在数据清单或工作表中查询特定的数值，或查询某个单元格引用的函数值。常见的示例是税率表，使用 VLOOKUP 函数可以确定某一收入水平的税率。

➜ 数学和三角函数：该类型函数包括很多种，主要用于进行各种数学计算和三角计算，如 RADIANS 函数可以把角度转换为弧度。

➜ 统计函数：这类函数可以对一定范围内的数据进行统计学分析。例如，可以计算平均值、模数、标准偏差等统计数据。

➜ 工程函数：这类函数常用于工程计算。它可以处理复杂的数字，在不同的计数体系和测量体系之间转换。例如，可以将十进制数转换为二进制数。

➜ 多维数据集函数：用于返回多维数据集中的相关信息，如返回多维数据集中成员属性的值。

➜ 信息函数：这类函数有助于确定单元格中数据的类型，还可以使单元格在满足一定的条件时返回逻辑值。

➜ 数据库函数：用于对存储在数据清单或数据库中的数据进行分析，判断其是否符合某些特定的条件。这类函数在汇总符合某一条件的列表中数据时十分有用。

技能拓展——VBA 函数

WPS 表格中还有一类函数是使用 VBA 创建的自定义工作表函数，称为【用户定义函数】。这些函数可以像 WPS 表格的内部函数一样运行，但不能在【粘贴函数】中显示每个参数的描述。

3. 函数的输入方法

要使用函数，首先要输入函数，如果对函数不太熟悉，可以通过【插入函数】对话框来查找并插入函数，如图 10-2 所示。

图 10-2

在【插入函数】对话框中，可以搜索想要的函数，打开【函数参数】对话框，设置函数参数。

输入函数的方法如下，读者可以根据需要选择。

（1）将光标定位到需要输入函数的单元格，单击【公式】选项卡中的【插入函数】按钮，打开【插入函数】对话框，在【选择函数】列表框中选择函数，打开【函数参数】对话框，选择函数计算的单元格区域，如图 10-3 所示。

图 10-3

（2）将光标定位到需要输入函数的单元格，单击编辑栏中的【插入函数】按钮 fx，打开【插入函数】对话框，在【选择函数】列表框中选择函数，打开【函数参数】对话框，选择函数计算的单元格区域，如图 10-4 所示。

图 10-4

（3）将光标定位到需要输入函数的单元格，在【公式】选项卡中选择需要的函数类型，如【常用函数】，在打开的下拉菜单中选择需要的函数，可以打开【函数参数】对话框，如图 10-5 所示。

图 10-5

（4）如果对函数比较熟悉，可以直接输入函数，将光标定位到单元格中，输入 "=" 后依次输入函数。在输入的过程中，下方会有相应内容的函数提示，用户可以直接输入，也可以双击下方提示的函数输入，如图 10-6 所示。

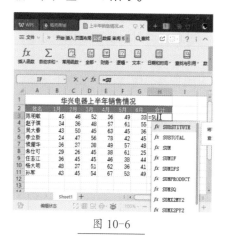

图 10-6

10.1.4　认识数组公式

数组公式在 WPS 表格中的应用十分频繁，是 WPS 表格对公式和数组的一种扩充。换句话说，数组公式是 WPS 表格公式在以数组为参数时的一种应用。

数组公式可以看成有多重数值的公式，与单值公式的不同之处在于，它可以产生多个结果。一个数组公式可以占用一个或多个单元格，数组的元素可多达 6500 个。在输入数组公式时，必须遵循相应的规则，否则公式会出错，无法计算出数据的结果。

1．确认输入数组公式

当数组公式输入完毕之后，按【Ctrl+Shift+Enter】组合键时，在公式的编辑栏中可以看到公式的两侧出现括号，表示该公式是一个数组公式。需要注意的是，括号是输入数组公式之后由 WPS 表格自动添加的，如果用户手动添加，会被系统以为输入的是文本。

2．删除数组公式的规则

在数组公式涉及的区域当中，不能编辑、插入、删除或移动任何一个单元格。这是因为数组公式所涉及的单元格区域是一个整体。

3．编辑数组公式的方法

如果需要编辑或删除数组公式，需要选中整个数组公式所涵盖的单元格区域，并激活编辑栏，然后在编辑栏中修改或删除数组公式。编辑完成后，按【Ctrl+Shift+Enter】组合键，计算出新的数据结果。

4．移动数组公式

如需将数组公式移动至其他位置，需要先选中整个数组公式所涵盖的单元格范围，然后将整个区域放置到目标位置；也可以通过【剪切】和【粘贴】命令进行数组公式的移动。

10.2　认识单元格引用

单元格的引用，是指在 WPS 表格公式中使用单元格的地址来代替单元格及其数据。下面将介绍单元格引用样式、相对引用、绝对引用和混合引用的相关知识，以及在同一工作簿中引用或跨工作簿引用单元格的方法。

10.2.1 实战：相对引用、绝对引用和混合引用

实例门类	软件功能

使用公式或函数时经常会涉及单元格的引用，在 WPS 表格中，单元格地址引用的作用是指明公式中所使用的数据的地址。在编辑公式和函数时，需要对单元格的地址进行引用，一个引用地址代表工作表中的一个或者多个单元格或单元格区域。单元格引用包括相对引用、绝对引用和混合引用。具体操作方法如下。

1. 相对引用

相对引用是指公式中引用的单元格以它的行、列地址为它的引用名，如 A1、B2 等。

在相对引用中，如果公式所在单元格的位置改变，引用也随之改变。如果多行或多列地复制或填充公式，引用会自动调整。默认情况下，新公式常使用相对引用。下面以实例来讲解单元格的相对引用。

在工资表中，绩效工资等于加班小时数乘以加班价格，此公式中的单元格引用就要使用相对引用，因为复制一个单元格中的工资数据到其他合计单元格时，引用的单元格要随着公式位置的变化而变化。

Step01 打开"素材文件 \ 第 10 章 \ 工资表 .et"工作簿，❶ 在 F2 单元格中输入计算公式"=C2*D2"；❷ 单击编辑栏中【输入】按钮✓，如图 10-7 所示。

Step02 选中 F2 单元格，按住鼠标左键不放向下拖动填充公式，如图 10-8 所示。

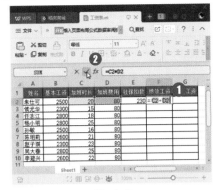

图 10-7

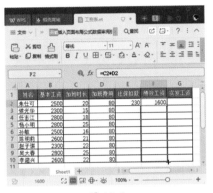

图 10-8

Step03 操作完成后可以发现，其他单元格的引用地址也随之变化，如图 10-9 所示。

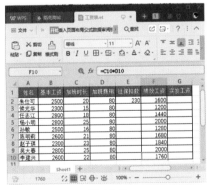

图 10-9

2. 绝对引用

所谓绝对引用，是指公式中引用的单元格的行地址、列地址前都加上一个美元符"$"作为它的名字。例如，A1 是单元格的相对引用，而 $A$1 则是单元格的绝对引用。在 WPS 表格中，绝对引用指的是某一确定的位置，如果公式所在单元格的位置改变，绝对引用将保持不变；多行或多列地复制或填充公式，绝对引用也同样不作调整。

默认情况下，新公式常使用相对引用，读者也可以根据需要将相对引用转换为绝对引用。下面以实例来讲解单元格的绝对引用。

在工资表中，由于每个员工所扣除的社保金额是相同的，在一个固定单元格中输入数据即可，所以社保扣款公式的引用中要使用绝对引用，而不同员工的基本工资和绩效工资是不同的，因此基本工资和绩效工资的单元格采用相对引用，该例操作方法如下。

Step01 打开"素材文件 \ 第 10 章 \ 工资表 .et"工作簿，❶ 在 G2 单元格中输入计算公式"=B2+F2-$E$2"；❷ 单击编辑栏中【输入】按钮✓，如图 10-10 所示。

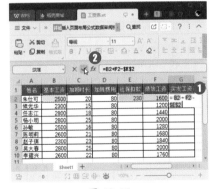

图 10-10

Step02 选中 G2 单元格，按住鼠标左键不放向下拖动填充公式，如图 10-11 所示。

Step03 操作完成后可以发现，虽然其他单元格的引用地址随之发生了变化，但绝对引用的 E2 单元格不会发生变化，如图 10-12 所示。

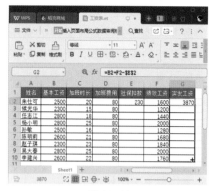

图 10-11

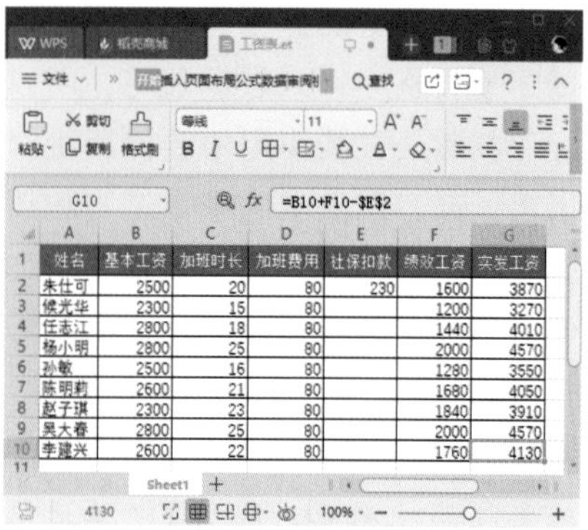

图 10-12

3. 混合引用

混合引用，是指公式中引用的单元格同时有绝对列和相对行或绝对行和相对列。绝对引用列采用如 \$A1、\$B1 等形式命名；绝对引用行采用 A\$1、B\$1 等形式命名。

如果公式所在的单元格的位置发生改变，则相对引用改变，而绝对引用不变。如果多行或多列地复制公式，相对引用自动调整，而绝对引用不作调整。

例如，某公司准备今后 10 年内，每年年末从利润中提取 10 万元存入银行，10 年后这笔存款将用于建造员工福利性宿舍。假设银行存款年利率为 4.5%，那 10 年后一共可以积累多少资金？假设年利率变为 5%、5.5%、6%，又可以累积多少资金呢？

下面，使用混合引用单元格的方法计算年金终值，操作方法如下。

Step 01 打开"素材文件\第 10 章\计算普通年金终值.et"工作簿，在 C4 单元格中输入计算公式"=\$A\$3*(1+C\$3)^\$B4"。此时，绝对引用公式中的 A3 单元格，混合引用公式中的 C3 单元格和 B4 单元格，如图 10-13 所示。

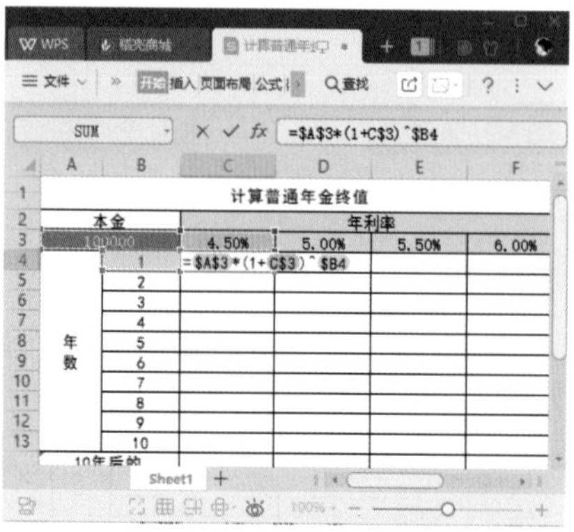

图 10-13

Step 02 按【Enter】键得出计算结果，然后选中 C4 单元格，向下填充公式，填充至 C13，如图 10-14 所示。

图 10-14

Step 03 选中其他引用公式的单元格，可以发现，多列复制公式时，引用会自动调整。随着公式所在单元格的位置的改变，混合引用中的列标也会随之改变。例如，C13 单元格中的公式将变为"=\$A\$3*(1+C\$3)^\$B13"，如图 10-15 所示。

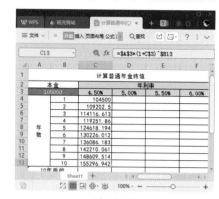

图 10-15

Step 04 选择 C4 单元格，向右填充公式至 F4 单元格，如图 10-16 所示。

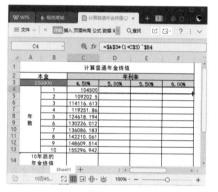

图 10-16

Step 05 操作完成后可以发现，多行复制公式时，引用会自动调整，随着公式所在单元格的位置改变，混合引用中的列标也会随之改变。例如，单元格 F4 中的公式变为"=\$A\$3*(1+F\$3)^\$B4"，如图 10-17 所示。

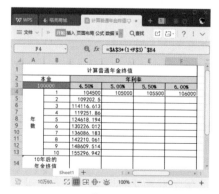

图 10-17

Step06 使用相同的方法，将公式填充到其他空白单元格，此时可以计算出在不同利率条件下，不同年份的年金终值，如图10-18所示。

图 10-18

Step07 在C14单元格中输入公式"=SUM(C4:C13)"，并将公式填充到右侧的单元格，即可计算出不同利率条件下，10年后的年金终值，如图10-19所示。

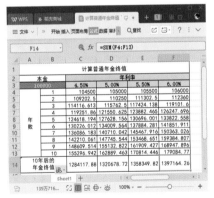

图 10-19

★重点 10.2.2 实战：同一工作簿中引用单元格

实例门类	软件功能

WPS表格不仅可以在同一工作表中引用单元格或单元格区域中的数据，还可引用同一工作簿中多张工作表上的单元格或单元格区域中的数据。在同一工作簿不同工作表中引用单元格的格式为"工作表名称！单元格地址"，如"Sheet1！F5"即为"Sheet1"工作表中的F5单元格。

下面以在"职工工资统计表"工作簿的"调整后工资表"工作表中引用"工资表"工作表中的单元格为例，介绍操作方法。

Step01 打开"素材文件\第10章\职工工资统计表 .et"工作簿，在"调整后工资表"工作表的E3单元格中输入"="，如图10-20所示。

图 10-20

Step02 切换到"工资表"工作表，选中F4单元格，如图10-21所示。

Step03 此时按【Enter】键，即可将"工资表"工作表的F4单元格中的数据引用到"调整后工资表"工作表的E3单元格中，如图10-22所示。

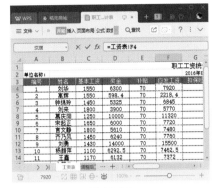

图 10-21

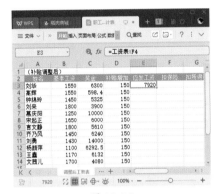

图 10-22

Step04 选中E3单元格，将公式填充到本列的其他单元格中，如图10-23所示。

图 10-23

10.2.3 引用其他工作簿中的单元格

跨工作簿引用数据，即引用其他工作簿中工作表的单元格数据，方法与引用同一工作簿不同工作表的单元格数据方法类似。

以在"员工工资表"的"Sheet1"工作表中引用"职工工资统计表"工作簿的"调整后工资表"工作表中的单元格数据为例，操作方法如下。

Step01 打开"素材文件\第10章\职工工资统计表.et"和"员工工资表.et"工作簿，在"员工工资表"的"Sheet1"工作表中选中F3单元格，输入"="，如图10-24所示。

图 10-24

Step02 切换到"职工工资统计表"工作簿的"调整后工资表"工作表，选中E3单元格，如图10-25所示。

图 10-25

Step03 此时按【Enter】键，即可将

"职工工资统计表"工作簿的"调整后工资表"工作表中E3单元格内的数据，引用到"员工工资表"的"Sheet1"工作表的F3单元格中，如图10-26所示。

图 10-26

Step04 因为默认的引用是绝对引用，这里将公式中E3单元格的绝对引用"$E$3"更改为相对引用"E3"，如图10-27所示。

图 10-27

Step05 选中F3单元格，将公式填充到其他单元格，如图10-28所示。

图 10-28

跨工作簿引用的简单表达式：工作簿存储地址[工作簿名称]工作表名称!单元格地址，如[职工工资统计表.et]调整后工资表!E14。

10.2.4 定义名称代替单元格地址

在WPS表格中，可以用定义名称来代替单元格地址，并将其应用到公式计算中，以提高工作效率，减少计算错误。为单元格区域定义名称并将其应用到公式计算中的方法如下。

Step01 打开"素材文件\第10章\螺钉销售情况.et"工作簿，单击【公式】选项卡中的【名称管理器】按钮，如图10-29所示。

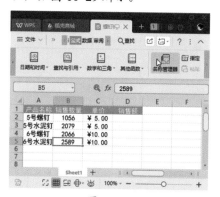

图 10-29

Step02 打开【名称管理器】对话框，单击【新建】按钮，如图10-30所示。

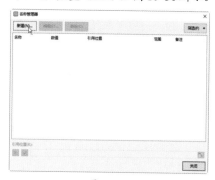

图 10-30

Step 03 打开【新建名称】对话框，❶在【名称】文本框中输入要创建的名称；❷在【引用位置】栏选择要引用的单元格区域；❸单击【确定】按钮，如图10-31所示。

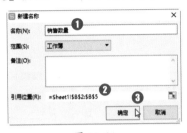

图 10-31

Step 04 ❶返回【名称管理器】对话框，即可查看定义的单元格名称，使用相同的方法再定义一个单元格名称；❷单击【关闭】按钮，如图10-32所示。

Step 05 为"销售数量"和"单价"定义名称后，在D2单元格中输入公式"=销售数量*单价"，如图10-33所示。

图 10-32

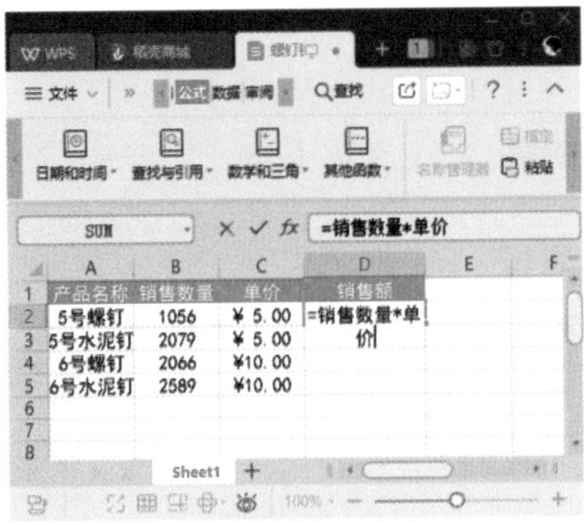

图 10-34

Step 06 按下【Enter】键确认，即可得到计算结果，利用填充柄将公式复制到相应单元格中，即可完成销售额的计算，如图10-34所示。

图 10-33

10.3 使用公式计算数据

在使用WPS表格管理数据时，经常会遇到加、减、乘、除等基本运算。如何在表格中添加这些公式进行运算呢？下面就来学习如何使用公式计算数据。

★重点 10.3.1 实战：在销量表中输入公式

实例门类	软件功能

除单元格格式设置为文本的单元格之外，在单元格中输入等号（=）的时候，WPS表格将自动切换为输入公式的状态。如果在单元格中输入加号（+）、减号（-）等，系统也会自动在前面加上等号，切换为输入公式状态。

手动输入和使用鼠标辅助输入是输入公式的两种常用方法，下面分别进行介绍。

1. 手动输入

例如，要在"自动售货机销量"工作簿中计算销售总额，操作方法如下。

Step 01 打开"素材文件\第10章\自动售货机销量.et"工作簿，在H3单元格内输入公式"=B3+C3+D3+E3+F3+G3"，如图10-35所示。

图 10-35

Step 02 输入完成后，按【Enter】键，即可在H3单元格中显示计算结果，如图10-36所示。

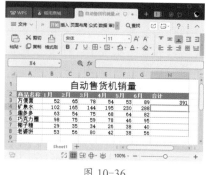

图 10-36

2. 使用鼠标辅助输入

在引用单元格较多的情况下，比起手动输入公式，有些用户更习惯使用鼠标辅助输入公式，操作方法如下。

Step01 接上一例操作，❶ 在 B9 单元格中输入"="；❷ 单击 B3 单元格，此时该单元格周围会出现闪动的虚线边框，可以看到 B3 单元格已经引用到公式中，如图 10-37 所示。

图 10-37

Step02 在 B9 单元格中输入运算符"+"，然后单击 B4 单元格，此时 B4 单元格也被引用到了公式中，如图 10-38 所示。

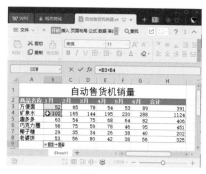

图 10-38

Step03 使用同样的方法引用其他单元格，如图 10-39 所示。

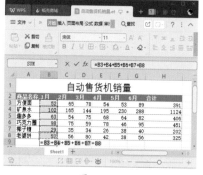

图 10-39

Step04 完成后按【Enter】键确认输入公式，即可得到计算结果，如图 10-40 所示。

图 10-40

★重点 10.3.2 公式的填充与复制

在 WPS 表格中创建公式后，如果其他单元格需要使用相同的计算公式，可以通过填充或复制的方法进行操作。

1. 填充公式

例如，要将上一节内容中"自动售货机销量"中的公式"=B3+C3+D3+E3+F3+G3"填充到 H4:H8 单元格中，可以使用以下两种方法。

（1）拖曳填充柄：单击选中 H3 单元格，指向该单元格右下角，当鼠标指针变为黑色十字填充柄时，按住鼠标左键，向下拖曳至 H8 单元格即可，如图 10-41 所示。

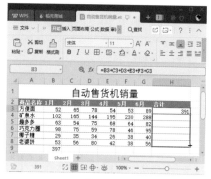

图 10-41

（2）双击填充柄：单击 H3 单元格，然后双击单元格右下角的填充柄，公式将会向下填充至其相邻列的第一个空单元格的上一行，即 H8 单元格，如图 10-42 所示。

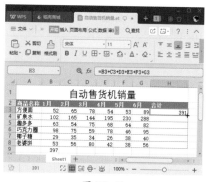

图 10-42

2. 复制公式

例如，要将上一节内容中"自动售货机销量"中的公式"=B3+C3+D3+E3+F3+G3"复制到 H4:H8 单元格中，可以使用以下两种方法。

（1）选择性粘贴：单击 H3 单元格，然后单击【开始】选项卡中的【复制】按钮，或按【Ctrl+C】组合键，再选中 H4:H8 单元格区域，单击【开始】选项卡中的【粘贴】下拉按钮，在弹出的快捷菜单

中选择【公式】按钮，如图 10-43
所示。

图 10-43

（2）多单元格同时输入：单击
H3 单元格，然后按住【Shift】键单
击 H8 单元格，选中该单元格区域，
再单击编辑栏中的公式，按【Ctrl+
Enter】组合键，H4:H8 单元格中将
输入相同的公式，如图 10-44 所示。

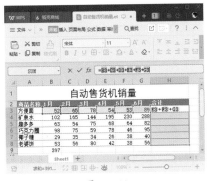

图 10-44

10.3.3　公式的编辑与删除

如果发现公式输入错误，可以
对其进行修改，如果不再需要公式，
也可以将其删除。

1．编辑公式

如果输入的公式需要修改，可
以通过以下方法进入单元格编辑
状态。

（1）选中公式所在的单元格，
并按【F2】键，可进入编辑状态，
如图 10-45 所示。

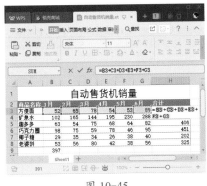

图 10-45

（2）双击公式所在的单元格，
可进入编辑状态。

（3）选中公式所在的单元格，
单击上方的编辑栏，可以编辑公式，
如图 10-46 所示。

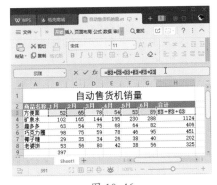

图 10-46

2．删除公式

如果不再需要该公式，可以通
过以下方法将其删除。

（1）选中公式所在的单元格，
按【Delete】键即可清除单元格中
的全部内容。

（2）进入单元格编辑状态
后，将光标定位在某个位置，使用
【Delete】键删除光标后面的公式或
使用【Backspace】键删除光标前面
的公式内容。

（3）如果需要删除多单元格数
组公式，需要选中其所在的全部单
元格，再按【Delete】键。

10.3.4　使用数组公式计算数据

在 WPS 表格中，可以使用数
组公式计算出单个结果，也可以利
用数组公式计算出多个结果。操
作的方法基本一致，都必须先创
建好数组公式，然后将创建好的数
组公式运用到简单的公式计算或
函数计算中，最后按【Ctrl+Shift+
Enter】组合键显示出数组公式计算
的结果。

1．利用数组公式计算单个结果

数组公式可以代替多个公式，
例如，表格中记录了多种水果产品
的单价及销售数量，使用数组公式
可以一次性计算出所有水果的销售
总额，具体操作方法如下。

Step01 打开"素材文件\第 10 章\
水果销售统计表 .et"工作簿，选
中存放结果的 D11 单元格，输入公
式"=SUM(B3:B10*C3:C10)"，如
图 10-47 所示。

图 10-47

Step02 输入数据后，按【Ctrl+ Shift+
Enter】组合键，即可得出计算结
果，如图 10-48 所示。

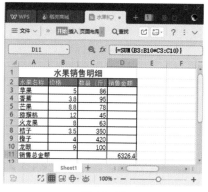

图 10-48

2. 利用数组公式计算多个结果

在 WPS 表格中，某些公式和函数可能会返回多个值，有一些函数也可能需要一组或多组数据作为参数。如果要使数组公式计算出多个结果，则必须将数组公式输入到与数组参数具有相同列数和行数的单元格区域中。

例如，应用数组公式分别计算出每一种水果的销售额的方法如下。

Step 01 接上一例操作，❶ 选中存放结果的 D3:D10 单元格区域；❷ 在编辑栏中输入公式"=B3:B10*C3:C10"，如图 10-49 所示。

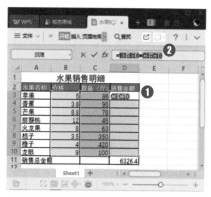

图 10-49

Step 02 输入数据后，按【Ctrl+Shift+Enter】组合键确认计算多个结果，

如图 10-50 所示。

图 10-50

技能拓展——数组的扩充功能

在创建数组公式时，将数组公式置于大括号（{}）中，或在公式输入完成后按【Ctrl+Shift+Enter】组合键，数组公式可以执行多项计算并返回一个或多个结果。数组公式对两组或多组数组参数的值执行运算时，每个数组参数都必须有相同数量的行和列。除用【Ctrl+Shift+Enter】组合键输入公式外，创建数组公式的方法与创建其他公式的方法相同。某些内置函数也是数组公式，使用这些公式时必须作为数组输入才能获得正确的结果。

10.3.5 编辑数组公式

当创建的数组公式出现错误时，计算出的结果也会出错，这时便需要对数组公式进行编辑。由于数组公式计算出的一组数据是一个整体，用户不能对结果中的任何一个单元格的公式或结果做出更改和删除操作。如果要修改数组公式，需要先选中数组公式所有

的结果单元格，再在编辑栏中修改公式内容；如果要删除数组公式结果，同样需要先选中整个数组公式的所有结果单元格，才能进行删除。具体操作方法如下。

Step 01 打开"素材文件\第 10 章\水果销售统计表 .et"工作簿，❶ 选中要修改数组公式的 D3:D10 单元格区域；❷ 将鼠标定位到编辑栏中，输入正确的数组计算公式，如"=C3:C10*D3:D10"，如图 10-51 所示。

图 10-51

Step 02 修改完成后，按【Ctrl+Shift+Enter】组合键，即可得到正确的数据结果，如图 10-52 所示。

图 10-52

10.4 使用公式的常见问题

如果工作表中的公式错误，不仅不能计算出正确的结果，还会自动显示出错误值，如 ####、#NAME？等。为了避免发生错误，在使用公式前，需要了解公式的常见问题。

10.4.1 #### 错误

如果工作表的列宽比较窄，使单元格无法完全显示数据，或者使用的日期或时间为负数，便会出现 ##### 错误。

解决 ##### 错误的方法如下。

（1）当列宽不足以显示内容时，直接调整列宽即可。

（2）当日期和时间为负数时，可使用以下方法解决。

➡ 如果用户使用的是 1900 日期系统，那么 WPS 表格中的日期和时间必须为正值。

➡ 如果需要对日期和时间进行减法运算，应确保建立的公式是正确的。

➡ 如果公式正确，但结果仍然是负值，可以通过将该单元格的格式设置为非日期或时间格式来显示该值。

10.4.2 NULL! 错误

如果函数表达式中使用了不正确的区域运算符或指定两个并不相交的区域的交点便会出现 #NULL! 错误。

解决 #NULL! 错误的方法如下。

➡ 使用了不正确的区域运算符：若要引用连续的单元格区域，应使用冒号对引用区域中的第一个单元格和最后一个单元格进行分隔；若要引用不相交的两个区域，应使用联合运算符，即逗号【,】。

➡ 区域不相交：更改引用以使其相交。

10.4.3 #NAME? 错误

当 WPS 表格无法识别公式中的文本时，将出现 #NAME? 错误。

解决 #NAME? 错误的方法如下。

➡ 区域引用中漏掉了冒号【:】：给所有区域引用添加冒号【:】。

➡ 在公式中输入文本时没有使用双引号：公式中输入的文本必须用双引号引起来，否则 WPS 表格会把输入的文本内容看作名称。

➡ 函数名称拼写错误：更正函数拼写，若不知道正确的拼写，打开【插入函数】对话框，插入正确的函数即可。

➡ 使用了不存在的名称：打开【名称管理器】对话框，查看是否有当前使用的名称，若没有，定义一个新名称即可。

10.4.4 #NUM! 错误

当公式或函数中使用了无效的数值时，便会出现 #NUM! 错误。

解决 #NUM! 错误的方法如下。

➡ 在需要数字参数的函数中使用了无法接收的参数：请用户确保函数中使用的参数是数字，而不是文本、时间或货币等其他格式。

➡ 输入公式后得出的数字太大或太小：在 WPS 表格中更改单元格中的公式，使运算的结果介于【-1*10307】~【1*10307】。

➡ 使用了迭代的工作表函数，且函数无法得到结果：为工作表函数设置不同的起始值，或者更改 WPS 表格迭代公式的次数。

> **技能拓展——更改 WPS 表格迭代公式次数**
>
> 更改 WPS 表格迭代公式次数的方法：在 WPS 表格中打开【选项】对话框，在【重新计算】选项卡勾选【启用迭代计算】复选框，在下方设置最多迭代次数和最大误差，然后单击【确定】按钮。

10.4.5 #VALUE! 错误

使用的参数或数字的类型不正确时，便会出现 #VALUE! 错误。

解决 #VALUE! 错误的方法如下。

➡ 输入或编辑数组公式后，按【Enter】键确认：完成数组公式的输入后，需要按【Ctrl+Shift+Enter】组合键确认。

➡ 公式需要数字或逻辑值，却输入了文本：确保公式或函数所需的操作数或参数正确无误，且公式引用的单元格中包含有效的值。

10.4.6 #DIV/0! 错误

当数字除以零时，便会出现 #DIV/0! 错误。

解决 #DIV/0! 错误的方法如下。

➡ 将除数更改为非零值。

➡ 作为被除数的单元格不能为空白单元格。

10.4.7 #REF! 错误

当单元格引用无效时,如函数引用的单元格(区域)被删除、链接的数据不可用等,便会出现 #REF! 错误。

解决 #REF! 错误的方法如下。

➡ 更改公式,或者在删除或粘贴单元格后立即单击【撤销】按钮,以恢复工作表中的单元格。

➡ 启动使用的对象链接和嵌入 (OLE) 链接所指向的程序。

➡ 确保使用正确的动态数据交换 (DDE) 主题。

➡ 检查函数以确定参数是否引用了无效的单元格或单元格区域。

10.4.8 #N/A 错误

当数值对函数或公式不可用时,便会出现 #N/A 错误。

解决 #N/A 错误的方法如下。

➡ 确保函数或公式中的数值可用。

➡ 为工作表函数中的 lookup_value 参数赋予了不正确的值:当为 MATCH、HLOOKUP、LOOKUP 或 VLOOKUP 函数的 lookup_value 参数赋予了不正确的值时,将出现 #N/A 错误,此时的解决方法是确保 lookup_value 参数的值的类型正确即可。

➡ 使用函数时省略了必需的参数:当使用内置函数或自定义工作表函数时,若省略了一个或多个必需的函数,便会出现 #N/A 错误,此时将函数中的所有参数输入完整即可。

10.5 使用函数计算数据

使用 WPS 表格中的函数对数据进行计算与分析,可以大大提高办公效率。在前文中,我们已经了解了什么是函数,本节将介绍一些常用的函数,如自动求和函数、平均值函数、最大值函数、最小值函数等。

★重点 10.5.1 实战:使用 SUM 函数计算总销售额

实例门类	软件功能

如果要计算连续的单元格之和,可以使用 SUM 函数简化计算公式。下面将在常用工作表中计算 6 个月的销售额,具体操作方法如下。

Step01 打开"素材文件\第 10 章\上半年销售情况 .et"工作簿,❶选中 H3 单元格;❷单击【公式】选项卡中的【插入函数】按钮,如图 10-53 所示。

图 10-53

Step02 打开【插入函数】对话框,❶在【选择函数】列表框中选择【SUM】函数;❷单击【确定】按钮,如图 10-54 所示。

Step03 打开【函数参数】对话框,❶在【数值 1】文本框中选择需要求和的区域;❷单击【确定】按钮,如图 10-55 所示。

图 10-54

图 10-55

Step04 返回工作表，即可查看求和的结果，如图 10-56 所示。

图 10-56

Step05 选中 H3 单元格，按住鼠标左键不放向下拖动填充公式，即可为所选单元格计算并填充合计金额，如图 10-57 所示。

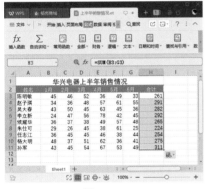

图 10-57

★重点 10.5.2 实战：使用 AVERAGE 函数计算平均销售额

实例门类	软件功能

AVERAGE 函数的作用是返回参数的平均值，表示对选中的单元格或单元格区域进行算术平均值运算。

语法为 AVERAGE (number1, number2...)，参数 number1, number2 表示要计算平均值的 1 到 255 个参数。

例如，计算各产品 1 月至 6 月的平均销售额，具体操作方法如下。

Step01 打开"素材文件\第 10 章\上半年销售情况 1.et"工作簿，❶ 选中 B12 单元格；❷ 单击编辑栏中的【插入函数】按钮 *fx*，如图 10-58 所示。

图 10-58

Step02 打开【插入函数】对话框，❶ 在【选择函数】列表框中选择【AVERAGE】函数；❷ 单击【确定】按钮，如图 10-59 所示。

图 10-59

Step03 打开【函数参数】对话框，❶ 在【数值 1】文本框中选择需要计算平均值的单元格区域；❷ 单击【确定】按钮，如图 10-60 所示。

图 10-60

Step04 返回工作表，即可查看数值区域的平均值结果，如图 10-61 所示。

图 10-61

Step05 选中 B12 单元格，按住鼠标左键不放向右拖动填充公式，即可为所选单元格计算并填充平均值，如图 10-62 所示。

图 10-62

10.5.3 实战：使用 COUNT 函数统计单元格个数

实例门类	软件功能

在统计表格中的数据时，经常

需要统计包含某个数值的单元格个数及参数列表中数字的个数，此时就可以使用 COUNT 函数来完成。

语法结构：COUNT(value1, value2,…)。各参数的含义介绍如下。

→ value1：为必选项。要计算其中数字的个数的第一个项、单元格引用或区域。

→ value2：为可选项。要计算其中数字的个数的其他项、单元格引用或区域，最多可包含 255 个。

例如，要计算销售数据的单元格个数，操作方法如下。

Step01 打开"素材文件\第 10 章\上半年销售情况 2.et"工作簿，❶选中 D12 单元格；❷单击【公式】选项卡中的【常用函数】下拉按钮；❸在弹出的下拉菜单中单击【COUNT】函数，如图 10-63 所示。

图 10-63

Step02 打开【函数参数】对话框，❶在【数值 1】文本框中选择要计算的区域；❷单击【确定】按钮，如图 10-64 所示。

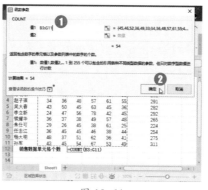

图 10-64

Step03 返回工作表，即可查看计算出的销售数据的单元格个数，如图 10-65 所示。

图 10-65

技术看板

在表格中，使用 COUNT 函数只能计算出含有数据的单元格个数，如果需要计算数据和文本的单元格个数，则需要使用 COUNTA 函数。

★重点 10.5.4 实战：使用 MAX 函数计算销量最大值

实例门类	软件功能

MAX 函数用于返回一组数据中的最大值，函数参数为需要求最大值的数值或单元格引用，多个参数间使用逗号分隔，如果要计算连续单元格区域之和，参数中可直接引用单元格区域。

语法：MAX(number1, number2, ...)。参数 number1, number2, ... 表示要计算最大值的 1~255 个参数。

例如，要在"上半年销售情况 3"工作簿中，计算出每月的销售最大值和总销售数额最大值，具体操作方法如下。

Step01 打开"素材文件\第 10 章\上半年销售情况 3.et"工作簿，❶选中 B12 单元格；❷单击【公式】选项卡中的【自动求和】下拉按钮；❸在下拉列表中选择【最大值】命令，如图 10-66 所示。

图 10-66

Step02 ❶WPS 将自动选中所选单元格上方的单元格区域（如果没有自动选择，或自动选择错误，可以手动重新选择）；❷单击编辑栏中【输入】按钮 ✓，如图 10-67 所示。

图 10-67

Step03 选中 B12 单元格，按住鼠标左键不放，拖曳鼠标向右填充计算公式，即可得出每月销售最高记录和上半年销售最高记录的结果，如图 10-68 所示。

图 10-68

★重点 10.5.5 实战：使用 MIN 函数计算销量最小值

实例门类	软件功能

MIN 函数用于返回一组数据中的最小值，其使用方法与 MAX 函数相同，函数参数为要求最小值的数值或单元格引用，多个参数间使用逗号分隔，如果要计算连续单元格区域之和，参数中可直接引用单元格区域。

语法：MIN (number1, number2, ...)

参数 number1, number2, ... 表示要计算最小值的 1~255 个参数。

例如，在"上半年销售情况 4"工作簿中，计算 6 个月中各月最低销售额和合计的最低销售额，具体操作方法如下。

Step01 打开"素材文件\第 10 章\上半年销售情况 4.et"工作簿，❶ 选中 B12 单元格；❷ 单击【公式】选项卡中的【自动求和】下拉按钮；❸ 在下拉列表中选择【最小值】命令，如图 10-69 所示。

图 10-69

Step02 ❶WPS 将自动选中所选单元格上方的单元格区域（如果没有自动选择，或自动选择错误，可以手动重新选择）；❷ 单击编辑栏中【输入】按钮 ✓，如图 10-70 所示。

图 10-70

Step03 选中 B12 单元格，按住鼠标左键不放，拖曳鼠标向右填充计算公式，即可得出每月销售最低记录和上半年销售最低记录的结果，如图 10-71 所示。

图 10-71

10.5.6 实战：使用 RANK 函数计算排名

实例门类	软件功能

RANK 函数用于返回某个数值在一组数值中的排名，即将指定的数据与一组数据进行比较，将比较的名次返回到目标单元格中。

语法结构：=RANK (number,ref, order)。各参数的含义如下。

→ number：表示要在数据区域中进行比较的指定数据。

→ ref：表示包含一组数值的数组或引用，其中的非数值型参数将被忽略。

→ order：表示指定数字排名的方式。若 order 为 0 或省略，则按降序排列的数据清单进行排序；如果 order 不为零，则按升序排列的数据清单进行排序。

例如，使用 RANK 函数计算销售总量的排名，具体操作方法如下。

Step01 打开"素材文件\第 10 章\销售业绩 .et"工作簿，选中要存放结果的单元格，如 G3，输入函数"=RANK(E3,$E$3:$E$10,0)"，按【Enter】键，即可得出计算结果，如图 10-72 所示。

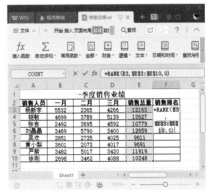

图 10-72

Step 02 使用填充功能向下复制函数，即可计算出每位员工销售总量的排名，如图 10-73 所示。

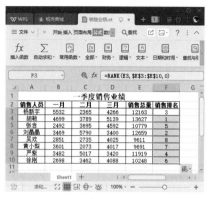

图 10-73

10.5.7 实战：使用 PMT 函数计算定期支付金额

实例门类	软件功能

PMT 函数可以基于固定利率及等额分期付款的方式，计算贷款的每期付款额。PMT 函数的语法：=PMT(rate,nper,pv,fv,type)，各参数的含义介绍如下。

→ rate：贷款利率。

→ nper：该项贷款的付款总期数。

→ pv：现值，或一系列未来付款的当前值的累积和，也称为本金。

→ fv：未来值。

→ type：用以指定各期的付款时间是在期初（1）还是期末（0 或省略）。

例如，某公司因购买写字楼向银行贷款 500 万元，贷款年利率为 8%，贷款期限为 10 年（120 个月），现计算每月应偿还的金额，具体操作方法如下。

Step 01 打开"素材文件\第 10 章\写字楼贷款计算表 .et"工作簿，选中要存放结果的单元格 B5，输入函数

"=PMT(B4/12,B3,B2)"，如图 10-74 所示。

图 10-74

Step 02 按【Enter】键，即可得出计算结果，如图 10-75 所示。

图 10-75

10.5.8 实战：使用 IF 函数进行条件判断

实例门类	软件功能

IF 函数的功能是根据指定的条件计算结果为 TRUE 或 FALSE，返回不同的结果。使用 IF 函数可对数值和公式执行条件检测。

IF 函数的语法结构：IF (logical_test,value_if_true,value_if_false)。各个函数参数的含义如下。

→ logical_test：表示计算结果为 TRUE 或 FALSE 的任意值或表

达式。例如，"B5>100"是一个逻辑表达式，若单元格 B5 中的值大于 100，则表达式的计算结果为 TRUE，否则为 FALSE。

→ value_if_true：logical_test 参数为 TRUE 时返回的值。例如，若此参数是文本字符串"合格"，而且 logical_test 参数的计算结果为 TRUE，则返回结果"合格"；若 logical_test 为 TRUE，而 value_if_true 为空时，则返回 0（零）。

→ value_if_false：logical_test 为 FALSE 时返回的值。例如，若此参数是文本字符串"不合格"，而 logical_test 参数的计算结果为 FALSE，则返回结果"不合格"；若 logical_test 为 FALSE 而 value_if_false 被省略，即 value_if_true 后面没有逗号，则会返回逻辑值 FALSE；若 logical_test 为 FALSE 且 value_if_false 为空，即 value_if_true 后面有逗号且紧跟着右括号，则会返回值 0（零）。

例如，以表格中的总分为关键字，80 分以上（含 80 分）的为"录用"，其余的则为"淘汰"，具体操作方法如下。

Step 01 打开"素材文件\第 10 章\新进员工考核表 .et"工作簿，选中存放结果的单元格 G4，输入函数"=IF(F4>=80," 录用 "," 淘汰 ")"，按【Enter】键。此时，如果 F4 大于或等于 80，则显示录用；如果 F4 小于 80，显示淘汰，如图 10-76 所示。

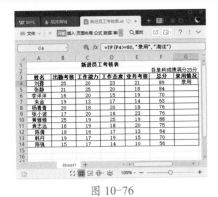

图 10-76

Step02 将公式填充到其他单元格，即可计算出所有新进员工的录用情况，如图 10-77 所示。

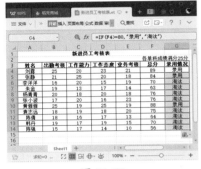

图 10-77

🔧 技术看板

在实际应用中，一个 IF 函数可能无法满足工作需求，这时可以使用多个 IF 函数进行嵌套。IF 函数嵌套的语法：IF（logical_test,value_if_true,IF（logical_test,value_if_true,IF（logical_test,value_if_true,……,value_if_false)))。通俗地讲，可以理解成"如果（某条件，条件成立返回的结果，（某条件，条件成立返回的结果，（某条件，条件成立返回的结果，……，条件不成立返回的结果)))"。例如，在本例中，表格中的总分为关键字，80 分以上（含 80 分）的为"录用"，70 分以上（含 70 分）的为"有待观察"，其余的则为"淘汰"，G4 单元格的函数表达式就为"=IF(F4>=80,"录用",IF(F4>=70,"有待观察","淘汰"))"。

10.5.9　根据身份证号码提取生日和性别

实例门类	软件功能

管理员工信息的过程中，有时需要建立一份电子档案，档案中一般会包含身份证号码、性别、出生年月等信息。当员工人数太多时，逐个输入非常烦琐。为了提高工作效率，我们可以在【插入函数】对话框【常用公式】选项卡的【公式】列表中选择公式，从身份证号中快速提取出生日期和性别，操作方法如下。

Step01 打开"素材文件\第 10 章\员工档案表 .et"工作簿，❶ 选中要存放结果的单元格 E3；❷ 单击【公式】选项卡中的【插入函数】按钮，如图 10-78 所示。

图 10-78

Step02 打开【插入函数】对话框，❶ 在【常用公式】选项卡的【公式】列表】框中选择【提取身份证生日】选项；❷ 在【参数输入】栏的【身份证号码】右侧的文本框中输入要引用的单元格；❸ 单击【确定】按钮，如图 10-79 所示。

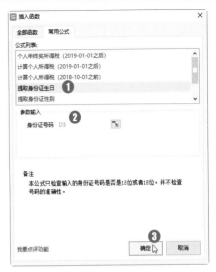

图 10-79

Step03 返回工作表，即可看到使用公式提取的身份证号码中的生日。填充公式到下方的单元格区域，如图 10-80 所示。

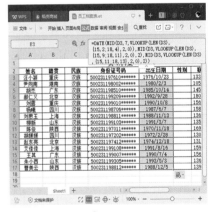

图 10-80

Step04 选中 F3 单元格，使用相同的方法打开【插入函数】对话框，❶ 在【常用公式】选项卡的【公式列表】框中选择【提取身份证性别】选项；❷ 在【参数输入】栏的【身份证号码】右侧的文本框中输入要引用的单元格；❸ 单击【确定】按钮，如图 10-81 所示。

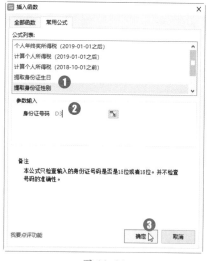

图 10-81

Step⑤ 返回工作表，即可看到工作表中已经使用公式提取了身份证号码中的性别。填充公式到下方的单元格区域，如图 10-82 所示。

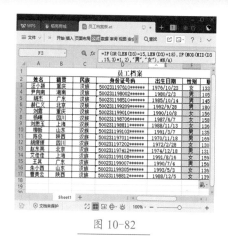

图 10-82

妙招技法

通过对前面知识的学习，相信读者已经对公式和函数计算有了一定的了解，下面结合本章内容，给大家介绍一些实用技巧。

技巧 01：怎样保护公式不被修改

工作表中的数据计算好后，为了防止其他用户对公式进行更改，可设置密码保护，操作方法如下。

Step① 打开"素材文件\第 10 章\员工档案表 1.et"工作簿，❶ 选中包含公式的单元格区域；❷ 单击【审阅】选项卡中的【保护工作表】按钮，如图 10-83 所示。

图 10-83

Step② 打开【保护工作表】对话框，❶ 在【密码】文本框中输入密码（本例输入"123"）；❷ 单击【确定】按钮，如图 10-84 所示。

图 10-84

Step③ 弹出【确认密码】对话框，再次输入保护密码，单击【确定】按钮，如图 10-85 所示。

Step④ 操作完成后，如果要修改公式，则会弹出提示信息，如图 10-86 所示。

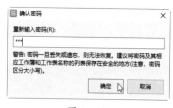

图 10-85

图 10-86

技巧 02：如何将公式隐藏起来

为了不让其他用户看到正在使用的公式，可以将其隐藏起来。公式被隐藏后,当选中单元格时,仅仅在单元格中显示计算结果,编辑栏中不会显示任何内容。在工作表中隐藏公式,操作方法如下。

Step01 打开"素材文件\第10章\员工档案表2.et"工作簿,❶选中包含公式的单元格区域;❷单击鼠标右键,在弹出的快捷菜单中单击【设置单元格格式】选项,如图10-87所示。

图 10-87

Step02 打开【单元格格式】对话框,❶在【保护】选项卡勾选【锁定】和【隐藏】复选框;❷单击【确定】按钮,如图10-88所示。

图 10-88

Step03 返回工作表,参照前文的相关操作方法,打开【保护工作表】

对话框设置密码保护。设置完成后,在工作表中选中隐藏公式的单元格区域,可以看到编辑栏中将不再显示任何内容,如图10-89所示。

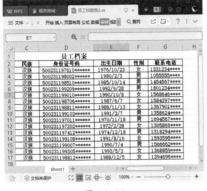

图 10-89

技巧03:追踪引用单元格与追踪从属单元格

追踪引用单元格,是指查看当前公式是引用哪些单元格进行计算的;追踪从属单元格与追踪引用单元格相反,是指查看哪些公式引用了该单元格。

在工作表中追踪引用单元格与从属单元格,具体操作方法如下。

Step01 打开"素材文件\第10章\自动售货机销量1.et"工作簿,❶选中要追踪引用单元格的单元格;❷单击【公式】选项卡中的【追踪引用单元格】按钮,如图10-90所示。

图 10-90

Step02 在工作表中可看到箭头显示的数据源引用指向,如图10-91所示。

图 10-91

Step03 ❶选中要追踪从属单元格的单元格;❷单击【追踪从属单元格】按钮,如图10-92所示。

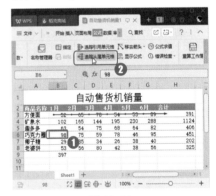

图 10-92

Step04 在工作表中可看到箭头显示的受当前所选单元格影响的单元格数据从属指向,如图10-93所示。

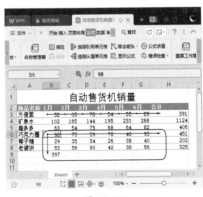

图 10-93

技巧 04：用错误检查功能检查公式

当公式计算结果出现错误时，可以使用错误检查功能来逐一对错误值进行检查。例如，要在"工资表 1"中检查错误公式，具体操作方法如下。

Step 01 打开"素材文件\第 10 章\工资表 1.et"工作簿，❶ 在数据区域中选中起始单元格；❷ 单击【公式】选项卡中的【错误检查】按钮，如图 10-94 所示。

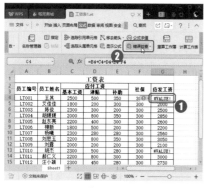

图 10-94

Step 02 系统开始从起始单元格进行检查，当检查到有错误公式时，会弹出【错误检查】对话框，并指出出错的单元格及错误原因。若要修改，单击【在编辑栏中编辑】按钮，如图 10-95 所示。

图 10-95

Step 03 ❶ 在工作表的编辑栏中输入正确的公式；❷ 在【错误检查】对话框中单击【继续】按钮，继续检

查工作表中的其他错误公式，如图 10-96 所示。

图 10-96

Step 04 使用以上方法继续检查和修改公式，如图 10-97 所示。

图 10-97

Step 05 当完成公式检查后，会弹出提示框提示完成检查，单击【确定】按钮即可，如图 10-98 所示。

图 10-98

技巧 05：快速查找需要的函数

如果只知道某个函数的功能，不知道具体的函数名，则可以通过【插入函数】对话框快速查找函数。例如，需要通过【插入函数】对话框快速查找一个可以对数据进行随机排序的函数，具体操作方法如下。

打开【插入函数】对话框，❶ 在【查找函数】文本框中输入函数功能，如【随机】；❷ 在【选择函数】列表框中会显示 WPS 表格推荐的函数。在【选择函数】列表框中选择某个函数后，会在列表框下方显示该函数的作用及语法等信息，如图 10-99 所示。

图 10-99

本章小结

　　本章的重点在于掌握 WPS 表格中公式和函数的使用方法，主要包括认识公式、输入公式、编辑公式、常见的公式错误、认识函数、输入函数、编辑函数和常见函数的应用等知识点。通过对本章内容的学习，希望大家能够熟练地掌握公式和函数的使用方法，在分析数据时，能够快速地计算出相关数据。

第11章 使用图表统计与分析数据

- ➡ 认真挑选合适的数据源创建了图表后，却发现图表类型不适合，这时需要删除图表重新创建吗？
- ➡ 制作了一个饼图，想要将其中一部分突出显示，如何操作？
- ➡ 需要将图表发送给他人查看，又担心他人无意中更改图表内容，如何将图表保存为图片？
- ➡ 在图表中分析数据时，如何添加辅助线？
- ➡ 默认图表的颜色太普通，如何更改图表颜色？

制作表格是为了将数据更直观地展现出来，便于分析和查看数据，而图表则是直观展现数据的一大"利器"。本章内容的学习可以帮助读者解决以上问题，并让读者掌握图表制作与应用的技巧。

11.1 认识图表

初次接触图表时，难免会疑惑：什么是图表？图表可以做什么？怎样根据实际情况选择合适的图表？带着这些疑问，我们一起来认识图表。

11.1.1 图表的组成

WPS Office 2019 表格提供了 8 种标准的图表类型，每一种图表类型都分为几种子类型，包括二维图表和三维图表。虽然图表的种类不同，但每一种图表的绝大部分组件是相同的，默认的图表组件包括图表区、绘图区、图表标题、数据系列、坐标轴和坐标轴标题、图例、网格线等，如图 11-1 和表 11-1 所示。

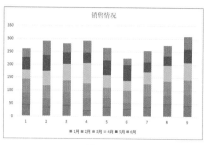

图 11-1

表 11-1

序号	说明
❶	图表区：图表中最大的白色区域，是其他图表元素的容器。
❷	绘图区：图表区中的一部分，即显示图形的矩形区域。
❸	图表标题：用来说明图表内容的文字，它可以在图表中任意移动并对图表进行修饰（如设置字体、字形及字号等）。
❹	数据系列：在数据区域中，同一列或同一行数值数据的集合会构成一组数据系列，也就是图表中相关数据点的集合。图表中可以有一组或多组数据系列，多组数据系列之间通常采用不同的图案、颜色或符号来区分。在图 11-1 中，一季度到四季度的运营额统计就是数据系列，它们以不同的颜色来加以区分。

续表

序号	说明
❺	坐标轴和坐标轴标题：坐标轴是标识数值大小及分类的水平线和垂直线，上面有数据值的标志（刻度）。一般情况下，水平轴（X轴）表示数据的分类。
❻	图例：图例指出了图表中的符号、颜色或形状定义数据系列所代表的内容。图例由两部分构成，图例标识代表数据系列的图案，即不同颜色的小方块；图例项是与图例标识对应的数据系列名称，一种图例标识只能对应一种图例项。
❼	网格线：贯穿绘图区的线条，用于作为估算数据系列所示值的标准。

11.1.2 图表的类型

WPS 表格中的图表类型主要包括柱形图、折线图、饼图、条形图、面积图、XY 散点图、股价图、雷达图和组合图，如图 11-2 所示。

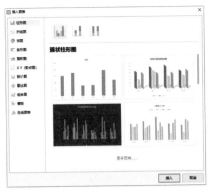

图 11-2

1. 柱形图

柱形图是常用的图表，也是 WPS 表格的默认图表，主要用于反映一段时间内的数据变化或显示不同项目间的对比情况，如图 11-3 所示。

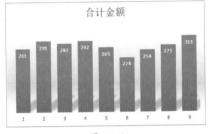

图 11-3

柱形图的子类型包括簇状柱形图、堆积柱形图和百分比堆积柱形图，如图 11-4 所示。

簇状柱形图　　堆积柱形图　百分比堆积柱形图

图 11-4

➡ 簇状柱形图：簇状柱形图以二维柱形显示值。

➡ 堆积柱形图：堆积柱形图使用二维堆积柱形显示值，在有多个数据系列并希望强调总计时使用此图表。

➡ 百分比堆积柱形图：百分比堆积柱形图是用堆积表示百分比的二维柱形显示值。如果图表具有两个或两个以上数据系列，并且要强调每个值占整体的百分比，尤其是当各类别的总数相同时，可使用此图表。

2. 折线图

在工作表中以列或行的形式排列的数据可以绘制为折线图。在折线图中，类别数据沿水平轴均匀分布，所有值数据沿垂直轴均匀分布。折线图可在按比例缩放的坐标轴上显示一段时间内的连续数据，因此非常适合显示相等时间间隔（如月、季度或年度）下数据的趋势，如图 11-5 所示。

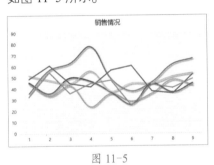

图 11-5

为了让读者更好地了解折线图，下面对各折线图进行详细介绍。

➡ 折线图和数据点折线图：如图 11-6 所示，折线图用于显示一段时间的变化情况或均匀分布的类别的趋势，在显示时可带有指示单个数据值的标记，也可以不带标记。注意：如果工作表中有许多类别或数据值大小接近，请使用无数据点折线图。

折线图　　　　数据点折线图

图 11-6

➡ 堆积折线图和数据点堆积折线图：如图 11-7 所示，堆积折线图显示时可带有标记以指示各个数据值，也可以不带标记。这两种折线图都可以显示每个值所占大小随时间或均匀分布的类别而变化的趋势。

堆积折线图　　数据点堆积折线图

图 11-7

➡ 百分比堆积折线图和数据点百分比堆积折线图：如图 11-8 所示，百分比堆积折线图可带有标记以指示各个数据值，也可以不带标记。百分比堆积折线图用于显示每个值所占的百分比随时间或均匀分布的类别而变化的趋势。注意：如果工作表有许多类别或数据值大小接近，请使用无数据点百分比堆积折线图。

百分比堆积折线图　带数据标记的百分比堆积折线图

图 11-8

3. 饼图

在工作表中以列或行的形式排列的数据可以绘制为饼图。饼图显示了一个数据系列中各项的大小与各项总和的比例。饼图中的数据点显示为整个饼图的百分比，如图 11-9 所示。

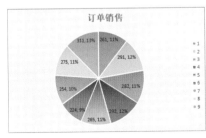

图 11-9

如果要创建的图表只有一个数据系列、数据中的值没有负值、数据中的值几乎没有零值或类别不超过 7 个，就可以使用饼图来查看数据。

饼图的子类型包括饼图、复合饼图、复合条饼图和圆环图，如图 11-10 所示。

图 11-10

➡ 饼图：以二维或三维格式显示每个值占总计的比例。可以手动拉出饼图的扇区加以强调。

➡ 复合饼图和复合条饼图：特殊的饼图，其中一些较小的值被拉出为次饼图或堆积条形图，从而使其更易于区分。

➡ 圆环图：仅排列在工作表的列或行中的数据可以绘制为圆环图。像饼图一样，圆环图也反映了部分与整体的关系，但圆环图可以包含多个数据系列，如图 11-11 所示。

图 11-11

4. 条形图

在工作表中以列或行的形式排列的数据可以绘制为条形图。条形图用于对各个项目的数据进行比较。在条形图中，通常条形图的垂直坐标轴为类别，水平坐标轴为值，

如图 11-12 所示。

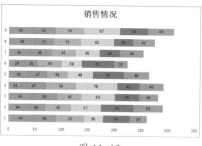

图 11-12

条形图的子类型包括簇状条形图、堆积条形图和百分比堆积条形图，如图 11-13 所示。

图 11-13

➡ 簇状条形图：以二维格式显示数值大小情况。

➡ 堆积条形图：以二维条形显示单个项目与整体的关系。

➡ 百分比堆积条形图：显示二维条形，这些条形跨类别比较每个值占总计的百分比。

5. 面积图

在工作表中以列或行的形式排列的数据可以绘制为面积图。面积图可用于绘制随时间变化而变化的量，用于引起人们对总值趋势的关注。面积图还可以显示部分与整体的关系，如 11-14 所示。

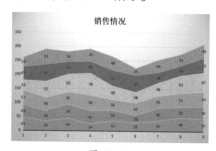

图 11-14

面积图的子类型包括面积图、堆积面积图和百分比堆积面积图，如图 11-15 所示。

图 11-15

➡ 面积图：面积图用于显示值随时间或其他类别数据而变化的趋势。

➡ 堆积面积图：堆积面积图以二维格式显示每个值所占大小随时间或其他类别数据变化的趋势。

➡ 百分比堆积面积图：百分比堆积面积图显示每个值所占百分比随时间或其他类别数据而变化的趋势。

技术看板

在工作中，通常应首先考虑使用折线图而不是堆积面积图，因为如果使用后者，一个系列中的数据可能会被另一系列中的数据遮住。

6. XY（散点）图

在工作表中以列或行的形式排列的数据可以绘制为 XY（散点）图。在一行或一列中输入 X 值，然后在相邻的行或列中输入对应的 Y 值。

散点图一共有两个数值轴：水平（X）数值轴和垂直（Y）数值轴，如图 11-16 所示。散点图将 X 值和 Y 值合并为单一数据点并按不均匀的间隔或簇来显示它们。散点图通常用于显示和比较数值，如科学数据、统计数据、工程数据等。

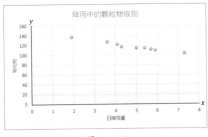

图 11-16

散点图的子类型包括散点图、带平滑线和标记的散点图、带平滑线的散点图、带直线和标记的散点图、带直线的散点图、气泡图和三维气泡图，如图 11-17 至图 11-19 所示。

散点图　带平滑线和标记的散点图　带平滑线的散点图

图 11-17

➡ 散点图：散点图通过数据点来比较数值，但是不连接线。

➡ 带平滑线和标记的散点图、带平滑线的散点图：这两种图表用于连接数据点的平滑曲线，平滑线可以带标记，也可以不带标记。如果有多个数据点，则使用不带标记的平滑线。

带直线和标记的散点图　　带直线的散点图

图 11-18

➡ 带直线和标记的散点图、带直线的散点图：这两种图表的数据点之间有直接相连的直线，直线可以带标记，也可以不带。

气泡图　　　三维气泡图

图 11-19

➡ 气泡图和三维气泡图：这两种气泡图都包括三个值而非两个值，

并以二维或三维格式显示气泡（不使用垂直坐标轴）。第三个值指定气泡标记的大小。

7. 股价图

以特定顺序排列在工作表的列或行中的数据可以绘制为股价图。顾名思义，股价图可以显示股价的波动，不过这种图表也可以显示其他数据（如日降雨量和每年温度）的波动。必须按正确的顺序组织数据才能创建股价图。

例如，要创建一个简单的盘高-盘低-收盘股价图，需要根据按盘高、盘低和收盘次序输入的列标题来排列数据，如图 11-20 所示。

图 11-20

➡ 盘高-盘低-收盘股价图按照以下顺序使用三个值系列：盘高、盘底和收盘股价。

➡ 开盘-盘高-盘低-收盘股价图按照以下顺序使用四个值系列：开盘、盘高、盘底和收盘股价，如图 11-21 所示。

盘高-盘低-收盘股价图　　开盘-盘高-盘低-收盘股价图

图 11-21

➡ 成交量-盘高-盘低-收盘股价图按照以下顺序使用四个值系列：成交量、盘高、盘底和收盘股价。它在计算成交量时使用了两个数值轴：一个是用于计算成交量的列，另一个是用于显示股

票价格的列，如图 11-22 所示。

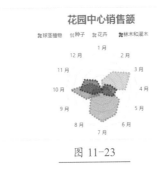

成交量-盘高-盘低-收盘股价图　成交量-开盘-盘高-盘低-收盘股价图

图 11-22

➡ 成交量-开盘-盘高-盘低-收盘股价图按照以下顺序使用五个值系列：成交量、开盘、盘高、盘底和收盘股价，如图 11-22 所示。

8. 雷达图

在工作表中以列或行的形式排列的数据可以绘制为雷达图，用于比较若干数据系列的聚合值，如图 11-23 所示。

图 11-23

雷达图的子类型包括雷达图、带数据标记的雷达图和填充雷达图，如图 11-24 所示。

雷达图　带数据标记的雷达图　填充雷达图

图 11-24

➡ 雷达图、带数据标记的雷达图：无论单独的数据点有无标记，雷达图都显示值相对于中心点的变化。

➡ 填充雷达图：在填充雷达图中，数据系列覆盖的区域有填充颜色。

9. 组合图

以列和行的形式排列的数据可以绘制为组合图。组合图将两种或多种图表类型组合在一起，让数据更容易理解，特别是数据变化范围较大时，由于采用了次坐标轴，所以这种图表更容易看懂。本示例使用柱形图来显示一月到六月的房屋销售量数据，然后使用折线图来使读者更容易快速看清每月的平均销售价格，如图 11-25 所示。

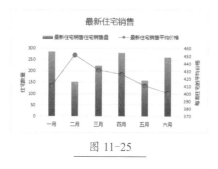
图 11-25

组合图的子类型包括簇状柱形图 – 折线图、簇状柱形图 – 次坐标轴上的折线图、堆积面积图 – 簇状柱形图和自定义组合，如图 11-26 和图 11-27 所示。

簇状柱形图 – 折线图　　簇状柱形图 – 次坐标轴上的折线图
图 11-26

➥ 簇状柱形图 – 折线图、簇状柱形图 – 次坐标轴上的折线图：这两种图表综合了簇状柱形图和折线图，在同一个图表中将部分数据系列显示为柱形，将其他数据系列显示为线。这两种图表不一定

带有次坐标轴。

堆积面积图– 簇状柱形图　　自定义组合
图 11-27

➥ 堆积面积图 – 簇状柱形图：这种图表综合了堆积面积图和簇状柱形图，在同一个图表中将部分数据系列显示为堆积面积，将其他数据系列显示为柱形。

➥ 自定义组合：这种图表用于组合需要在同一个图表中显示的多种图表。

11.2　创建与编辑图表

如果 WPS 表格中只有数据，那么看起来会十分枯燥。图表功能可以帮助用户快速创建各种各样的图表，以增强视觉效果，同时更直观地展示出表格中各数据之间的复杂关系，更易于理解，也起到了美化表格的作用。

★重点 11.2.1　实战：为销售表创建图表

实例门类	软件功能

创建图表的方法非常简单，只需选择要创建为图表的数据区域，然后选中需要的图表样式即可。在选择数据区域时，用户根据需要可以选择整个数据区域，也可选择部分数据区域。

例如，要为部分数据源创建一个柱形图，具体操作方法如下。

Step01 打开"素材文件 \ 第 11 章 \ 上半年销售情况 .xlsx"工作簿，❶选中要创建为图表的数据区域；❷单击【插入】选项卡中的【图表】按钮，如图 11-28 所示。

图 11-28

技术看板

在使用图表时，有一些功能并不支持 .et 格式的工作簿，所以，如果要创建图表，在创建工作簿时，可以将其保存为 .xlsx 格式。

Step02 打开【插入图表】对话框，

❶在左侧的列表中选择【柱形图】选项；❷在右侧选择【簇状柱形图】；❸在下方的缩略图中选择一种柱形图样式；❹单击【插入】按钮，如图 11-29 所示。

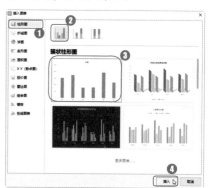
图 11-29

Step03 操作完成后，即可看到工作表中已经插入了图表，如图 11-30 所示。

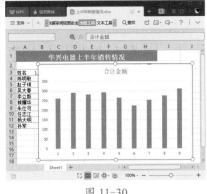

图 11-30

除以上方法外，选中数据区域之后，单击【插入】选项卡中的【插入柱形图】按钮，在弹出的下拉菜单中选择一种柱形图样式，也可以插入柱形图，如图 11-31 所示。

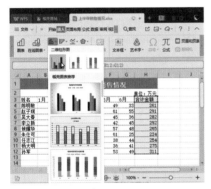

图 11-31

11.2.2 实战：移动销售表图表位置

实例门类	软件功能

创建图表之后，为了方便查看数据，可以将图表移动到其他位置。有时为了强调图表数据的重要性，或更便捷地分析图表中的数据，需要将图表放大并单独作为一张工作表，此时，可以使用移动图表功能。

例如，要将图表单独制作成一张工作表，操作方法如下。

Step01 接上一例操作，❶ 选中图表；❷ 单击【图表工具】选项卡中的【移动图表】按钮，如图 11-32 所示。

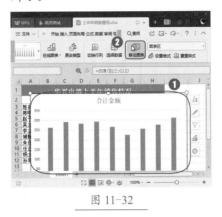

图 11-32

Step02 打开【移动图表】对话框，❶ 选中【新工作表】单选按钮，在右侧的文本框中输入工作表名称；❷ 单击【确定】按钮，如图 11-33 所示。

图 11-33

Step03 完成后，即可在工作簿创建放置图表的新工作表，并将图表移动到新工作表中，如图 11-34 所示。

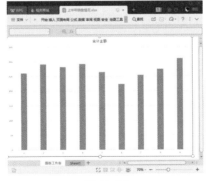

图 11-34

技术看板

如果是在同一个工作表中移动图表，可以将鼠标指针移动到图表上，当指针变为时，按住鼠标左键，将其拖动到需要的位置后松开即可。

11.2.3 实战：调整销售表图表的大小

实例门类	软件功能

图表创建之后，默认大小并不一定适合查看数据，此时可以调整图表的大小。

创建图表后，选中图表会发现图表的四周分布着 6 个控制柄，使用鼠标拖动 6 个控制柄中的任意一个，都可以改变图表的大小，操作方法如下。

Step01 打开"素材文件\第11章\上半年销售情况 1.xlsx"工作簿，将鼠标指针移动到图表右下角的控制柄上，此时指针将变为双向箭头，如图 11-35 所示。

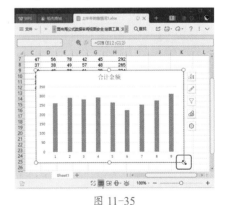

图 11-35

Step02 按住鼠标左键，并拖动鼠标，如图 11-36 所示。

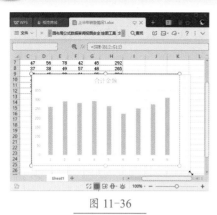

图 11-36

Step 03 拖动到合适的大小后，松开鼠标左键，即可调整图表的大小，如图 11-37 所示。

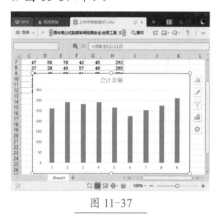

图 11-37

★新功能 11.2.4 实战：更改销售表图表的类型

实例门类	软件功能

创建图表之后发现所选图表类型不合适，可以更改图表类型。更改图表的类型并不需要重新插入图表，可以直接对已经创建的图表进行图表类型的更改，操作方法如下。

Step 01 接上一例操作，❶ 选中图表；❷ 单击【图表工具】选项卡中的【更改类型】按钮，如图 11-38 所示。

Step 02 打开【更改图表类型】对话框，❶ 重新选择图表样式；❷ 单击【插入】按钮，如图 11-39 所示。

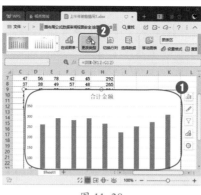

图 11-38

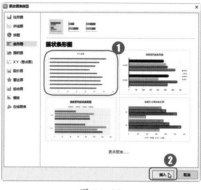

图 11-39

Step 03 返回工作表，即可看到原来的柱形图已经更改为条形图，如图 11-40 所示。

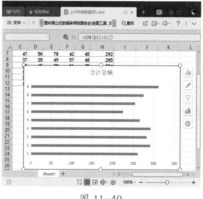

图 11-40

11.2.5 实战：更改销售表图表数据源

实例门类	软件功能

在制作图表时，如果引用的数据源错误，可以更改数据源。如果需要重新选择工作表中的数据作为数据源，图表中的相应数据系列也会发生变化。

下面以更改"上半年销售情况1"工作表中 A3:G12 单元格区域图表的数据源为例，介绍具体的操作方法。

Step 01 打开"素材文件\第 11 章\上半年销售情况 1.xlsx"工作簿，❶ 选中图表；❷ 单击【图表工具】选项卡中的【选择数据】按钮，如图 11-41 所示。

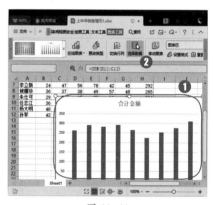

图 11-41

Step 02 打开【编辑数据源】对话框，单击【图表数据区域】文本框后的【折叠】按钮，如图 11-42 所示。

图 11-42

Step 03 ❶ 拖动鼠标，在工作表中选中 A3:G12 单元格区域；❷ 单击【展开】按钮，如图 11-43 所示。

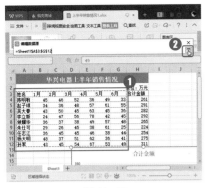

图 11-43

图 11-44

Step 04 返回【编辑数据源】对话框，单击【确定】按钮，如图 11-44 所示。

Step 05 返回工作簿，即可看到数据源已经更改，如图 11-45 所示。

技能拓展——在图表中显示隐藏数据

如果要显示工作表中的隐藏数据，可以在【编辑数据源】对话框中单击【高级设置】按钮，在打开的隐藏菜单中勾选【显示隐藏和空单元格设置】复选框。

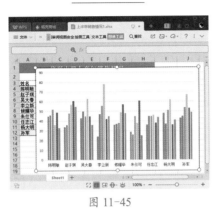

图 11-45

11.3 调整图表的布局

在 WPS 表格中，可以通过添加图表标签、趋势线、数据表等图表元素，或更改图表的颜色，来调整图表的整体布局，使图表内容结构更加合理、美观。

★重点 11.3.1 实战：为销售图表添加数据标签

实例门类	软件功能

为了使所创建的图表更加清晰、明了，可以添加并设置图表标签，操作方法如下。

Step 01 打开"素材文件\第 11 章\上半年销售情况 2.xlsx"工作簿，❶ 选中图表；❷ 单击【图表工具】选项卡中的【添加元素】下拉按钮；❸ 在弹出的下拉菜单中选择【数据标签】选项；❹ 在弹出的子菜单中选择数据标签的位置，如【数据标签外】，如图 11-46 所示。

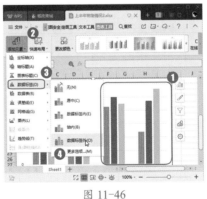

图 11-46

技术看板

选中图表后，单击出现的【图表元素】按钮，在弹出的菜单中勾选【数据标签】复选框，也可以为数据系列添加数据标签。

Step 02 操作完成后，即可看到已经

为数据系列添加了数据标签，如图 11-47 所示。

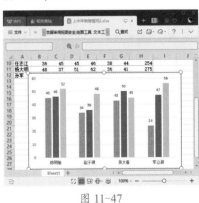

图 11-47

11.3.2 实战：为销售图表添加趋势线

实例门类	软件功能

创建图表后，为了能更加便捷地对系列中的数据变化趋势进行分析与预测，我们可以为数据系列添加趋势线，操作方法如下。

Step 01 打开"素材文件\第11章\上半年销售情况2.xlsx"工作簿，❶选中图表后，单击出现的【图表元素】按钮 ；❷在弹出的窗格中将鼠标光标移动到趋势线右侧，单击出现的三角形按钮 ；❸在弹出的子菜单中选择趋势线的类型，如【线性】，如图11-48所示。

图 11-48

Step 02 打开【添加趋势线】对话框，❶在【添加基于系列的趋势线】列表中选择要添加趋势线的系列，本例中选择【2月】；❷单击【确定】按钮，如图11-49所示。

图 11-49

Step 03 返回工作表，即可看到趋势线已经添加，如图11-50所示。

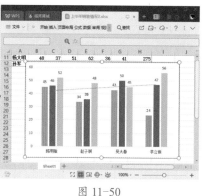
图 11-50

11.3.3 实战：快速布局销售图表

实例门类	软件功能

使用快速布局功能可以更改图表的布局，操作方法如下。

Step 01 打开"素材文件\第11章\上半年销售情况2.xlsx"工作簿，❶选中图表；❷单击【图表工具】中的【快速布局】下拉按钮；❸在弹出的下拉菜单中选择一种布局，如图11-51所示。

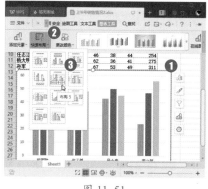
图 11-51

Step 02 操作完成后，即可看到图表的布局已经改变，本例中添加了图表标题和坐标轴标题，如图11-52所示。

Step 03 将光标定位到标题文本框中，删除占位文字后，重新命名标题，如图11-53所示。

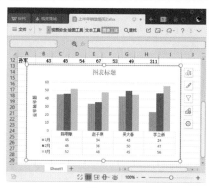
图 11-52

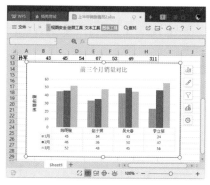
图 11-53

11.3.4 实战：更改销售图表的颜色

实例门类	软件功能

创建图表后，还可以更改图表中的颜色来美化图表，操作方法如下。

Step 01 接上一例操作，❶选中图表；❷单击【图表工具】中的【更改颜色】下拉按钮；❸在弹出的下拉菜单中选择一种配色方案，如图11-54所示。

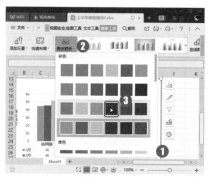
图 11-54

Step ② 操作完成后，即可看到图表的系列颜色已经更改，如图 11-55 所示。

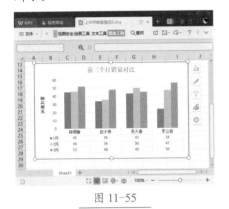

图 11-55

★新功能 11.3.5　实战：为销售图表应用图表样式

实例门类	软件功能

WPS 表格为用户提供了多种内置的图表样式，如果要为图表应用样式，操作方法如下。

Step ① 接上一例操作，❶ 选中图表；❷ 单击【图表工具】中的【其他】按钮，如图 11-56 所示。

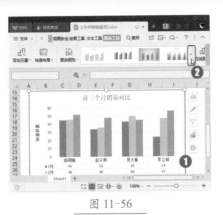

图 11-56

Step ② 在打开的下拉列表中选择一种图表样式，本例选择【免费样式】栏中的样式，如图 11-57 所示。

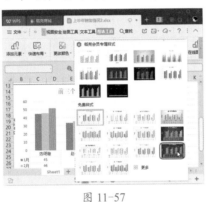

图 11-57

Step ③ 操作完成后，即可为图表应用样式，如图 11-58 所示。

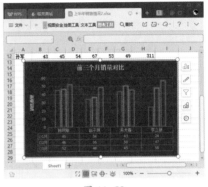

图 11-58

妙招技法

通过对前面知识的学习，相信读者对图表的统计与分析有了一定的了解，下面结合本章内容，给大家介绍一些实用技巧。

技巧 01：设置条件变色的数据标签

条件变色的数据标签，是指根据一定的条件，将各个数据标签的文字显示为不同的颜色，以便区分和查看图表中的数据，操作方法如下。

Step ① 打开"素材文件 \ 第 11 章 \ 笔记本销量 .xlsx"工作簿，❶ 单击选中任意数据标签，然后右击任意数据标签；❷ 在弹出的快捷菜单中选择【设置数据标签格式】选项，如

图 11-59 所示。

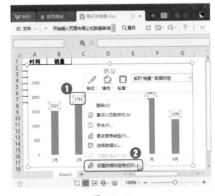

图 11-59

Step ② 打开【属性】窗格，❶ 在【标签】选项卡的【标签选项】组中，在【数字】栏设置【类别】为【自定义】；❷ 在【格式代码】文本框中输入【[蓝色][<1000](0);[红色][>1500]0;0】；❸ 单击【添加】按钮，如图 11-60 所示。

Step ③ 返回工作表，即可看到图表中的数据标签已经根据设定的条件自动显示为不同的颜色，如图 11-61 所示。

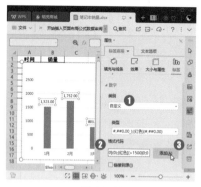

图 11-60

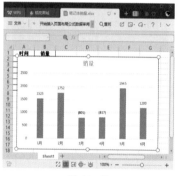

图 11-61

技巧 02：制作可以选择的动态数据图表

在编辑工作表时，先为单元格定义名称，再通过名称为图表设置数据源，可制作出动态的数据图表，操作方法如下。

Step01 打开"素材文件 \ 第 11 章 \ 笔记本销量 1.xlsx"工作簿，❶ 选中 A1 单元格；❷ 单击【公式】选项卡中【名称管理器】按钮，如图 11-62 所示。

图 11-62

Step02 打开【名称管理器】对话框，单击【新建】按钮，如图 11-63 所示。

图 11-63

Step03 打开【新建名称】对话框，❶ 在【名称】文本框中输入"时间"；❷ 在【范围】下拉列表中选择【Sheet 1】选项；❸ 在【引用位置】参数框中将参数设置为【=Sheet1!$A$2:$A$13】；❹ 单击【确定】按钮，如图 11-64 所示。

图 11-64

Step04 返回【名称管理器】对话框，单击【新建】按钮，如图 11-65 所示。

图 11-65

Step05 打开【新建名称】对话框，❶ 在【名称】文本框中输入"销量"；❷ 在【范围】下拉列表中选择【Sheet 1】选项；❸ 在【引用位置】参数框中

设置参数为【=OFFSET(Sheet1!$B$1, 1,0,COUNT(Sheet1!$B:$B))】；❹ 单击【确定】按钮，如图 11-66 所示。

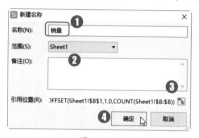

图 11-66

Step06 返回【名称管理器】对话框，在列表框中可以看到新建的所有名称，单击【关闭】按钮，如图 11-67 所示。

图 11-67

Step07 返回工作表，❶ 选中数据区域中的任意单元格，单击【插入】选项卡中的【插入柱形图】下拉按钮；❷ 在弹出的下拉列表中选择需要的柱形图样式，如图 11-68 所示。

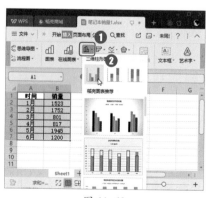

图 11-68

Step08 ❶ 选中图表；❷ 单击【图表工

具】选项卡中的【选择数据】按钮，如图 11-69 所示。

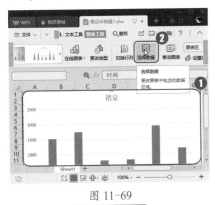

图 11-69

Step(09) 打开【编辑数据源】对话框，在【图例项（系列）】栏中单击【编辑】按钮，如图 11-70 所示。

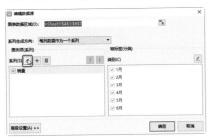

图 11-70

Step(10) 打开【编辑数据系列】对话框，❶ 在【系列值】参数框中将参数设置为【=Sheet1! 销量】；❷ 单击【确定】按钮，如图 11-71 所示。

图 11-71

Step(11) 返回【编辑数据源】对话框，在【图例项（系列）】栏中单击【编辑】按钮，如图 11-72 所示。

Step(12) 弹出【轴标签】对话框，❶ 在【轴标签区域】参数框中将参数设置为【=Sheet1! 时间】；❷ 单击【确定】按钮，如图 11-73 所示。

图 11-72

图 11-73

Step(13) 返回【编辑数据源】对话框，单击【确定】按钮，如图 11-74 所示。

图 11-74

Step(14) 返回工作表，分别在 A 列和 B 列的单元格中输入内容，图表将自动添加相应的内容，如图 11-75 所示。

图 11-75

技巧 03：让扇形区独立于饼图之外

在制作饼图时，为了突出显示某一系列数据，可以使其独立于饼

图之外，操作方法如下。

Step(01) 打开"素材文件\第 11 章\文具销售统计 .xlsx"工作簿，先单击饼图，选中整个系列，再单击要设置独立的系列，选中单个扇形区，按住鼠标左键向外侧拖动，如图 11-76 所示。

图 11-76

Step(02) 拖动到合适的位置后，松开鼠标左键，即可使该区独立于饼图之外，如图 11-77 所示。

图 11-77

技巧 04：在图表中筛选数据

创建图表后，我们还可以使用图表筛选器功能对图表数据进行筛选，将需要查看的数据筛选出来，便于更好地分析数据。如果要在图表中筛选数据，具体操作方法如下。

Step(01) 打开"素材文件\第 11 章\上半年销售情况 3.xlsx"工作簿，❶ 选中图表，单击出现的【图表筛选器】浮动工具按钮▽；❷在打开的窗格中展开【系列】选项；❸取消勾选【全选】复选框，然后勾选需要筛选的数据；❹单击【应用】按钮，如图 11-78 所示。

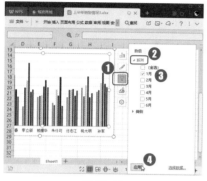

图 11-78

Step02 返回工作表，即可看到筛选后的数据，如图 11-79 所示。

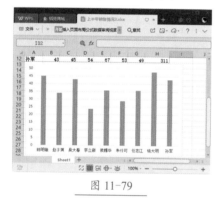

图 11-79

技巧 05：将图表保存为图片

在工作表中插入图表后，还可将其单独保存为图片文件，以便管理与查看图表，操作方法如下。

Step01 打开"素材文件\第 11 章\文具销售统计 .xlsx"工作簿，❶右击图表；❷在弹出的快捷菜单中选择【另存为图片】选项，如图 11-80 所示。

图 11-80

Step02 打开【另存为图片】对话框，❶设置图片的保存路径、文件名和文件类型；❷单击【保存】按钮，如图 11-81 所示。

图 11-81

Step03 操作完成后，打开保存的图片文件，可以看到其中只有图表内容，如图 11-82 所示。

图 11-82

本章小结

本章的重点在于掌握 WPS 表格中图表的创建和编辑，主要包括创建图表、调整图表的大小和位置、修改图表类型、修改图表布局和添加趋势线等知识点。通过对本章内容的学习，读者可以掌握图表的创建方法和编辑方法，尤其要掌握图表的编辑和美化技巧，在制作工作表时可以让数据更加直观地展示出来。

使用数据透视表和数据透视图

➙ 工作表中的数据混乱，怎样整理出标准的数据源？

➙ 创建数据透视表之后，能否在其中筛选数据？

➙ 如果数据源中的数据改变，数据透视表中的数据能不能随之更改？

➙ 使用切片器筛选数据方便又简单，怎样将切片器插入数据透视表？

➙ 为了更直观地查看数据，能否使用数据透视表中的数据创建数据透视图？

➙ 创建数据透视图后，能否在数据透视图中筛选数据？

很多时候需要从不同的角度或不同的层次来分析数据，而图表无法直接实现，此时就需要用到数据透视表。另外，根据数据透视表也可以生成数据透视图，这非常适合对大量数据进行汇总分析与统计。

12.1　认识数据透视表

数据透视表是 WPS 表格中具有强大分析功能的工具。面对包含大量数据的表格，利用数据透视表可以更直观地查看数据，并对数据进行对比和分析。在使用数据透视表之前，需要透彻地了解数据透视表。本节将对数据透视表的基础知识进行讲解。

12.1.1　数据透视表

数据透视表是 WPS 表格中强大的数据处理分析工具，通过数据透视表，用户可以快速分类汇总、筛选、比较海量数据。

如果把 WPS 表格中的海量数据看作一个数据库，那么数据透视表就是根据数据库生成的动态汇总报表，这个报表可以存放在当前工作表中，也可以存放在外部的数据文件中。

在工作中，如果遇到含有大量数据、结构复杂的工作表，可以使用数据透视表快速整理出需要的报表。

为工作表创建数据透视表之后，用户就可以插入专门的公式执行新的计算，从而快速制作出需要的数据报告。

虽然我们也可以通过其他方法制作出相同的数据报告，但使用数据透视表，用户只需要拖动字段，就可以轻松改变报表的布局结构，从而创建出多份具有不同意义的报表。如果有需要，还可以为数据透视表快速应用一些样式，使报表更加赏心悦目。数据透视表最大的优点在于，只需要通过鼠标操作就可以统计、计算数据，从而避开公式和函数的使用，避免了不必要的错误。

如果仅凭文字还不能理解数据透视表带来的便利，那么通过一个小例子，相信你就能了解数据透视表的神奇之处。例如，在"销售业绩表"工作表中计算出每一个城市的总销售额。使用公式和函数来计算，操作方法如下。

首先，选中 J2 单元格，在编辑栏输入数组公式 {=LOOKUP(2,1/((B$2:B$61<>"")*NOT(COUNTIF(J$1:J1,B$2:B$61))),B$2:B$61)}，提取不重复的城市名称。使用填充柄向下复制公式，直到出现单元格错误提示，如图 12-1 所示。

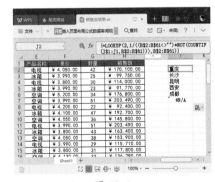

图 12-1

选中 K2 单元格，在编辑栏中输入数组公式 {=SUM(IF($B:$B=J2,$H:$H))}，使用填充柄向下复制公式，即可计算出公司在各城市的总销售额，如图 12-2 所示。

图 12-2

如使用数据透视表计算，只需要先选中数据源，以其为根据创建数据透视表，然后根据需要进行字段勾选。本例勾选【所在城市】和【销售额】字段，即可快速统计出公司在各城市的总销售额，如图 12-3 所示。

图 12-3

12.1.2 图表与数据透视图的区别

数据透视图是基于数据透视表生成的数据图表，它随着数据透视表数据的变化而变化，如图 12-4 所示。

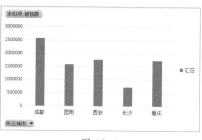
图 12-4

普通图表的基本格式与数据透视图有所不同，如图 12-5 所示。

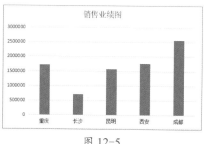
图 12-5

图表中的数据以图形的方式呈现出来，数据看起来更加直观。透视图更像是分类汇总，可以按分类字段把数据汇总出来。

数据透视图和普通图表的具体区别主要有以下几点。

（1）交互性不同。数据透视图可以通过更改报表布局或显示的明细数据，以不同的方式交互查看数据。普通图表中的每组数据只能对应生成一张图表，这些图表之间不存在交互性。

（2）数据源不同。数据透视图可以基于相关联的数据透视表中几组不同的数据类型，而普通图表则可以直接连接到工作表单元格中。

（3）图表元素不同。数据透视图除包含与标准图表相同的元素外，还包括字段和项，可以通过添加、旋转或删除字段和项来显示数据的不同视图。普通图表中的分类、系列和数据分别对应数据透视图中

的分类字段、系列字段和值字段，并包含报表筛选。这些字段中都包含项，这些项在普通图表中显示为图例中的分类标签或系列名称。

（4）格式不同。刷新数据透视图时，会保留大多数格式，包括元素、布局和样式，但是不保留趋势线、数据标签、误差线及数据系列等其他更改。普通图表只要应用了这些格式，即使刷新这些格式也不会丢失。

12.1.3 透视表数据源设计四大准则

数据透视表是在数据源的基础上创建的，如果数据源设计不规范，那么创建的数据透视表就会漏洞百出。所以，在制作数据透视表之前，首先要了解数据源的规范。

如果要创建数据透视表，对数据源就会有一些要求，并非任何数据源都可以创建出有效的数据透视表。

1. 数据源第一行必须包含各列的标题

如果数据源的第一行没有包含各列的标题，如图 12-6 所示，那么创建数据透视表之后，在字段列表中，每个分类字段使用的是数据源中各列的第一个数据，无法显示每一列数据的分类含义，如图 12-7 所示，这样的数据无法进行下一步操作。

	A	B	C	D	E	F
1	刘震源	1月	电暖器	¥1,050.00	32	¥33,600.00
2	刘震源	2月	电暖器	¥1,050.00	32	¥33,600.00
3	王光琼	1月	电暖器	¥1,050.00	40	¥42,000.00
4	王光琼	2月	电暖器	¥1,050.00	40	¥42,000.00
5	李小双	1月	电暖器	¥1,050.00	25	¥26,250.00
6	李小双	2月	电暖器	¥1,050.00	50	¥52,500.00
7	张军	1月	电暖器	¥1,050.00	42	¥44,100.00
8	张军	2月	电暖器	¥1,050.00	42	¥44,100.00

图 12-6

图 12-7

所以，如果要创建用于制作数据透视表的数据源，数据源的第一行必须包含各列的标题。只有这样，才能在创建数据透视表后正确显示出分类明确的标题，才能进行后续的排序和筛选等操作。

2. 数据源不同列中不能包含同类字段

创建制作数据透视表的数据源时，第二个需要注意的原则是，在数据源的不同列中不能包含同类字段。同类字段即类型相同的数据，如图 12-8 所示的数据源中，B 列到 F 列代表 5 个连续的年份，这样的数据表又被称为二维表，是数据源中包含多个同类字段的典型。

	A	B	C	D	E	F
1	地区	2014年	2015年	2016年	2017年	2018年
2	成都	7550	4568	7983	5688	6988
3	重庆	6890	7782	7845	7729	7564
4	昆明	9852	8744	8766	9866	8863
5	西安	6577	5466	4468	5433	4725

图 12-8

如果使用图 12-8 中的数据源创建数据透视表，由于每个分类字段使用的都是数据源中各列的第一个数据，在如图 12-9 所示的【数据透视表字段列表】窗格中可以看到，数据透视表生成的分类字段无法代表每一列数据的分类含义。面对这样的数据透视表，我们很难进行进一步的分析工作。

图 12-9

技能拓展——维

一维表和二维表里的【维】是指分析数据的角度。简单地说，一维表表中的每个指标对应一个取值。而在二维表里，以图 12-9 的数据源为例，列标签中填充的是 2014 年、2015 年和 2016 年等年份的数据，它们本身就同属一类，是父类别【年份】对应的数据。

3. 数据源中不能包含空行和空列

用于创建数据透视表的数据源，第三个需要注意的原则是数据源中不能包含空行和空列。

当数据源中存在空行或空列时，在默认情况下，我们将无法使用完整的数据区域来创建数据透视表。

例如，图 12-10 所示的数据源中存在空行，那么在创建数据透视表时，系统将默认以空行为分隔线，忽略空行下方的数据区域。这样创建出的数据透视表无法包含完整的数据区域。

图 12-10

当数据源存在空列时，同样无

法使用完整的数据区域来创建数据透视表。例如，图 12-11 所示的数据源中存在空列，那么在创建数据透视表时，系统将默认以空列为分隔线，忽视空列右侧的数据区域。

图 12-11

4. 数据源中不能包含空单元格

用于创建数据透视表的数据源，第四个需要注意的原则是，数据源中不能包含空单元格。

与空行和空列导致的问题不同，即使数据源中包含空单元格，也可以创建出包含完整数据区域的数据透视表。但是，如果数据源中包含空单元格，在创建数据透视表后进行进一步处理时，很容易出现问题，导致无法获得有效的数据分析结果。

如果数据源中不可避免地出现了空单元格，可以使用同类型的默认值来填充，例如，在数值类型的空单元格中填充 0。

12.1.4 如何制作标准的数据源

数据源是数据透视表的基础。为了创建出有效的数据透视表，数据源必须符合以下几项默认的原则。对于不符合要求的数据源，我们可以加以整理。

1. 将表格从二维变为一维

当数据源的第一行中没有包含各列的标题时，解决问题的方法很简单，添加一行列标题即可。

如果数据源的不同列中包含同类字段，我们可以将这些同类的字段重组，使其存在于同一个父类别之下，然后调整与其相关的数据即可。

简单来说，如果我们的数据源是用二维形式储存的，那么可以先将二维表调整为一维表，然后再进行数据透视表的创建，如图 12-12 所示。

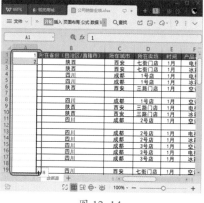

图 12-12

2. 删除数据源中的空行和空列

若数据源中含有空行或空列，会导致创建的数据透视表不能包含全部数据，所以在创建数据透视表之前，需要先将空行或空列删除。当空行或空列较少时，我们可以按住【Ctrl】键，依次单击需要删除的空行或空列，全部选中后，单击鼠标右键，在弹出的快捷菜单中单击【删除】按钮。

一般情况下，即便是包含大量数据记录的数据源，其中空行或空列数量也不会太多，可以手动删除。如果空行或空列的数量较多，使用手动删除比较麻烦，此时可以使用

手动排序的方法加以处理。

Step 01 打开"素材文件\第 12 章\公司销售业绩 .xlsx"工作簿，❶选中 A 列，单击鼠标右键；❷在弹出的快捷菜单中选择【插入】命令，插入空白列，如图 12-13 所示。

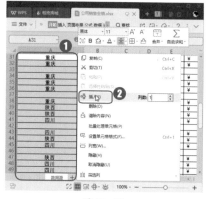

图 12-13

Step 02 在 A1 和 A2 单元格中输入起始数据，将光标指向 A2 单元格右下角，当光标变为+字形状时，按住鼠标左键不放，使用填充柄向下拖动填充序列，如图 12-14 所示。

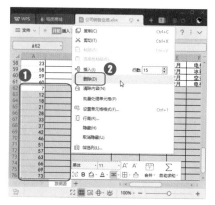

图 12-14

Step 03 ❶光标定位到 D 列任意单元格；❷单击【开始】选项卡中的【排序】按钮，为数据排序，如图 12-15 所示。

Step 04 得到排序结果，所有空行将集中显示在底部，❶选中所有要删除的行，单击鼠标右键；❷在弹出的快捷菜单中选择【删除】命令，如图 12-16 所示。

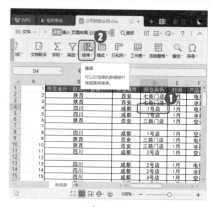

图 12-15

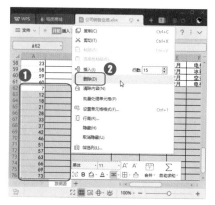

图 12-16

Step 05 ❶将光标定位到 A 列任意单元格；❷单击【数据】选项卡中的【升序】按钮，为数据排序，使数据源中的数据内容恢复最初的顺序，如图 12-17 所示。

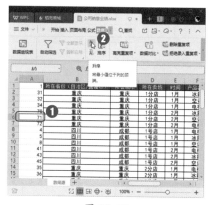

图 12-17

Step 06 ❶选中 A 列，单击鼠标右键；❷在弹出的快捷菜单中选择【删除】命令即可，如图 12-18 所示。

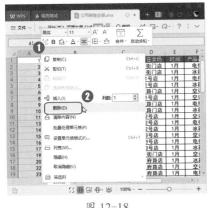

图 12-18

图 12-19

图 12-21

3. 填充数据源中的空单元格

如果数据源中存在空白单元格，创建的数据透视表中也会有行或列出现空白，而值的汇总方式也因为存在空白单元格，从默认的求和变为计数。为了避免发生错误，可以在数据源的空单元格中输入"0"。

Step 01 打开"素材文件\第 12 章\公司产品销售情况 .et"工作簿，❶ 选中工作表的整个数据区域；❷ 在【开始】选项卡中单击【查找】下拉按钮；❸ 在弹出的下拉菜单中选择【定位】命令，如图 12-19 所示。

Step 02 打开【定位】对话框，❶ 选择【空值】单选项；❷ 单击【确定】按钮，如图 12-20 所示。

图 12-20

Step 03 返回工作表，可以看到数据区域中的所有空白单元格都被自动选中。保持单元格的选中状态不变，输入"0"，如图 12-21 所示。

Step 04 按【Ctrl+Enter】组合键，即可将"0"填充到选中的所有空白单元格中，完成对数据源的填充工作，如图 12-22 所示。

图 12-22

12.2 创建数据透视表

数据透视表是从 WPS 表格的数据库中产生的一个动态汇总表格，它具有强大的透视和筛选功能，在分析数据信息时经常使用。下面介绍创建和重命名数据透视表、更改数据透视表的数据源、在数据透视表中添加数据字段，以及筛选数据等操作。

★重点 12.2.1 实战：为业绩表创建数据透视表

实例门类	软件功能

通过数据透视表可以深入分析数据并了解一些表面观察不到的数据问题。使用数据透视表之前，首先要创建数据透视表，再对其进行设置。要创建数据透视表，需要连接到一个数据源，并输入报表位置，创建的方法如下。

Step 01 打开"素材文件\第 12 章\公司销售业绩表 .et"工作簿，❶ 选中要作为数据透视表数据源的任意单元格；❷ 单击【插入】选项卡中的【数据透视表】命令，如图 12-23 所示。

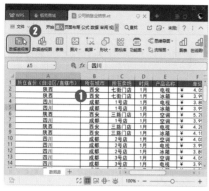

图 12-23

Step02 打开【创建数据透视表】对话框，❶ 在【请选择要分析的数据】框中，已经自动选中数据源区域；❷ 在【请选择放置数据透视表的位置】栏选择【新工作表】单选项；❸ 单击【确定】按钮，如图 12-24 所示。

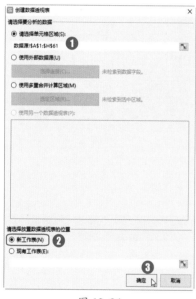

图 12-24

Step03 此时系统将自动在当前工作表中创建一个空白数据透视表，并打开【数据透视表字段列表】窗格，如图 12-25 所示。

图 12-25

Step04 在【数据透视表】窗格【字段列表】的【将字段拖动至数据透视表区域】列表框中，勾选相应字段对应的复选框，即可创建带有数据的数据透视表，如图 12-26 所示。

图 12-26

★重点 12.2.2　实战：调整业绩透视表中的布局

布局数据透视表，就是在【字段列表】列表框中添加数据透视表中的数据字段，并将其添加到数据透视表相应的区域中。

布局数据透视表的方法很简单，只需要在【字段列表】列表框中选中需要的字段名称对应的复选框，将这些字段放置在数据透视表的默认区域中即可。如果要调整数据透视表的区域，可以使用以下方法。

（1）通过拖动鼠标调整：在【数据透视表区域】栏中直接使用鼠标将需要调整的字段名称拖动到相应的列表框中，即可更改数据透视表的布局，如图 12-27 所示。

图 12-27

（2）通过菜单调整：在【数据透视表区域】栏下方的 4 个列表框中，选中需要调整的字段名称按钮，在弹出的下拉菜单中选择移动到其他区域的命令，如【添加到行标签】【添加到列标签】等命令，即可在不同的区域之间移动字段，如图 12-28 所示。

图 12-28

（3）通过快捷菜单调整：在字段列表栏的列表框中，右击需要调整的字段名称，在弹出的快捷菜单中选择【添加到行标签】【添加到列标签】等命令，即可将该字段的数据添加到数据透视表的某个特定区域中，如图 12-29 所示。

图 12-29

★新功能 12.2.3　实战：为业绩透视表应用样式

系统默认的数据透视表样式比较单调，为了美化数据透视表，用户可以套用数据透视表样式库中的样式，操作方法如下。

Step 01 接上一例操作，❶ 选中数据透视表中的任意单元格；❷ 单击【设

计】选项卡中的【其他】命令，如图 12-30 所示。

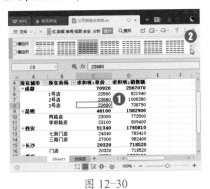

图 12-30

Step 02 在打开的下拉列表中选择一种数据透视表的样式，如图 12-31 所示。

Step 03 选择完成后，即可为数据透视表应用相应的表格样式，如图 12-32 所示。

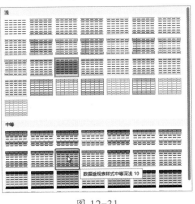

图 12-31

图 12-32

12.3　在数据透视表中分析数据

在数据透视表中分析数据，与在普通的数据列表中分析数据的方法类似，排序和筛选的规则完全相同，所以分析数据透视表中的数据其实很简单。

★重点 12.3.1　实战：在业绩透视表中排序数据

实例门类	软件功能

使用数据透视表，让我们在面对烦琐的数据时能够更快捷地得到想要的数据。面对庞大的数据库，适当的排序可以让数据处理更加方便。数据透视表已经对数据进行了一些处理，所以，在对数据透视表中的数据进行排序时操作比较

简单。

例如，要对"公司销售业绩表1"工作簿按【时间】进行降序排列，操作方法如下。

Step 01 打开"素材文件\第 12 章\公司销售业绩表 1.et"工作簿，❶ 在数据透视表中选中任意【时间】字段，单击鼠标右键；❷ 在弹出的快捷菜单中选择【排序】；❸ 在弹出的扩展菜单中单击【降序】命令，如图 12-33 所示。

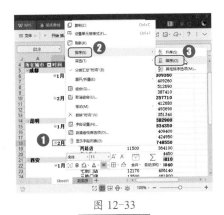

图 12-33

Step 02 数据透视表中的数据将按【时间】字段降序排列，如图 12-34

所示。

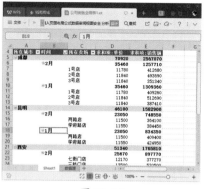

图 12-34

★重点 12.3.2　实战：在业绩透视表中筛选数据

实例门类	软件功能

在数据透视表中筛选数据的方法与在普通数据列表中筛选数据的方法相似。例如，要在"公司销售业绩表 1"工作簿中筛选出【1 月】的销售数据，操作方法如下。

Step01 打开"素材文件\第 12 章\公司销售业绩表 1.et"工作簿，❶ 单击【时间】标签右侧下拉按钮▾；❷ 在弹出下拉列表中只勾选【1 月】复选框；❸ 单击【确定】按钮，如图 12-35 所示。

图 12-35

Step02 操作完成后，即可将【1 月】的销售数据筛选出来，如图 12-36 所示。

图 12-36

★新功能 12.3.3　实战：使用切片器筛选数据

实例门类	软件功能

在数据透视表中使用切片器可以更快速地筛选数据。切片器会清晰地标记出已应用的筛选器，使其他用户能够轻松、准确地了解数据透视表中已经筛选的内容。

下面以在"公司销售业绩表"中使用切片器筛选数据为例，介绍切片器的使用方法。

1. 插入切片器

在使用切片器之前，要先插入切片器，插入切片器的操作方法如下。

Step01 打开"素材文件\第 12 章\公司销售业绩表 .xlsx"工作簿，❶ 选中数据透视表中的任意单元格；❷ 单击【插入】选项卡中的【切片器】按钮，如图 12-37 所示。

图 12-37

Step02 打开【插入切片器】对话框，❶ 在列表框中勾选需要创建切片器的字段对应的复选框；❷ 单击【确定】按钮，如图 12-38 所示。

图 12-38

Step03 返回工作表，即可看到为所选字段创建切片器后的效果，如图 12-39 所示。

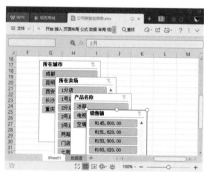

图 12-39

选中数据透视表中的任意单元格后，在【分析】选项卡中单击【插入切片器】按钮，也可以打开【插入切片器】对话框。

2. 使用切片器筛选数据

使用切片器筛选数据透视表中数据的方法非常简单，只需单击切片器中的一个或多个按钮即可，操作方法如下。

Step01 在【所在城市】切片器中单击【昆明】按钮，此时切片器中将突出显示关于【昆明】的卖场、产品名称和销售额，同时，数据透视表中也会筛选出【昆明】的销售情况，如图12-40所示。

Step02 单击【所在卖场】和【产品名称】切片器中的相关数据字段，即可筛选出相应的数据，且数据透视表中的数据也会随之发生变化，如图12-41所示。

图 12-40

图 12-41

3. 清除切片器筛选条件

切片器的每个切片右上角都有一个【清除筛选器】按钮，默认情况下该按钮为灰色，且处于不可用状态当用户在该切片中设置筛选条件后，该按钮才可用。单击相应切片上的【清除筛选器】按钮，或选中切片后按【Alt+C】组合键，即可清除该切片器的筛选条件，如图12-42所示。

图 12-42

12.4 创建数据透视图

数据透视图是数据透视表的图形表达方式，其图表类型与前文介绍的一般图表类型类似，主要有柱形图、条形图、折线图、饼图等。下面将介绍创建数据透视图、更改数据透视图的布局、设置数据透视图的样式等操作。

★重点 12.4.1 实战：使用数据透视表创建数据透视图

实例门类	软件功能

在 WPS 表格中，如果使用数据创建数据透视图，同时也会创建数据透视表，而如果在数据透视表中创建数据透视图，则可以直接将数据透视图显示出来。创建数据透视图的操作方法如下。

Step01 打开"素材文件\第12章\公司销售业绩表.et"工作簿，❶选中数据区域的任意单元格；❷单击【插入】选项卡中的【数据透视图】按钮，如图12-43所示。

图 12-43

Step02 打开【创建数据透视图】对话框,❶ 在【请选择单元格区域】框中已自动选择了数据区域中的单元格;❷ 单击【新工作表】单选按钮;❸ 单击【确定】按钮,如图 12-44 所示。

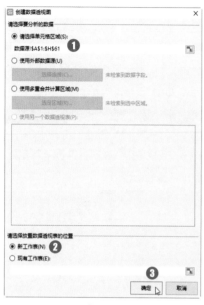

图 12-44

Step03 操作完成后,即可创建一个空的数据透视表和空的数据透视图,如图 12-45 所示。

图 12-45

技术看板

如果已经创建了数据透视表,在【分析】选项卡中单击【数据透视图】按钮,也可以创建数据透视图。

Step04 在【字段列表】中添加需要显示的透视图字段即可,如图 12-46 所示。

图 12-46

12.4.2 实战:在数据透视图中筛选数据

实例门类	软件功能

创建数据透视图后,可以在数据透视图中筛选数据。例如,要筛选出 2 月的销售情况,操作方法如下。

Step01 接上一例操作,❶ 单击【数据透视图】中的【时间】按钮;❷ 勾选【2 月】复选框;❸ 单击【确定】按钮,如图 12-47 所示。

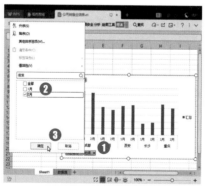

图 12-47

Step02 设置完成后,数据透视图即可筛选出所选数据,如图 12-48 所示。

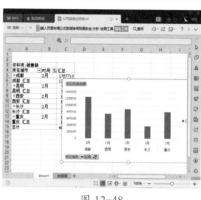

图 12-48

12.4.3 隐藏数据透视图的字段按钮

创建数据透视图并为其添加字段后,透视图中会显示字段按钮。如果觉得字段按钮会影响数据透视图的美观,可以将其隐藏,操作方法如下。

Step01 接上一例操作,❶ 在数据透视图中,右击任意一个字段按钮;❷ 在弹出的快捷菜单中单击【隐藏图表上的所有字段按钮】命令,如图 12-49 所示。

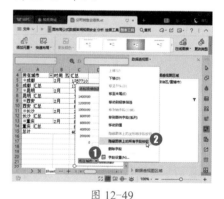

图 12-49

Step02 操作完成后,即可看到数据透视图上的字段按钮已经隐藏,如图 12-50 所示。

图 12-50

Step 03 如果要重新显示字段按钮，❶ 在右侧的字段列表窗格的【数据透视图区域】中单击任意字段；❷ 在弹出的菜单中选择【显示图表上的所有字段按钮】即可，如图 12-51 所示。

图 12-51

妙招技法

通过对前面知识的学习，相信读者已经对 WPS 表格中的数据透视表和数据透视图有了一定的了解。下面结合本章内容，给大家介绍一些实用技巧。

技巧 01：让数据透视表中的空白单元格显示为 0

默认情况下，当数据透视表的单元格中没有值时，会显示为空白，如果希望空白单元格显示为 0，则需要进行设置，操作方法如下。

Step 01 打开"素材文件\第 12 章\家电销售情况 .et"工作簿，❶ 右击任意数据透视表单元格；❷ 在弹出的快捷菜单中单击【数据透视表选项】命令，如图 12-52 所示。

图 12-52

Step 02 打开【数据透视表选项】对话框，❶ 在【布局和格式】选项卡的【格式】栏中勾选【对于空单元格，显示】复选框，在文本框中输入"0"；❷ 单击【确定】按钮，如图 12-53 所示。

图 12-53

Step 03 返回数据透视表，即可看到空白单元格显示为 0，如图 12-54 所示。

图 12-54

技能拓展——隐藏数据透视表中的计算错误

如果数据源中有计算错误的值，那么数据透视表中也会显示错误值。如果要将错误值隐藏起来，可以在【数据透视表选项】对话框的【布局和格式】选项卡的【格式】栏中，勾选【对于错误值，显示】复选框，在右侧输入需要显示的字符，如"/"，返回数据透视表，即可看到错误值显示为"/"。

技巧 02：手动更新数据透视表中的数据

默认情况下，创建数据透视表后，若对数据源中的数据进行了修改，数据透视表中的数据不会自动更新，此时就需要手动更新，操作方法如下。

Step 01 打开"素材文件\第12章\公司销售业绩表1.et"工作簿，在数据源中更改数据，如图 12-55 所示。

图 12-55

Step 02 切换到数据透视表中，❶ 选中数据透视表中的任意单元格；❷ 在【分析】选项卡中单击【刷新】按钮，如图 12-56 所示。

图 12-56

技术看板

在数据透视表中，右击任意一个单元格，在弹出的快捷菜单中单击【刷新】命令，也可实现更新操作。

Step 03 操作完成后，数据透视表中的数据即可实现更新，如图 12-57 所示。

图 12-57

技巧 03：在数据透视表中显示各数据占总和的百分比

在数据透视表中，如果希望显示各数据占总和的百分比，则需要更改数据透视表的值的显示方式。

例如，要将"销售业绩表1"工作簿中数据透视表的"销售总量"以百分比的形式显示，操作方法如下。

Step 01 打开"素材文件\第12章\销售业绩表1.et"工作簿，❶ 选中销售总量中的任意单元格；❷ 单击【分析】选项卡中的【字段设置】按钮，如图 12-58 所示。

图 12-58

Step 02 打开【值字段设置】对话框，❶ 在【值显示方式】选项卡的【值显示方式】下拉列表中选择需要的

百分比方式，如【总计的百分比】；❷ 单击【确定】按钮，如图 12-59 所示。

图 12-59

Step 03 返回数据透视表，即可看到该列中各数据占总和的百分比，如图 12-60 所示。

图 12-60

技巧 04：在项目之间添加空行

创建数据透视表后，有时为了使层次更加清晰明了，需要在各个项目之间使用空行进行分隔，操作方法如下。

Step 01 打开"素材文件\第12章\公司销售业绩表1.et"工作簿，❶ 选中数据透视表中的任意单元格；❷ 在【设计】选项卡中单击【空行】下拉按钮；❸ 在弹出的下拉菜单中选择【在每个项目后插入空行】命令，如图 12-61 所示。

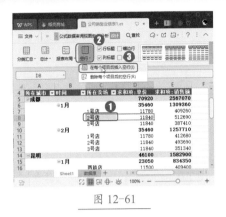

图 12-61

Step02 操作完成后，每个项目后都将插入一行空行，如图 12-62 所示。

图 12-62

技能拓展——删除每个项目后的空行

在【设计】选项卡中单击【空行】下拉按钮，在弹出的下拉菜单中选择【删除每个项目后的空行】命令，可以删除空行。

技巧 05：在多个数据透视表中共享切片器

在 WPS 表格中，如果根据同一数据源创建了多个数据透视表，那么可以共享切片器。共享切片器后，在切片器中进行筛选时，多个数据透视表将同时刷新数据，实现多个数据透视表联动，以便进行多角度的数据分析。

例如，在"奶粉销售情况 .xlsx"工作簿中，根据同一数据源创建了 3 个数据透视表，显示了销售额的不同分析角度，如图 12-63 所示。

图 12-63

现在要为这几个数据透视表创建一个共享的【分区】切片器，具体操作方法如下。

Step01 打开"素材文件\第12章\奶粉销售情况 .xlsx"工作簿，❶ 在任意数据透视表中选中任意单元格；❷ 在【分析】选项卡中单击【插入切片器】按钮，如图 12-64 所示。

图 12-64

Step02 打开【插入切片器】对话框，❶ 勾选要创建切片器的字段名复选框，本例勾选【分区】复选框；❷ 单击【确定】按钮，如图 12-65 所示。

图 12-65

Step03 返回工作表，❶ 选中插入的切片器；❷ 单击【选项】选项卡中的【报表连接】按钮，如图 12-66 所示。

图 12-66

Step04 打开【数据透视表连接（分区）】对话框，❶ 勾选要共享切片器的多个数据透视表选项前的复选框；❷ 单击【确定】按钮，如图 12-67 所示。

图 12-67

Step 05 共享切片器后，在共享切片
器中筛选字段时，被连接起来的多
个数据透视表会同时刷新。例如，
在切片器中单击【江北区】字段，
该工作表中共享切片器的数据透视
表都会同步刷新，如图 12-68 所示。

图 12-68

本章小结

　　本章的重点在于掌握数据透视表的创建、编辑和美化等基本操作，主要包括创建数据透视表、更改数据透视表的布局、设置数据透视表的外观、使用切片器、分析数据透视表的数据和数据透视图等知识点。

　　数据透视图与数据透视表一样具有数据透视能力，灵活选择数据透视方式，可以帮助读者从多个角度分析数据。因此，读者在学习本章知识时，需要重点掌握如何透视数据。切片器是数据透视表和数据透视图中特有的高效数据筛选"利器"，操作也很简单，相信读者可以轻松掌握。

第13章 WPS 表格的保护与打印

- 工作表发送给他人时，只允许一部分人修改工作表的部分区域，怎样让他人凭密码修改部分单元格内容?
- 工作表制作完成后，如何添加页眉和页脚?
- 工作表中有错误值时，打印时怎样设置不打印错误值?
- 为什么工作表打印出来没有背景图片？应该怎样设置?
- 如果只需要打印工作表中的某一部分单元格区域，如何实现?

在工作中，我们需要在制作工作表后对工作表进行保护，防止被他人纂改，有时也需要将表格打印到纸张上，以供他人查看，所以，表格的保护和打印是必须要掌握的技能。通过对本章内容的学习，以上问题都能得到解答。

13.1 保护工作表和工作簿

在工作中，如果不希望其他用户查看工作表内容，或者需要避免工作表中的内容因为误操作而被更改，可以对工作表和工作簿设置保护措施。

★重点 13.1.1 为工作簿设置保护密码

创建工作簿后，如果不希望他人对工作簿的结构进行更改，如创建新工作表、修改工作表名称等，可以为工作簿设置保护密码，操作方法如下。

Step 01 打开要设置保护密码的工作簿，单击【审阅】选项卡中的【保护工作簿】命令，如图 13-1 所示。

Step 02 打开【保护工作簿】对话框，❶ 在【密码（可选）】文本框中输入密码（本例输入“123”）；❷ 单击【确定】按钮，如图 13-2 所示。

Step 03 弹出【确认密码】对话框，❶ 在【重新输入密码】文本框中再次输入密码；❷ 单击【确定】按钮，如图 13-3 所示。

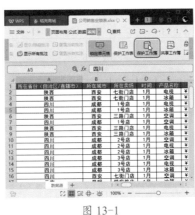

图 13-1

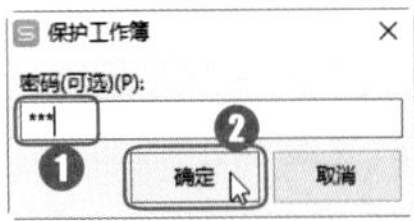

图 13-2

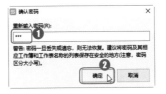

图 13-3

Step 04 为工作簿设置密码后，右击工作表标签，会发现插入工作表、删除工作表、重命名工作表等命令呈灰色状态，表示不能执行，如图 13-4 所示。

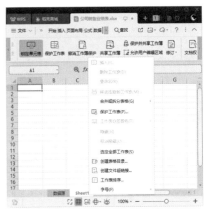

图 13-4

技能拓展——取消工作簿保护

如果要取消对工作簿的保护，可以单击【审阅】选项卡中的【撤销工作簿保护】按钮，在弹出的对话框中输入密码，取消保护即可。

13.1.2 为工作表设置密码

如果工作表中有重要数据，为了防止他人随意修改，可以为工作表设置密码，操作方法如下。

Step01 打开要保护的工作簿，并切换到要设置密码的工作表，单击【审阅】选项卡中的【保护工作表】按钮，如图13-5所示。

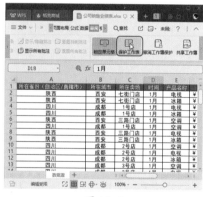

图 13-5

Step02 打开【保护工作表】对话框，❶ 在【允许此工作表的所有用户进行】列表框中，设置允许其他用户进行的操作；❷ 在【密码（可选）】文本框中输入保护密码（本例输入"123"）；❸ 单击【确定】按钮，如图13-6所示。

Step03 弹出【确认密码】对话框，❶ 再次输入密码；❷ 单击【确定】按钮即可，如图13-7所示。

Step04 此时再更改工作表中的数据，会弹出提示对话框，提示不能更改，如图13-8所示。

图 13-6

图 13-7

图 13-8

技能拓展——取消工作表保护

如果要撤销对工作表设置的密码保护，可以单击【审阅】选择卡中的【撤销工作表保护】按钮，在弹出的【撤销工作表保护】对话框中输入设置的密码，然后单击【确定】按钮。

13.1.3 实战：凭密码编辑工作表的不同区域

实例门类	软件功能

WPS 表格中的保护工作表功能默认作用于整张工作表，如果用户希望工作表中有一部分区域可以被编辑，可以为工作表中的某个区域设置密码，当需要编辑时，输入密码即可，操作方法如下。

Step01 打开"素材文件\第13章\公司销售业绩表"工作簿，❶ 选中需要凭密码编辑的单元格区域；❷ 单击【审阅】选项卡中的【允许用户编辑区域】按钮，如图13-9所示。

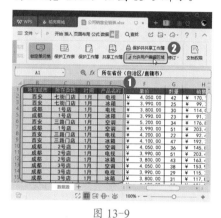

图 13-9

Step02 打开【允许用户编辑区域】对话框，单击【新建】按钮，如图13-10所示。

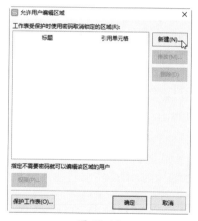

图 13-10

Step03 打开【新区域】对话框，❶ 在【区域密码】文本框中输入保护密码；❷ 单击【确定】按钮，如图13-11所示。

图 13-11

Step04 ❶ 打开【确认密码】对话框，再次输入密码；❷ 单击【确定】按钮，如图 13-12 所示。

图 13-12

Step05 返回【允许用户编辑区域】对话框，单击【保护工作表】按钮，如图 13-13 所示。

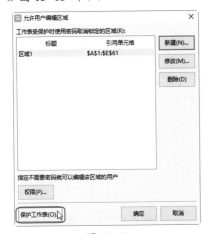

图 13-13

Step06 弹出【保护工作表】对话框，单击【确定】按钮，即可保护选中的单元格区域，如图 13-14 所示。

图 13-14

Step07 ❶ 在受保护的单元格区域修改单元格中的数据；❷ 弹出【取消锁定区域】对话框，输入密码；❸ 单击【确定】按钮，即可修改数据，如图 13-15 所示。

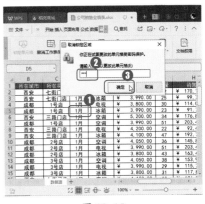

图 13-15

13.2 工作表的页面设置

工作表编辑完成后，可以对其进行页面设置，包括为工作表添加页眉页脚、设置页面格式、添加图片背景等操作。

★重点 13.2.1 实战：为工作表添加页眉和页脚

实例门类	软件功能

在 WPS 表格中也可以添加页眉和页脚，页眉是显示在每一页顶部的信息，通常包括表格名称等内容；页脚则是显示在每一页底部的信息，通常包括页数、打印日期等。添加页眉和页脚的操作方法如下。

Step01 打开"素材文件\第 13 章\公司销售业绩表 .et"工作簿，单击【插入】选项卡中的【页眉和页脚】按钮，如图 13-16 所示。

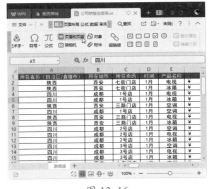

图 13-16

Step 02 打开【页面设置】对话框，❶在【页眉/页脚】选项卡的【页眉】下拉列表中选择一种页眉样式；❷单击【页脚】右侧的【自定义页脚】按钮，如图 13-17 所示。

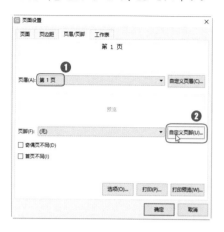

图 13-17

Step 03 打开【页脚】对话框，❶将光标定位到【中】文本框中，输入页脚信息；❷将光标定位到【右】文本框中；❸单击【日期】按钮；❹单击【确定】按钮，如图 13-18 所示。

图 13-18

Step 04 返回【页面设置】对话框，在预览窗口中查看效果，确定后单击【确定】按钮即可，如图 13-19 所示。

图 13-19

13.2.2 设置工作表的页面格式

实例门类	软件功能

表格制作完成后，可以对页面格式进行设置，如设置纸张大小、纸张方向、页边距等。

➡ 设置纸张大小：WPS 表格默认的纸张大小为 A4，如果需要使用其他的纸张大小，操作方法如下。单击【页面布局】选项卡中的【纸张大小】下拉按钮，在弹出的下拉菜单中选择需要的纸张大小即可，如图 13-20 所示。

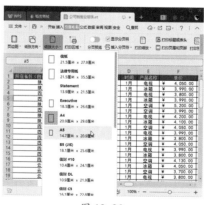

图 13-20

➡ 设置纸张方向：默认的纸张方向为纵向，如果要更改纸张方向，可以单击【页面布局】选项卡中

的【纸张方向】下拉按钮，在弹出的下拉菜单中选择【横向】命令，如图 13-21 所示。

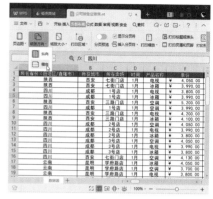

图 13-21

➡ 设置页边距：页边距是指打印在纸张上的内容与纸张上、下、左、右边界的距离，设置页边距的操作方法如下。单击【页面布局】选项卡中的【页边距】下拉按钮，在弹出的下拉菜单中选择需要的页边距即可，如图 13-22 所示。

图 13-22

13.2.3 实战：为工作表设置背景图片

实例门类	软件功能

为工作表设置背景图片，可以美化工作表，操作方法如下。

Step 01 打开"素材文件\第 13 章\公

司销售业绩表 .et"工作簿，单击【页面布局】选项卡中的【背景图片】按钮，如图13-23所示。

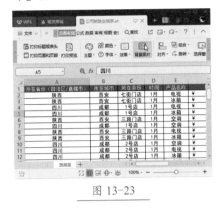

图 13-23

Step02 打开【工作表背景】对话框，❶选择"素材文件\第13章\背景.jpg"素材图片；❷单击【打开】按钮，如图13-24所示。

图 13-24

Step03 返回工作表中，即可看到工作表已经应用了所选背景图片，如图13-25所示。

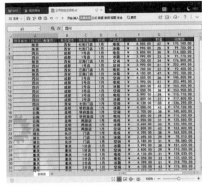

图 13-25

13.3 打印工作表

为了保证打印的效果符合要求，用户在打印工作表之前，除需要进行相应的页面设置外，还需要对工作表进行打印预览，确认最终打印效果。下面将对打印预览和打印工作表的方法进行介绍。

★重点 13.3.1 实战：预览及打印工作表

实例门类	软件功能

通过 WPS 表格的打印预览功能，用户可以在打印工作表之前先预览工作表的打印效果，然后再进行打印，操作方法如下。

Step01 打开"素材文件\第13章\公司销售业绩表 1.et"工作簿，单击【页面布局】选项卡中的【打印】按钮，如图13-26所示。

技能拓展——退出打印预览窗口

如果不再需要打印预览，可以单击【返回】按钮，返回工作表编辑界面。

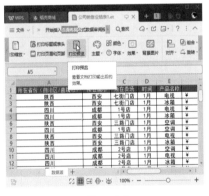

图 13-26

Step02 ❶进入打印预览视图，在该视图中可以看到设置的页眉和页脚，并可以在该页面设置打印的参数，如打印方式、打印份数、纸张方向等；❷设置完成后单击【直接打印】按钮，即可开始打印工作表，如图13-27所示。

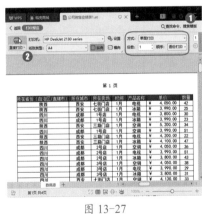

图 13-27

13.3.2 只打印工作表的部分区域

在工作中，有时只需要打印工作表中的部分区域，通过 WPS 表格的打印区域功能可以轻松完成这一操作，操作方法如下。

Step01 打开"素材文件\第13章\公司销售业绩表 1.et"工作簿，❶选中要打印的单元格区域；❷ 单击【页面布局】选项卡中的按钮，如图 13-28 所示。

Step 02 单击【页面布局】选项卡中的【打印预览】按钮，如图 13-29 所示。

到页面中只有选中的单元格区域，单击【直接打印】按钮，即可打印该区域，如图 13-30 所示。

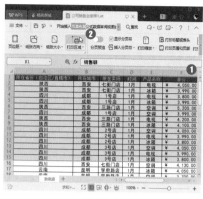

图 13-28

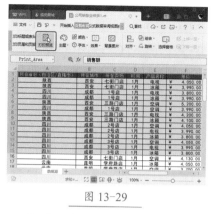

图 13-29

Step 03 进入打印预览界面，即可看

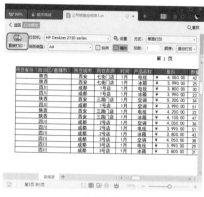

图 13-30

妙招技法

通过对前面知识的学习，相信读者已经对电子表格的保护与打印有了一定的了解。下面结合本章内容，给大家介绍一些实用技巧。

技巧 01：如何在打印的纸张中打印行号和列标

默认情况下，WPS 表格打印工作表时不会打印行号和列标。如果需要打印行号和列标，需要在打印工作表前进行简单的设置，操作方法如下。

Step 01 单击【页面布局】选择卡中的【页面设置】功能扩展按钮，如图 13-31 所示。

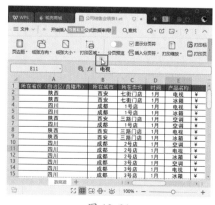

图 13-31

Step 02 打开【页面设置】对话框，❶ 在【工作表】选项卡的【打印】栏中勾选【行号列标】复选框；❷ 单击【确定】按钮，如图 13-32 所示。

Step 03 操作完成后，进入打印预览界面，即可看到行号列标已经存在，如图 13-33 所示。

图 13-32

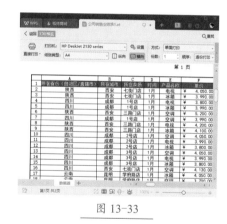

图 13-33

技巧 02：缩放打印工作表

有时候制作的多页工作表需要在一页中打印出来，此时可以使用缩放打印，操作方法如下。

Step 01 ❶ 在【页面布局】选项卡中单击【打印缩放】下拉按钮；❷ 在弹出的下拉菜单中选择【将整个工作表打印在一页】选项，如图 13-34 所示。

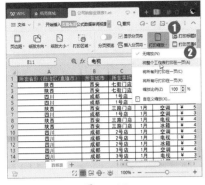

图 13-34

Step02 操作完成后,进入打印预览界面,即可看到所有工作表都缩小到一页显示,如图 13-35 所示。

图 13-35

技巧03:避免打印工作表中的错误值

在工作表中使用公式时,可能会因为数据空缺等原因导致公式返回错误值。在打印工作表时,可以通过设置避免打印错误值,操作方法如下。

打开【页面设置】对话框,❶ 在【工作表】选项卡【打印】栏的【错误单元格打印为】下拉列表中选择【空白】选项;❷ 单击【确定】按钮即可,如图 13-36 所示。

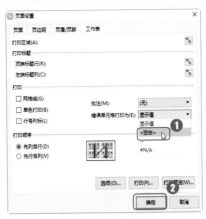

图 13-36

技巧04:重复打印标题行

在打印大型表格时,为了使每一页都显示表格的标题,需要设置打印标题行,操作方法如下。

Step01 单击【页面布局】选项卡中的【打印标题或表头】按钮,如图 13-37 所示。

图 13-37

Step02 打开【页面设置】对话框,❶ 将光标插入点定位到【顶端标题行】文本框内,在工作表中单击标题行的行号,【顶端标题行】文本框中将自动显示标题行的信息;❷ 单击【确定】按钮,如图 13-38 所示。

图 13-38

Step03 操作完成后,进入打印预览界面,即可看到其他页也应用了标题行,如图 13-39 所示。

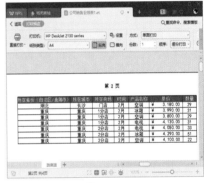

图 13-39

技术看板

设置了列标题的大型表格,还需要设置标题列,方法是将光标插入点定位到【左端标题列】文本框内,然后在工作表中单击标题列的列标即可。

技巧05:强制在某个单元格处开始分页打印

在打印工作表时,通过插入分页符的方式,可以强制在某个单元格处重新开始分页。

例如,某用户制作了 4 个人的简历表,如图 13-40 所示。

图 13-40

在打印时，4 个人的简历都挤在了同一个页面上，现在希望将每个人的简历分开打印，每人信息各占一页，具体操作方法如下。

Step 01 打开"素材文件 \ 第 13 章 \ 简历表 .et"工作簿，❶ 选中要分页的单元格位置，本例中选择 E5；

❷ 在【页面布局】选项卡中单击【插入分页符】按钮；❸ 在弹出的下拉列表中单击【插入分页符】选项，如图 13-41 所示。

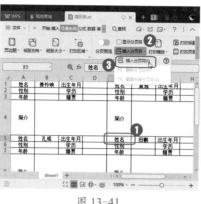

图 13-41

Step 02 操作完成后，进入打印预览界面，可以看到每个人的简历各占一页显示，如图 13-42 所示。

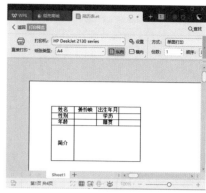

图 13-42

本章小结

　　本章需要重点掌握 WPS 表格的保护、页面设置及打印工作表的基本操作，主要包括保护工作簿、保护工作表、设置页面大小、设置页面方向、设置页边距、设置页眉页脚、打印工作表等知识点。通过对本章内容的学习，希望大家能够熟练掌握保护工作表和打印工作表的方法，能够快速加密工作簿，为工作簿设置合适的页面大小，并快速把需要的工作表打印出来。

第**4**篇

WPS 演示
文稿篇

WPS 演示文稿是用于制作会议流程、产品介绍和电子教学等内容的电子演示文稿，制作完成后可通过计算机或投影仪等器材进行播放，以便更好地辅助演说或演讲。掌握一些实用的技巧，可以更简单、高效地制作出精美的演示文稿。

第**14**章　WPS 演示文稿的创建与编辑

> ➡ 将演示文稿传输到其他计算机中进行播放时，因为计算机中缺少字体而导致显示效果欠佳，有没有解决办法？
> ➡ 想要利用已经制作好的演示文稿，除复制和粘贴之外，还有什么更好的办法？
> ➡ 演示文稿中图片较多，导致整体文件较大，如何通过压缩图片来调整演示文稿大小？
> ➡ 在演示文稿中插入媒体文件后，如何裁剪设置？
> ➡ 想要制作出图文搭配合理的演示文稿，如何设计文字和图片布局？

WPS 演示文稿是制作和演示幻灯片的软件，被广泛应用于多个办公领域。要想通过 WPS 演示文稿制作出优秀的幻灯片，不仅需要掌握 WPS 演示文稿的基础操作知识，还需要掌握一些设计知识，如排版、布局和配色等。本章将介绍 WPS 演示文稿中幻灯片制作与设计的相关知识，包括演示文稿的基本元素、制作时的注意事项、版面的布局设计、颜色搭配，以及如何美化幻灯片、如何插入音频与视频等内容。

14.1　怎样才能做好演示文稿

专业、精美的演示文稿更容易引起观众的共鸣，具有极强的说服力。好的演示文稿是策划出来的，不同的演示目的、演示风格、受众对象、使用环境，演示文稿的结构、色彩、节奏和动画效果也各不相同。

14.1.1　演示文稿的组成元素与设计理念

演示文稿的组成元素通常包括文字、图形、表格、图片、图表、动画等，如图 14-1 所示。

专业的演示文稿可以体现出结构化的思维。通过形象化的表达，让观众获得视觉、听觉上的享受。要想制作出专业的演示文稿，一定要注意以下几点。

图 14-1

1. 制作演示文稿的目的在于有效沟通

优秀的演示文稿是视觉化和逻辑化的产品，不仅能够吸引观众的注意力，还能实现与观众之间的有效沟通，如图 14-2 所示。

图 14-2

能够被观众接受的演示文稿才是最好的演示文稿，无论是使用简单的文字、形象化的图片，还是逻辑化的思维，最终目的都是与观众建立有效的沟通，如图 14-3 所示。

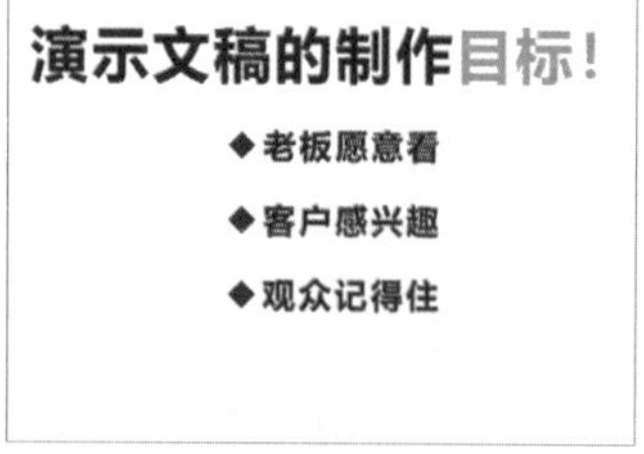

演示文稿的制作**目标**！

◆ 老板愿意看

◆ 客户感兴趣

◆ 观众记得住

图 14-3

2. 演示文稿应该具有良好的视觉化效果

在认知过程中，视觉化的事物更加容易被接受。

例如，个性的图片、简单的文字、专业的模板，都能够让演示文稿"说话"，对观众产生更大的吸引力，如图 14-4 和图 14-5 所示。

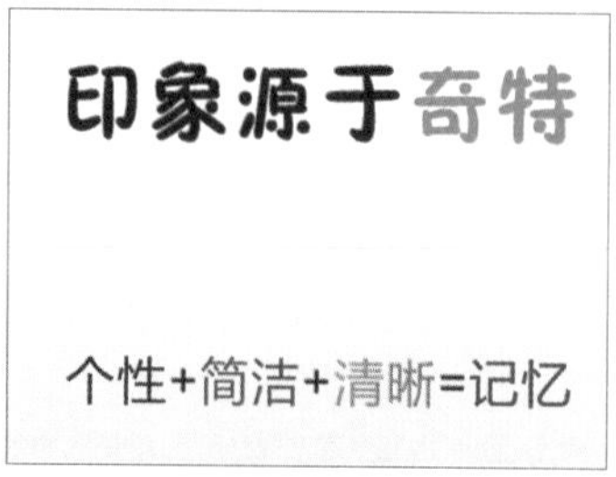

印象源于奇特

个性+简洁+清晰=记忆

图 14-4

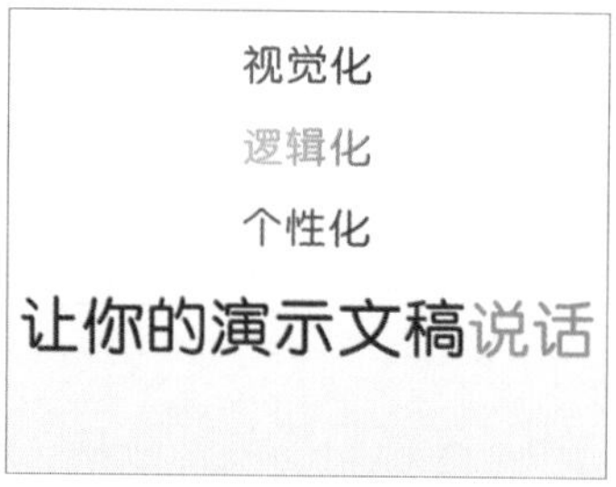

视觉化

逻辑化

个性化

让你的演示文稿说话

图 14-5

3. 演示文稿应该逻辑清晰

逻辑化的事物通常更具条理性和层次性。逻辑化的演示文稿应该像讲故事一样，让观众有看电影般的感觉，如图 14-6 和图 14-7 所示。

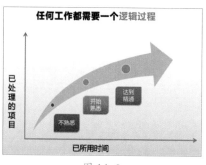

图 14-6

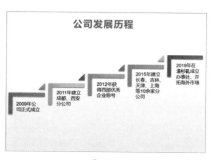

图 14-7

14.1.2 演示文稿图文并存的设计技巧

图文就如同演示文稿的血肉，紧密相连，没有血肉的演示文稿干瘪苍白，而血肉过剩的演示文稿则臃肿不堪。图文处理得好坏，决定了演示文稿的"气色"与"身段"。

演示文稿的图文布局，主要有以下几种情况。

1. 小图与文字的编排

小图的运用相对来说可能难度大一些，因为图片占据的空间较少，页面中大部分内容为文字。如何编排小图与文字，使演示文稿的整个版面和谐而富有生气，显得尤为重要。

如图 14-8 所示，该页内容文字较多，插入的图片并没有占据右侧所有的空间，文字的下方有留白。文字虽多，但也并不显拥挤。适当的留白可以使版面显得清爽，左侧较多的文字与右侧的图片实现了平衡。

图 14-8

2. 中图与文字的编排

中图通常是指占到页面一半左右的图片，常规的编排方式根据图片的放置方向分为横向、纵向和不规则形状。横向图片出现的可能位置有上、中、下；纵向图片出现的可能位置有左、中、右；不规则形状则需要更有创意，根据具体情况进行具体分析。

如图14-9所示，该页演示文稿采用纵向构图法，将图片放在页面的左边，在右侧添加了标题和正文文字。

图 14-9

3. 大图与文字编排

大图通常是指页面以图为主，80%以上的区域由图片占据，仅有很少一部分空间用来书写文字。大图与文字的位置关系通常较为单一，文字只能出现在图以外的空白区域，如图的左侧、右侧、上方或下方。

如图14-10所示，图片占据页面大部分区域，在下方刚好留出一行文字的区域，可以输入标题文字。

图 14-10

4. 全图与文字的编排

全图演示文稿中，图片占据了整个演示文稿页面，并且通常不是

将图片插入演示文稿中，而是直接将图片设置为演示文稿背景。

将图片直接设置为演示文稿背景的好处是可以避免图片位置发生偏移，但是，在图片上添加文字却比较麻烦，因为有的图片颜色较深，直接在图片上输入文字可读性很差，这时就需要采用其他方法使图片上的文字清晰可读，如遮罩法。

当然，如果图片背景本身就是比较浅的颜色，或有大片空白的区域，也可以直接将文字添加在浅色的区域内，如图14-11所示。

图 14-11

如果图片没有空白区域，直接在图片上插入文字会降低文字的可读性，这时可以在图片的适当位置插入一个矩形或文本框，将其填充为白色，然后为其设置适当的透明度，再在其中输入文字。这样既不遮挡背景图片，又能使添加的文字清晰可读，如图14-12所示。

图 14-12

如果遮挡图片中的部分内容不会对图片造成影响，这时可以在图片中打个"补丁"来添加文字。如图14-13所示，直接在图片中间绘制一个矩形，填充颜色后输入文字，或直接插入一个带图钉的小纸条图片，如图14-13所示。

图 14-13

14.1.3 演示文稿的布局设计

演示文稿的不同布局，可以给观众带来不同的视觉感受，如紧张、困惑、压迫及焦虑等。

在布局演示文稿片时，不能把所有的内容都堆砌到一张演示文稿上，那样会湮没重点。合理的演示文稿布局应该突出关键点，重点展示关键信息，弱化次要信息，才能吸引观众的眼球。

1. 专业演示文稿的布局原则

专业演示文稿的合理布局要遵循以下几个原则。

（1）对比性：通过对比，观众可以快速发现事物之间的不同之处，并在此集中注意力。

（2）流程性：让观众清晰地了解信息传达的次序。

（3）层次性：让观众可以看到元素之间的关系。

（4）一致性：让观众明白信息之间存在一致性。

（5）距离感：视觉结构可以明确地反映出其代表的信息，让观众从元素的分布中理解其意义。

（6）适当留白：给观众留下视觉上的呼吸空间。

2. 常用的演示文稿布局版式

布局是演示文稿的一个重要环节，布局设置不好，信息表达会大打折扣。下面为大家介绍几种常用的演示文稿布局版式。

（1）标准型布局

标准型布局是最常见、最简单的版面编排类型，一般按照从上到下的顺序，对图片、图表、标题、说明文字、标志图形等元素进行排列。自上而下的排列方式符合人们的思维活动逻辑，使演示文稿效果更好，如图 14-14 所示。

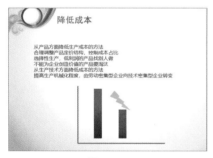

图 14-14

（2）左置型布局

左置型布局也是一种非常常见的版面编排类型，它常将纵长型图片或图片和标题放在版面的左侧，使之与横向排列的文字形成对比。这种版面编排类型符合人们的视线流动顺序，如图 14-15 所示。

图 14-15

（3）斜置型布局

斜置型布局是指在构图时，全部构成要素向右边或左边适当倾斜，使视线上下流动，让画面更有动感，如图 14-16 所示。

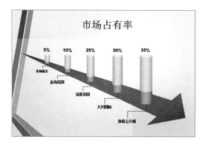

图 14-16

（4）圆图型布局

圆图型布局是指在设计版面时以正圆或半圆构成版面中心，在此基础上按照标准型顺序安排标题、说明文字和标志图形。这种布局在视觉上非常引人注目，如图 14-17 所示。

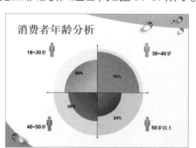

图 14-17

（5）中轴型布局

中轴型布局是一种对称的布局形态。标题、图片、说明文字与标题图形放在轴心线的两侧，具有良好的平衡感。根据视觉流程的规律，在设计时要把诉求重点放在左上方或右下方，如图 14-18 所示。

图 14-18

（6）棋盘型布局

棋盘型布局是指在设计版面时将版面全部或部分分割成若干个方块形态，各方块间区别明显，作棋盘式设计，如图 14-19 所示。

图 14-19

（7）文字型布局

文字型布局是指以文字为版面主体，图片仅仅是点缀。文字型布局一定要加强文字本身的感染力，同时字体设置要便于阅读，并使图形起到锦上添花、画龙点睛的作用，如图 14-20 所示。

图 14-20

（8）全图型布局

全图型布局是指由一张图片占据整个版面的布局，图片可以是人物，也可以是创意所需要的特定场景。在图片适当位置加入标题、说明文字或标志图形，如图 14-21 所示。

图 14-21

（9）字体型布局

字体型布局是指在设计时，对商品的品名或标志性图形进行放大处理，使其成为版面上主要的视觉要素。这种布局可以增加版面的情趣，在设计中力求简洁、巧妙，要突出主题，使人印象深刻，如图14-22所示。

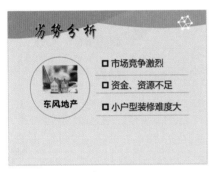

图 14-22

（10）散点型布局

散点型布局是指在设计时，将构成要素在版面上不规则地排放，形成随意、轻松的视觉效果。要注意统一各要素风格，对色彩或图形进行相似处理，避免造成版面布局杂乱无章；同时又要突出主体，使其符合视觉流程的规律，从而获得最佳效果，如图14-23所示。

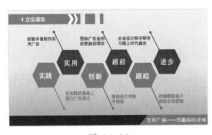

图 14-23

（11）水平型布局

水平型布局是指将版面上元素按水平方向编排，这是一种安静而平稳的编排形式。同样的PPT元素，竖放与横放会产生不同的视觉效果，如图14-24所示。

图 14-24

（12）交叉型布局

交叉型布局是指将图片与标题进行叠置，既可交叉形成十字，也可以有一定的倾斜。交叉布局增加了版面的层次感，如图14-25所示。

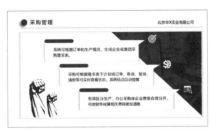

图 14-25

（13）重复型布局

重复型布局的特点是具有较强的吸引力，可以使版面产生节奏感，增加画面的趣味性，如图14-26所示。

图 14-26

（14）指示型布局

指示型布局是指版面的设计在结构上有着明显的指向性。这种指示型布局的构成要素既可以是箭头型的指向构成，也可以是图片动势指向文字内容，起到明显的指向作用，如图14-27所示。

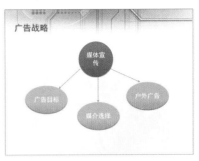

图 14-27

布局是一种设计、一种创意，一千份演示文稿，可以有一千种不同的布局设计。同一篇内容，不同的演示文稿达人可以做出不同的布局设计。我们在设计演示文稿的时候，要注意保证演示文稿清晰、简约、美观。

14.1.4 演示文稿的色彩搭配

一般而言，观众在观看PPT时，首要关注点是颜色，然后是版式，最后才是内容。所以，演示文稿的颜色搭配，与观众的阅读兴趣息息相关。所以，在设计演示文稿之前，必须先学习演示文稿的色彩搭配。

1. 基本色彩理论

演示文稿中的颜色通常采用RGB模式或HSL模式。

RGB模式使用红（R）、绿（G）、蓝（B）这3种颜色，每一种颜色根据饱和度和亮度的不同分成256种颜色，并且可以调整色彩的透明度。

HSL模式是工业界的一种颜色标准，它通过色调（H）、饱和度（S）、亮度（L）这3个颜色通道的变化，以及它们相互之间的叠加来得到各式各样的颜色，是目前运用最广的颜色模式之一。

（1）三原色

三原色是所有颜色的起源。其

中，只有红、黄、蓝不是由其他颜色调和而成，如图 14-28 所示。

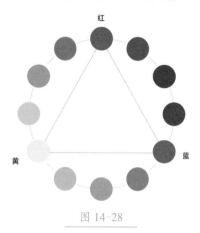

图 14-28

三原色同时使用的情况比较少，但是，红黄搭配却非常受欢迎，应用也很广。在图表设计中，我们经常会看到将这两种颜色同时使用。

红蓝搭配也很常见，但只有当两者的区域分离时，效果才会吸引人。

（2）二次色

每一种二次色都是由离它最近的两种原色等量调和而成，二次色处于两种三原色中间的位置，如图 14-29 所示。

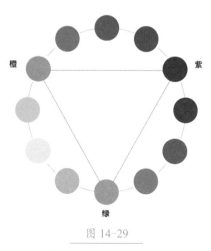

图 14-29

二次色都拥有一种共同的颜色，其中两种共同拥有蓝色，两种共同拥有黄色，两种共同拥有红色，

所以它们搭配起来很协调。如果将 3 种二次色同时使用，画面会具有更丰富的色调，显得很舒适。二次色同时具有的颜色深度及广度，在其他颜色关系上很难找到。

（3）三次色

三次色由相邻的两种二次色调和而成，如图 14-30 所示。

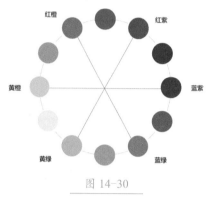

图 14-30

（4）色环

每种颜色都拥有部分相邻的颜色，如此循环组成一个色环。共同的颜色是颜色关系的基本要点，如图 14-31 所示。

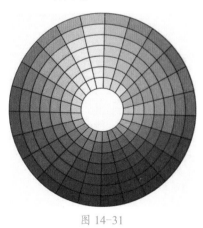

图 14-31

色环通常包括 12 种不同的颜色，这 12 种常用颜色组成的色环称为 12 色环。

（5）互补色

在色环上直线相对的两种颜色称为互补色。如图 14-32 所示，红

色和绿色互为互补色，具有强烈的对比效果，代表着活力、能量、兴奋。

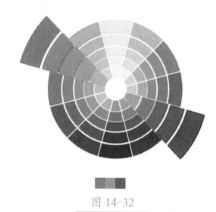

图 14-32

要使互补色达到最佳的效果，最好使其中一种颜色面积比较小，另一种颜色面积比较大。例如，在一个蓝色的区域里搭配橙色的小圆点。

（6）类比色

相邻的颜色称为类比色。类比色都拥有共同的颜色，这种颜色搭配对比度较低，具有悦目、和谐的美感。类比色非常丰富，应用这种颜色搭配可以产生不错的视觉效果，如图 14-33 所示。

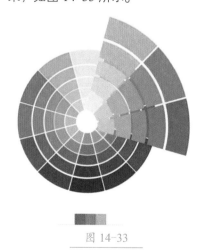

图 14-33

（7）单色

由暗、中、明 3 种色调组成的颜色是单色。单色在搭配上并没有

形成颜色的层次，但形成了明暗的层次，这种搭配在设计应用时，效果比较好，如图14-34所示。

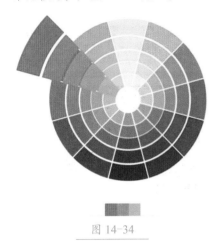

图14-34

2. 在演示文稿中搭配色彩

色彩搭配是演示文稿设计的主要工作。在选择色彩时，需要为演示文稿选择正确的主色，准确把握视觉冲击的中心点，同时还要合理搭配辅助色，减轻观众的视觉疲劳，以达到一定的视觉分散效果。

（1）使用预定义的颜色组合

在演示文稿中，可以使用预定义的、合理搭配的颜色方案来设置演示文稿的格式。

一些颜色的组合对比度较高，便于人们阅读。如图14-35所示的背景色和文字颜色的组合就很合适：紫色背景绿色文字、黑色背景白色文字、黄色背景紫红色文字，以及红色背景蓝绿色文字。

识别度高的配色

◆视觉对比度强
◆明度强反差（黑白色）
◆高纯度配色

图14-35

如果要使用图片，可以尝试将图片中的一种或多种颜色作为文字颜色，使文字与图片更协调，如图14-36所示。

图14-36

（2）背景色选取原则

选择背景色的一个原则是，在选择背景色的基础上再选择3种文字颜色可以获得最佳的效果。

可以同时考虑使用背景色和纹理，有时具有适当纹理的淡色背景，比纯色背景效果更好，如图14-37所示。

图14-37

（3）颜色使用原则

不要使用过多的颜色，否则会使观众眼花缭乱，影响效果。

相似的颜色可能产生不同的作用，颜色的细微差别可能使信息内容的格调发生变化，如图14-38所示。

图14-38

（4）注意颜色的可读性

根据调查显示，5%~8%的人有不同程度的色盲，其中红绿色盲占大多数。因此，请尽量避免使用红色、绿色的对比来突出显示内容。

避免依靠颜色来表达信息内容，应该尽量做到让所有用户，包括色盲和视觉稍有障碍的人都能获取所有信息。

14.2 幻灯片的基本操作

幻灯片是演示文稿的主体，所以要想使用WPS制作演示文稿，必须掌握制作幻灯片的一些基本操作，如新建、移动、复制和删除幻灯片等。下面将对幻灯片的基本操作进行介绍。

★重点 14.2.1 实战：创建演示文稿

实例门类	软件功能

使用 WPS 演示文稿编辑幻灯片之前，首先需要创建演示文稿。除新建空白演示文稿之外，还可以通过模板创建演示文稿。

1. 创建空白演示文稿

创建和编辑演示文稿，首先应从新建演示文稿开始。创建空白演示文稿是日常工作中最常用的创建方法，操作方法如下。

Step01 启动 WPS Office 2019，单击【新建】按钮+，如图 14-39 所示。

图 14-39

Step02 ❶ 在【新建】界面切换到【演示】选项卡；❷ 单击【新建空白文档】命令，即可创建空白演示文稿，如图 14-40 所示。

图 14-40

2. 通过模板创建演示文稿

WPS 演示文稿提供了多种类型的模板，利用这些模板，用户可以快速创建各种专业的演示文稿。根据模板创建演示文稿的具体操作方法如下。

Step01 启动 WPS Office 2019，单击【新建】按钮+进入新建界面，❶ 在搜索文本框中输入关键字；❷ 单击【搜索】按钮，如图 14-41 所示。

图 14-41

Step02 输入关键词后，下方将展示与关键词相关的模板，单击模板缩略图，如图 14-42 所示。

图 14-42

技术看板

WPS Office 2019 为用户提供了精美的收费模板，用户可以根据需要购买会员使用。

Step03 在打开的窗口中可以浏览整个模板，如果确定使用，可以直接单击【立即下载】按钮，如图 14-43 所示。

图 14-43

Step04 操作完成后，即可根据选中的模板创建一个名为"演示文稿1"的演示文稿，❶ 右击标题栏；❷ 在弹出的快捷菜单中选择【保存】命令，如图 14-44 所示。

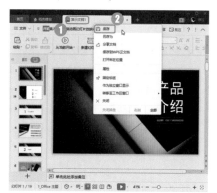

图 14-44

Step05 打开【另存为】对话框，❶ 设置保存路径、文件名和文件类型；❷ 单击【保存】按钮即可，如图 14-45 所示。

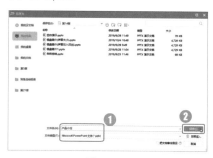

图 14-45

14.2.2　选择幻灯片

对幻灯片进行相关操作前必须先将其选中。选中要操作的幻灯片时，主要分为选择单张幻灯片、选择多张幻灯片等情况。

1. 选择单张幻灯片

选择单张幻灯片的方法主要有以下两种。

（1）在视图窗格中单击某张幻灯片的缩略图，即可选中该幻灯片，同时会在幻灯片编辑区中显示该幻灯片。

（2）在视图窗格中单击某张幻灯片相应的标题或序列号，即可选中该幻灯片，同时会在幻灯片编辑区中显示该幻灯片。

技术看板

在幻灯片编辑区右侧的滚动条下端，单击▲按钮或▼按钮，可选中当前幻灯片的上一张或下一张幻灯片。

2. 选择多张幻灯片

选择多张幻灯片时，有以下两种情况。

（1）选择多张连续的幻灯片：在视图窗格中选中第一张幻灯片后按住【Shift】键不放，同时单击要选择的最后一张幻灯片，即可选中从第一张到最后一张的所有幻灯片。

（2）选择多张不连续的幻灯片：在视图窗格中选中要选择的第一张幻灯片，然后按住【Ctrl】键不放，依次单击其他需要选择的幻灯片即可。

3. 选择全部幻灯片

在视图窗格中按住【Ctrl+A】组合键，即可选中当前演示文稿中的全部幻灯片。

★重点 14.2.3　添加和删除总结演示文稿中的幻灯片

在默认情况下，新建的空白演示文稿中只有一张幻灯片，而一篇演示文稿通常需要使用多张幻灯片来表达需要演示的内容，这时就需要在演示文稿中添加新的幻灯片。演示文稿编辑完成后，如果在后期检查中发现有多余的幻灯片，也需要将其删除。

1. 添加幻灯片

添加幻灯片，主要有以下几种方法。

（1）在幻灯片视图窗格中选中某张幻灯片后按【Enter】键，可快速在该幻灯片后添加一张幻灯片。

（2）在幻灯片视图窗格中选中某张幻灯片后，在【开始】选项卡中单击【新建幻灯片】按钮，可在该幻灯片后添加一张幻灯片，如图14-46所示。

图 14-46

技术看板

在新建幻灯片时，如果选择的是【标题】版式幻灯片，则会默认创建一张【标题和内容】版式的幻灯片。如果是其他版式的幻灯片，则会创建一张与该幻灯片同样版式的幻灯片。

（3）在幻灯片视图窗格中选中某张幻灯片后，在【插入】选项卡中直接单击【新建幻灯片】按钮，可在该幻灯片后添加一张幻灯片，如图14-47所示。

图 14-47

（4）将鼠标移动到幻灯片视图窗格的幻灯片缩略图中，在出现的按钮上单击【新建幻灯片】⊕，即可在该幻灯片后添加一张幻灯片，如图14-48所示。

图 14-48

（5）在幻灯片视图窗格的底部单击【新建幻灯片】按钮＋，可在当前幻灯片后添加一张幻灯片，如图14-49所示。

（6）在幻灯片视图窗格中右击某张幻灯片，在弹出的快捷菜单中选择【新建幻灯片】命令，即可在当前幻灯片后添加一张幻灯片，如图14-50所示。

图 14-49

图 14-50

（7）单击【开始】选项卡中的【新建幻灯片】下拉按钮，在弹出的下拉列表中切换到【母版版式】选项，单击需要的版式，即可在当前幻灯片后添加一张所选版式的幻灯片，如图 14-51 所示。

图 14-51

技能拓展——添加有内容的幻灯片

如果想要新建一张有内容的幻灯片，在【新建幻灯片】下拉列表的【整套推荐】或【配套模板】选项卡中选择一种幻灯片样式，单击【立即下载】按钮，即可在当前幻灯片后添加一张有内容的幻灯片，如图 14-52 所示。

图 14-52

2. 删除幻灯片

在编辑演示文稿的过程中，对于多余的幻灯片，可将其删除，操作方法如下。

（1）选中需要删除的幻灯片，单击鼠标右键，在弹出的快捷菜单中单击【删除幻灯片】命令，如图 14-53 所示。

图 14-53

（2）选中要删除的幻灯片，按【Delete】键即可删除幻灯片。

14.2.4 移动和复制演示文稿中的幻灯片

在编辑演示文稿时，可将某张幻灯片移动或复制到同一演示文稿的其他位置或其他演示文稿中，从而加快制作幻灯片的速度。

1. 移动幻灯片

在 WPS 演示文稿中，我们可以通过以下几种方法对演示文稿中的某张幻灯片进行移动操作。

（1）在幻灯片窗格中选中需要移动的幻灯片，按住鼠标左键不放并拖动鼠标，当拖动到需要的位置后释放鼠标左键即可，如图 14-54 所示。

图 14-54

（2）在幻灯片浏览视图模式中，选中要移动的幻灯片，按住鼠标左键不放并拖动鼠标，当拖动到需要的位置后释放鼠标左键即可，如图 14-55 所示。

图 14-55

（3）选中要移动的幻灯片，按【Ctrl+X】组合键进行剪切，将光标定位在需要移动的目标幻灯片前，再按【Ctrl+V】组合键进行粘贴即可。

2. 复制幻灯片

如果要在演示文稿的其他位置或其他演示文稿中插入一页已制作完成的幻灯片，可通过复制操作提高工作效率。复制幻灯片的操作方法如下。

Step01 ❶ 选中需要复制的幻灯片；❷ 在【开始】选项卡中单击【复制】按钮进行复制，如图 14-56 所示。

图 14-56

Step02 ❶ 在幻灯片窗格中选中目标幻灯片位置；❷ 在【开始】选项卡中单击【粘贴】按钮，即可将幻灯片粘贴至所选的幻灯片之后，如图 14-57 所示。

图 14-57

14.2.5　更改演示文稿中的幻灯片版式

WPS 演示文稿中内置多种母版版式和推荐版式，如果用户对当前的版式不满意，可以更改幻灯片的版式，操作方法如下。

Step01 打开"素材文件 \ 第 14 章 \ 年度工作总结 .pptx"演示文稿，❶ 选中要更改版式的幻灯片；❷ 单击【开始】选项卡中的【版式】下拉按钮，如图 14-58 所示。

图 14-58

Step02 ❶ 在弹出的下拉列表的【推荐排版】选项卡中选择一种合适的版式；❷ 在屏幕下方将显示缩略图，如果确定应用该版式，则单击【应用】按钮，如图 14-59 所示。

图 14-59

Step03 操作完成后，即可看到版式已经更改，如图 14-60 所示。

图 14-60

⚙️ **技能拓展——更改幻灯片母版版式**

在【版式】下拉列表中，切换到【母版版式】选项卡，便可在其中选择母版版式。

14.3　幻灯片的编辑与美化

创建演示文稿后，用户可以根据需要设置幻灯片的大小、主题、配色、背景等，以便快速创建出精美的演示文稿，让幻灯片更吸引观众。

14.3.1 设置演示文稿的幻灯片大小

WPS 演示文稿中的幻灯片大小包括标准（4:3）、宽屏（16:9）和自定义 3 种模式。默认的幻灯片大小是宽屏（16:9），如果需要调整为其他大小，可以通过以下方法来设置。

Step01 打开"素材文件\第 14 章\年度工作总结 .dps"演示文稿，❶ 单击【设计】选项卡中的【幻灯片大小】下拉按钮；❷ 在弹出的下拉菜单中选择【标准（4:3）】选项，如图 14-61 所示。

图 14-61

Step02 打开【页面缩放选项】对话框，选择【确保适合】选项，如图 14-62 所示。

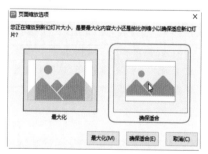

图 14-62

Step03 返回演示文稿，即可看到幻灯片的大小已经更改为【标准（4:3）】，如图 14-63 所示。

图 14-63

14.3.2 更改演示文稿的幻灯片配色

配色是一门高深的学问，刚接触演示文稿的用户可能对配色有一些力不从心，此时，可以使用 WPS 演示文稿内置的配色方案，操作方法如下。

Step01 打开"素材文件\第 14 章\商务咨询方案 .dps"演示文稿，❶ 单击【设计】选项卡中的【配色方案】下拉按钮；❷ 在弹出的下拉菜单中选择一种预设颜色方案，如图 14-64 所示。

图 14-64

Step02 操作完成后，即可看到演示文稿已经应用了所选配色方案，如图 14-65 所示。

图 14-65

14.3.3 实战：更改演示文稿的幻灯片背景

实例门类	软件功能

WPS 演示文稿幻灯片的背景默认是黑白渐变，如果只使用默认的背景，难免单调乏味。此时可以为其设置背景格式，操作方法如下。

Step01 打开"素材文件\第 14 章\商务咨询方案 .dps"演示文稿，❶ 单击【设计】选项卡中的【背景】下拉按钮；❷ 在弹出的下拉菜单中选择【背景】命令，如图 14-66 所示。

图 14-66

Step02 ❶ 在打开的【对象属性】窗格中选择【填充】组中的【图片或纹理填充】选项；❷ 在【图片填充】下拉菜单中选择【本地文件】选项，如图 14-67 所示。

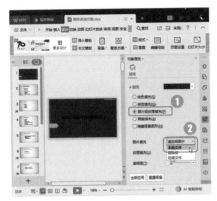

图 14-67

Step03 打开【选择纹理】对话框，❶ 选中"素材文件\第 14 章\背景 .jpg"背景图片；❷ 单击【打开】按钮，如图 14-68 所示。

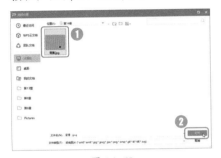

图 14-68

Step04 在【对象属性】窗格中拖动【透明度】滑块到合适的位置，如【70%】，如图 14-69 所示。

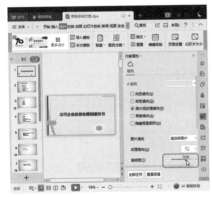

图 14-69

Step05 单击【全部应用】按钮，将背景应用到所有幻灯片中，如图 14-70 所示。

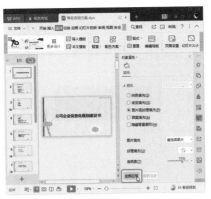

图 14-70

★新功能 14.3.4 为演示文稿幻灯片应用设计方案

WPS 演示文稿中内置众多设计方案，如果对自己设计的幻灯片样式不满意，可以使用设计方案快速美化幻灯片，操作方法如下。

Step01 打开"素材文件\第 14 章\年度工作总结 .dps"演示文稿，单击【设计】选项卡中的【更多设计】按钮，如图 14-71 所示。

图 14-71

Step02 打开的下拉菜单，在【在线设计方案】选项卡中单击想要应用的设计方案缩略图，如图 14-72 所示。

Step03 在打开的窗口中可以查看该设计方案的整体效果，如果确定应用该方案，单击【应用本模板风格】按钮，如图 14-73 所示。

图 14-72

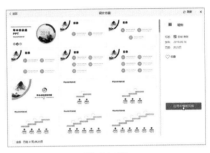

图 14-73

Step04 操作完成后，即可看到演示文稿已经应用了所选设计方案，如图 14-74 所示。

图 14-74

★新功能 14.3.5 实战：使用"魔法"制作咨询演示文稿

实例门类	软件功能

WPS 演示文稿中的设计方案众多，对于有"选择困难症"的用户来说，如何选择也是一件让人头疼的事情。此时，可以使用"魔法"功能让系统根据内容自动匹配设计方案，操作方法如下。

Step 01 打开"素材文件\第14章\商务咨询方案.dps"演示文稿，单击【设计】选项卡中的【魔法】按钮，如图 14-75 所示。

图 14-75

Step 02 系统开始根据幻灯片内容匹配设计方案，如图 14-76 所示。

图 14-76

图 14-77

Step 03 匹配成功后，WPS 会为演示文稿中的所有幻灯片应用设计方案。如果对匹配的设计方案不满意，可以再次单击【设计】选项卡中的【魔法】按钮，如图 14-77 所示。

Step 04 直到匹配到合适的设计方案，如图 14-78 所示。

图 14-78

14.4 在幻灯片中插入对象

在工作中，为了让演示文稿更美观、更有说服力，可以在幻灯片中添加图片、表格和图表，让人更容易接受和理解；此外还可以添加多媒体内容为幻灯片增色。

★重点 14.4.1 实战：在商品介绍幻灯片中插入图片

实例门类	软件功能

在制作幻灯片时，图片是必不可少的元素，图文并茂的幻灯片不仅形象生动，更容易引起观众的兴趣，而且能更准确地表达演讲人的思想。若图片运用得当，可以更直观、准确地表达事物之间的关系。

1. 插入图片

在制作幻灯片时，可以通过多种方法插入图片，例如，要插入计算机中的本地图片，操作方法如下。

Step 01 打开"素材文件\第14章\商品介绍.dps"演示文稿，❶ 选中要插入图片的幻灯片；❷ 单击【插入】选项卡中的【图片】下拉按钮；❸ 在弹出的下拉菜单中单击【本地图片】选项，如图 14-79 所示。

图 14-79

在【图片】下拉列表中，单击【手机传图】命令，在打开的窗口中使用手机扫描二维码，可以很方便地把手机中的图片插入WPS演示文稿。

Step02 打开【插入图片】对话框，❶ 按住【Ctrl】键选择"素材文件\第14章\墙纸1.jpg、墙纸2.jpg、墙纸3.jpg、墙纸4.jpg、墙纸5.jpg、墙纸6.jpg"；❷ 单击【打开】按钮，如图14-80所示。

图 14-80

Step03 返回演示文稿，即可看到插入的图片，如图14-81所示。

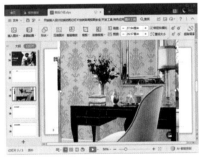

图 14-81

2. 设置图片轮播

在制作幻灯片时，如果一张幻灯片中有多张图片，可以设置图片轮播，操作方法如下。

Step01 接上一例操作，❶ 选中幻灯片中的任意图片；❷ 单击【图片工具】选项卡中的【多图轮播】下拉按钮；❸ 弹出下拉菜单，在选择的多图动画上单击【套用闪图】按

钮，如图14-82所示。

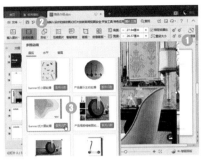

图 14-82

Step02 打开【设置】窗格，在【更改图片】栏拖动图片，调整图片的顺序，如图14-83所示。

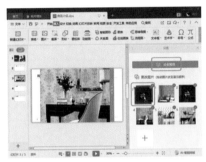

图 14-83

Step03 调整完成后，单击【点击预览】按钮查看调整效果，如图14-84所示。

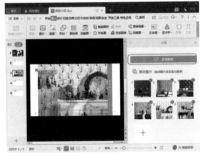

图 14-84

Step04 ❶ 如果对调整的效果不满意，可以在选中图片后单击【其他轮播】按钮；❷ 在打开的【设置】窗格中选择【其他轮播】栏的其他多图动画效果，如图14-85所示。

图 14-85

3. 对图片进行创意裁剪

在幻灯片中插入图片后，图片会保持默认的形状，为了让图片更具艺术效果，我们可以对图片进行创意裁剪，操作方法如下。

Step01 接上一例操作，在幻灯片中插入图片，❶ 选中图片；❷ 单击【图片工具】选项卡中的【创意裁剪】下拉按钮；❸ 在弹出的下拉菜单中选择一种创意形状，如图14-86所示。

图 14-86

Step02 操作完成后，即可看到图片已经按照所选样式裁剪，如图14-87所示。

图 14-87

4. 压缩图片

当演示文稿中插入了大量的图片后，为了节省磁盘空间，可以压缩图片调整文件大小，操作方法如下。

Step01 接上一例操作，❶ 在幻灯片中选中任意图片；❷ 单击【图片工具】选项卡中的【压缩图片】按钮，如图 14-88 所示。

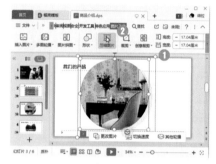

图 14-88

Step02 打开【压缩图片】对话框，❶ 在【应用于】栏选择【文档中的所有图片】选项；❷ 在【选项】栏中勾选【压缩图片】和【删除图片的剪裁区域】复选框；❸ 单击【确定】按钮，如图 14-89 所示。

图 14-89

技术看板

如果只想压缩选中的图片，可以在【压缩图片】对话框的【应用于】栏选择【选中的图片】选项。

★重点 14.4.2 实战：在商品介绍幻灯片中插入智能图形

实例门类	软件功能

智能图形是信息和观点的视觉表现形式，用不同形式和布局的图形代替枯燥的文字，可以快速、轻松、有效地传达信息。这些图形包括列表、流程、循环、层次结构、关系、矩阵和棱锥等多种分类，操作方法如下。

Step01 打开"素材文件\第 14 章\商品介绍 .dps"演示文稿，单击【插入】选项卡中的【智能图形】按钮，如图 14-90 所示。

图 14-90

Step02 打开【选择智能图形】对话框，❶ 选择一种智能图形样式；❷ 单击【确定】按钮，如图 14-91 所示。

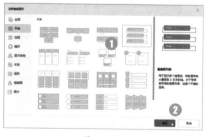

图 14-91

Step03 ❶ 选中最后一个形状；❷ 单击【添加项目】按钮 ；❸ 在弹出的下拉菜单中选择【在后面添加项目】命令，如图 14-92 所示。

图 14-92

Step04 ❶ 选中添加的智能图形；❷ 单击【设计】选项卡中的【更改颜色】下拉按钮；❸ 在弹出的下拉菜单中选择一种颜色方案，如图 14-93 所示。

图 14-93

Step05 保持图形的选中状态，在【设计】选项卡中选择一种智能图形的样式，如图 14-94 所示。

图 14-94

Step06 设置完成后，即可查看添加智能图形后的效果，如图 14-95 所示。

图 14-95

★重点 14.4.3 实战：在商品介绍幻灯片中插入表格

实例门类	软件功能

在幻灯片中，有些信息或数据不能单纯用文字或图片来表示，在信息或数据比较繁多的情况下，可以将数据分门别类地存放在表格中，使数据信息一目了然。

WPS 演示文稿的表格功能十分强大，并且提供单独的表格工具模块，使用该模块不但可以创建各种样式的表格，还可以对创建的表格进行编辑。插入和编辑表格的操作方法如下。

Step01 打开"素材文件\第14章\商品介绍.dps"演示文稿，单击占位符中的【插入表格】按钮，如图 14-96 所示。

图 14-96

Step02 打开【插入表格】对话框，❶ 分别设置【行数】和【列数】；

❷ 单击【确定】按钮，如图 14-97 所示。

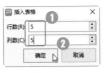

图 14-97

Step03 将鼠标光标置于列分隔线上，当鼠标光标变为 ↔ 时，按住鼠标左键拖动到合适的位置，释放鼠标左键，可以调整表格的列宽，如图 14-98 所示。

图 14-98

Step04 将鼠标指针置于表格边框的控制点上，此时鼠标指针会变成双向箭头 ↖，按住鼠标左键，拖拽鼠标至合适的位置后释放鼠标，可以调整表格的大小，如图 14-99 所示。

图 14-99

Step05 单击【表格工具】选项卡中的【居中对齐】 ≡ 和【水平居中】 ▣ 按钮，可以设置表格的对齐方式，如图 14-100 所示。

图 14-100

Step06 在【表格样式】选项卡中选择一种表格样式，如图 14-101 所示。

图 14-101

Step07 将鼠标光标移动到表格的边框处，当光标变为 ✥ 时按住鼠标左键不放，拖动鼠标到合适的位置后，释放鼠标左键即可移动表格，如图 14-102 所示。

图 14-102

14.4.4 实战：在商品介绍幻灯片中插入图表

实例门类	软件功能

使用图表可以轻松地描述数据之间的关系。因此，为了便于对数

据进行分析比较，可以使用 WPS 演示文稿提供的图表功能，在幻灯片中插入图表，操作方法如下。

Step 01 打开"素材文件\第 14 章\商品介绍 .dps"演示文稿，单击占位符中的【插入图表】按钮 ，如图 14-103 所示。

图 14-103

Step 02 打开【插入图表】对话框，❶ 选择图表类型；❷ 单击【插入】按钮，如图 14-104 所示。

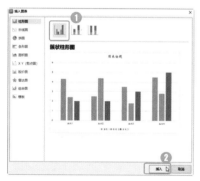

图 14-104

Step 03 返回演示文稿，即可看到所选择的图表已经插入到幻灯片中，单击【图表工具】选项卡中的【编辑数据】按钮，如图 14-105 所示。

图 14-105

Step 04 打开 WPS 表格，❶ 删除系统数据，输入在图表中显示的数据；❷ 单击【关闭】按钮 关闭 WPS 表格，如图 14-106 所示。

图 14-106

Step 05 返回演示文稿，❶ 选中图表；❷ 单击【图表工具】选项卡中的【快速布局】选项；❸ 在弹出的下拉列表中选择一种图表布局，如图 14-107 所示。

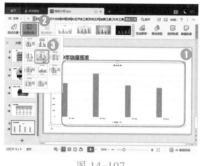

图 14-107

Step 06 设置完成后，即可看到图表的最终效果，如图 14-108 所示。

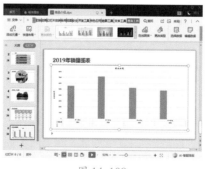

图 14-108

14.4.5 在幻灯片中插入音频和视频

实例门类	软件功能

演示文稿是一个全方位展示的平台，我们可以在幻灯片中添加各种文字、图形和多媒体内容，其中，多媒体类型包括音频、视频或 Flash 动画等。添加各种声情并茂的素材，可以为幻灯片锦上添花。

1. 插入音频

为了增强演示文稿的感染力，经常需要在演示文稿中加入背景音乐。WPS 演示文稿支持多种格式的声音文件，如 mp3、wav、wma、aif 和 mid 等，下面介绍如何在幻灯片中插入外部音频文件。

Step 01 打开"素材文件\第 14 章\楼盘简介 .dps"演示文稿，❶ 单击【插入】选项卡中的【音频】下拉按钮；❷ 在弹出的下拉菜单中选择【嵌入音频】选项，如图 14-109 所示。

图 14-109

Step 02 打开【插入音频】对话框，❶ 选择"素材文件\第 14 章\咿呀咿呀哟 .mp3"音频文件；❷ 单击【打开】按钮，如图 14-110 所示。

图 14-110

Step03 返回演示文稿，即可看到插入的音频图标。选中该图标，将其移动到合适的位置，如图 14-111 所示。

图 14-111

Step04 单击【音频工具】选项卡中的【设为背景音乐】按钮，将其设置为背景音乐即可，如图 14-112 所示。

图 14-112

技术看板

如果要在幻灯片中插入音频文件，在保存时需要选择 .pptx 格式，以避免音频文件丢失。

2. 插入视频

在 WPS 演示文稿中，用户不仅可以插入音频文件，还可以为其添加视频文件，使演示文稿变得更加生动有趣。在 WPS 演示文稿中插入视频的方法与插入声音的方法类似，操作方法如下。

Step01 接上一例操作，❶ 选中要插入视频的幻灯片；❷ 单击【插入】选项卡中的【视频】下拉按钮；❸ 在弹出的下拉菜单中选择【嵌入本地视频】选项，如图 14-113 所示。

图 14-113

Step02 打开【插入视频】对话框，❶ 选择"素材文件\第 14 章\媒体1.avi"视频文件；❷ 单击【打开】按钮，如图 14-114 所示。

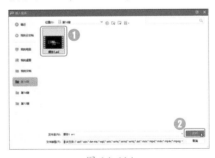

图 14-114

Step03 ❶ 选中插入的视频文件；❷ 单击【图片工具】选项卡中的【图片轮廓】下拉按钮；❸ 在弹出的下拉菜单中选择一种轮廓颜色，如图14-115 所示。

图 14-115

Step04 保持视频的选中状态，❶ 单击【图片工具】选项卡中的【图片轮廓】下拉按钮；❷ 在弹出的下拉菜单中选择【线型】选项；❸ 在弹出的扩展菜单中选择【6磅】选项，如图 14-116 所示。

图 14-116

Step05 保持视频的选中状态，❶ 单击【图片工具】选项卡中的【图片效果】下拉按钮；❷ 在弹出的下拉菜单中选择【倒影】选项；❸ 在弹出的扩展菜单中选择一种倒影变体，如图 14-117 所示。

图 14-117

Step06 拖动视频，将其移动到合适的位置，如图 14-118 所示。

图 14-118

Step07 单击视频浮动工具栏中的【播放】按钮 ▶，如图 14-119 所示。

图 14-119

Step08 当播放到合适的位置时，单击【暂停】按钮 ⅱ，如图 14-120 所示。

图 14-120

Step09 此时将弹出【将当前画面设为封面】提示框，单击【设为视频封面】按钮，如图 14-121 所示。

Step10 操作完成后，即可看到视频的封面已经被更改为所选画面，如图 14-122 所示。

图 14-121

图 14-122

14.5 WPS 演示文稿的母版设计

母版是演示文稿中重要的组成部分，使用母版可以让整个幻灯片具有统一的风格和样式。使用母版时，无须再对幻灯片进行设置，在相应的位置输入需要的内容即可，可减少重复性工作，提高工作效率。

★重点 14.5.1 实战：创建幻灯片的母版

幻灯片母版可用来为所有幻灯片设置默认的版式和格式，在 WPS 演示文稿中有 3 种母版，分别为幻灯片母版、讲义母版和备注母版。设置演示文稿的母版既可以在创建演示文稿后进行，也可以在将所有幻灯片的内容和动画都设置完成后再进行。

1. 创建幻灯片母版

幻灯片母版是用于存储模板信息的设计模板，这些模板信息包括字形、占位符大小和位置、背景设计和配色方案等。下面以制作一个简单样式的母版为例，讲解幻灯片母版的制作方法，具体操作方法如下。

Step01 新建一个空白演示文稿，单击【视图】选项卡中的【幻灯片母版】按钮，如图 14-123 所示。

图 14-123

Step02 此时，系统会自动切换到幻灯片母版视图，如图 14-124 所示。

图 14-124

Step03 ❶ 选中主母版；❷ 单击【插入】选项卡中的【形状】下拉按钮；❸ 在弹出的下拉列表中选择需

要的形状，本例选择直角三角形，如图14-125所示。

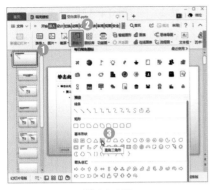

图 14-125

Step04 在幻灯片底端绘制一个直角三角形，如图14-126所示。

图 14-126

Step05 ❶ 复制三角形；❷ 单击【绘图工具】选项卡中的【旋转】下拉按钮；❸ 在弹出的下拉菜单中选择【水平翻转】命令，如图14-127所示。

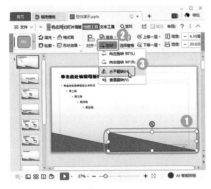

图 14-127

Step06 在【绘图工具】选项卡中设置两个三角形的颜色，如图14-128

所示。

图 14-128

Step07 ❶ 选中【标题幻灯片】母版；❷ 单击标题占位符将其选中；❸ 在【开始】选项卡中设置文本格式；❹ 选中副标题占位符，使用同样的方法设置文本格式，如图14-129所示。

图 14-129

Step08 ❶ 选中【标题和内容】母版，使用与上一步相同的方法设置文本格式；❷ 选中正文文本；❸ 单击【文本工具】选项卡中的功能扩展按钮，如图14-130所示。

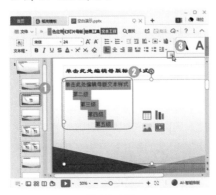

图 14-130

Step09 打开【段落】对话框，❶ 在【缩进】栏设置【特殊格式】为【首行缩进】，并设置合适的度量值；❷ 单击【确定】按钮，如图14-131所示。

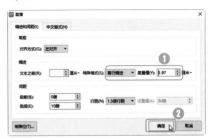

图 14-131

Step10 返回幻灯片母版，单击【幻灯片母版】选项卡中的【关闭】按钮，如图14-132所示。

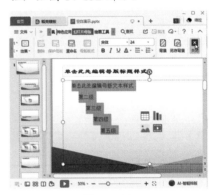

图 14-132

Step11 返回幻灯片编辑界面，❶ 打开【另存为】对话框，设置文件类型和文件名；❷ 单击【保存】按钮，如图14-133所示。

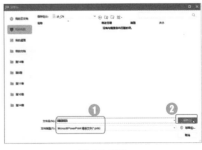

图 14-133

2. 创建讲义母版

讲义是演讲者在进行演讲时使

用的纸稿，纸稿中显示了每张幻灯片的大致内容、要点等。讲义母版用于设置该内容在纸稿中的显示方式。创建讲义母版主要包括设置每页纸张上显示的幻灯片数量、排列方式及页眉和页脚等信息。下面介绍创建讲义母版的方法。

Step① 打开任意一个演示文稿，在【视图】选项卡中单击【讲义母版】按钮，如图 14-134 所示。

图 14-134

Step② 此时，系统会自动切换到讲义母版视图，❶ 单击【每页幻灯片数量】下拉按钮；❷ 在弹出的下拉菜单中选择【2张幻灯片】选项，如图 14-135 所示。

图 14-135

Step③ ❶ 在【讲义母版】选项卡中取消勾选【日期】、【页脚】和【页码】复选框；❷ 拖动【页眉区】文本框到幻灯片上方中间位置，如图 14-136 所示。

图 14-136

Step④ 在【文本工具】选项卡中设置字体格式和段落样式，如图 14-137 所示。

图 14-137

Step⑤ 单击【讲义母版】选项卡中的【关闭】按钮即可，如图 14-138 所示。

图 14-138

3. 创建备注母版

备注是指演讲者在幻灯片下方输入的内容，演讲者可以根据需要将这些内容打印出来。为了让备注内容更具特色，需要设置备注母版。创建备注母版的操作方法如下。

Step① 打开任意一个演示文稿，单击【视图】选项卡中的【备注母版】按钮，如图 14-139 所示。

图 14-139

Step② 此时，系统会自动切换到备注母版视图，❶ 选中页面下方占位符中的所有文字；❷ 在【文本工具】选项卡中设置字体格式，如图 14-140 所示。

图 14-140

Step③ 单击【备注母版】选项卡中的【关闭】按钮，如图 14-141 所示。

图 14-141

Step④ 返回演示文稿，单击【隐藏或显示备注面板】按钮，如图 14-142 所示。

图 14-142

Step 05 在下方的备注框中输入备注内容，如图 14-143 所示。

图 14-143

Step 06 幻灯片制作完成后，在【视图】选项卡中单击【备注页】按钮，即可看到备注内容，如图 14-144 所示。

图 14-144

14.5.2　为幻灯片母版应用主题

WPS 演示文稿为用户提供了多种主题，在创建幻灯片母版时，可以使用主题快速美化幻灯片母版，

操作方法如下。

Step 01 接上一例操作，进入幻灯片母版视图，❶ 单击【幻灯片母版】选项卡中的【主题】下拉按钮；❷ 在弹出的下拉菜单中选择一种主题样式，如图 14-145 所示。

图 14-145

Step 02 ❶ 单击【幻灯片母版】选项卡中的【颜色】下拉按钮；❷ 在弹出的下拉菜单中选择一种配色方案，如图 14-146 所示。

图 14-146

Step 03 操作完成后，即可看到幻灯片母版中的颜色已经更改，如图 14-147 所示。

图 14-147

14.5.3　使用幻灯片母版创建演示文稿

实例门类	软件功能

创建并保存幻灯片母版之后，就可以使用幻灯片母版创建演示文稿了，操作方法如下。

Step 01 打开 WPS 演示文稿，❶ 单击【文件】下拉按钮；❷ 在弹出的下拉菜单中选择【新建】选项；❸ 在弹出的子菜单中选择【本机上的模板】选项，如图 14-148 所示。

图 14-148

Step 02 打开【模板】对话框，❶ 在【常规】选项卡中选择需要的母版文件；❷ 单击【确定】按钮，如图 14-149 所示。

图 14-149

技能拓展——设置默认模板

在【模板】对话框中，勾选【设为默认模板】复选框，可以将该模板设置为默认模板。

Step 03 操作完成后，即可使用该模板创建新的演示文稿，如图 14-150 所示。

图 14-150

Step04 在标题幻灯片的占位符中输入

标题和副标题，如图 14-151 所示。

图 14-151

Step05 新建一张幻灯片，默认为标

题和内容版式，输入标题和正文文本即可，如图 14-152 所示。

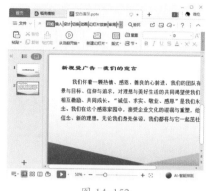

图 14-152

妙招技法

通过对前面知识的学习，相信读者已经对 WPS 演示文稿的创建与编辑有了一定的了解。下面结合本章内容，给大家介绍一些实用技巧。

技巧 01：隐藏幻灯片母版中的形状

在编辑幻灯片母版时经常需要绘制形状来丰富幻灯片内容，当某一张或几张幻灯片中并不需要形状时，也可以将形状隐藏，操作方法如下。

Step01 打开"素材文件\第 14 章\工作总结 .dpt"演示文稿，进入幻灯片母版视图，单击【幻灯片母版】选项卡中的【背景】按钮，如图 14-153 所示。

图 14-153

Step02 ❶ 选中需要隐藏形状的幻灯片母版；❷ 勾选【填充】组中的【隐藏背景图形】复选框即可，如图 14-154 所示。

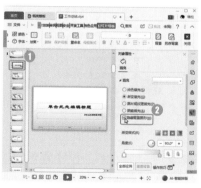

图 14-154

技巧 02：设置声音的淡入和淡出

插入音频文件后，为了使声音的出现不突兀，可以设置声音的淡入和淡出，具体操作方法如下。

Step01 打开"素材文件\第 14 章\楼盘简介（声音淡入淡出）.pptx"演示文稿，❶ 选中声音图标；❷ 单击【音频工具】选项卡中的【淡入】右侧的+和-按钮，设置淡入时间，如图 14-155 所示。

图 14-155

Step02 将光标定位到【淡出】右侧的微调框中，直接输入淡出的时间即可，如图 14-156 所示。

图 14-156

技巧 03：将字体嵌入演示文稿

在制作演示文稿时，为了追求美观，会选用较多的字体。把制作好的演示文稿拷贝到其他计算机中使用，而该计算机又没有安装该演示文稿中使用的字体时，会影响演示文稿的播放效果。此时，可以将字体嵌入演示文稿中，操作方法如下。

打开【选项】对话框，❶ 在【常规与保存】选项卡中勾选【将字体嵌入文件】复选框；❷ 单击【确定】按钮即可，如图 14-157 所示。

图 14-157

技巧 04：调整幻灯片中的声音大小

在幻灯片中插入音频和视频后，可以根据需要设置播放音量，具体操作方法如下。

Step01 打开"素材文件\第14章\楼盘简介（声音大小）.pptx"演示文

稿，❶ 选中音频图标；❷ 单击【音频工具】选项卡中的【音量】下拉按钮；❸ 在弹出的下拉菜单中选择音量的大小，如图 14-158 所示。

图 14-158

Step02 ❶ 在音频的浮动工具栏上单击【音量】图标；❷ 在弹出的音量控制栏中拖动滑块调整音量，如图 14-159 所示。

图 14-159

技巧 05：在幻灯片中裁剪视频文件

在幻灯片中插入视频后，还可使用裁剪功能删除视频多余的部分，使视频更加简洁，具体操作方法如下。

Step01 打开"素材文件\第14章\楼盘简介1.pptx"演示文稿，❶ 选中视频文件；❷ 单击【视频工具】选项卡中的【裁剪视频】按钮，如图 14-160 所示。

图 14-160

Step02 打开【裁剪视频】对话框，❶ 在播放进度栏中，拖动左侧的绿色滑块到视频裁剪的起始位置（或在【开始时间】微调框中设置裁剪视频的起始时间）；❷ 通过在播放进度栏中拖动右侧的红色滑块（或在【结束时间】微调框输入时间，设置视频裁剪的终点位置）；❸ 完成后单击【确定】按钮即可，如图 14-161 所示。

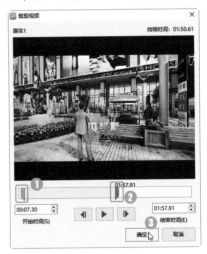

图 14-161

技能拓展——裁剪音频文件

在【音频工具】选项卡中单击【裁剪音频】按钮，在打开的对话框中可以裁剪音频。

本章小结

　　本章主要介绍了在 WPS 演示文稿中创建幻灯片、编辑幻灯片、插入幻灯片对象和制作幻灯片母版的方法。希望读者通过对本章内容的学习，可以对幻灯片的制作有一定的了解，并利用现有的素材，制作出图文并茂的幻灯片。精美幻灯片的制作没有捷径，只有通过不断地练习，才可以做出具有感染力的演示文稿。

第15章 WPS 演示文稿的动画设置

- ➡ 不设置动画，一样可以放映幻灯片，那为什么要设置动画呢？
- ➡ 动画有哪些种类？为幻灯片添加动画时需要注意什么？
- ➡ 在讲解幻灯片的内容时，经常需要从目录页跳转至某个正文页，怎样实现快速跳转？
- ➡ 为幻灯片中的对象添加动画可以丰富视觉体验，怎样为同一个对象添加多个动画？
- ➡ 想要重点突出重点内容，应怎样设置闪烁文字吸引观众的目光？
- ➡ 切换幻灯片时，默认切换不带任何效果，如果想要应用推门打开的效果应该如何设置？

本章将为读者介绍设置幻灯片动画的相关知识。为幻灯片中的对象添加动画效果后，还需要对动画的效果选项、播放顺序及动画的计时等进行设置，使幻灯片对象中各段动画的衔接更自然，播放更流畅。

15.1 添加动画的作用

专业的演示文稿，不仅要内容精美，还要有绚丽的动画作为点缀，WPS 演示文稿为用户提供了丰富的动画功能。添加动画效果，可以使演示文稿更加生动活泼，还可以控制信息演示流程，并重点突出关键数据，帮助用户制作出更具吸引力和说服力的演示文稿。

15.1.1 设置动画的原因

动画在幻灯片中起着十分重要的作用，主要包括以下 3 个方面。

1. 清晰展示事物关系

我们制作演示文稿，是为了辅助演示者准确地传递信息，让观众更简单、直接地理解信息。

在演示文稿中，无论是文字、图片还是图形等元素，都是为了将信息更加清晰地展示出来。静态的内容远不如动态的信息更直观准确，让人可以一眼看出事物之间的关系。

例如，为幻灯片对象设置【飞入】的动画效果，可以让目录的脉络更清晰，让人立刻明白演讲的先

后顺序，如图 15-1 所示。

图 15-1

2. 增强表现力

演示文稿中包含了很多信息，其中有一些是需要观众特别注意的重点内容。虽然我们可以用字体、色彩、排版来突出内容的重要性，但为强调内容设置动画的强调效果，更能增加幻灯片的表现力。

注意，在为对象应用强调效果时，并非使用越华丽的动画效果越

好，而是要根据内容的需要合理使用动画，才能起到画龙点睛的作用。

3. 使幻灯片更美观

虽然为幻灯片设置动画之后的内容与之前并没有差别，但在放映幻灯片时，让一阵春风带着各种元素徐徐进入，无疑比平铺直叙更能吸引观众的注意力。

15.1.2 分清动画的种类

WPS 演示文稿提供了多种动画效果，包括进入、强调、退出、动作路径，以及页面切换等多种形式的动画效果。为幻灯片添加这些动画效果，可以使幻灯片具有和 Flash 动画一样绚丽的效果。

1. 进入动画

动画是演示文稿的精华，而动画的精华则是进入动画。进入动画可以实现多种对象从无到有、陆续展现的动画效果，主要包括出现、飞入、渐入、下降、放大、飞旋、字幕式等形式，如图 15-2 所示。

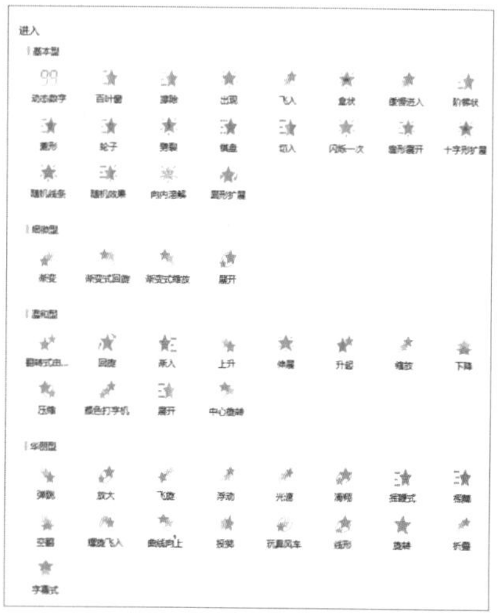

图 15-2

2. 强调动画

强调动画是通过放大/缩小、闪烁、陀螺旋等方式显示对象的一种动画，主要包括彩色波纹、对比色、闪动、闪现、爆炸、波浪型等数十种动画形式，如图 15-3 所示。

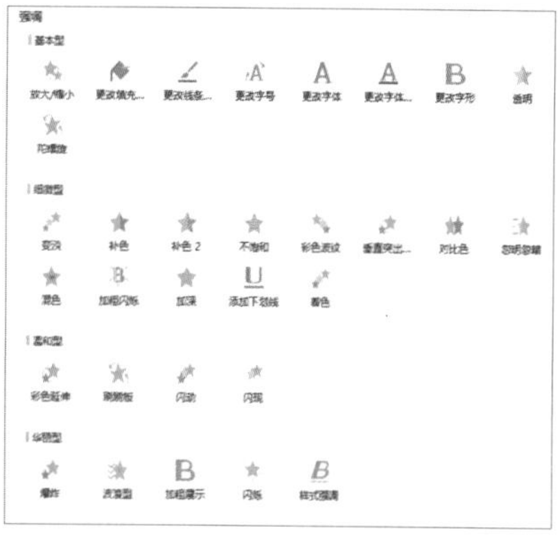

图 15-3

3. 退出动画

退出动画是让对象从有到无、逐渐消失的一种动画效果。退出动画实现了转换的连贯过渡，是不可或缺的动画效果，主要包括擦除、飞出、轮子、收缩、渐出、下沉、旋转、折叠等数十种动画效果，如图 15-4 所示。

图 15-4

4. 动作路径动画

动作路径动画是让对象按照绘制的路径运动的一种高级动画效果，可以让幻灯片的动画效果千变万化，主要包括菱形、心形、S 形曲线、向下、向下转、心跳、花生、三角结等形式。还可以使用自定义路径来绘制动画路径，主要包括直线、曲线、任意多边形、自由曲线等数十种动画路径，如图 15-5 所示。

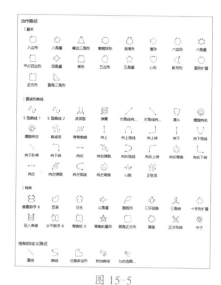

图 15-5

5. 页面切换动画

页面切换动画是幻灯片切换时的一种动画效果。为页面添加了切换动画后，不仅可以轻松实现幻灯片之间的自然切换，还可以使幻灯片真正动起来。页面切换动画主要包括淡出、擦除、溶解、轮辐、百叶窗、分割、棋盘等形式，如图 15-6 所示。

图 15-6

15.1.3　添加动画的注意事项

说到幻灯片的制作，一定绕不开动画的设置，这是因为动画不仅能为幻灯片增色，还可以增强幻灯片的表现力。WPS 演示文稿为用户提供了简单易学的动画设置功能，让新手用户也可以轻松制作出绚丽的动画。

在 WPS 演示文稿中制作动画，需要注意以下几点。

1. 掌握一定的动画设计理念

新入门的用户总是疑惑，为什么同样的幻灯片，我做出来的总是不好看？发出这样的疑问，很可能是因为根本不知道自己需要什么样的动画效果。

如果拥有一定的动画设计知识，在面对幻灯片中的各个元素时，就可以在脑海中呈现出各种动画搭配效果。

要掌握动画设计知识，没有捷径可走，只能多看多学。在优秀作品的熏陶下，借鉴他人的动画设计思路，久而久之，就能对什么样的幻灯片使用哪种动画效果做到心中有数。

2. 掌握动画的本质

动画归根结底是为了吸引观众的眼球，幻灯片的组成元素大多是静态的，而动画是按时间顺序播放，利用人的视觉残留造成动起来的假象。

在制作动画时，最重要的是把握好速度。幻灯片中的所有动画都是可以自定义速度的，对在之前播放、在之后播放的概念要熟悉，慢、慢速、非常慢的速度要了解。

在幻灯片中，还有一个与时间有关的概念——触发器。所谓触发，就是当你做出某个动作时，会触发另一个动作，再设置另一个动作触发的时间和效果，就可以形成连贯的动画效果。

3. 注意动画的方向和路径

动画的方向很好理解，可是路径的概念对于新手来说却比较模糊。简单来讲，路径就是幻灯片对象的运动轨迹，路径可以根据需要进行自定义，也可以用自由曲线、直线、圆形等轨迹表现。

4. 动画效果不是越多越好

用户可以对整个幻灯片、某个画面或某个对象应用动画效果。幻灯片的对象包括文本框、图表、艺术字和图画等。动画效果并不是用得越多，画面就越绚丽。恰到好处的动画效果可以起到画龙点睛的作用，而过多的闪烁和运动画面会让观众注意力分散，甚至感到烦躁。

15.2　设置幻灯片的切换效果

幻灯片的切换方式是指在放映幻灯片时，一张幻灯片从屏幕上消失，另一张幻灯片接着显示在屏幕上的一种动画效果。一般在为对象添加动画后，可以通过【切换】选项卡来设置幻灯片的切换方式。

★重点 15.2.1　实战：选择幻灯片的切换效果

实例门类	软件功能

幻灯片切换效果是从一张幻灯片切换到下一张幻灯片时出现的动画效果。为幻灯片添加切换效果的具体操作方法如下。

Step 01 打开"素材文件\第 15 章\2019 年生产质检与总结报告 .dps"演示文稿，在【切换】选项卡中选择一种动画效果，如【轮辐】，如图 15-7 所示。

图 15-7

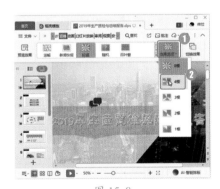

图 15-8

Step 02 ❶ 单击【效果选项】下拉按钮；❷ 在弹出的下拉菜单中选择【轮辐】的数量，如【4 根】，如图 15-8 所示。

Step 03 ❶ 单击【切换】选项卡中的【切换效果】按钮；❷ 打开【幻灯片切换】窗格，单击【应用于所有幻灯片】按钮，如图 15-9 所示。

图 15-9

★重点 15.2.2 设置幻灯片切换速度和声音

在进行幻灯片切换时，不同的动画选项，会有不同的速度，而声音则默认为无。我们可以自己设定切换速度和声音，操作方法如下。

Step01 在【幻灯片切换】窗格中的【速度】微调框中可以设置幻灯片的切换速度，如图 15-10 所示。

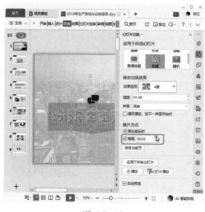

图 15-10

Step02 ❶ 单击【声音】下拉按钮；❷ 在弹出的下拉菜单中选择一种声音即可，如图 15-11 所示。

15.2.3 实战：设置幻灯片切换方式

实例门类	软件功能

幻灯片的默认切换方式是【单击鼠标时切换】，如果要设置其他切换方式，如定时切换，操作方法如下。

在【幻灯片切换】窗格中，勾选【每隔】复选框，在右侧的微调框中设置切换的时间即可，如图 15-12 所示。

图 15-11

图 15-12

15.2.4 实战：删除幻灯片的切换效果

实例门类	软件功能

如果不需要动感地切换动画，也可以删除切换效果，操作方法如下。

Step01 在【幻灯片切换】窗格中，单击【无切换】选项，如图 15-13 所示。

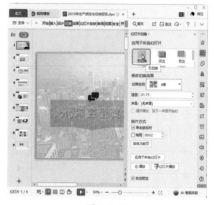

图 15-13

Step02 如果要删除所有幻灯片的切换效果，单击【幻灯片切换】选项卡的【应用于所有幻灯片】按钮即可，如图 15-14 所示。

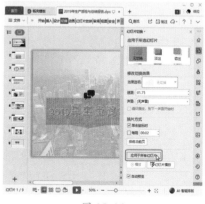

图 15-14

15.3 设置对象的切换效果

一个好的演示文稿，除要有丰富的文本内容、合理的排版设计，以及合理的色彩搭配外，得体的动画效果可以让演示文稿更具吸引力。本节将对对象的切换效果进行讲解。

★重点 15.3.1 实战：添加对象进入动画效果

实例门类	软件功能

所谓对象进入动画，就是在幻灯片放映时，利用动画的方式将对象添加进来，也就是设置一个对象从无到有的过程。

WPS 演示文稿提供了多种预设的进入动画效果，用户可以在【动画】选项卡中选择需要的进入动画效果，操作方法如下。

Step01 打开"素材文件\第15章\2019年生产质检与总结报告.dps"演示文稿，❶ 选中要设置进入动画的对象；❷ 在【动画】选项卡中单击下拉按钮，如图 15-15 所示。

图 15-15

Step02 在弹出的下拉列表中，选择一种动画效果，如图 15-16 所示。

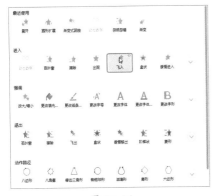

图 15-16

Step03 单击【动画】选项卡中的【自定义动画】按钮，如图 15-17 所示。

图 15-17

Step04 打开【自定义动画】窗格，在【方向】下拉列表中选择【自顶部】选项，如图 15-18 所示。

图 15-18

Step05 ❶ 选中另一个要设置动画的对象；❷ 单击【动画】选项卡中的【智能动画】下拉按钮，如图 15-19 所示。

图 15-19

Step06 在弹出的下拉列表中选择一种智能动画，如图 15-20 所示。

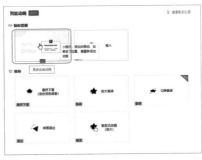

图 15-20

Step07 打开【自定义动画】窗格，在【速度】下拉列表中设置动画的速度，如【快速】，如图 15-21 所示。

图 15-21

Step08 使用相同的方法为第 3 个对象设置动画即可，如图 15-22 所示。

图 15-22

★新功能 15.3.2 实战：为同一对象添加多个动画效果

实例门类	软件功能

在播放产品展示等 PPT 时，十分讲究画面的流畅感，同时添加多种动画效果就能表现出这种逻辑性，也能让幻灯片中对象的动画效果更加丰富、自然。例如，要为已经添加了进入动画的对象添加退出动画，具体操作方法如下。

Step01 接上一例操作，❶ 选中要添加动画的对象；❷ 单击【动画】选项卡中的【自定义动画】按钮，如图 15-23 所示。

图 15-23

Step02 打开【自定义动画】窗格，单击【自定义动画】组中的【添加效果】下拉按钮，如图 15-24 所示。

图 15-24

Step03 在打开的下拉菜单中选择一种退出动画，如图 15-25 所示。

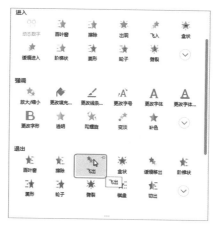

图 15-25

Step04 在【方向】下拉列表中选择【到右侧】选项，如图 15-26 所示。

图 15-26

Step05 在动画列表中，选中序号为【4】的动画，将其拖动到序号为【1】的动画下方，如图 15-27 所示。

图 15-27

Step06 使用相同的方法为其他对象添加退出动画，并调整动画顺序，如图 15-28 所示。

图 15-28

15.3.3 编辑动画效果

为对象设置动画后，还可以编辑动画效果，操作方法如下。

Step01 接上一例操作，打开【自定义动画】窗格，❶ 单击动画列表中序号【1】右侧的下拉按钮；❷ 在弹出的下拉菜单中选择【效果选项】命令，如图 15-29 所示。

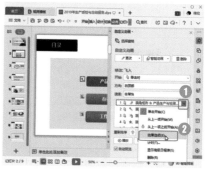

图 15-29

Step02 打开【飞入】对话框，在【效果】选项卡的【声音】下拉列表中选择【打字机】，如图 15-30 所示。

图 15-30

Step03 ❶ 在【计时】选项卡的【开始】下拉列表中选择【之后】选项；❷ 在【速度】下拉列表中，选择【慢速（3秒）】选项；❸ 单击【确定】按钮，如图15-31所示。

图 15-31

Step04 ❶ 单击动画列表中序号【2】右侧的下拉按钮▼；❷ 在弹出的下拉菜单中，选择【效果选项】命令，如图15-32所示。

图 15-32

Step05 打开【自定义】对话框，在【效果】选项卡的【声音】下拉列表中，选择【风铃】选项，如图15-33所示。

图 15-33

Step06 ❶ 在【计时】选项卡的【开始】下拉列表中选择【之后】选项；❷ 在【速度】下拉列表中，选择【中速（2秒）】选项；❸ 单击【确定】按钮，如图15-34所示。

图 15-34

Step07 ❶ 单击动画列表中序号【3】右侧的下拉按钮▼；❷ 在弹出的下拉菜单中，选择【效果选项】命令，如图15-35所示。

图 15-35

Step08 打开【回旋】对话框，在【效果】选项卡的【声音】下拉列表中，选择【爆炸】选项，如图15-36所示。

图 15-36

Step09 ❶ 在【计时】选项卡的【开

始】下拉列表中选择【之后】选项；❷ 在【速度】下拉列表中，选择【中速（2秒）】选项；❸ 单击【确定】按钮，如图15-37所示。

图 15-37

Step10 ❶ 单击动画窗格的任意动画右侧的下拉按钮▼；❷ 在弹出的下拉菜单中选择【显示高级日程表】选项，如图15-38所示。

图 15-38

Step11 在动画右侧将出现进度条，拖动进度条可以控制动画的播放时间，如图15-39所示。

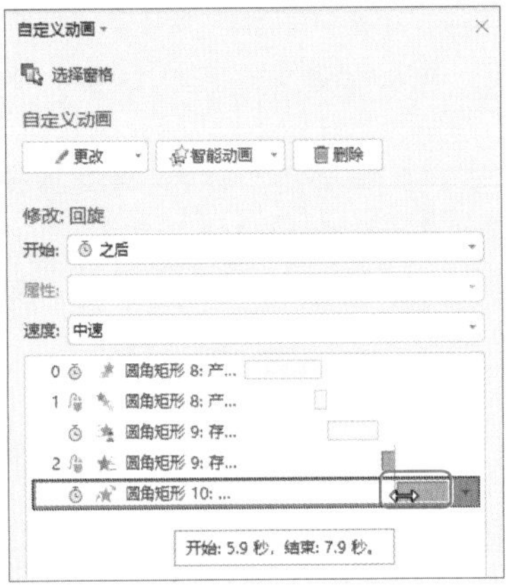

图 15-39

Step⑫ 设置完成后，❶ 在动画窗格中按【Ctrl+A】组合键，选中所有动画；❷ 单击【播放】按钮，如图15-40所示。

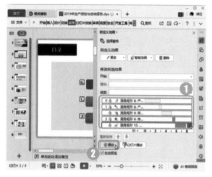

图 15-40

Step⑬ 此时，幻灯片动画进入播放状态，可以查看动画的播放效果，如图15-41所示。

图 15-41

🛠 技术看板

设置动画效果选项时，WPS演示文稿提供了3种动画的开始方式，包括单击时、之前、之后。

（1）单击时，是指单击即可开始播放动画。

（2）之前，是指当前动画与上一段动画同时播放。

（3）之后，是指上一段动画播放完毕后，开始播放当前动画。

选择不同的动画开始方式，会引起动画序号的变化。

★新功能 15.3.4 **实战：设置动态数字动画效果**

实例门类	软件功能

动态数字是一种非常好的数据表达方式，借助数据的动态展示，配合一些基础图表，能让我们的表达更加清晰，操作方法如下。

Step① 接上一例操作，❶ 选中要设置动态数字的数字；❷ 在【动画】选项卡中选择【动态数字】选项，如图15-42所示。

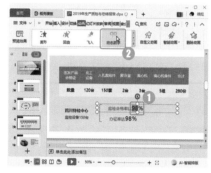

图 15-42

Step② 在出现的浮动工具栏中单击【起始数值】按钮，如图15-43所示。

图 15-43

Step③ ❶ 在打开的【设置】窗格中输入起止数据；❷ 单击【关闭】按钮×，如图15-44所示。

Step④ 单击【动画】选项卡中的【预览效果】按钮，即可预览动态数字的动画效果，如图15-45所示。

图 15-44

图 15-45

★重点 15.3.5 **删除幻灯片中的动画效果**

实例门类	软件功能

为对象添加了动画效果后，如果对添加的动画效果不满意，重新选择其他的动画效果即可删除已设置的动画效果，应用新的动画效果。如果不想使用任何动画效果，也可以使用以下方法删除已经添加的动画效果。

（1）选中要删除动画的对象，然后单击【动画】选项卡中的【删除动画】按钮，如图15-46所示。

（2）选中要删除动画的对象，然后单击【动画】选项卡中的【无】选项，如图15-47所示。

图 15-46

图 15-47

（3）选中要删除动画的对象，然后在【自定义动画】窗格中单击【删除】按钮，如图 15-48 所示。

图 15-48

（4）在【自定义动画】窗格的动画列表中，单击要删除的动画对象右侧的下拉按钮，在弹出的下拉菜单中选择【删除】命令即可，如图 15-49 所示。

图 15-49

15.4 设置幻灯片的交互效果

编辑幻灯片时，可通过设置超链接、设置单击某个对象时运行指定的应用程序等操作，创建交互式幻灯片，以便在放映时从某一个页面跳转到其他位置。下面介绍制作交互式幻灯片的技巧。

15.4.1 实战：在幻灯片中插入其他文件

在制作幻灯片时，有时候需要将其他文件插入幻灯片中，操作方法如下。

Step01 打开"素材文件\第 15 章\上半年销售报告 .dps"演示文稿，单击【插入】选项卡中的【对象】按钮，如图 15-50 所示。

图 15-50

Step02 打开【插入对象】对话框，❶ 选择【由文件创建】单选项；❷ 单击【浏览】按钮，如图 15-51 所示。

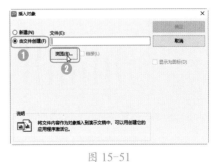

图 15-51

Step03 打开【浏览】对话框，❶ 选择"素材文件\第 14 章\上半年销售情况 .xlsx"文件；❷ 单击【打开】按钮，如图 15-52 所示。

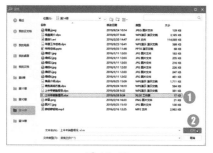

图 15-52

Step04 返回【插入对象】对话框，可以看到在【由文件创建】文本框中引用了插入路径，单击【确定】按钮，如图 15-53 所示。

图 15-53

Step05 返回演示文稿，即可看到对象已经插入，如图 15-54 所示。

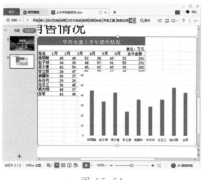

图 15-54

★重点 15.4.2 在幻灯片中插入超链接

在编辑幻灯片时，可以对文本、图片、表格等对象创建超链接，链接位置可以是当前文稿、其他现有文稿或网页等。对某对象创建超链

接后，放映过程中单击该对象可跳转到指定的链接位置。

为幻灯片创建超链接的具体操作方法如下。

Step01 打开"素材文件\第 15 章\2019 年生产质检与总结报告 .dps"演示文稿，❶ 选中要插入超链接的对象；❷ 单击【插入】选项卡中的【超链接】按钮，如图 15-55 所示。

图 15-55

Step02 打开【插入超链接】对话框，❶ 在左侧的列表框中选择【本文档中的位置】选项；❷ 在右侧的【请选择文档中的位置】列表框中选择要链接到的幻灯片；❸ 单击【确定】按钮，如图 15-56 所示。

图 15-56

Step03 设置超链接后，当播放幻灯片时，将鼠标移动到设置了超链接的位置，鼠标指针会变为手形状，此时单击该文本可跳转到指定的链接位置，如图 15-57 所示。

图 15-57

15.4.3 编辑和删除超链接

对某对象创建超链接后，还可根据需要修改指定的链接位置，也可以删除超链接，操作方法如下。

Step01 接上一例操作，❶ 使用鼠标右击要修改超链接的对象；❷ 在弹出的快捷菜单中选择【超链接】选项；❸ 在弹出的子菜单中单击【编辑超链接】命令，如图 15-58 所示。

图 15-58

Step02 打开【编辑超链接】对话框，❶ 重新设置链接的目标位置；❷ 单击【屏幕提示】按钮，如图 15-59 所示。

图 15-59

Step03 打开【设置超链接屏幕提示】对话框，❶ 在【屏幕提示文字】文本框中输入提示文字；❷ 单击【确定】按钮；❸ 返回【编辑超链接】对话框，单击【确定】按钮，如图15-60 所示。

图 15-60

Step04 当再次播放幻灯片时，将鼠标移动到设置了超链接的位置，页面将显示提示文字，如图15-61 所示。

图 15-61

Step05 如果要删除超链接，❶ 使用鼠标右击插入了超链接的对象；❷ 在弹出的快捷菜单中选择【超链接】选项；❸ 在弹出的子菜单中单击【取消超链接】命令即可删除超链接，如图15-62 所示。

图 15-62

15.4.4 通过动作按钮创建链接

在制作幻灯片时，通常需要在内容与内容之间添加过渡页，以此来引导观众思路。但是过渡页偶尔也会出现重复的情况，此时不需要重复制作过渡页，直接利用动作按钮返回之前标题索引所在的幻灯片即可，操作方法如下。

Step01 打开"素材文件\第15章\2019年生产质检与总结报告.dps"演示文稿，❶ 在【插入】选项卡中单击【形状】下拉按钮；❷ 在弹出的下拉菜单中选择一种图标样式，如图15-63 所示。

图 15-63

Step02 ❶ 在目标幻灯片中插入图标，拖动图标到目标位置；❷ 单击【插入】选项卡中的【动作】按钮，如图15-64 所示。

Step03 打开【动作设置】对话框，❶ 单击【超链接到】单选项，然后下拉单击下方的下拉按钮；❷ 在弹出的列表中选择【幻灯片】命令，如图15-65 所示。

图 15-64

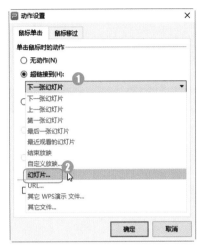

图 15-65

Step04 打开【超链接到幻灯片】对话框，❶ 选中需要链接到的幻灯片名称；❷ 单击【确定】按钮，如图15-66 所示。

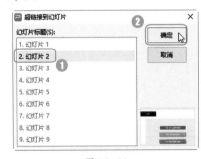

图 15-66

Step05 返回【动作设置】对话框，在【超链接到】下方将显示所选择的幻灯片，直接单击【确定】按钮，如图15-67 所示。

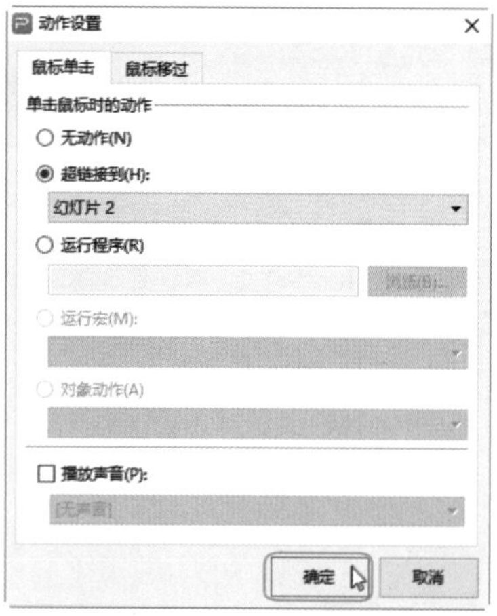

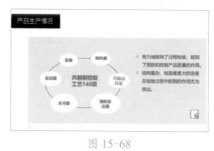

图 15-67

Step 06 添加完成后，在播放幻灯片时单击动作按钮，即可返回到设置的链接页面，如图 15-68 所示。

图 15-68

技术看板

如果幻灯片中有现成的对象需要制作为动作按钮，可以在选中对象后，在【插入】选项卡中单击【动作】按钮，在打开的【动作设置】对话框中进行设置。

妙招技法

通过对前面知识的学习，相信读者已经对演示文稿的动画设置有了一定的了解。下面结合本章内容，给大家介绍一些实用技巧。

技巧 01：如何让鼠标经过某个对象时执行操作

根据操作需要，我们还可以设置当鼠标经过某个对象时，执行相应的操作。例如，要设置鼠标经过时结束幻灯片放映，具体操作方法如下。

Step 01 打开"素材文件\第 15 章\2019年生产质检与总结报告 1.dps"演示文稿，❶ 在幻灯片中绘制一个【矩形】图形，在其中输入文本并设置文本格式，然后选中矩形图形；❷ 单击【插入】选项卡【链接】组的【动作】按钮，如图 15-69 所示。

Step 02 ❶ 在【鼠标移过】选项卡中单击【超链接到】单选项；❷ 在下拉列表中选择链接目标，如【结束放映】；❸ 单击【确定】按钮，如图 15-70 所示。

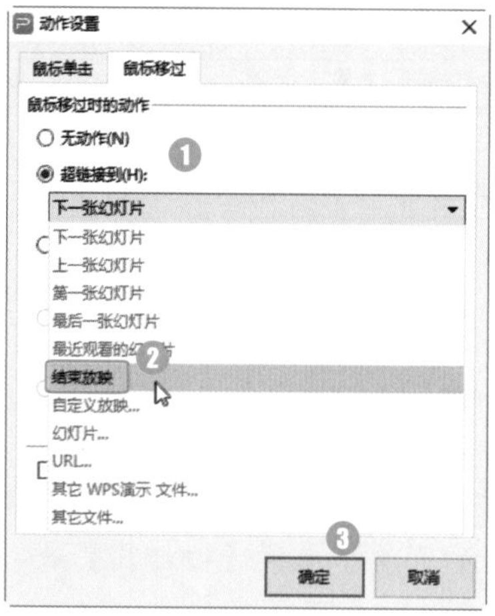

Step 03 完成上述设置后，在幻灯片

图 15-69

图 15-70

放映过程中，鼠标经过【结束放映】对象时，会自动结束放映。

技巧 02：制作自动消失的字幕

在欣赏 MTV 时，字幕从屏幕底部出现，停留一定的时间后便自动消失。要制作类似的自动消失的字幕，通过动画效果功能可以轻松实现，操作方法如下。

Step 01 打开"素材文件\第 15 章\制作自动消失的字幕.dps"演示文稿，❶ 选中文本中的第 1 句；❷ 单击【动画】选项卡中的【自定义动画】按钮，如图 15-71 所示。

图 15-71

Step02 ❶ 打开【自定义动画】窗格，单击【添加效果】下拉按钮；❷ 在弹出的下拉菜单中选择【下降】动画，如图 15-72 所示。

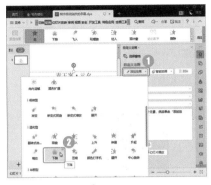

图 15-72

Step03 ❶ 再次单击【添加效果】下拉按钮；❷ 在弹出的下拉菜单中选择【强调动画】中的【彩色波纹】，如图 15-73 所示。

图 15-73

Step04 ❶ 再次单击【添加效果】下拉按钮；❷ 在弹出的下拉菜单中选择【退出动画】中的【上升】，如图 15-74 所示。

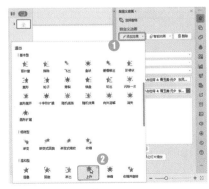

图 15-74

Step05 ❶ 选中添加的第一个动画效果，单击鼠标右键；❷ 在弹出的快捷菜单中选择【效果选项】命令，如图 15-75 所示。

图 15-75

Step06 打开【下降】参数设置对话框，❶ 在【计时】选项卡中设置播放参数；❷ 单击【确定】按钮，如图 15-76 所示。

图 15-76

Step07 选中第二个动画，打开【彩色波纹】参数设置对话框，在【效果】选项卡中设置波纹的颜色，如图 15-77 所示。

图 15-77

Step08 ❶ 切换到【计时】选项卡设置播放参数；❷ 单击【确定】按钮，如图 15-78 所示。

图 15-78

Step09 选中第三个动画，打开【上升】对话框，❶ 在【计时】选项卡中设置播放参数；❷ 单击【确定】按钮，如图 15-79 所示。

图 15-79

Step10 使用相同的方法为其他文字设置相同的进入、强调和退出动画效果，如图 15-80 所示。

图 15-80

Step⑪ 单击【动画】选项卡中的【预览效果】按钮，即可查看动画效果，如图 15-81 所示。

图 15-81

技巧 03：制作闪烁文字效果

需要突出某些内容时，可以将文字设置为比较醒目的颜色，并添加自动闪烁的动画效果，操作方法如下。

Step⑪ 打开"素材文件\第15章\商务咨询方案.pptx"演示文稿，❶选中要设置闪烁文字效果的对象；❷单击【动画】选项卡下拉按钮，如图 15-82 所示。

图 15-82

Step⑫ 在弹出的下拉菜单中选择【强调动画】中的【闪烁】选项，如图 15-83 所示。

Step⑬ 打开【自定义动画】窗格，❶右击需要添加效果的动画；❷在弹出的快捷菜单中选择【计时】选项，如图 15-84 所示。

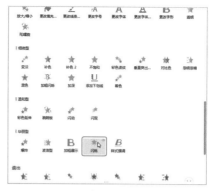

图 15-83

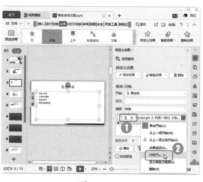

图 15-84

Step⑭ 打开【闪烁】参数设置对话框，❶在【计时】选项卡中设置播放参数；❷单击【确定】按钮即可，如图 15-85 所示。

图 15-85

技巧 04：制作拉幕式幻灯片

拉幕式幻灯片是指幻灯片中的对象（如图片），按照从左往右或者从右往左的方向依次向右或向左运动，形成一种拉幕的效果，操作方法如下。

Step⑪ 新建一个演示文稿，将幻灯片的版式更改为【空白】，背景设置为黑色，❶在幻灯片中插入一张图片，将其移动到工作区右侧的空白处；❷单击【动画】选项卡中的下拉按钮，如图 15-86 所示。

图 15-86

Step⑫ 在弹出的下拉菜单中选择【飞入】选项，如图 15-87 所示。

图 15-87

Step⑬ 打开【自定义动画】窗格，在【方向】下拉列表中选择【自左侧】选项，如图 15-88 所示。

图 15-88

Step04 在【开始】下拉列表中选择【之后】选项，如图 15-89 所示。

图 15-89

Step05 在【速度】下拉列表中选择【非常慢】选项，如图 15-90 所示。

图 15-90

Step06 参照上述操作步骤，插入其他图片，并将这些图片移动到第一张图片处，与第一张图片重合，使图片运动时在同一水平线上。对其设置与第一张图片相同的动画效果及播放参数，如图 15-91 所示。

图 15-91

Step07 添加完成后，按【F5】键即可查看最终效果，如图 15-92 所示。

图 15-92

技巧 05：使用叠加法逐步填充表格

在演示文稿中，常用表格来展示大量的数据。如果需要将数据根据讲解的进度逐步填充到表格中，可以通过设置动画的方法实现，具体操作方法如下。

Step01 打开"素材文件\第15章\填充表格.dps"演示文稿，在其中插入一张 5 行 4 列的表格，并在第一行输入第一次需要出现的字符，如图 15-93 所示。

图 15-93

Step02 打开【自定义动画】窗格，❶ 选中表格；❷ 单击【添加效果】下拉按钮，如图 15-94 所示。

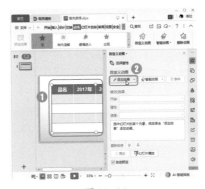

图 15-94

Step03 在弹出的下拉菜单中选择一种进入动画效果，如【向内溶解】，如图 15-95 所示。

图 15-95

Step04 ❶ 设置【开始】方式为【之后】；❷ 设置【速度】为【慢速】，如图 15-96 所示。

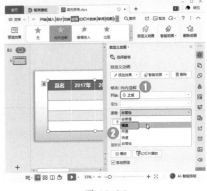

图 15-96

Step05 选中表格，按【Ctrl+C】组合键进行复制，然后按【Ctrl+V】组合键进行粘贴。在第二张表格中，保留原有内容，并在相应的单元格中输入第二次需要出现的字符，然后对第二张工作表进行移动操作，使其与第一张表格重叠在一起，如图 15-97 所示。

技术看板

复制表格后，其动画效果也会被一起复制，因为第二张工作表要设置与第一张工作表相同的动画效果，因此无须再单独设置动画。

图 15-97

Step 06 根据表格的实际情况，重复上述操作，将表格复制若干份，并

调整位置使其重叠，如图 15-98 所示。

图 15-98

Step 07 按【F5】键即可查看最终效果，如图 15-99 所示。

品名	2017年	2018年	2019年
五粮液	2000	2500	3000
泸州老窖	2650	2690	2900
茅台	2500	2900	3400

图 15-99

本章小结

本章的重点在于掌握 WPS 演示文稿中设置切换和动画效果的方法，主要包括设置幻灯片的切换动画、对象的切换动画、幻灯片的链接等。希望读者通过对本章内容的学习，能够熟练地掌握为幻灯片设置切换和动画效果的方法，能够正确地选择适合的动画效果。

第16章

WPS 演示文稿的放映与输出

➡ 不想播放所有的幻灯片，怎样只播放指定的几张幻灯片？

➡ 怎样设置幻灯片自动播放？

➡ 怎样用红色的笔标注幻灯片的重点内容？

➡ 放映幻灯片的时候经常会出现误操作，如单击鼠标右键导致错误的换片，能否设置单击鼠标右键时不换片？

➡ 要想让演示文稿在打开时自动播放，应该如何设置？

➡ 需要将幻灯片复制到其他计算机中播放，又担心其他计算机没有安装 WPS，能否将演示文稿转换为图片？

因为幻灯片中添加的多媒体文件、超链接、动画等内容只有在放映幻灯片时才能看到整体效果，所以放映幻灯片是必不可少的。本章将学习在 WPS 演示文稿中放映与输出幻灯片的相关知识，通过设置放映方式、输出演示文稿等操作，来进一步掌握幻灯片的相关知识。在学习的过程中，以上问题也将一一得到解答。

16.1 了解演示文稿的放映

制作演示文稿的最终目的是放映和演示，本节主要介绍与演示文稿放映相关的设置，如放映中的操作技巧等。

16.1.1 了解演示文稿的放映方式

演示文稿的放映方式主要包括演讲者放映（全屏幕）和在展台浏览（全屏幕）两种。在放映幻灯片时，用户可以根据不同的场所设置不同的放映方式，如图 16-1 所示。

图 16-1

1. 演讲者放映（全屏幕）

演讲者放映（全屏幕）是最常用的放映方式，在放映过程中，将全屏显示幻灯片。演示者能够控制幻灯片的放映速度、暂停演示文稿、添加会议细节、录制旁白等。

使用演讲者放映（全屏幕），演示者对幻灯片的放映过程有完全的控制权，如图 16-2 所示。

图 16-2

2. 在展台浏览（全屏幕）

在展台浏览（全屏幕）方式是最简单的放映方式，这种方式将自动全屏放映幻灯片，并且循环放映演示文稿。

在放映过程中，除了通过超链接或动作按钮进行切换外，其他的功能都不能使用。

设置在展台浏览（全屏幕）方式放映幻灯片后，鼠标将无法控制幻灯片，只能按【Esc】键退出放映状态，如图 16-3 所示。

图 16-3

16.1.2 做好放映前的准备工作

在放映幻灯片之前，还需要做一些准备工作。完善的准备工作，可以让演示者更加完美地展示演示文稿的精髓。一般来说，放映前的准备工作包括以下几点。

1. 检查

检查幻灯片时，需要站在观众的角度检查自己制作的幻灯片有没有出现错别字、语法是否正确、逻辑是否错乱等。

也可以在【审阅】选项卡中执行【拼写检查】，以确定用词是否正确，如图 16-4 所示。

图 16-4

2. 资料准备

在放映幻灯片时，有时候除了展示幻灯片中的内容，还有一些文件内容需要展示给观众，此时，就需要提前准备好相关资料。

将需要展示的资料存放在同一个目录中，或者复制到 U 盘中进行备份都是不错的选择。

3. 音频、视频测试

如果要在幻灯片中插入音频或视频，需要将音频或视频文件放在同一个目录中，再执行插入音频或视频的操作。

在插入音频和视频后，一定要测试音频和视频的播放情况，避免现场出错。

4. 保存格式

WPS 演示文稿常用的保存格式是 DPS 和 PPTX。如果制作的幻灯片需要做现场演示，则需将其保存为 PPS 格式，如图 16-5 所示。

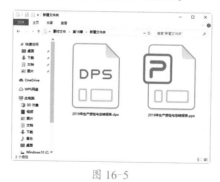
图 16-5

当使用其他模式打开幻灯片

时，观众会看到你打开和关闭页面的过程，如图 16-6 所示。

图 16-6

而 PPS 格式的幻灯片，在打开后直接开始播放，不会出现操作界面，如图 16-7 所示。

图 16-7

5. 现场测试

即使幻灯片的设计没有问题，检查也没有问题，仍需提前到现场进行测试。因为偶尔可能会有一些不可预见的小状况出现，如投影仪连接故障、计算机连接线不符等，所以必须提前进行现场测试，以免发生意外情况。

16.2 演示文稿的放映设置

在放映演示文稿时，如果播放流程没有时间限制，可以对幻灯片设置放映时间或旁白，从而创建自动运行的演示文稿。

★重点 16.2.1 实战：设置演示文稿的放映方式

实例门类	软件功能

演示文稿的放映方式主要包括演讲者放映（全屏幕）和在展台浏览（全屏幕）两种，我们可以根据需要设置放映方式，操作方法如下。

Step01 打开"素材文件\第16章\2019年生产质检与总结报告.dps"演示文稿，单击【幻灯片放映】选项卡中的【设置放映方式】按钮，如图16-8所示。

图 16-8

Step02 打开【设置放映方式】对话框，❶在【放映类型】组中选择一种放映方式；❷单击【确定】按钮即可，如图16-9所示。

图 16-9

16.2.2 指定幻灯片的播放

在放映幻灯片之前，用户可以根据需要设置放映幻灯片的数量，如放映全部幻灯片、放映指定的幻灯片，操作方法如下。

1. 指定幻灯片的播放

如果需要播放的几张幻灯片连续，可通过设置幻灯片放映的起始页和结束页来指定需要播放的幻灯片，操作方法如下。

打开【设置放映方式】对话框，❶在【放映幻灯片】栏选择【从…到…】选项，在微调框中设置幻灯片放映的范围；❷单击【确定】按钮即可，如图16-10所示。

图 16-10

技能拓展——隐藏幻灯片

选择幻灯片后，单击【幻灯片放映】选项卡中的【隐藏幻灯片】命令，可以将不需要播放的幻灯片隐藏。

2. 自定义幻灯片的播放

针对不同场合或不同的观众群，演示文稿的放映顺序或内容也可能会随之变化，因此，放映者可以自定义放映顺序及内容，操作方法如下。

Step01 单击【幻灯片放映】按钮，如图16-11所示。

图 16-11

Step02 打开【自定义放映】对话框，单击【新建】按钮，如图16-12所示。

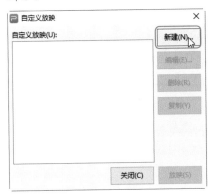

图 16-12

Step03 打开【定义自定义放映】对话框，❶在【幻灯片放映名称】文本框中输入该自定义放映的名称；❷在【在演示文稿中的幻灯片】列表框中选择需要放映的幻灯片，通过单击【添加】按钮将其添加到右侧的【在自定义放映中的幻灯片】列表框中；❸设置好后单击【确定】按钮，如图16-13所示。

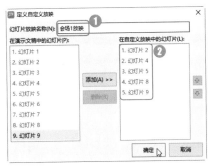

图 16-13

Step 04 返回【自定义放映】对话框，单击【关闭】按钮即可，如图16-14所示。

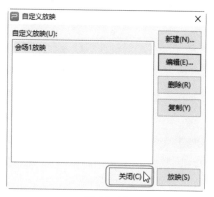

图 16-14

16.2.3 设置幻灯片的换片方式

WPS 演示文稿的换片方式主要有两种，分别是手动和排练时间。

（1）手动：放映时可以单击换片，或每隔一定时间自动播放，或右击进行切换；如果使用快捷菜单上的【上一页】【下一页】或【定位】选项，WPS 演示文稿会忽略默认的排练计时，但不会删除，如图16-15所示。

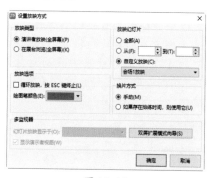

图 16-15

（2）排练时间：使用预设的排练时间自动放映。如果幻灯片没有预设排练时间，就算选择了此选项，仍然需要手动进行换片操作，如图16-16所示。

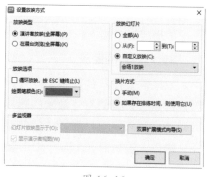

图 16-16

16.2.4 设置幻灯片的放映时间

默认情况下，在放映演示文稿时需要单击，才会播放下一个动画或下一张幻灯片，这种方式叫手动放映。如果希望当前动画或幻灯片播放完毕后自动播放下一个动画或下一张幻灯片，可以对幻灯片设置放映时间。

1. 手动设置放映时间

手动设置放映时间就是逐一对每张幻灯片设置播放时间，操作方法如下。

❶ 选中要设置放映时间的幻灯片；

❷ 在【切换】选项卡的【速度】微调框中设置换片时间，如图16-17所示。

图 16-17

技能拓展——将设置应用于所有幻灯片

对每张幻灯片设置播放时间后，此后放映演示文稿时会根据设置的时间自动放映。此外，当前幻灯片的放映时间设置好后，如果希望将该设置应用到所有幻灯片中，可单击【应用到全部】按钮。

2. 设置排练计时

排练计时就是在正式放映前用手动的方式进行换片，演示文稿能够自动把手动换片的时间记录下来，如果应用这个时间，那么以后便可以按照这个时间自动进行放映，无须人为控制，具体操作方法如下。

Step 01 单击【幻灯片放映】选项卡中的【排练计时】按钮，如图16-18所示。

图 16-18

Step 02 单击该按钮后，将会出现幻灯片放映视图，同时出现【预演】工具栏，当放映时间到达预设时间后，单击【下一项】按钮切换到下一张幻灯片，单击【暂停】按钮暂停录制，单击【重复】按钮，重复操作，如图16-19所示。

图 16-19

16-20 所示。

图 16-20

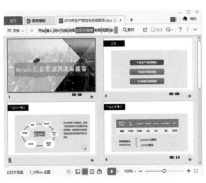

图 16-21

Step 03 到达幻灯片末尾时，出现信息提示框，单击【是】按钮，以保存排练时间。下次播放时即按照记录的时间自动播放幻灯片，如图

Step 04 保存排练计时后，演示文稿将退出排练计时状态，以幻灯片浏览视图模式显示，可以看到各幻灯片的播放时间，如图 16-21 所示。

16.3 演示文稿的放映控制

在放映幻灯片时，用户还需要掌握放映过程中的控制技巧，如定位幻灯片、跳转到指定幻灯片页及隐藏声音或鼠标指针等技巧。

★重点 16.3.1 实战：开始放映培训演示文稿

幻灯片的放映方法主要有 5 种，分别是从头开始、从当前开始、自定义放映、发起会议放映和手机遥控功能放映。

1. 从头开始

如果希望从第一张幻灯片开始，依次放映演示文稿中的幻灯片，可通过以下几种方法实现。

（1）单击【幻灯片放映】选项卡中的【从头开始】按钮，如图 16-22 所示。

图 16-22

（2）单击状态栏中的【从当前幻灯片播放】按钮右侧的下拉按钮，在弹出的下拉菜单中选择【从头开始】命令，如图 16-23 所示。

图 16-23

（3）按【F5】键即可从头开始播放幻灯片。

2. 从当前开始

如果希望从当前选中的幻灯片开始放映演示文稿，可以使用以下几种方法。

（1）单击【幻灯片放映】选项卡中的【从当前开始】按钮，如图 16-24 所示。

图 16-24

（2）单击任务栏中的【从当前幻灯片开始播放】按钮，如图 16-25 所示。

图 16-25

（3）单击状态栏中的【从当前

幻灯片播放】按钮右侧的下拉按钮，在弹出的下拉菜单中选择【从当前开始】命令，如图 16-26 所示。

图 16-26

（4）按【Shift+F5】组合键，即可从当前幻灯片开始放映。

3. 自定义放映

为幻灯片设置自定义放映时，只需要简单操作，就可以播放自定义的幻灯片，操作方法如下。

打开【设置放映方式】对话框，❶ 在【放映幻灯片】栏选择【自定义放映】单选项；❷ 在下方的下拉列表中选择要设置的自定义幻灯片名称；❸ 单击【确定】按钮，返回幻灯片中，再按【F5】键播放即可，如图 16-27 所示。

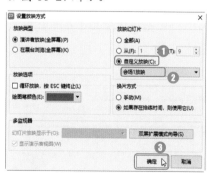

图 16-27

4. 发起会议放映

WPS 演示文稿提供了联网放映幻灯片功能，通过该功能，演示者可以在任意位置通过扫描二维码或输入加入码，与任何人共享幻灯片放映，操作方法如下。

Step01 打开要放映的演示文稿，❶ 单击【幻灯片放映】选项卡中的【会议】下拉按钮；❷ 在弹出的下拉菜单中选择【发起会议】选项，如图 16-28 所示。

图 16-28

Step02 打开【会议】对话框，并生成二维码和加入码，单击【复制二维码】按钮可以复制当前二维码，然后发送给参加会议的人员即可。如果要使用加入码邀请，可以单击【通过加入码邀请】链接，如图16-29 所示。

图 16-29

Step03 在打开的界面中将显示加入码，单击【复制加入码】命令，如图 16-30 所示。

图 16-30

Step04 当他人收到加入码后，❶ 单击【幻灯片放映】选项卡中的【会议】下拉按钮；❷ 在弹出的下拉菜单中选择【加入会议】选项，如图16-31 所示。

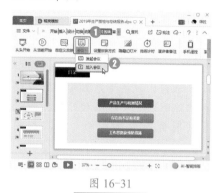

图 16-31

技能拓展——通过二维码加入会议

如果是通过二维码加入会议，打开手机 WPS Office，使用扫一扫功能扫描二维码后，即可加入会议。

Step05 打开【会议】对话框，❶ 在【输入加入码】文本框中输入加入码；❷ 单击【加入会议】按钮，如图 16-32 所示。

图 16-32

Step06 在发起者的会议对话框中，将显示参加会议的成员个数，如果人员全部到齐，单击【开始会议】按钮即可开始会议，如图 16-33 所示。

Step07 开始放映幻灯片，放映过程与普通放映相同，如图 16-34 所示。

图 16-33

图 16-34

Step08 放映结束后，可以单击【播放其他演示文档】按钮插入其他演示文档，如图 16-35 所示。

图 16-35

Step09 如果需要结束播放，按下键盘上的【Esc】键，弹出提示对话框，单击【确定】按钮即可退出，如图 16-36 所示。

图 16-36

5. 使用手机遥控功能放映

通过手机遥控功能，我们可以方便地控制幻灯片的放映，操作方法如下。

Step01 在【幻灯片放映】选项卡中单击【手机遥控】按钮，如图 16-37 所示。

图 16-37

Step02 打开【手机遥控】对话框，提示【使用手机 WPS Office 扫一扫】，如图 16-38 所示。

图 16-38

Step03 打开手机 WPS Office，点击右上角的功能按钮 ⋮，如图 16-39 所示。

图 16-39

Step04 在打开的菜单中选择【扫一扫】功能，如图 16-40 所示。

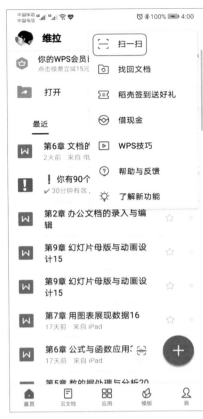

图 16-40

Step05 使用手机扫描 Step02 中的二维码，即可进入手机遥控，点击【播放】按钮开始遥控，如图 16-41 所示。

图 16-41

Step06 在播放时，❶ 通过点击屏幕或向左右滑动控制翻页；❷ 放映完成后，点击右上角的【退出】按钮 ⏻，如图 16-42 所示。

图 16-42

Step 07 弹出提示对话框，点击【断开】按钮，即可退出手机遥控，如图 16-43 所示。

图 16-43

16.3.2 实战：在放映幻灯片时控制播放过程

在放映幻灯片时，用户也可以对幻灯片播放进程进行控制。

1. 换片控制

在播放幻灯片的过程中，可以随时切换幻灯片，操作方法如下。

Step 01 在放映幻灯片时，单击鼠标右键，在弹出的快捷菜单中可以通过选择【上一页】【下一页】【第一页】和【最后一页】来切换幻灯片，如图 16-44 所示。

图 16-44

Step 02 如果要定位到某张幻灯片，❶ 单击鼠标右键，选择【定位】选项；❷ 在弹出扩展菜单中选择【按标题】选项；❸ 在弹出的子菜单中选择需要播放的幻灯片，如图 16-45 所示。

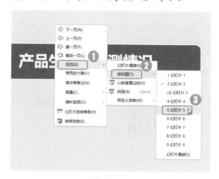

图 16-45

2. 在放映过程中使用画笔标识屏幕内容

在放映幻灯片时，为了配合演讲，可能需要标注出某些重点内容，此时可使用鼠标进行勾画，操作方法如下。

Step 01 ❶ 单击鼠标右键，在弹出的快捷菜单中单击【指针选项】命令；❷ 在弹出的子菜单中选择需要的指针，如【水彩笔】，如图 16-46 所示。

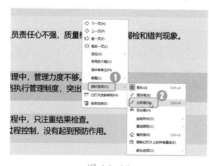

图 16-46

Step 02 此时鼠标将变为 ✐，按住鼠标左键划动即可标识幻灯片内容，如图 16-47 所示。

图 16-47

Step 03 ❶ 再次单击鼠标右键，在弹出的快捷菜单中单击【指针选项】命令；❷ 在弹出的子菜单中选择【墨迹颜色】命令；❸ 在弹出的【颜色】选择框中选择所需的颜色，如图 16-48 所示。

图 16-48

Step 04 拖动鼠标左键，可以绘制出该颜色的线条。如果不再需要使用画笔来标注，可以按【Esc】键退出鼠标标注模式，如图 16-49 所示。

图 16-49

Step 05 ❶ 如果要清除标注痕迹，可以单击鼠标右键，在弹出的快捷菜单中选择【指针选项】选项；❷ 在弹出的子菜单中选择【擦除幻灯片上的所有墨迹】选项，如图 16-50 所示。

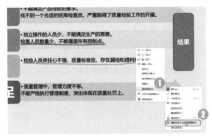

图 16-50

Step06 或者当幻灯片播放结束，会弹出提示对话框【是否保留墨迹注释】，单击【保留】按钮可以保留墨迹，单击【放弃】按钮可以清除墨迹，如图 16-51 所示。

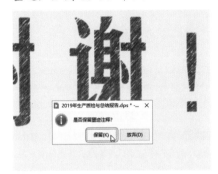

图 16-51

3. 使用放大镜查看幻灯片

在放映幻灯片时，可以使用放大镜放大或缩小幻灯片，操作方法如下。

Step01 在放映幻灯片时单击鼠标右键，在弹出的快捷菜单中选择【使用放大镜】选项，如图 16-52 所示。

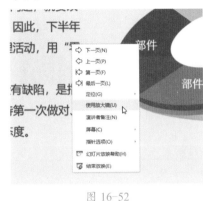

图 16-52

Step02 进入放大镜模式，单击 + 按钮可以放大幻灯片；单击 − 按钮可以缩小幻灯片；单击 = 按钮返回原始大小；按【Esc】键可退出放大镜模式，如图 16-53 所示。

图 16-53

16.4 演示文稿的输出和打印

有时候一份演示文稿需要在多台计算机上播放，或者需要在其他的计算机上放映，这时就需要用到输出功能。如果有需要，还可以将演示文稿打印出来。

★重点 16.4.1 实战：将总结演示文稿输出为视频文件

实例门类	软件功能

将演示文稿制作成视频文件后，可以使用常用的视频播放软件进行播放，并能保留演示文稿中的动画、切换效果和多媒体等信息。

1. 保存为视频文件

将演示文稿保存为视频文件，操作方法如下。

Step01 打开"素材文件\第16章\2019年生产质检与总结报告 .dps"演示文稿，❶ 单击【文件】下拉按钮；❷ 在弹出的下拉菜单中选择【另存为】选项；❸ 在弹出的子菜单中选择【输出为视频】选项，如图 16-54 所示。

Step02 打开【另存为】对话框，❶ 设置保存路径和文件名，并将保存类型设置为【WebM 视频】；❷ 单击【保存】按钮，如图 16-55 所示。

图 16-54

图 16-55

Step03 弹出提示对话框，提示正在输出视频，如图 16-56 所示。

图 16-56

Step04 视频输出完成后，可以单击【打开视频】按钮打开视频，如图 16-57 所示。

图 16-57

Step05 即可查看幻灯片转换为视频后的效果，如图 16-58 所示。

图 16-58

2. 制作演讲实录

保存为视频文件，仅仅是演示文稿格式的转变，并没有演讲者的参与。使用演讲实录，可以录制演

讲全程，同步录音，将演讲过程全部记录下来，操作方法如下。

Step01 单击【幻灯片放映】选项卡中的【演讲实录】按钮，如图 16-59 所示。

图 16-59

Step02 打开【演讲实录】对话框，第一次使用时会在对话框底部提示安装插件，单击【立即安装】链接，如图 16-60 所示。

图 16-60

Step03 打开的对话框中提示需要视频解码插件，❶勾选【我已阅读】复选框；❷单击【下载并安装】按钮，如图 16-61 所示。

图 16-61

Step04 视频解码插件安装完成后会给出提示，单击【完成】按钮即可，

如图 16-62 所示。

图 16-62

Step05 安装完成后，返回【演讲实录】对话框，单击【自定义路径】链接，如图 16-63 所示。

图 16-63

Step06 打开【选择输出路径】对话框，❶选择要保存演讲实录的文件夹；❷单击【选择文件夹】按钮，如图 16-64 所示。

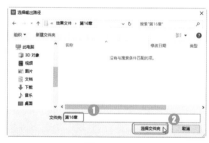

图 16-64

Step07 设置保存路径后，单击【开始录制】按钮，如图 16-65 所示。

图 16-65

Step⑧ 演讲者开始演讲，演讲完成后按【Esc】键，如图16-66所示。

图16-66

Step⑨ 弹出提示对话框，单击【结束录制】按钮，如图16-67所示。

图16-67

Step⑩ 打开保存的文件夹，即可查看保存的演讲实录和播放教程，双击演讲实录视频，如图16-68所示。

图16-68

Step⑪ 播放演讲实录，如图16-69所示。

图16-69

16.4.2　实战：将总结演示文稿输出为图片文件

实例门类	软件功能

幻灯片制作完成后，可以直接将幻灯片以图片文件的形式进行保存，如JPG、PNG等。保存为图片文件的方法如下。

Step① 打开"素材文件\第16章\2019年生产质检与总结报告.dps"演示文稿，❶ 右击标题栏；❷ 在弹出的快捷菜单中选择【另存为】命令，如图16-70所示。

图16-70

Step② 打开【另存为】对话框，❶ 设置保存路径和文件名，并设置【文件类型】为【JPEG文件交换格式（*.jpg）】；❷ 单击【保存】按钮，如图16-71所示。

图16-71

Step③ 弹出提示对话框，选择要导出的幻灯片，本例选择【每张幻灯片】选项，如图16-72所示。

图16-72

Step④ 输出完成后弹出提示对话框，单击【确定】按钮，如图16-73所示。

图16-73

Step⑤ 打开保存的文件夹，即可看到所有幻灯片已经保存为图片文件的形式，如图16-74所示。

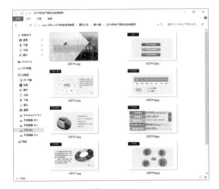

图16-74

16.4.3　实战：将总结演示文稿输出为PDF文件

实例门类	软件功能

PDF是一种流行的电子文档格式，将演示文稿保存成PDF文档后，就无须再用WPS演示文稿进行打开和查看了，可以使用专门的PDF阅读软件打开，便于文稿的阅读和传播，操作方法如下。

Step① 打开"素材文件\第16章\2019年生产质检与总结报告.dps"演示文稿，单击【特色应用】选项卡中按钮，如图16-75所示。

图 16-75

Step02 打开【输出为 PDF】对话框，单击【保存目录】右侧的 ⋯ 按钮，如图 16-76 所示。

图 16-76

Step03 打开【选择路径】对话框，选择保存的文件夹位置，单击【选择文件夹】按钮，如图 16-77 所示。

图 16-77

Step04 返回【输出为 PDF】对话框，单击【开始输出】按钮，如图 16-78 所示。

Step05 输出完成后，在状态栏提示【输出成功】，如图 16-79 所示。

图 16-78

图 16-79

Step06 打开转换后的 PDF 文件，即可查看最终效果，如图 16-80 所示。

图 16-80

技术看板

将 PPT 转换为 PDF 文件之后，打开 PDF 文件，在操作界面的右上角会出现一个【转为 PPT】按钮 ◎，将光标移动到该按钮上，会弹出【转为 PPT】【转为 Word】【转为 Excel】【转为图片】按钮，用户可以直接单击这些按钮将 PDF 文件转换为其他格式。

需要注意的是，非 WPS 会员只能转换 5 页以内的文档，会员则没有转换页数的限制。

16.4.4　实战：将总结演示文稿转为 WPS 文字文档

实例门类	软件功能

演示文稿也可以转为 WPS 文字文档，操作方法如下。

Step01 打开"素材文件\第 16 章\2019 年生产质检与总结报告 .dps"演示文稿，❶ 单击【文件】下拉按钮；❷ 在弹出的下拉菜单中选择【另存为】选项；❸ 在弹出的子菜单中选择【转为 WPS 文字文档】选项，如图 16-81 所示。

图 16-81

Step02 打开【转为 WPS 文字文档】对话框，保持默认设置，单击【确定】按钮即可，如图 16-82 所示。

图 16-82

Step03 打开【保存】对话框，❶ 设置保存路径、文件名和保存类型；❷ 单击【保存】按钮，如图 16-83 所示。

图 16-83

Step04 转换完成后单击【打开文件】按钮，如图 16-84 所示。

图 16-84

Step05 打开 WPS 文字文档，即可查看转换后的效果，如图 16-85 所示。

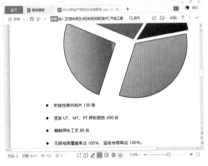

图 16-85

技术看板

将 PPT 转换为 WPS 文字文档后，排版和显示效果都会有所变化，需要重新调整。

★重点 16.4.5 实战：打包总结演示文稿

实例门类	软件功能

如果制作的演示文稿中包含了链接的数据、特殊字体、视频或音频文件等，为了保证能在其他计算机上正常播放，最好将演示文稿打

包存放，操作方法如下。

Step01 打开"素材文件\第 16 章\2019 年生产质检与总结报告 .dps"演示文稿，❶ 单击【文件】下拉按钮；❷ 在弹出的下拉菜单中选择【文件打包】选项；❸ 在弹出的子菜单中选择【将演示文档打包成文件夹】选项，如图 16-86 所示。

图 16-86

Step02 打开【演示文件打包】对话框，❶ 设置【文件夹名称】和【位置】；❷ 单击【确定】按钮，如图 16-87 所示。

图 16-87

技术看板

勾选【演示文件打包】对话框中的【同时打包成一个压缩文件】复选框，可以在打包文件的同时，将演示文稿压缩打包成另一个独立的压缩文件。

Step03 打包完成后，在弹出的对话框中单击【关闭】按钮即可，如图 16-88 所示。

图 16-88

★重点 16.4.6 实战：打印总结演示文稿

实例门类	软件功能

在一些非常重要的演讲场合，为了让与会人员了解演讲内容，通常会将演示文稿像 WPS 文字文档一样打印在纸张上做成讲义。在打印演示文稿前需要进行一些设置，包括页面设置和打印设置等，操作方法如下。

Step01 打开"素材文件\第 16 章\2019 年生产质检与总结报告 .dps"演示文稿，❶ 单击【文件】下拉按钮；❷ 在弹出的下拉菜单中选择【打印】选项；❸ 在弹出的子菜单中选择【打印预览】选项，如图 16-89 所示。

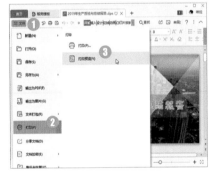

图 16-89

Step02 进入【打印预览】界面，单击【幻灯片加框】按钮，为幻灯片添加边框，如图 16-90 所示。

图 16-90

Step**03** 单击【页眉和页脚】按钮，如图 16-91 所示。

图 16-91

图 16-92

图 16-93

Step**04** 打开【页眉和页脚】对话框，❶勾选【日期和时间】复选框；❷在【自动更新】下拉列表中选择一种日期格式，如图 16-92 所示。

技术看板

如果不需要日期自动更新，则选择下方的【固定】选项，然后再选择日期格式。

Step**05** ❶勾选【幻灯片编号】和【标题幻灯片不显示】复选框；❷单击【全部应用】按钮，如图 16-93 所示。

Step**06** 设置完成后单击【直接打印】按钮，即可开始打印演示文稿，如图 16-94 所示。

图 16-94

妙招技法

通过对前面知识的学习，相信读者已经对演示文稿的放映与输出有了一定的了解。下面结合本章内容，给大家介绍一些实用技巧。

技巧 01：**隐藏声音图标**

如果在制作幻灯片时插入了声音文件，幻灯片中会显示一个声音图标，且在默认情况下，放映时幻灯片中也会显示声音图标。为了实现完美放映，可通过设置使幻灯片放映时自动隐藏声音图标，操作方法如下。

打开"素材文件\第 16 章\楼盘简介.pptx"演示文稿，在幻灯片中选中声音图标，在【音频工具】组中勾选【放映时隐藏】复选框即可，

如图 16-95 所示。

图 16-95

技巧 02：**取消以黑屏幻灯片结束**

在 PPT 中放映幻灯片时，每次放映结束后，屏幕总显示黑屏，需要单击鼠标才会退出。此时可以通过设置使放映结束后不再显示黑屏，操作方法如下。

打开【选项】对话框，❶在【视图】选项卡的【幻灯片放映】栏中取消勾选【以黑幻灯片结束】复选框；❷单击【确定】按钮保存设置即可，如图 16-96 所示。

图 16-96

图 16-97

图 16-98

技巧 03：在放映幻灯片时如何隐藏鼠标指针

在放映幻灯片的过程中，如果不需要使用鼠标进行操作，则可以通过设置将鼠标指针隐藏起来，操作方法如下。

在放映过程中，❶ 使用鼠标右击任意位置，在弹出的快捷菜单中单击【指针选项】命令；❷ 在弹出的扩展菜单中单击【箭头选项】命令；❸ 在弹出的子菜单中单击【永远隐藏】命令，使【永远隐藏】命令呈勾选状态即可，如图 16-97 所示。

技巧 04：如何在放映时禁止弹出右键菜单

在放映幻灯片时，如果不小心按了鼠标右键，弹出的右键菜单会影响观众观看。为了避免这种情况的发生，可以通过设置，禁止放映时弹出右键菜单，操作方法如下。

打开【选项】对话框，❶ 在【视图】选项卡的【幻灯片放映】栏中取消勾选【右键单击快捷菜单】复选框；❷ 单击【确定】按钮保存设置即可，如图 16-98 所示。

技巧 05：为幻灯片设置黑/白屏

在幻灯片放映开始之前和放映过程中，若需要观众暂时将目光集中在其他地方，可以为幻灯片设置显示颜色，让内容暂时消失，操作方法如下。

❶ 在幻灯片上单击鼠标右键，在弹出的快捷菜单中选择【屏幕】选项；❷ 在弹出的子菜单中选择【黑屏】或【白屏】命令即可，如图 16-99 所示。

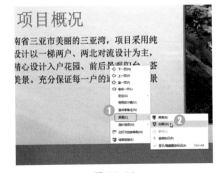

图 16-99

本章小结

通过对本章知识的学习，相信读者已经掌握放映和输出 WPS 演示文稿的操作方法。在放映演示文稿时，要想有效控制幻灯片的放映过程，就需要演示者合理地进行操作。通过对本章内容的学习，希望大家能够熟练地放映演示文稿，并可以快速将演示文稿输出为其他格式。

第5篇

WPS 其他组件应用篇

WPS Office 2019 除常用的 3 个组件外，还可以创建 PDF 文件、使用流程图制作工作流程、组织结构图等，也可以使用脑图快速完成销售总结、设计思路的制作。此外，还可以使用图片设置制作海报、邀请函、祝福卡等。

第 17 章　WPS 的其他组件应用

➡ 除常用的几个组件外，WPS Office 2019 还有哪些功能？

➡ WPS 可以创建 PDF 文件吗？

➡ WPS 可以制作简单的流程图、智能图形，那复杂的流程图呢？

➡ 脑图的绘制太烦琐，有没有更简单的制作方法？

➡ 想要制作专业的海报，一定要找广告公司吗？

➡ 不会用 PS 怎么设计名片？

➡ 要收集员工意向表，怎样快速制作表格进行统计呢？

WPS Office 2019 除文档、表格、演示文稿应用广泛外，其他组件也是办公的好帮手，本章我们将对这一部分组件进行讲解，如制作 PDF、流程图、脑图、海报、名片、表单等。在学习的过程中，你会慢慢发现 WPS Office 2019 是名多面手，体会到 WPS Office 2019 为工作带来的诸多便利。

17.1　使用 PDF 功能创建文件

PDF 是工作中常用的一种文件格式，制作完成后，在其他计算机上打开时不易受计算机环境的影响，也不容易被随意修改。本节将介绍在 WPS 中创建 PDF 文件的方法。

★新功能 17.1.1　新建 PDF 文件

在工作中，发送给员工的文档，大多是 PDF 格式。制作 PDF 文件，除将 WPS 文字、WPS 表格、WPS 演示文稿转换为 PDF 格式外，还可以使用 WPS Office 2019 直接创建 PDF 文件。

1. 从文件新建 PDF

如果要将某个文件新建为 PDF 文件，操作方法如下。

Step 01 启动 WPS Office 2019，单击【新建】按钮，如图 17-1 所示。

图 17-1

Step02 ❶ 切换到【PDF】选项卡；❷ 单击【新建 PDF】栏的【从文件新建 PDF】选项，如图 17-2 所示。

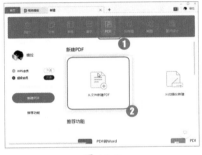

图 17-2

Step03 打开【打开】对话框，❶ 选择"素材文件\第 17 章\楼盘简介 .pptx"素材文件；❷ 单击【打开】按钮，如图 17-3 所示。

图 17-3

Step04 系统将根据所选文件，开始新建 PDF 文件，如图 17-4 所示。

图 17-4

Step05 新建完成后，即可查看该文件新建为 PDF 文件的效果，如图 17-5 所示。

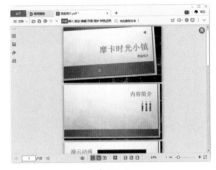

图 17-5

2. 从扫描仪新建 PDF 文件

如果需要将纸质文件新建为 PDF 文件，可以从扫描仪新建 PDF 文件，操作方法如下。

Step01 启动 WPS Office 2019，单击【新建】按钮，在【PDF】选项卡的【新建 PDF】栏选择【从扫描仪新建】选项，如图 17-6 所示。

图 17-6

Step02 打开【扫描设置】对话框，❶ 在【选择扫描仪】列表框中选择相应的扫描仪；❷ 单击【确定】按钮，如图 17-7 所示。

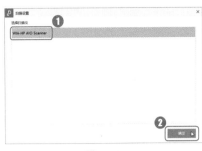

图 17-7

Step03 打开【用 ** 扫描】（** 为扫描仪的名称）对话框，❶ 选择【彩色照片】单选项；❷ 单击【预览】按钮，如图 17-8 所示。

图 17-8

Step04 扫描仪开始扫描并显示图片，如果确认扫描，单击【扫描】按钮，如图 17-9 所示。

图 17-9

Step05 扫描完成后，将根据扫描内容直接创建 PDF 文件，如图 17-10 所示。

图 17-10

3. 新建空白 PDF 文件

如果不需要创建带有内容的 PDF，可以新建空白 PDF 文件，操作方法如下。

Step① 启动 WPS Office 2019，单击【新建】按钮，在【PDF】选项卡的【新建 PDF】栏选择【新建空白页】选项，如图 17-11 所示。

图 17-11

Step② 在弹出的对话框中单击【新建 PDF 文档】按钮，如图 17-12 所示。

图 17-12

Step③ 操作完成后，即可创建一个空白的 PDF 文档，如图 17-13 所示。

图 17-13

4. 打开 PDF 文件

如果要打开已经保存在计算机中的 PDF 文件，操作方法如下。

Step① 启动 WPS Office 2019，单击【新建】按钮，在【PDF】选项卡的【新建 PDF】栏选择【快速打开】选项，如图 17-14 所示。

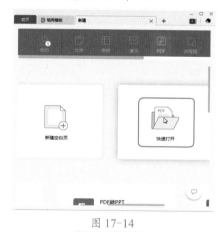

图 17-14

Step② ❶ 在打开的【打开】对话框中选择"素材文件\第 17 章\楼盘简介 .pdf"素材文件；❷ 单击【打开】按钮，如图 17-15 所示。

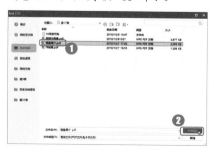

图 17-15

Step③ 操作完成后，即可看到打开的 PDF 文件，如图 17-16 所示。

图 17-16

17.1.2 查看 PDF 文件

打开 PDF 文件之后，除拖动鼠标浏览文件外，还可以设置 PDF 的查看界面。例如，可以通过播放查看 PDF 文件，也可以为 PDF 页面设置合适的大小等。

1. 播放 PDF 文件

查看 PDF 文件时，可以通过播放功能，向他人展示 PDF 文档，操作方法如下。

Step① 打开"素材文件\第 17 章\毕业论文 .pdf"文档，单击【开始】选项卡中的【播放】按钮，如图 17-17 所示。

图 17-17

Step② 进入全屏播放模式，❶ 单击【放大】按钮可以放大 PDF 文档；❷ 单击【缩小】按钮可以缩小 PDF 文档；❸ 单击【上一页】按钮

❷跳转到上一页；❹单击【下一页】按钮❺跳转到下一页，如图 17-18 所示。

图 17-18

Step03 ❶单击【指针选项】下拉按钮；❷在弹出的下拉菜单中选择一种笔迹样式和颜色，如图 17-19 所示。

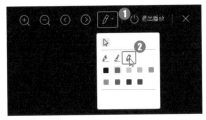

图 17-19

Step04 在需要重点标记的地方按住鼠标左键拖动，可以起到重点提醒的作用，如图 17-20 所示。

2.1 水资源与社会经济协调发展模型

2.2 指标体系的选取

3、安徽省水资源与社会经济的协调发展评价

图 17-20

Step05 播放完成后，单击【退出播放】按钮，如图 17-21 所示。

图 17-21

Step06 在打开的【提示】对话框中选择是否保留墨迹，本例单击【放弃】按钮，如图 17-22 所示。

图 17-22

2. 选择查看页面方式

为了更好地查看 PDF 文档，可以选择适合查看页面的方式，主要有以下两种情况。

（1）适合宽度：单击【开始】选项卡中的【适合宽度】按钮，可以缩放页面比例为适合窗口宽度，如图 17-23 所示。

图 17-23

（2）适合页面：单击【开始】选项卡中的【适合页面】按钮，可以缩放页面比例为适合窗口显示大小，如图 17-24 所示。

图 17-24

3. 设置 PDF 的背景

WPS 默认的背景颜色为白底灰框，为了更好地适应阅读环境，我们可以调整背景颜色。

要调整背景颜色，可以单击【开始】选项卡中的【背景】下拉按钮，在弹出的下拉菜单中选择一种背景颜色即可，如图 17-25 所示。

图 17-25

几种背景颜色的样式分别如下。

→ 日间模式如图 17-26 所示。

图 17-26

➡ 夜间模式如图 17-27 所示。

图 17-27

➡ 护眼模式如图 17-28 所示。

图 17-28

➡ 羊皮纸模式如图 17-29 所示。

图 17-29

4. 快速翻译 PDF 文件

在查看 PDF 文件时，还可以使用划词翻译功能实时翻译文本，操作方法如下。

Step01 单击【开始】选项卡中的【划词翻译】按钮，提示【划词翻译已开启】，如图 17-30 所示。

图 17-30

Step02 在 PDF 文档中按住鼠标左键，拖动选中需要翻译的文本，释放鼠标左键后，即可弹出翻译内容，如图 17-31 所示。

图 17-31

Step03 如果不再需要翻译，再次单击【开始】选项卡中的【划词翻译】按钮即可，如图 17-32 所示。

图 17-32

17.1.3　为 PDF 文件设置高亮

PDF 文档中重要的文本，我们可以设置高亮提醒。

1. 高亮 PDF 文本

为文本设置高亮，操作方法如下。

Step01 打开"素材文件\第 17 章\毕业论文 .pdf"文档，单击【插入】选项卡中的【高亮】按钮，如图 17-33 所示。

图 17-33

Step02 按住鼠标左键，拖动选中需要高亮的文本，如图 17-34 所示。

图 17-34

Step03 再次单击【高亮】按钮，取消高亮功能，如图 17-35 所示。

图 17-35

Step04 如果要更改高亮的颜色，❶ 单击【插入】选项卡中的【高亮】下拉按钮；❷在弹出的下拉菜单中选择一种颜色，如图17-36所示。

图17-36

Step05 再次选中需要高亮的文本，即可看到高亮颜色已经更改，如图17-37所示。

图17-37

2. 高亮PDF区域

如果要高亮显示PDF中的部分区域，操作方法如下。

Step01 单击【插入】选项卡中的【区域高亮】按钮，如图17-38所示。

图17-38

Step02 按住鼠标左键，框选需要高亮的区域，如图17-39所示。

图17-39

Step03 松开鼠标左键，即可看到选中的区域已经高亮显示，如图17-40所示。

图17-40

17.1.4 为PDF文件添加签名

签名可以让他人更容易识别PDF的来源，也可以让PDF文档显得更加专业。

1. 添加图片签名

如果要添加图片为签名，操作方法如下。

Step01 打开"素材文件\第17章\毕业论文.pdf"文档，❶单击【插入】选项卡中的【PDF签名】下拉按钮；❷在弹出的下拉菜单中选择【创建新的签名】选项，如图17-41所示。

图17-41

Step02 打开【PDF签名】对话框，在【图片】选项卡中单击【添加图片】按钮，如图17-42所示。

图17-42

Step03 打开【添加图片】对话框，❶选择"素材文件\第17章\签名.JPG"素材文件；❷单击【打开】按钮，如图17-43所示。

图17-43

Step04 返回【PDF签名】对话框，可以看到图片已经添加到列表框中，单击【确定】按钮，如图17-44所示。

图 17-44

技术看板

如果想将彩色的图片制作成黑白色的签名，可以在【PDF 签名】文本框中，单击【黑白】按钮，将图片转换为黑白。

Step05 返回 PDF 文档，❶ 单击【插入】选项卡中的【PDF 签名】下拉按钮；❷ 在弹出的下拉菜单中，可以看到新添加的签名选项，选择该选项，如图 17-45 所示。

图 17-45

Step06 光标将变为签名的形状，单击需要添加签名的位置，即可将签名添加到该位置，如图 17-46 所示。

图 17-46

Step07 选中签名，通过拖动四周的控制点调整签名的大小，如图 17-47 所示。

图 17-47

Step08 完成后单击【嵌入文档】按钮 ⇧，将签名嵌入 PDF 文档，如图 17-48 所示。

图 17-48

Step09 操作完成后，即可看到签名已经嵌入 PDF 文档，如图 17-49 所示。

图 17-49

2. 输入签名文本

输入签名文本，操作方法如下。

Step01 打开【PDF 签名】对话框，❶ 切换到【输入】选项卡；❷ 在右侧的【字体】下拉列表中选择一种字体，如图 17-50 所示。

图 17-50

Step02 ❶ 在文本框中输入签名内容；❷ 单击【确定】按钮即可，如图 17-51 所示。

图 17-51

3. 手写签名文本

手写的签名更具个性，添加手写签名的操作方法如下。

Step01 打开【PDF 签名】对话框，❶ 切换到【手写】选项卡；❷ 在右侧的下拉列表中选择需要的字号，如图 17-52 所示。

图 17-52

Step02 ❶ 在文本框中用鼠标或手写板书写签名;❷ 完成后单击【确定】按钮即可,如图17-53所示。

图 17-53

17.1.5 将多个 PDF 文件合并为一个

有时候,我们需要将多个 PDF 文件合并为一个,操作方法如下。

Step01 打开"素材文件\第17章\作品集.pdf"文档,单击【页面】选项卡中的【PDF合并】按钮,如图 17-54 所示。

图 17-54

Step02 打开【金山PDF转换】对话框,并自动切换到【PDF合并】选项卡,单击【添加更多文件】按钮,如图 17-55 所示。

图 17-55

Step03 打开【PDF】对话框,❶选择"素材文件\第17章\作品集1.pdf、作品集2.pdf、作品集3.pdf"素材文档;❷单击【打开】按钮,如图 17-56 所示。

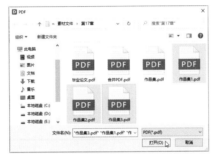

图 17-56

Step04 返回【金山PDF转换】对话框,可以查看已经添加的 PDF 文件,❶设置【输出名称】和【输出目录】;❷单击【开始转换】按钮,如图 17-57 所示。

图 17-57

Step05 合并完成后,在【状态】栏显示【转换成功】,如图 17-58 所示。

图 17-58

Step06 在输出目录中打开合并后的 PDF 文档,即可看到多个 PDF 中的内容已经合并为一个,如图 17-59 所示。

图 17-59

17.2 使用流程图创建公司组织结构图

流程图是工作中经常需要用到的图形,使用 WPS 可以方便地创建流程图。将创建的流程图保存在云文档后,可以随时插入 WPS 的其他组件。

★新功能 17.2.1 新建流程图文件

流程图可以从 WPS 的其他组件中创建,如 WPS 文字、WPS 表格等,也可以单独创建。流程图自动保存在云文档,而非本地硬盘中,可以保证用户在创建流程图之后随时调用流程图。

1. 新建空白流程图

如果要从零开始绘制流程图,可以新建空白流程图,操作方法如下。

Step 01 启动 WPS Office 2019，❶ 在【新建】页面中切换到【流程图】选项卡；❷ 单击【新建空白图】选项，如图 17-60 所示。

图 17-60

Step 02 创建一个新的空白流程图，如图 17-61 所示。

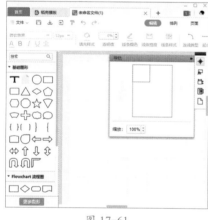

图 17-61

2. 使用模板创建流程图

WPS 提供了多种流程图模板，使用模板可以快速创建格式美观的流程图，操作方法如下。

Step 01 启动 WPS Office 2019，❶ 切换到【流程图】选项卡；❷ 在搜索栏中输入关键字，然后单击【搜索】按钮，如图 17-62 所示。

图 17-62

Step 02 在打开的页面中选择需要的模板，在该模板上单击【使用该模板】按钮，如图 17-63 所示。

图 17-63

Step 03 即可根据该模板创建流程图，如图 17-64 所示。

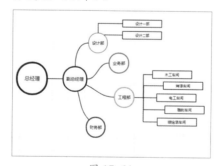

图 17-64

技术看板

通过模板创建了流程图之后，用户只需要更改模板中的文字内容即可。

17.2.2 编辑流程图

空白的流程图创建好之后，还需要在其中添加图形，操作方法如下。

Step 01 打开上一例中新建的空白流程图，将光标移动到【基础图形】栏中的【矩形】图形□上，如图 17-65 所示。

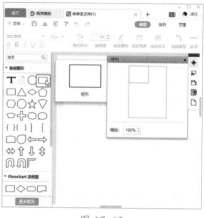

图 17-65

Step 02 按住鼠标左键不放，将其拖动到合适的位置，然后松开鼠标左键，即可将图形添加到流程图中，如图 17-66 所示。

Step 03 选中图形，通过拖动矩形四个角上的控制点，调整图形的大小，如图 17-67 所示。

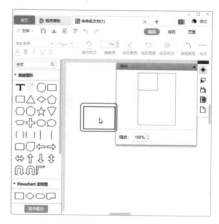

图 17-66

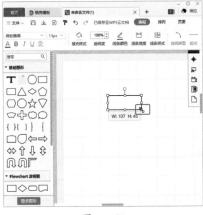

图 17-67

Step04 双击图形，将光标定位到图形中，输入需要的文本，如图 17-68 所示。

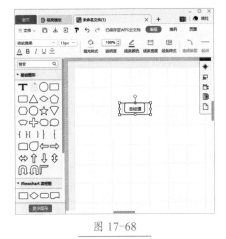

图 17-68

Step05 ❶ 使用相同的方法绘制第二个图形；❷ 选中第一个图形，将光标定位到图形下方的中间位置，当光标变为+时，按住鼠标左键，如图 17-69 所示。

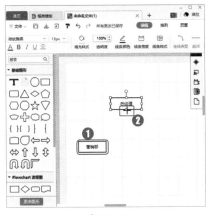

图 17-69

Step06 拖动鼠标到第二个图形的上方中间点上，松开鼠标左键，即可创建一条连接线，如图 17-70 所示。

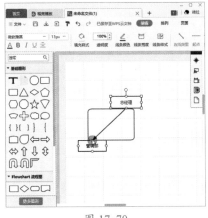

图 17-70

Step07 ❶ 选中连接线；❷ 单击【编辑】选项卡中的【连线类型】下拉按钮；❸ 在弹出的下拉菜单中选择拆线类型，如图 17-71 所示。

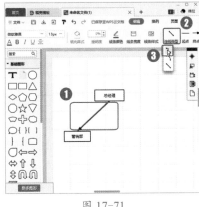

图 17-71

Step08 保持连接线的选中状态，❶ 单击【编辑】选项卡中的【终点】下拉按钮；❷ 在弹出的下拉菜单中选择一种终点样式，如图 17-72 所示。
Step09 选中第一个图形，在图形下方的中间点上按住鼠标左键不放，拖动鼠标到合适的位置，如图 17-73 所示。

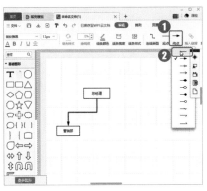

图 17-72

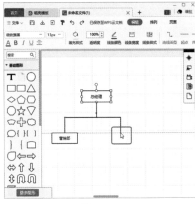

图 17-73

Step10 松开鼠标左键，在弹出的快捷菜单中选择【矩形】图形□，如图 17-74 所示。

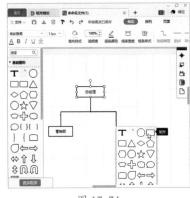

图 17-74

Step11 创建一个与第一个图形相连的矩形图形，输入文本内容并调整图形的大小，如图 17-75 所示。

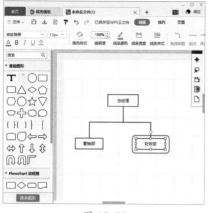

图 17-75

Step⑫ 使用相同的方法创建其他图形，创建完成后，调整每个图形的位置，使其合理分布，如图 17-76 所示。

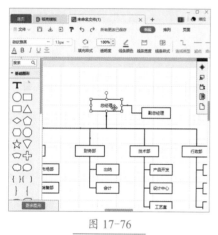

图 17-76

Step⑬ ❶ 单击【文件】下拉按钮；❷ 在弹出的下拉菜单中选择【重命名】选项，如图 17-77 所示。

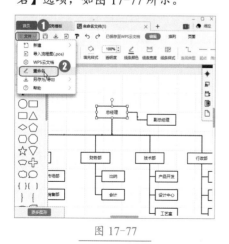

图 17-77

Step⑭ 弹出【重命名】对话框，❶ 在文本框中输入流程图名称；❷ 单击【确定】按钮，如图 17-78 所示。

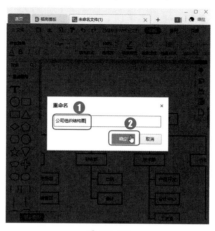

图 17-78

Step⑮ 返回流程图，即可看到文件名已经被更改，如图 17-79 所示。

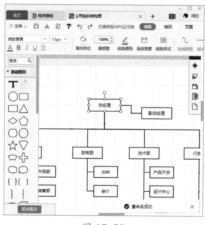

图 17-79

17.2.3 美化流程图

默认的流程图样式比较单一，为了美化流程图，我们可以设置图形的样式、主题风格、页面样式等。

1. 为图形设置字体和填充

为图形设置字体和填充样式，操作方法如下。

Step① ❶ 选中要设置的图形；❷ 在【编辑】选项卡中设置字体和字号，如图 17-80 所示。

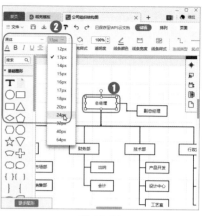

图 17-80

Step② ❶ 单击【编辑】组中的【填充样式】下拉按钮；❷ 在弹出的下拉菜单中选择一种填充颜色，如图 17-81 所示。

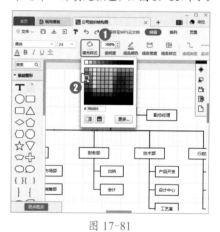

图 17-81

Step③ ❶ 单击【编辑】选项卡中的【字体颜色】下拉按钮 A；❷ 在弹出的下拉菜单中选择一种字体颜色，如图 17-82 所示。

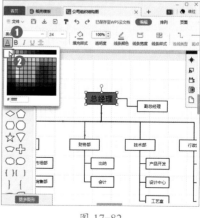

图 17-82

Step04 ❶ 单击【编辑】选项卡中的【线条宽度】下拉按钮；❷ 在弹出的下拉菜单中选择【0px】选项，如图17-83所示。

图 17-83

Step05 使用相同的方法设置其他图形的字体和填充，如果需要复制图形样式，❶ 选中要复制的图形；❷ 单击快速访问工具栏中的【格式刷】按钮，如图17-84所示。

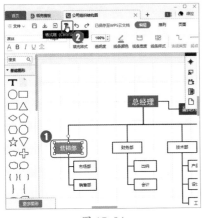

图 17-84

Step06 选中目标图形，即可应用复制的图形样式，如图17-85所示。

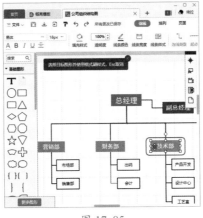

图 17-85

2. 为流程图应用主题风格

如果觉得一个一个设置图形样式太麻烦，搭配也比较费力，可以应用主题风格快速美化流程图，操作方法如下。

Step01 ❶ 单击【编辑】选项卡中的【切换风格】下拉按钮；❷ 在弹出的下拉菜单中选择一种风格样式，如图17-86所示。

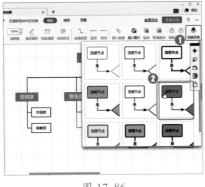

图 17-86

Step02 操作完成后，即可看到已经为没有设置样式的图形应用了该风格的主题样式，如图17-87所示。

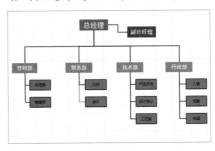

图 17-87

3. 流程图的页面设置

默认的流程图页面为白色、竖向、A4大小，如果要更改页面设置，操作方法如下。

Step01 ❶ 单击【页面】选项卡中的【页面方向】下拉按钮；❷ 在弹出的下拉菜单中选择【横向】命令更改页面方向，如图17-88所示。

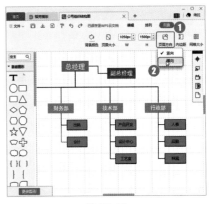

图 17-88

Step02 ❶ 单击【页面】选项卡中的【页面大小】下拉按钮；❷ 在弹出的下拉菜单中选择【A5】选项更改页面大小，如图17-89所示。

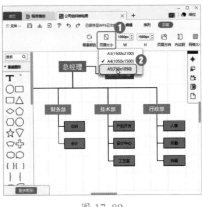

图 17-89

Step03 ❶ 单击【页面】选项卡中的【背景颜色】下拉按钮；❷ 在弹出的下拉菜单中选择一种背景颜色来更改页面背景，如图17-90所示。

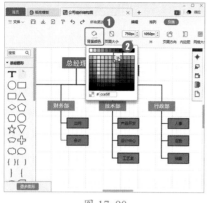

图 17-90

Step04 操作完成后，即可看到页面的样式已经更改，如图 17-91 所示。

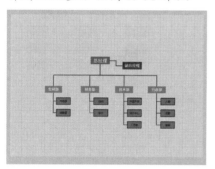

图 17-91

4. 在流程图中插入图片

在流程图中，可以插入图片作为补充说明，也可以将图片作为背景，美化流程图。例如，要在流程图中插入一张背景图片，操作方法如下。

Step01 单击【编辑】选项卡中的【插入图片】按钮，如图 17-92 所示。

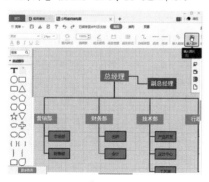

图 17-92

Step02 打开【选择图片】对话框，❶ 在左侧选择图片的位置，如【稻壳图片】，❷ 选择需要插入的图片，❸ 单击【确定】按钮，如图 17-93 所示。

图 17-93

Step03 将图片插入流程图后，拖动到合适的位置，如图 17-94 所示。

图 17-94

Step04 ❶ 选中图片；❷ 单击【排列】选项卡中的【置于底层】按钮，如图 17-95 所示。

图 17-95

Step05 操作完成后，即可看到图片已经作为背景插入流程图，如图 17-96 所示。

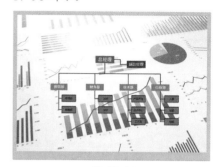

图 17-96

★重点 17.2.4　实战：在 WPS 文字中插入流程图

流程图制作完成后，可以将其插入到 WPS 的其他组件中。例如，要在 WPS 文字中插入流程图，操作方法如下。

Step01 打开"素材文件\第 17 章\公司组织结构图 .wps"文档，单击【插入】选项卡中的【流程图】按钮，如图 17-97 所示。

图 17-97

Step02 打开【请选择流程图】对话框，❶ 在左侧选择要插入的流程图；❷ 单击【插入到文档】按钮，如图 17-98 所示。

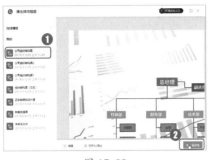

图 17-98

Step 03 流程图将以图片的形式插入到 WPS 文档中，如图 17-99 所示。

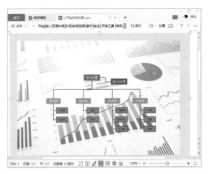

图 17-99

17.3 使用脑图创建工作总结

脑图，又称思维导图，用于把各级主题的关系用相互隶属与相关的层级图表现出来，把主题关键词与图像、颜色等建立记忆链接。思维导图充分运用左右脑的机能，利用记忆、阅读、思维的规律，从而开启人类大脑的无限潜能。

★新功能 17.3.1 新建脑图文件

在 WPS 中，用户可以新建空白脑图，也可以通过模板创建脑图。与流程图相似，脑图也自动保存在云文档中，以便用户随时使用。

1. 新建空白脑图

如果想要创建空白脑图，操作方法如下。

Step 01 启动 WPS Office 2019，❶ 在【新建】页面中切换到【脑图】选项卡；❷ 单击【新建空白图】选项，如图 17-100 所示。

图 17-100

Step 02 即可创建一个新的空白脑图，如图 17-101 所示。

图 17-101

2. 使用模板创建脑图

WPS 提供了多种脑图模板，使用模板，可以快速创建格式美观的脑图，操作方法如下。

Step 01 启动 WPS Office 2019，单击【脑图】选项卡中【免费专区】的【更多】按钮，如图 17-102 所示。

图 17-102

Step 02 在打开的页面中单击某个模板的缩略图，如图 17-103 所示。

图 17-103

Step 03 查看模板的样式，如果确定使用该模板，单击【使用此模板】

按钮，如图 17-104 所示。

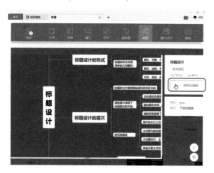

图 17-104

Step04 即可通过模板创建脑图，如图 17-105 所示。

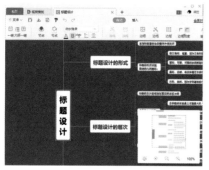

图 17-105

17.3.2　编辑脑图

创建空白脑图之后，需要在其中添加主题，完成脑图的制作，操作方法如下。

Step01 打开上一例中新建的空白脑图，双击脑图的节点，在其中输入需要的文本内容，如图 17-106 所示。

图 17-106

Step02 ❶ 选中节点；❷ 单击【插入】选项卡中的【插入子主题】按钮，如图 17-107 所示。

图 17-107

Step03 ❶ 在子节点中输入文本，然后选中子节点；❷ 单击【插入】选项卡【插入同级主题】按钮，如图 17-108 所示。

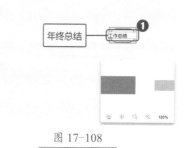

图 17-108

Step04 使用相同的方法创建其他节点，❶ 选中第一个子节点；❷ 单击【插入】选项卡中的【插入子主题】按钮，如图 17-109 所示。

Step05 在创建的子节点中输入文本，如图 17-110 所示。

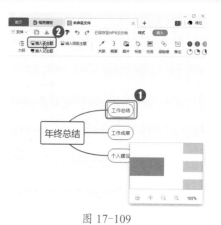

图 17-109

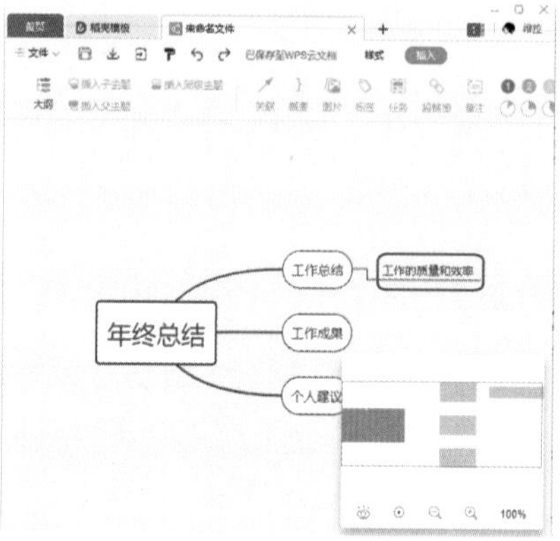

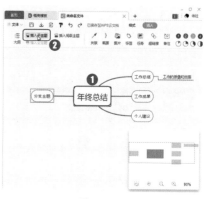

图 17-110

Step06 ❶ 选中第一个节点；❷ 单击【插入】选项卡中的【插入子主题】按钮，可以看到在第一个节点的左侧也添加了一个子节点，如图 17-111 所示。

图 17-111

Step07 使用相同的方法创建其他节点，完成后效果如图 17-112 所示。

图 17-112

17.3.3　美化脑图

默认的脑图样式比较单一，创建脑图后，用户可以通过以下方法美化脑图。

1. 为节点添加图标

为节点添加图标，可以美化脑图，操作方法如下。

Step01 ❶ 选中要添加图标的节点；❷ 在【插入】选项卡中选择一种图标，如图 17-113 所示。

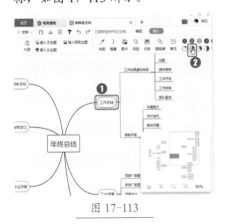

图 17-113

Step02 ❶ 选中其他节点；❷ 单击【插入】选项卡中的【更多图标】选项，如图 17-114 所示。

Step03 在打开的【图标】下拉列表中选择一种图标样式，如图 17-115 所示。

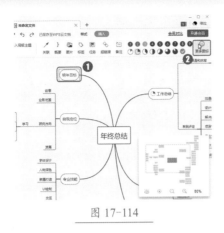

图 17-114

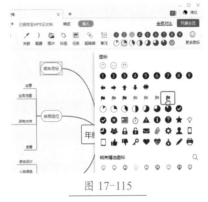

图 17-115

Step04 使用相同的方法为其他节点添加图标即可，如图 17-116 所示。

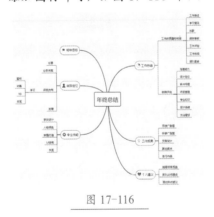

图 17-116

2. 为节点设置填充颜色和字体颜色

如果想为节点设置填充颜色和字体颜色，操作方法如下。

Step01 ❶ 选中要设置填充颜色和字体颜色的节点；❷ 单击【样式】选项卡中的【节点】下拉按钮；❸ 在弹出的下拉菜单中选择一种背景颜色，如图 17-117 所示。

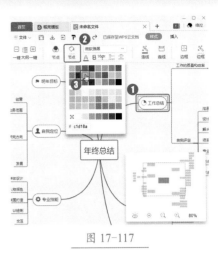

图 17-117

Step02 保持节点的选中状态，❶ 单击【字体颜色】下拉按钮 A；❷ 在弹出的下拉菜单中选择一种字体颜色，如图 17-118 所示。

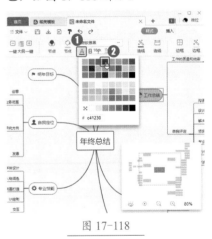

图 17-118

Step03 设置完成后，选中该节点，单击快速访问工具栏中的【格式刷】按钮，如图 17-119 所示。

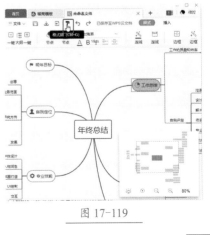

图 17-119

Step04 依次单击需要应用背景颜色和字体颜色的节点即可，如图17-120所示。

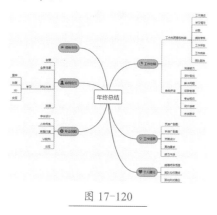

图 17-120

3. 更改节点主题

如果对自己设计的填充颜色和字体样式不满意，可以使用节点主题来快速美化节点，操作方法如下。

Step01 ❶ 选中要应用节点主题的节点；❷ 单击【样式】选项卡中的【节点】下拉按钮；❸ 在弹出的下拉菜单中选择一种主题风格，如图17-121所示。

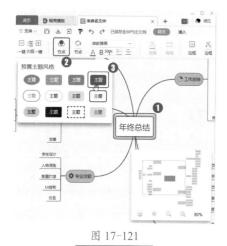

图 17-121

Step02 操作完成后，即可看到所选节点已经应用了主题样式，如图17-122所示。

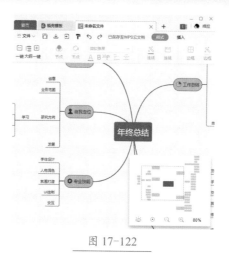

图 17-122

4. 应用内置主题样式

使用主题样式可以快速美化所有节点，操作方法如下。

Step01 单击【样式】选项卡中的【主题】按钮，如图17-123所示。

图 17-123

Step02 在打开的下拉菜单中选择一种主题样式，如图17-124所示。

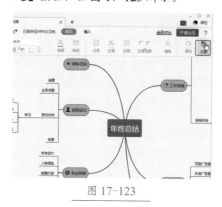

图 17-124

Step03 因为之前设置了节点样式，所以会弹出提示对话框，提示是否覆盖当前样式，单击【覆盖】按钮，如图17-125所示。

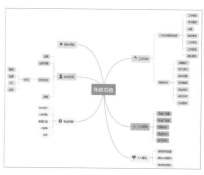

图 17-125

Step04 操作完成后，即可看到所有节点已经应用了所选的主题样式，如图17-126所示。

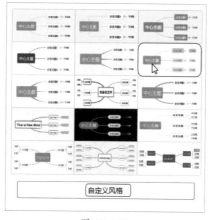

图 17-126

5. 更改脑图结构

脑图的结构默认为左右分布，如果要使用其他结构，可以使用以下方法更改。

Step01 ❶ 单击【样式】选项卡中的【结构】下拉按钮；❷ 在弹出的下拉菜单中选择一种结构，如【树状组织结构图】，如图17-127所示。

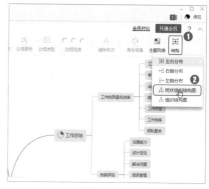

图 17-127

Step 02 操作完成后，即可看到脑图已更改为树状组织结构，如图17-128所示。

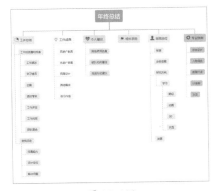

图 17-128

6. 更改画布颜色

如果对画布的颜色不满意，可以通过以下方法修改。

Step 01 ❶ 单击【样式】选项卡中的【画布背景】下拉按钮；❷ 在弹出的下拉菜单中选择一种颜色，如图17-129所示。

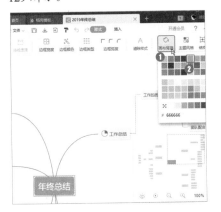

图 17-129

Step 02 操作完成后，即可看到背景颜色已经更改，如图17-130所示。

Step 03 ❶ 单击【文件】下拉按钮；❷ 在弹出的下拉菜单中选择【重命名】选项，如图17-131所示。

Step 04 ❶ 在弹出的【重命名】对话框中输入脑图的名称；❷ 单击【确定】按钮即可，如图17-132所示。

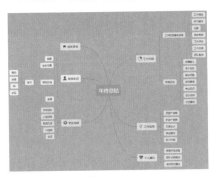

图 17-130

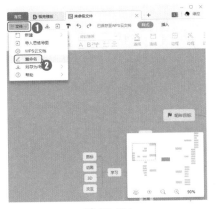

图 17-131

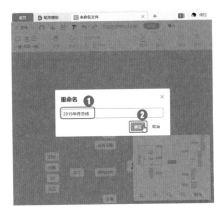

图 17-132

★重点 17.3.4 实战：在演示文稿中插入脑图

创建脑图后，可以在 WPS 的其他组件中插入脑图。例如，要在演示文稿中插入脑图，操作方法如下。

Step 01 打开"素材文件\第17章\工作总结报告.pptx"演示文稿，❶ 单击【插入】选项卡中的【思维导

图】下拉按钮；❷ 在弹出的下拉菜单中选择【插入已有思维导图】选项，如图17-133所示。

图 17-133

技术看板

在【插入】选项卡中单击【思维导图】下拉按钮，在弹出的下拉菜单中选择【新建空白图】命令，可以创建空白脑图。

Step 02 打开【请选择思维导图】对话框，❶ 在左侧选择要插入的脑图；❷ 单击【插入到文档】按钮，如图17-134所示。

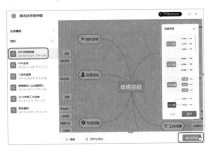

图 17-134

Step 03 脑图将以图片的形式插入到演示文稿中，如图17-135所示。

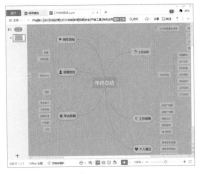

图 17-135

17.4 使用图片设计制作创意图片

WPS Office 2019 的图片设计功能十分强大，不仅可以创建空白画布制作各种海报、邀请函等，还内置丰富的模板，用户只需要更改其中的部分文字内容，就可以制作出专业的海报与邀请函。

★新功能 17.4.1 制作海报

海报是常用的一种宣传方式，使用 WPS 的图片设计功能，可以轻松地完成海报的制作，操作方法如下。

Step01 打开 WPS Office 2019，❶ 切换到【图片设计】选项卡；❷ 单击【新建空白画布】选项，如图 17-136 所示。

图 17-136

Step02 打开【自定义尺寸】对话框，❶ 在【常用尺寸】列表框中选择合适的尺寸；❷ 单击【开启设计】按钮，如图 17-137 所示。

图 17-137

Step03 进入图片设计的编辑模式，❶ 切换到【背景】选项卡；❷ 选择一张图片作为海报的背景，如图 17-138 所示。

图 17-138

Step04 ❶ 切换到【文字】选项卡；❷ 单击【点击添加标题文字】选项，如图 17-139 所示。

图 17-139

Step05 更改海报上的文字占位符文本，如图 17-140 所示。

图 17-140

Step06 在海报上方设置字体格式，如图 17-141 所示。

图 17-141

Step07 选中占位符文本框，将标题拖动到合适的位置，如图 17-142 所示。

图 17-142

Step08 在【文字】选项卡中选择素材文字，如图 17-143 所示。

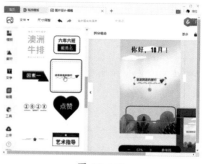

图 17-143

Step09 拖动素材文字四周的控制点，调整文字大小，并将其移动到合适的位置，如图 17-144 所示。

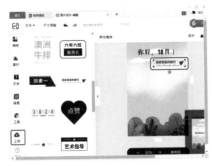

图 17-144

Step⑩ 在【素材】选项卡中选择一种素材的类型，如【植物】，如图 17-145 所示。

图 17-145

Step⑪ 选择素材，并调整素材的大小，将其移动到合适的位置，如图 17-146 所示。

图 17-146

Step⑫ ❶ 切换到【工具】选项卡；❷ 单击【二维码】工具；❸ 在下方设置二维码的颜色、背景色、网址；❹ 单击【生成二维码】按钮，如图 17-147 所示。
Step⑬ 将二维码插入海报，调整二维码的大小，并将其移动到合适的位置，如图 17-148 所示。

图 17-147

图 17-148

Step⑭ 在【文字】选项卡中选择文字素材，调整大小，并将其移动到合适的位置，如图 17-149 所示。

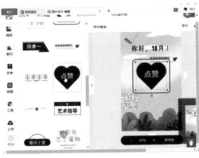

图 17-149

Step⑮ 在右侧的导航栏中单击＋按钮，添加一张海报，如图 17-150 所示。

图 17-150

Step⑯ ❶ 使用相同的方法设置背景和标题；❷ 添加正文文本，并设置文本格式，然后选中正文文本；❸ 单击【复制】按钮，如图 17-151 所示。

图 17-151

Step⑰ 得到一个相同样式的文本，删除复制的文字，重新输入新的文字，如图 17-152 所示。

图 17-152

Step⑱ ❶ 使用相同的方法输入其他文字，然后选中所有正文文字；❷ 单击 ⅱ 下拉按钮；❸ 在弹出的下拉菜单中选择【水平居中】选项，如图 17-153 所示。

图 17-153

Step⑲ 将光标定位到上方的【未命

名】文本框中，输入海报的名称，如图 17-154 所示。

图 17-154

Step⑳ ❶ 单击【文件】下拉按钮；❷ 在弹出的下拉菜单中选择【保存】选项保存设计，如图 17-155 所示。

图 17-155

Step㉑ ❶ 单击【文件】下拉按钮；❷ 在弹出的下拉菜单中选择【查看我的设计】选项，如图 17-156 所示。

图 17-156

Step㉒ 在【我的设计】页面中，可以查看设计的所有海报，如果要删除海报，将鼠标移动到海报封面上，单击右上角的 按钮，在弹出的快捷菜单中选择【删除】命令即可，如图 17-157 所示。

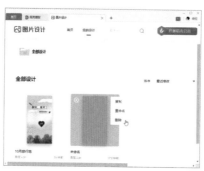

图 17-157

Step㉓ 如果要查看海报，单击该海报的封面即可，如图 17-158 所示。

图 17-158

Step㉔ 如果要下载设计的海报，可以在打开的海报中单击右上角的【下载】按钮，如图 17-159 所示。

图 17-159

Step㉕ 打开【下载设计】对话框，❶ 设置【文件类型】【选择页面】【拼接长图】选项；❷ 单击【下载图片】按钮，如图 17-160 所示。

Step㉖ 打开【另存为】对话框，❶ 设置文件的【保存路径】和【文件名】；❷ 单击【保存】按钮，如图 17-161 所示。

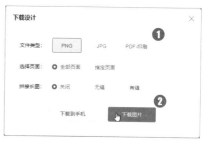

图 17-160

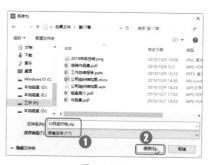

图 17-161

Step㉗ 保存的图片为压缩文件，使用压缩软件解压之后，即可查看下载的海报图片，如图 17-162 所示。

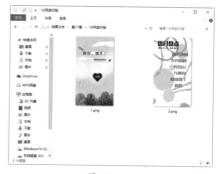

图 17-162

★新功能 17.4.2 制作邀请函

邀请函是邀请亲朋好友或知名人士、专家等参加某项活动时所发的书信，是现实生活中常用的一种应用写作文种。WPS Office 2019 内置多种邀请函样式，可以帮助用户快速制作出美观大方的邀请函，操作方法如下。

Step① 启动 WPS Office 2019，单击【图片设计】选项下方的【邀请函】

样式，如图17-163所示。

图 17-163

Step 02 在打开的界面中选择一种邀请函模板，单击【使用该模板】按钮，如图17-164所示。

图 17-164

Step 03 即可根据模板创建邀请函，如图17-165所示。

图 17-165

Step 04 ❶ 双击邀请函中的文本框，更改其中的文本内容；❷ 选中二维码；❸ 单击【换图】按钮，如图17-166所示。

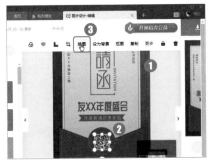

图 17-166

Step 05 打开【打开文件】对话框，❶ 选择"素材文件\第17章\二维码.png"图片；❷ 单击【打开】按钮，如图17-167所示。

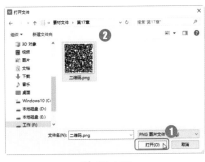

图 17-167

Step 06 操作完成后，即可完成邀请函的制作，如图17-168所示。

图 17-168

★新功能 **17.4.3 制作名片**

名片是新朋友互相认识、自我介绍最快、最有效的方法，交换名片可以说是商业交往的第一步。使用WPS制作名片的方法非常简单，如果有设计功底，可以新建一个空白文档，自己设计；如果设计水平欠佳，可以通过模板快速制作出专业的名片，操作方法如下。

Step 01 启动 WPS Office 2019，在【图片设计】选项卡中单击【名片】下方的【浏览更多】按钮，如图17-169所示。

图 17-169

Step 02 在打开的页面中展示了各种名片模板，选中模板后，单击该模板下方的【使用该模板】按钮，如图17-170所示。

图 17-170

Step 03 系统将根据模板创建名片，如图17-171所示。

图 17-171

图 17-172

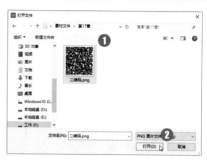

图 17-173

Step 04 ❶ 更改名片中的文字信息；❷ 选中二维码；❸ 单击【换图】按钮，如图 17-172 所示。

Step 05 打开【打开文件】对话框，❶ 选择"素材文件\第17章\二维码 .png"图片；❷ 单击【打开】按钮，如图 17-173 所示。

Step 06 操作完成后，即可完成名片的制作，如图 17-174 所示。

图 17-174

17.5 使用表单工具进行网络互动

表单是目前应用较多的工具，通过表单可以将问题发布到网络上，被邀请者通过填写表单，可以让发布者了解被邀请者的意向。使用 WPS 可以很方便地制作表单，并发布到网络上，当他人填写表单之后，再反馈到发布者手中。

★新功能 17.5.1 通过新建表单创建商品订购表

例如，某公司要统计商品订购信息，需要调查商品的名称、订购、规则、价格和使用范围等问题。此时，可以使用表单来完成这项工作，操作方法如下。

Step 01 打开 WPS Office 2019，❶ 切换到【表单】选项卡；❷ 单击【新建空白表单】命令，如图 17-175 所示。

Step 02 新建空白表单，单击【请输入表单标题】栏，在其中输入表单标题，如图 17-176 所示。

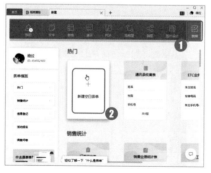

图 17-175

图 17-176

Step 03 ❶ 根据需要，使用相同的方法输入其他内容；❷ 在问题的下方勾选【必填】复选框，如图 17-177 所示。

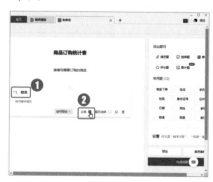

图 17-177

Step 04 在右侧单击【常用题】栏的【手机号】按钮，如图 17-178 所示。

图 17-178

Step05 ❶ 在表单中添加【手机号】项目；❷ 单击【添加题目】栏中的【填空题】按钮，如图 17-179 所示。

图 17-179

Step06 ❶ 添加一个【填空题】项目，设置问题；❷ 单击【添加题目】栏中的【选择题】按钮，如图 17-180 所示。

图 17-180

Step07 ❶ 输入标题内容和选择项目；❷ 单击【添加选项】命令，如图 17-181 所示。

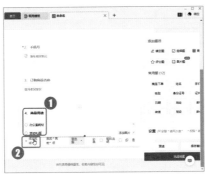

图 17-181

Step08 ❶ 输入选项内容；❷ 单击【添加"其他"项】选项，如图 17-182 所示。

图 17-182

Step09 ❶ 单击【单选题】下拉按钮；❷ 在弹出的下拉菜单中选择【多选题】选项，如图 17-183 所示。

图 17-183

Step10 ❶ 选中第三个问题；❷ 单击【添加题目】栏中的【填空题】选项，如图 17-184 所示。

Step11 ❶ 使用相同的方法添加其他题目；❷ 单击【设置】选项，如图 17-185 所示。

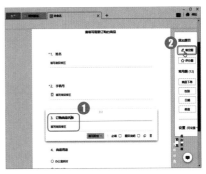

图 17-184

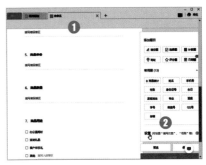

图 17-185

Step12 打开【设置】对话框，❶ 单击【表单状态】下拉按钮；❷ 在弹出的下拉菜单中选择【定时停止】选项，如图 17-186 所示。

图 17-186

Step13 单击【设置截止时间】右侧的日历按钮，如图 17-187 所示。

图 17-187

Step⑭ ❶ 在展开的日历中设置结束时间；❷ 单击【确定】按钮，如图 17-188 所示。

图 17-188

Step⑮ ❶ 返回【设置】对话框，分别设置其他信息；❷ 单击【确认】按钮，如图 17-189 所示。

图 17-189

Step⑯ 返回表单编辑界面，单击【预览】按钮，如图 17-190 所示。

图 17-190

Step⑰ 在打开的预览窗口中可以查看计算机显示的效果，单击【📱】按钮，如图 17-191 所示。

图 17-191

Step⑱ 查看在手机中显示的效果，如果确认无误，单击【完成创建】按钮，如图 17-192 所示。

图 17-192

Step⑲ 打开对话框，显示创建成功，并生成邀请链接，单击【复制链接】按钮，如图 17-193 所示。

图 17-193

Step⑳ ❶ 将邀请链接发送给填写人，填写人打开链接后可以直接填写信息；❷ 填写完后点击【提交】按钮，如图 17-194 所示。

图 17-194

Step㉑ 弹出【提交】对话框，点击【确认】按钮，如图 17-195 所示。

图 17-195

Step㉒ 表单提交成功，如图 17-196 所示。

图 17-196

Step㉓ 他人填写表单后，❶ 用户可以启动 WPS Office 2019，在开始界面的【文档】选项卡中选择【我的云文档】选项；❷ 双击右侧的表单名称，如图 17-197 所示。

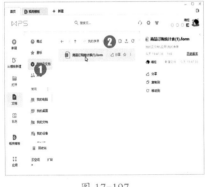

图 17-197

Step㉔ 在打开的表单中切换到【收

集结果】选项卡，在下方可查看表单填写的情况，如图 17-198 所示。

图 17-198

★新功能 17.5.2 通过模板创建培训签到表

WPS 内置多种表单模板，用户可以轻松地创建出需要的表单，操作方法如下。

Step① 启动 WPS Office 2019，在【表单】选项卡左侧的【表单模板】中选择一种模板类型，如【活动报名】，如图 17-199 所示。

图 17-199

Step② 在打开的模板中，选择一种模板样式，单击【立即使用】按钮，如图 17-200 所示。

图 17-200

Step③ 根据模板新建表单，查看是否需要添加问题，完成后单击【完成创建】按钮，即可发布问题，如图 17-201 所示。

图 17-201

技术看板

发布表单和查看表单填写记录的方法与上一例相同。

妙招技法

通过对前面知识的学习，相信读者已经对 WPS Office 2019 的其他组件有了一定的了解。下面结合本章内容，给大家介绍一些实用技巧。

技巧 01：将脑图另存为图片

在 WPS 中创建脑图后，除了

可以保存在云文档，也可以导出到本地硬盘。例如，要将脑图另存为图片，操作方法如下。

Step① ❶ 单击【文件】下拉按钮；❷ 在弹出的下拉菜单中自动选择【另存为导出】选项，❸ 在弹出的子菜单中选择导出格式，如【PNG图片（.png）】，如图 17-202 所示。

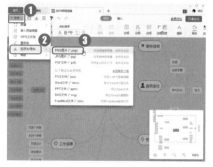

图 17-202

Step 02 打开【另存为】对话框，❶设置文件的保存路径和文件名；❷单击【保存】按钮，如图 17-203 所示。

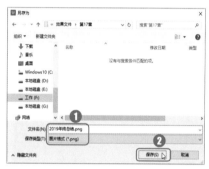

图 17-203

Step 03 操作完成后，即可将脑图保存为图片，如图 17-204 所示。

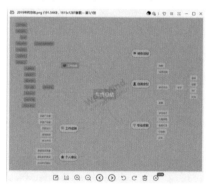

图 17-204

技术看板

WPS 的会员还可以将脑图导出为 PDF、Word、PPT 等格式，导出的图片也不会有水印。

技巧 02：匹配流程图图形的高度和宽度

在流程图中绘制图形后，可能会因为图形大小不一影响显示效果。此时，可以通过匹配大小来统一图形的高度和宽度，操作方法如下。

Step 01 ❶ 选中要匹配高度和宽度的图形；❷ 单击【排列】选项卡中的【匹配大小】下拉按钮；❸ 在弹出的下拉菜单中选择【宽度和高度】选项，如图 17-205 所示。

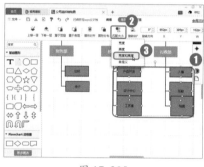

图 17-205

Step 02 操作完成后，即可看到图形的高度和宽度已经匹配，如图 17-206 所示。

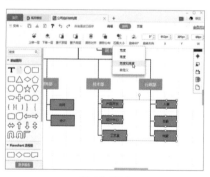

图 17-206

技能拓展——精确控制图形的大小

如果要精确控制图形的大小，可以在【排列】选项卡的【W】和【H】微调框中输入宽度和高度。

技巧 03：为脑图添加超链接

有时候，我们还需要在脑图中添加超链接，以完善数据，操作方法如下。

Step 01 ❶ 选中要添加超链接的节点，❷ 单击【插入】选项卡中的【超链接】选项，如图 17-207 所示。

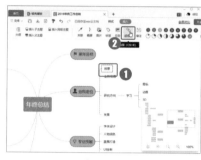

图 17-207

Step 02 打开【超链接】对话框，❶ 输入链接地址和显示标题，❷ 单击【添加】按钮，如图 17-208 所示。

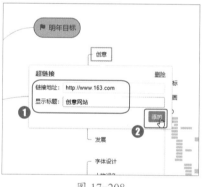

图 17-208

Step 03 完成后节点右侧会出现一个超链接图标，将鼠标指向该图标，会弹出显示标题，单击该图标，如图 17-209 所示。

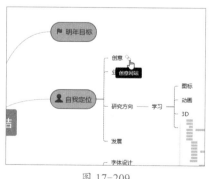

图 17-209

Step04 即可跳转到链接的网站，如图 17-210 所示。

图 17-210

Step05 如果要删除超链接，❶ 可以右击超链接图标；❷ 在弹出的快捷菜单中选择【超链接】命令，如图 17-211 所示。

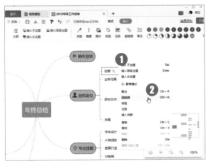

图 17-211

Step06 再次打开【超链接】对话框，单击【删除】命令即可，如图 17-212 所示。

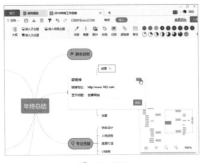

图 17-212

技巧 04：为海报应用自定义背景

在制作海报时，除使用 WPS

内置的背景图片之外，也可以使用自定义背景，操作方法如下。

Step01 在海报编辑界面中，单击【背景】选项卡中的【自定义背景】按钮，如图 17-213 所示。

图 17-213

Step02 打开【打开文件】对话框，❶ 选择"素材文件\第 17 章\背景 .JPG"图片；❷ 单击【打开】按钮，如图 17-214 所示。

图 17-214

Step03 操作完成后，即可将所选图片设置为海报背景，如图 17-215 所示。

图 17-215

技巧 05：使用抠图功能去除图片背景

制作海报时，如果需要去除图片背景，可以通过抠图功能来实现，具体操作方法如下。

Step01 ❶ 选中要去除背景的图片；❷ 单击【抠图】命令，如图 17-216 所示。

图 17-216

Step02 进入抠图模式，默认选择【保留】选项，在要保留的区域按住鼠标左键不放，画上蓝色的线，如图 17-217 所示。

图 17-217

Step03 ❶ 单击【祛除】按钮；❷ 在要去除的背景上按住鼠标左键不放，画下红色的线，松开鼠标左键后，WPS 将自动识别抠图区域，如图 17-218 所示。

图 17-218

图 17-219

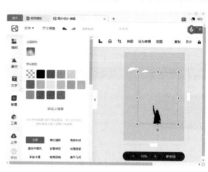

图 17-220

Step04 抠图完成后，单击【保存】按钮，如图 17-219 所示。

Step05 返回海报中，即可看到图片的背景已经去除，如图 17-220 所示。

本章小结

　　本章主要介绍了使用 WPS 制作 PDF 文件、流程图、脑图、海报和表单的操作方法，这些组件都是近几年比较流行且实用的小工具。通过对本章内容的学习，读者需要掌握创建并编辑 PDF 文件的技巧，学会熟练地绘制流程图和脑图。在日常工作中，可以使用 WPS 制作精美海报，可以利用表单工具收集资料，进而提升工作效率。

第6篇 WPS 案例实战篇

通过对前面知识的学习，相信大家对 WPS Office 2019 已经非常熟悉，可是没有经过实战的知识并不能很好地应用于工作中。为了让大家更好地掌握 WPS Office 2019 的基本知识和技巧，本篇主要介绍一些工作中常见的案例，通过这些案例，帮助大家更灵活地使用 WPS Office 2019，轻松完成工作。

第18章 WPS 在行政与文秘工作中的应用

- ➥ 在行政文秘行业中，WPS 能做什么？
- ➥ 怎样快速制作邀请函、通知书、工作证等文档？
- ➥ 怎样避免复杂的员工编号录入错误？
- ➥ 默认的表格样式太单调，怎样美化表格？
- ➥ 每一张宣传幻灯片都要设置相同的格式，如何利用幻灯片母版快速完成幻灯片的制作？
- ➥ 形状太单调，如何组合形状创建出新的图形？
- ➥ 图片看起来太普通，如何创意裁剪？

本章将学习在 WPS 中制作与行政文秘行业相关的工作文档，在制作过程中，既可以巩固之前学习的内容，也便于读者把学到的知识应用于实际工作。

18.1 用 WPS 文字制作参会邀请函

实例门类	文档输入＋页面排版＋插入表格＋美化文档＋邮件合并

商务活动邀请函，是活动主办方为了邀请合作伙伴参加商务活动而专门制作的一种书面函件。不同的函的写法略有区别，但公函一般由标题、主送机关、正文、发文机关和发文日期组成，便函可以不使用标题。本节所制作的邀请函是应用非常广泛的商洽类信函，如邀请对方参加展会、庆典、会议等活动。下面以制作参会邀请函为例，介绍商务邀请函的制作方法，完成后效果如图 18-1 所示。

图 18-1

18.1.1 制作参会邀请函

制作参会邀请函时，如果逐一录入每个人的邀请函信息，会耗费大量的时间。实际上邀请函的大部分内容基本相同，我们在制作邀请函时，最常用的方法是先制作邀请函的模板，再使用邮件合并功能添加姓名、职务、公司名称等信息。

1. 新建文档并输入邀请函内容

制作参会邀请函的第一步，是创建并录入邀请函内容，操作方法如下。

Step01 启动 WPS Office 2019，在【文字】选项卡中单击【新建空白文档】命令，如图 18-2 所示。

Step02 新建空白文档后，单击快速访问工具栏中的【保存】按钮，如图 18-3 所示。

图 18-2

图 18-3

Step03 打开【另存为】对话框，❶设置保存路径和文件名；❷单击【保存】按钮，如图 18-4 所示。

图 18-4

Step04 ❶录入邀请函的内容；❷将光标定位到末尾处；❸单击【插入】选项卡中的【日期】按钮，如图 18-5 所示。

图 18-5

Step05 打开【日期和时间】对话框，❶在【可用格式】列表框中选择一种日期格式；❷勾选【自动更新】复选框；❸单击【确定】按钮，如图18-6所示。

图 18-6

2. 设置邀请函格式

邀请函有着与其他信函相似的格式，所以需要进行相应的段落设置，操作方法如下。

Step01 ❶选中除称谓外的所有文本；❷单击【开始】选项卡中的【段落】扩展按钮，如图18-7所示。

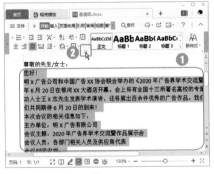

图 18-7

Step02 打开【段落】对话框，❶在【缩进和间距】选项卡中设置【特殊格式】为【首行缩进】，设置【度量值】为【2】字符；❷设置【行距】为【1.5倍行距】；❸单击【确定】按钮，如图18-8所示。

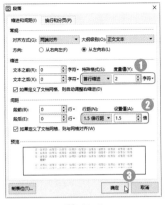

图 18-8

Step03 ❶按【Ctrl+A】选中所有文本；❷在【开始】选项卡中单击【字体】下拉按钮▼；❸在弹出的下拉菜单中选择【楷体】，如图18-9所示。

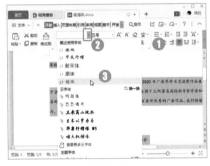

图 18-9

Step04 ❶选中落款和日期文本；❷单击【开始】选项卡中的【右对齐】按钮≡，如图18-10所示。

图 18-10

Step05 ❶选中要设置项目符号的文本；❷单击【开始】选项卡中的【项目符号】下拉按钮≡▼；❸在弹出的下拉菜单中选择【自定义项目符号】选项，如图18-11所示。

图 18-11

Step06 打开【项目符号和编号】对话框，❶选择任意一种项目符号；❷单击【自定义】按钮，如图18-12所示。

图 18-12

Step07 打开【自定义项目符号列表】对话框，单击【字符】按钮，如图18-13所示。

图 18-13

Step08 打开【符号】对话框，❶选择需要设置为项目符号的符号；❷单击【插入】按钮，如图18-14所示。

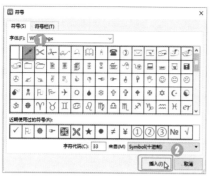

图 18-14

Step09 返回【自定义项目符号列表】对话框，单击【字体】按钮，如图 18-15 所示。

图 18-15

Step10 打开【字体】对话框，❶ 在【字体颜色】下拉列表中设置字体颜色；❷ 单击【确定】按钮，如图 18-16 所示。

图 18-16

Step11 返回【自定义项目符号列表】

对话框，单击【确定】按钮，如图 18-17 所示。

图 18-17

3. 插入表格

邀请函中的时间安排，用表格显示会更加清晰，在邀请函中插入表格的操作方法如下。

Step01 ❶ 将鼠标光标定位到需要插入表格的位置；❷ 单击【插入】选项卡中的【表格】下拉按钮；❸ 在弹出的下拉菜单中选择【插入表格】命令，如图 18-18 所示。

图 18-18

Step02 打开【插入表格】对话框，❶ 在【表格尺寸】组中设置表格的列数和行数；❷ 单击【确定】按钮，如图 18-19 所示。

图 18-19

Step03 在表格中输入需要的文字，输入完成后，将光标移动到表格的框线上，当光标变为时，按住鼠标左键不放，拖动以调整表格的列宽，如图 18-20 所示。

图 18-20

Step04 ❶ 选中整个表格；❷ 单击【表格工具】选项卡中的【对齐方式】下拉按钮；❸ 在弹出的下拉菜单中选择【水平居中】选项，如图 18-21 所示。

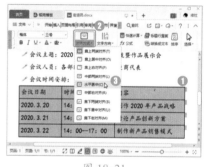

图 18-21

Step05 保持表格的选中状态，单击【表格样式】组中的【表格样式】下拉按钮，如图 18-22 所示。

图 18-22

Step06 在弹出的下拉列表中选择一

种表格样式，如图 18-23 所示。

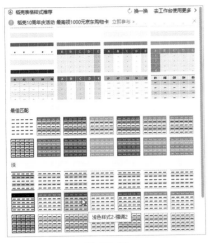

图 18-23

18.1.2　美化参会邀请函

输入参会邀请函的内容之后，还可以对邀请函的文字进行美化，并插入图片，使邀请函更美观。

1. 插入艺术字

使用艺术字制作标题，可以使邀请函更加美观，操作方法如下。

Step01 ❶ 将鼠标光标定位到需要插入艺术字的位置；❷ 单击【插入】选项卡中的【艺术字】下拉按钮，如图 18-24 所示。

图 18-24

Step02 在弹出的下拉列表中，选择一种预设的艺术字样式，如图 18-25 所示。

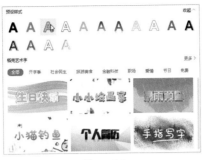

图 18-25

Step03 光标处会自动添加艺术字占位符【请在此放置您的文字】，如图 18-26 所示。

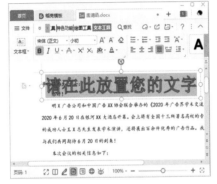

图 18-26

Step04 ❶ 删除占位符文本，输入"邀请函"；❷ 拖动占位符文本框，将其移动到邀请函的正上方，如图 18-27 所示。

图 18-27

Step05 ❶ 选中艺术字文本框；❷ 在【开始】选项卡【字体】下拉列表中选择字体样式，如图 18-28 所示。

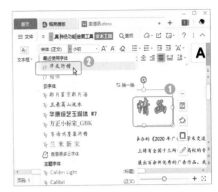

图 18-28

Step06 ❶ 单击【文本工具】组中的【文本效果】下拉按钮；❷ 在弹出的下拉菜单中选择【转换】选项；❸ 在弹出的子菜单中选择【倒 V 形】弯曲，如图 18-29 所示。

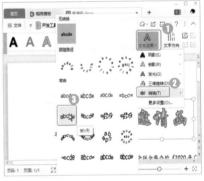

图 18-29

Step07 ❶ 单击【文本工具】组中的【文本效果】下拉按钮；❷ 在弹出的下拉菜单中选择【倒影】选项；❸ 在弹出的子菜单中选择一种倒影样式，如图 18-30 所示。

图 18-30

2. 插入页眉文字

插入页眉文字，可以让邀请函显得更加正式，操作方法如下。

Step01 单击【插入】选项卡中的【页眉和页脚】按钮，如图 18-31 所示。

图 18-31

Step02 进入页眉和页脚编辑状态，❶ 输入页眉文字，然后选中文字；❷ 在【开始】选项卡中设置字体样式，如图 18-32 所示。

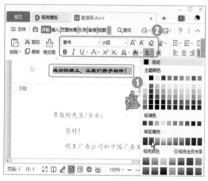

图 18-32

Step03 单击【开始】选项卡中的【居中对齐】按钮≡，使页眉文字居中显示，如图 18-33 所示。

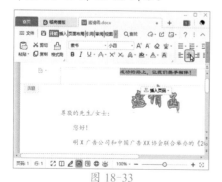

图 18-33

3. 插入图片并设置为背景

为邀请函插入图片背景，可以使邀请函更加美观。我们可以直接在文档中插入图片作为背景，也可以在页眉页脚中插入图片。在页眉中插入背景图片的好处是，在编辑文本时，不会因为误操作而更改图片的设置。在页眉中插入图片的操作方法如下。

Step01 ❶ 单击【页眉和页脚】组中的【图片】下拉按钮；❷ 在弹出的下拉菜单中选择【本地图片】选项，如图 18-34 所示。

图 18-34

Step02 打开【插入图片】对话框，❶ 选择"素材文件\第18章\背景.jpg"素材图片；❷ 单击【打开】按钮，如图 18-35 所示。

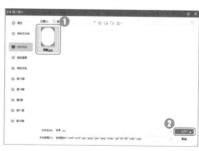

图 18-35

Step03 ❶ 单击【图片工具】组中的【环绕】下拉按钮；❷ 在弹出的下拉菜单中选择【衬于文字下方】命令，如图 18-36 所示。

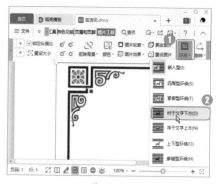

图 18-36

Step04 拖动图片四周的控制点，调整图片的大小，使其和邀请函相契合，如图 18-37 所示。

图 18-37

Step05 操作完成后，单击【页眉和页脚】组中的【关闭】按钮即可，如图 18-38 所示。

图 18-38

18.1.3 使用邮件合并完善邀请函

邀请函一般需要分发给多个不同的参会人员，所以需要制作出多张内容相同但接收人不同的邀请函。使用 WPS 的邮件合并功能，可以快速制作出多张邀请函。

Step01 单击【引用】选项卡中的【邮件】按钮，如图 18-39 所示。

图 18-39

Step02 单击【邮件合并】组中的【打开数据源】按钮，如图 18-40 所示。

图 18-40

Step03 打开【选择数据源】对话框，❶ 选择"素材文件\第 18 章\邀请函人员 .et"素材文件；❷ 单击【打开】按钮，如图 18-41 所示。

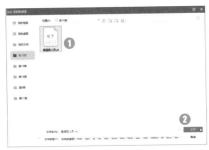

图 18-41

Step04 ❶ 将鼠标光标定位在要使用邮件合并功能的位置；❷ 单击【邮件合并】选项卡中的【插入合并域】按钮，如图 18-42 所示。

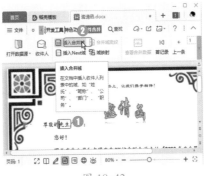

图 18-42

Step05 打开【插入域】对话框，❶ 在【域】列表框中选择【姓名】选项；❷ 单击【插入】按钮，如图 18-43 所示。

图 18-43

Step06 返回文档中，单击【邮件合并】选项卡中的【查看合并数据】按钮，如图 18-44 所示。

图 18-44

Step07 此时可预览第一条记录，单击【邮件合并】选项卡中的【下一条】或【上一条】按钮，可以浏览其他记录，如图 18-45 所示。

图 18-45

Step08 预览后，如果确定不再更改，可以单击【邮件合并】选项卡中的【合并到新文档】按钮，如图 18-46 所示。

图 18-46

Step09 打开【合并到新文档】对话框，❶ 选择【全部】单选项；❷ 单击【确定】按钮，如图 18-47 所示。

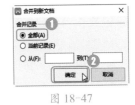

图 18-47

Step10 即可在新建的文档中查看所有记录，如图 18-48 所示。

图 18-48

18.2 用 WPS 表格制作公司员工信息表

实例门类	数据输入 + 表格格式 + 美化表格

员工信息表是企业必备的表格，通过员工信息表，可以了解员工的大致情况，方便业务的展开。员工信息表通常包括姓名、性别、籍贯、身份证号码、学历、职位、电话等基本信息。本例将制作员工信息表，制作完成后的效果如图 18-49 所示。

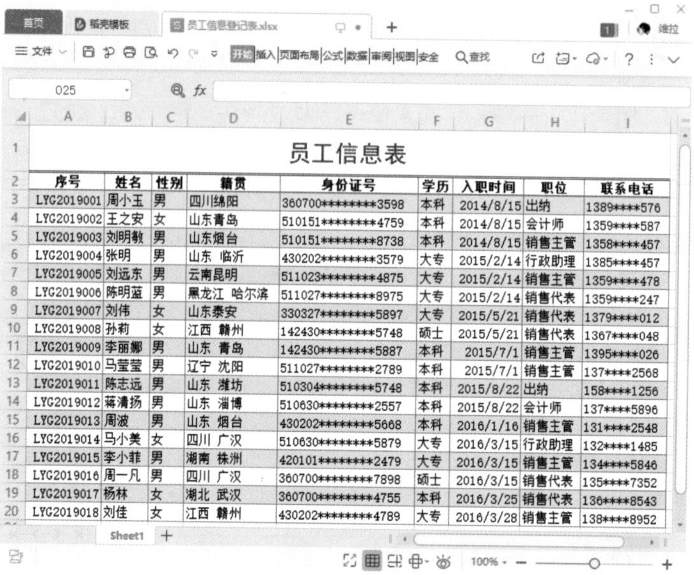

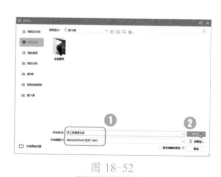

图 18-49

18.2.1 新建员工信息表文件

本节将新建并保存一个空白工作簿，设置文件名为"员工信息登记表"，具体操作方法如下。

Step01 启动 WPS Office 2019，单击【表格】选项卡中的【新建空白文档】命令，如图 18-50 所示。

图 18-50

Step02 新建一个空白工作簿，❶单击【文件】按钮；❷在打开的菜单中单击【保存】选项，如图 18-51 所示。

图 18-51

Step03 打开【另存为】对话框，❶设置文件的保存路径和文件名；❷单击【保存】按钮，即可保存工作簿，如图 18-52 所示。

图 18-52

18.2.2 录入员工基本信息

按照上述操作新建空白工作簿并保存后，即可手动输入和填充相应的内容，具体操作方法如下。

Step01 ❶选中 A1 单元格；❷将鼠标光标定位到编辑栏中，输入"员工信息表"，然后按【Enter】键确认输入，如图 18-53 所示。

图 18-53

Step 02 在工作表中依次输入"序号""姓名""性别""籍贯""身份证号""学历""入职时间""职位""联系电话",并根据需要,输入除序号列和身份证号列之外的内容,如图 18-54 所示。

图 18-54

Step 03 ❶ 选中需要输入序号的单元格区域 A3:A20,单击鼠标右键;❷ 在弹出的快捷菜单中选择【设置单元格格式】命令,如图 18-55 所示。

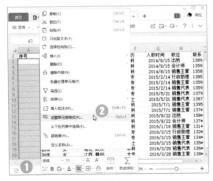

图 18-55

Step 04 打开【单元格格式】对话框,❶ 在【分类】列表框中选择【自定义】选项;❷ 在【类型】文本框中输入""LYG2019"000"(""LYG2019""是重复不变的内容);❸ 单击【确定】按钮,如图 18-56 所示。

图 18-56

Step 05 返回工作表,在单元格区域中输入序号"1",然后按【Enter】键确认,如图 18-57 所示。

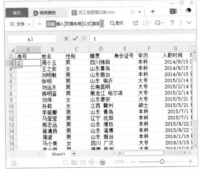

图 18-57

Step 06 此时可显示完整的编号,向下拖动填充序号,或直接输入"2,3,4,…"等序号,如图 18-58 所示。

Step 07 ❶ 选中需要输入身份证号码的单元格区域 E3:E20;❷ 单击【开始】选项卡中的【数字格式】下拉按钮 ;❸ 在弹出的下拉菜单中选择【文本】选项,如图 18-59 所示。

图 18-58

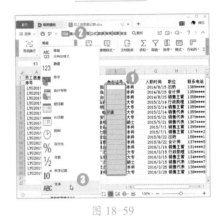

图 18-59

Step 08 在单元格区域中输入身份证号码,如图 18-60 所示。

图 18-60

18.2.3 编辑单元格和单元格区域

输入表格内容后,可以根据需要合并单元格、调整单元格的行高和列宽等,具体操作方法如下。

Step 01 ❶ 选中 A1:I1 单元格区域;❷ 在【开始】选项卡中单击【合并

居中】按钮，合并单元格区域为一个单元格，如图 18-61 所示。

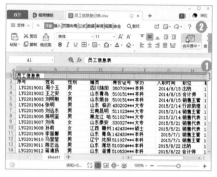

图 18-61

Step 02 将鼠标光标移动到第一行和第二行之间，当光标呈+形状时，按住鼠标左键不放，拖动调整标题行的行高，到适当位置后释放鼠标左键即可，如图 18-62 所示。

图 18-62

Step 03 ❶ 选中 A2:I20 单元格区域；❷ 单击【开始】选项卡中的【行和列】下拉按钮；❸ 在弹出的下拉菜单中选择【最适合的列宽】选项，如图 18-63 所示。

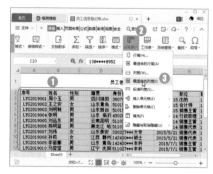

图 18-63

Step 04 保持 A2:I20 单元格区域的选

中状态，❶ 单击【开始】选项卡中的【行和列】下拉按钮；❷ 在弹出下拉菜单中选择【行高】选项，如图 18-64 所示。

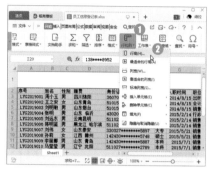

图 18-64

Step 05 打开【行高】对话框，❶ 在【行高】微调框中设置数值为【16】；❷ 单击【确定】按钮，如图 18-65 所示。

图 18-65

Step 06 返回工作表，即可看到合并单元格、设置行高和列宽之后的效果，如图 18-66 所示。

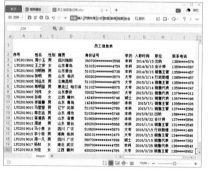

图 18-66

18.2.4 设置字体、字号和对齐方式

为了使表格更美观、更易读，可以对字体、字号和对齐方式等进行设置

Step 01 ❶ 选中 A1 单元格；❷ 在【开

始】选项卡中单击【字体】下拉按钮 ▾；❸ 在弹出的下拉菜单中选择一种字体样式，如图 18-67 所示。

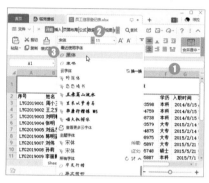

图 18-67

Step 02 保持 A1 单元格的选中状态，❶ 单击【开始】选项卡中的【字号】下拉按钮 ▾；❷ 在弹出的下拉菜单中设置合适的字体大小，如【20】号，如图 18-68 所示。

图 18-68

Step 03 ❶ 选中 A2:I2 单元格区域；❷ 在【开始】选项卡中单击【水平居中】按钮 ≡，如图 18-69 所示。

图 18-69

18.2.5 美化员工信息表

表格制作完成后，可以使用表格样式美化员工信息表，具体操作方法如下。

Step01 ❶ 选中 A1 单元格；❷ 单击【开始】选项卡中的【字体颜色】下拉按钮▲·；❸ 在弹出的下拉菜单中选择一种字体颜色，如图 18-70 所示。

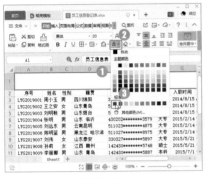

图 18-70

Step02 ❶ 单击【开始】选项卡中的【边框】下拉按钮⊞·；❷ 在弹出的下拉菜单中选择【其他边框】选项，如图 18-71 所示。

图 18-71

Step03 打开【单元格格式】对话框，❶ 设置线条的【样式】【颜色】；❷ 在【边框】栏单击【下框线】按钮⊞；❸ 单击【确定】按钮，如图 18-72 所示。

图 18-72

Step04 ❶ 选中 A2:I20 单元格区域；❷ 单击【开始】选项卡中的【表格样式】下拉按钮，如图 18-73 所示。

图 18-73

Step05 在弹出的下拉菜单中选择一种表格样式，如图 18-74 所示。

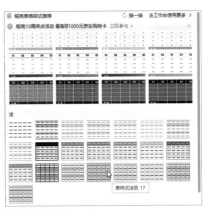

图 18-74

Step06 打开【套用表格样式】对话框，保持默认设置，直接单击【确定】按钮，如图 18-75 所示。

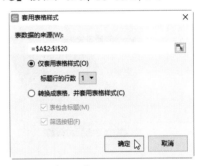

图 18-75

Step07 返回工作表中，即可看到表格已经应用了所选的表格样式，如图 18-76 所示。

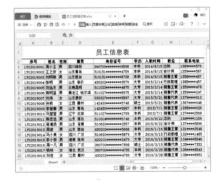

图 18-76

18.3 用 WPS 演示文稿制作企业宣传幻灯片

实例门类	幻灯片制作 + 动画设计

企业制作宣传演示文稿的目的是更好地展示品牌及形象，提高企业的知名度。企业宣传演示文稿常用于介绍企

业的业务、产品、企业规模及文化理念，是他人了解企业的重要途径。本例将制作企业宣传演示文稿，制作完成后的效果如图 18-77 所示。

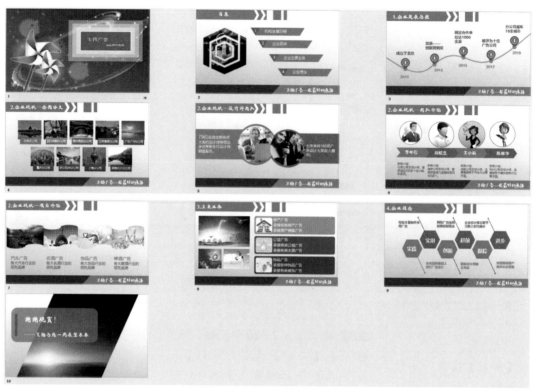

图 18-77

18.3.1　创建演示文稿文件

要制作企业宣传演示文稿，首先需要创建演示文稿文件，操作方法如下。

Step01 启动 WPS Office 2019，单击标题栏上的【新建】按钮+，如图 18-78 所示。

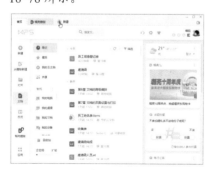

图 18-78

Step02 ❶ 切换到【演示】选项卡；❷ 单击【新建空白文档】选项，如图 18-79 所示。

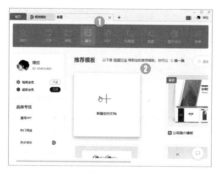

图 18-79

Step03 新建一个空白演示文稿，❶ 单击【文件】右侧的下拉按钮；❷ 在弹出的下拉菜单中选择【文件】选项；❸ 在弹出的子菜单中单击【保存】命令，如图 18-80 所示。

图 18-80

Step04 打开【另存为】对话框，❶ 设置文件的保存路径和文件名；❷ 单击【保存】按钮，即可保存演示文稿，如图 18-81 所示。

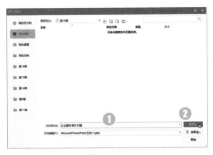

图 18-81

18.3.2　设置幻灯片母版

设置幻灯片母版可以统一演示文稿的风格，设置幻灯片母版的方法如下。

Step 01 单击【视图】选项卡中的【幻灯片母版】按钮，如图 18-82 所示。

图 18-82

Step 02 ❶ 在左侧选择【Office 主题模板】选项；❷ 单击【幻灯片母版】选项卡中的【背景】选项，如图 18-83 所示。

图 18-83

Step 03 ❶ 在打开的【对象属性】窗格中，单击【角度】的第二个色标

的颜色下拉按钮，选择颜色为【钢蓝，着色5，浅色60%】；❷ 单击【关闭】按钮×关闭窗格，如图 18-84 所示。

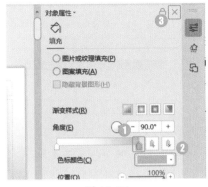

图 18-84

Step 04 ❶ 在左侧窗格选择【空白版式】选项；❷ 单击【插入】选项卡中的【形状】下拉按钮；❸ 在弹出的下拉菜单中选择【矩形】工具□，如图 18-85 所示。

图 18-85

Step 05 在幻灯片母版中绘制一个如图 18-86 所示的矩形。

图 18-86

Step 06 ❶ 单击【绘图工具】选项卡

中的【填充】下拉按钮；❷ 在弹出的下拉菜单中选择【巧克力黄，着色2】选项，如图 18-87 所示。

图 18-87

Step 07 ❶ 单击【绘图工具】选项卡中的【轮廓】下拉按钮；❷ 在弹出的下拉菜单中选择【无线条颜色】选项，如图 18-88 所示。

图 18-88

Step 08 选中页面下方的页脚文本框，按【Delete】键删除，如图 18-89 所示。

图 18-89

Step 09 在页面下方绘制一个矩形，然后设置形状【填充】和形状【轮廓】，

如图 18-90 所示。

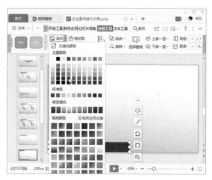

图 18-90

Step⑩ ❶ 单击【插入】选项卡中的【形状】下拉按钮；❷ 在弹出的下拉菜单中选择【任意多边形】工具，如图 18-91 所示。

图 18-91

Step⑪ 在页面下方的右侧绘制如图所示的多边形，并设置形状【填充】和形状【轮廓】，如图 18-92 所示。

图 18-92

Step⑫ ❶ 单击【插入】选项卡中的【文本框】下拉按钮；❷ 在弹出的下拉菜单中选择【横向文本框】选项，如图 18-93 所示。

Step⑬ ❶ 在多边形上绘制文本框，并输入文字；❷ 在【开始】选项卡的【字体】组中设置文字格式，如图 18-94 所示。

图 18-93

图 18-94

Step⑭ 使用【燕尾形】绘图工具在左侧的矩形上绘制两个形状，并设置形状样式，如图 18-95 所示。

图 18-95

Step⑮ ❶ 在页面上方的矩形右侧绘制两个矩形，并设置与左侧矩形相同的形状样式；❷ 单击【幻灯片母版】选项卡中的【关闭】按钮退出母版视图，如图 18-96 所示。

图 18-96

18.3.3　制作幻灯片封面

制作完幻灯片文件并统一幻灯片的风格后，就可以开始制作幻灯片的封面了。

Step① 选中第一张幻灯片中的占位符，按【Delete】键删除占位符，如图 18-97 所示。

图 18-97

Step② ❶ 单击【插入】选项卡中的【图片】下拉按钮；❷ 在弹出的下拉菜单中选择【本地图片】选项，如图 18-98 所示。

图 18-98

Step③ 打开【插入图片】对话框，

❶ 选择"素材文件 \ 第 18 章 \ 企业宣传 \ 背景 .jpg"图片文件；❷ 单击【插入】按钮，如图 18-99 所示。

图 18-99

Step**04** 拖动图片四周的控制点，使图片的大小与页面相同，如图 18-100 所示。

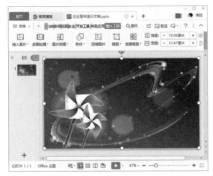

图 18-100

Step**05** ❶ 单击【插入】选项卡中的【形状】下拉按钮；❷ 在弹出的下拉菜单中选择【矩形】工具□，如图 18-101 所示。

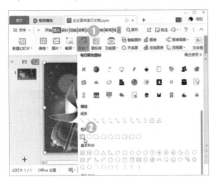

图 18-101

Step**06** ❶ 绘制矩形后选中矩形，单击【绘图工具】选项卡中的【形状效果】下拉按钮；❷ 在弹出的下拉

菜单中选择【更多设置】选项，如图 18-102 所示。

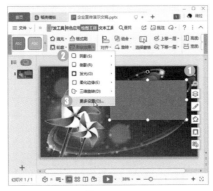

图 18-102

Step**07** 打开【对象属性】窗格，❶ 在【填充与线条】选项卡的【填充】栏设置【颜色】为【白色】，设置【透明度】为【50%】；❷ 单击【线条】下拉按钮，如图 18-103 所示。

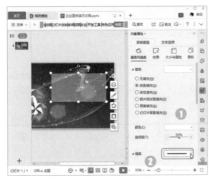

图 18-103

Step**08** 在弹出的下拉菜单中选择【无线条】命令，如图 18-104 所示。

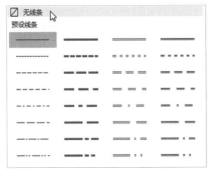

图 18-104

Step**09** 使用相同的方法再次绘制两个矩形，并设置相同的形状样式，

大小和摆放位置如图 18-105 所示。

图 18-105

Step**10** 再次绘制一个较小的矩形，位于其他矩形中间，并设置形状填充，设置形状轮廓的主题颜色为白色，如图 18-106 所示。

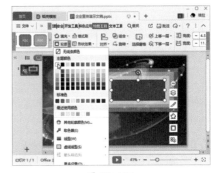

图 18-106

Step**11** ❶ 单击【绘图工具】选项卡中的【轮廓】下拉按钮；❷ 在弹出的下拉菜单中选择【线型】选项；❸ 在弹出的子菜单中选择【3 磅】，如图 18-107 所示。

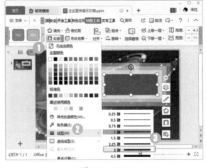

图 18-107

Step**12** 在矩形中绘制文本框，输入标题文本，并设置文本格式。设置完成

后，封面效果如图 18-108 所示。

图 18-108

18.3.4 制作目录

使用形状可以制作出多种多样的目录，下面为企业宣传演示文稿制作目录。

Step01 单击【开始】选项卡中的【新建幻灯片】下拉按钮，如图 18-109 所示。

图 18-109

Step02 ❶ 在弹出的下拉菜单中切换到【母版版式】选项卡；❷ 选择合适的幻灯片母版，单击【立即使用】按钮，如图 18-110 所示。

图 18-110

Step03 在上方的矩形中插入文本框并输入"目录"文本，设置文本格式，如图 18-111 所示。

图 18-111

Step04 ❶ 插入"素材文件\第18章\企业宣传\目录.jpg"图片文件，选中图片；❷ 单击【图片工具】选项卡中的【创意裁剪】下拉按钮；❸ 在弹出的下拉菜单中选择一种创意裁剪样式，如图 18-112 所示。

图 18-112

Step05 使用【等腰三角形】工具△绘制一个等腰三角形，拖动三角形上方的旋转按钮将其倒置，并设置形状填充与轮廓填充，如图 18-113 所示。

图 18-113

Step06 使用【平行四边形】工具▱绘制一个平行四边形，并设置形状填充与轮廓填充，如图 18-114 所示。

图 18-114

Step07 插入两个文本框，输入目录编号与文字，如图 18-115 所示。

图 18-115

Step08 复制第一条目录的文本和形状并粘贴在本页面，将复制的文本和形状拖动到合适的位置，如图 18-116 所示。

图 18-116

Step09 更改形状中的文本内容，如图 18-117 所示。

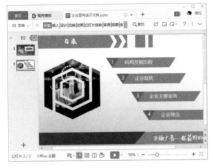

图 18-117

18.3.5　制作"发展历程"幻灯片

制作"发展历程"幻灯片时，可以使用曲线工具绘制发展曲线，操作方法如下。

Step01 插入一张空白幻灯片，输入目录文本，使用【曲线】工具 S 绘制一条曲线，如图 18-118 所示。

图 18-118

Step02 ❶ 单击【绘图工具】选项卡中的【轮廓】下拉按钮；❷ 在弹出的下拉菜单中选择【线型】选项；❸ 在弹出的扩展菜单中选择磅值，如图 18-119 所示。

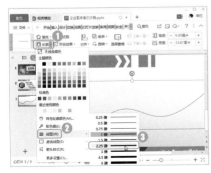

图 18-119

Step03 ❶ 单击【绘图工具】选项卡中的【形状效果】下拉按钮；❷ 在弹出的下拉菜单中选择【发光】选项；❸ 在弹出的扩展菜单中选择一种发光变体，如图 18-120 所示。

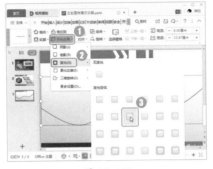

图 18-120

Step04 使用【椭圆】工具 ○ 在曲线上绘制一个正圆形，并设置形状填充与形状轮廓，如图 18-121 所示。

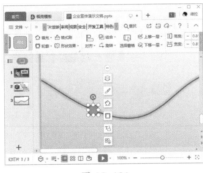

图 18-121

Step05 使用【泪滴形】工具绘制一个泪滴形状，并设置形状填充与形状轮廓，拖动旋转按钮旋转泪滴形状，如图 18-122 所示。

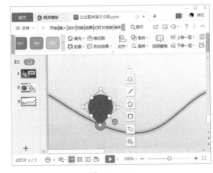

图 18-122

Step06 使用【椭圆】工具 ○ 在泪滴形状上绘制一个正圆形，并设置形状填充与形状轮廓，如图 18-123 所示。

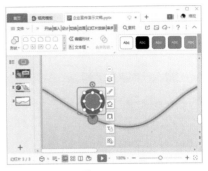

图 18-123

Step07 使用【箭头：上】工具 ⇧ 在圆形中绘制一个箭头，拖动旋转按钮旋转至合适的位置，并设置形状样式，如图 18-124 所示。

图 18-124

Step08 在形状的上方和下方添加文本框，输入文字并设置文本格式，如图 18-125 所示。

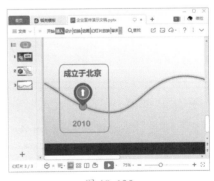

图 18-125

Step09 使用相同的方法绘制其他形状和文本框，如图 18-126 所示。

图 18-126

18.3.6 制作"全国分支"幻灯片

下面将使用智能图形制作"全国分支"幻灯片，并插入各代表地区的图片，操作方法如下。

Step01 插入一张空白幻灯片，❶ 插入文本框输入目录文本；❷ 单击【插入】选项卡中的【智能图形】按钮，如图 18-127 所示。

图 18-127

Step02 打开【选择智能图形】对话框，❶ 选择【蛇形图片题注列表】图形；❷ 单击【确定】按钮，如图 18-128 所示。

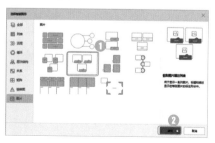

图 18-128

Step03 ❶ 在占位符中输入分公司文本；❷ 单击【插入图片】按钮，如图 18-129 所示。

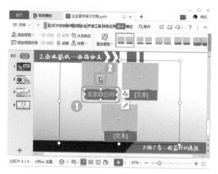

图 18-129

Step04 打开【插入图片】对话框，❶ 插入"素材文件\第18章\企业宣传\北京.jpg"图片；❷ 单击【确定】按钮，如图 18-130 所示。

图 18-130

Step05 ❶ 使用相同的方法添加其他图片；❷ 单击【设计】选项卡中的【添加项目】下拉按钮；❸ 在弹出的下拉菜单中选择【在后面添加项目】命令，如图 18-131 所示。

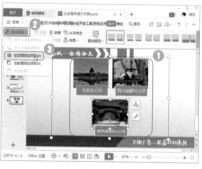

图 18-131

Step06 在图片右侧添加一个文本形

状和一个图片形状，使用前文的方法添加文本和图片，如图 18-132 所示。

图 18-132

Step07 使用相同方法制作其他地区的文本和图片，如图 18-133 所示。

图 18-133

Step08 拖动智能图形四周的控制点，调整图形的大小，如图 18-134 所示。

图 18-134

Step09 ❶ 选中图形；❷ 在【设计】选项卡中选择一种智能图形的样式，如图 18-135 所示。

图 18-135

Step10 ❶ 单击【设计】选项卡中的【更改颜色】下拉按钮；❷ 在弹出的下拉菜单中选择一种颜色样式，如图 18-136 所示。

图 18-136

Step11 ❶ 选中【北京总公司】形状；❷ 单击【格式】选项中的【填充】下拉按钮；❸ 在弹出的下拉菜单中选择【巧克力黄，着色2】选项，如图 18-137 所示。

图 18-137

18.3.7 制作"设计师团队"幻灯片

下面开始制作"设计师团队"幻灯片，操作方法如下。

Step01 插入横排文本框并输入标题文本，然后使用【矩形】工具□和【椭圆】工具○绘制形状，并设置形状样式，如图 18-138 所示。

图 18-138

Step02 在矩形形状中插入文本框，输入文本，如图 18-139 所示。

图 18-139

Step03 ❶ 插入"素材文件\第18章\企业宣传\人才.jpg"图片，并选中图片；❷ 单击【图片工具】选项中的【裁剪】下拉按钮；❸ 在弹出的下拉菜单中选择【按形状裁剪】组中的【椭圆】工具○，如图 18-140 所示。

图 18-140

Step04 拖动图片四周的控制点，将图片裁剪为圆形，如图 18-141 所示。

图 18-141

Step05 移动图片到圆形形状的中间，如图 18-142 所示。

图 18-142

Step06 使用相同的方法制作另一半幻灯片，如图 18-143 所示。

图 18-143

18.3.8 制作"团队介绍"幻灯片

在"团队介绍"幻灯片中，需要插入设计师照片和人物介绍信息，操作方法如下。

Step 01 ❶ 插入横排文本框输入标题文本；❷ 使用【燕尾形】工具 ➘ 绘制形状，并设置形状样式，如图 18-144 所示。

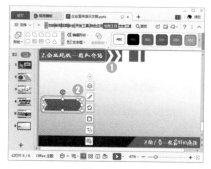
图 18-144

Step 02 ❶ 在形状中插入文本框，输入文本并设置字体样式；❷ 插入"素材文件\第 18 章\企业宣传\团队 1.jpg"图片，并裁剪为圆形，如图 18-145 所示。

图 18-145

Step 03 ❶ 选中图片；❷ 单击【图片工具】选项卡中的【图片轮廓】下拉按钮；❸ 在弹出的下拉菜单中选择【巧克力黄，橙色 2】选项，如图 18-146 所示。

图 18-146

Step 04 ❶ 再次单击【图片轮廓】下拉按钮；❷ 在弹出的下拉菜单中选择【线型】选项；❸ 在弹出的子菜单中选择线条的粗细，如图 18-147 所示。

图 18-147

Step 05 在下方插入横排文本框，输入设计师介绍文本，如图 18-148 所示。

图 18-148

Step 06 复制燕尾形状，并更改形状填充颜色，如图 18-149 所示。

图 18-149

Step 07 使用相同的方法制作其他设计师的介绍信息，如图 18-150 所示。

图 18-150

18.3.9 制作"项目介绍"幻灯片

"项目介绍"幻灯片中，需要插入项目图片，并对项目进行简单的介绍，操作方法如下。

Step 01 ❶ 插入横排文本框输入标题文本；❷ 插入"素材文件\第 18 章\企业宣传\广告 1.jpg"图片，❸ 将其裁剪为【流程图：资料带】 ▣，如图 18-151 所示。

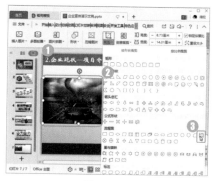
图 18-151

Step 02 在图片下方插入文本框，输入文字并设置文本格式，如图 18-152 所示。

图 18-152

Step03 插入"素材文件\第18章\企业宣传\广告2.jpg"图片,将其裁剪为【流程图:资料带】 🛢,然后将图片移动到前一张图片后方,如图18-153所示。

图18-153

Step04 使用相同的方法插入其他文本框和图片即可,如图18-154所示。

图18-154

18.3.10 制作"主要业务"幻灯片

在"主要业务"幻灯片中,需要插入智能图形,操作方法如下。

Step01 ❶ 插入横排文本框输入标题文本;❷ 分别插入"素材文件\第18章\企业宣传\业务1.jpg""素材文件\第18章\企业宣传\业务2.jpg""素材文件\第18章\企业宣传\业务3.jpg"图片;❸ 单击【插入】选项卡中的【智能图形】按钮,如图18-155所示。

图18-155

Step02 打开【选择智能图形】对话框,❶ 选择【垂直图片列表】图形;❷ 单击【确定】按钮,如图18-156所示。

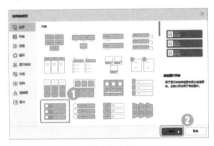

图18-156

Step03 拖动智能图形四周的控制点,调整图形的大小,并移动其位置,如图18-157所示。

图18-157

Step04 单击智能图形中的【插入图片】 图标,如图18-158所示。
Step05 ❶ 打开【插入图片】对话框,选择"素材文件\第18章\企业宣传\图标3.jpg"图片;❷ 在右侧的文本占位符中输入文本介绍,如图18-159所示。

图18-158

图18-159

Step06 使用相同的方法插入其他图片和文本,如图18-160所示。

图18-160

Step07 ❶ 单击【设计】选项卡中的【更改颜色】下拉按钮;❷ 在弹出的下拉菜单中选择一种配色方案,如图18-161所示。

图18-161

18.3.11 制作"企业理念"幻灯片

在"企业理念"幻灯片中，需要插入形状和文本框，并输入文本，操作方法如下。

Step01 ❶ 插入横排文本框，输入标题文本；❷ 使用【六边形】形状工具○绘制一个六边形，并设置形状样式，然后在形状中插入文本，如图 18-162 所示。

图 18-162

Step02 ❶ 使用【直线】工具＼绘制直线，右击直线；❷ 在弹出的快捷菜单中选择【设置对象格式】选项，如图 18-163 所示。

图 18-163

Step03 在打开的【对象属性】窗格中，❶ 在【填充与线条】选项卡设置直线的颜色和宽度；❷ 单击【末端箭头】下拉按钮；❸ 在弹出的下拉菜单中设置末端样式为【圆形箭头】，如图 18-164 所示。

图 18-164

Step04 插入文本框输入文本，并设置文本样式，如图 18-165 所示。

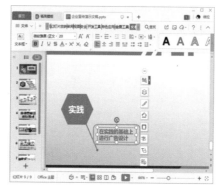
图 18-165

Step05 使用相同的方法绘制其他形状，并插入文本框输入文本，如图 18-166 所示。

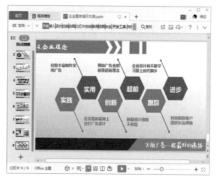
图 18-166

18.3.12 制作封底幻灯片

封底幻灯片作为演示文稿的完结幻灯片，以图片和简单的文字为主，操作方法如下。

Step01 插入一张空白幻灯片，插入图片"素材文件\第18章\企业宣传\封底.jpg"，并裁剪为平行四边形形状，如图 18-167 所示。

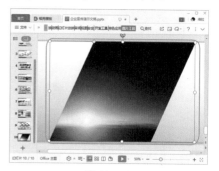
图 18-167

Step02 插入两个矩形形状，并分别设置形状样式，如图 18-168 所示。

图 18-168

Step03 插入文本框并输入封底文本，然后设置字体格式即可，如图 18-169 所示。

图 18-169

18.3.13 设置幻灯片的播放

幻灯片制作完成后，需要为其设置切换方式，操作方法如下。

Step01 在【切换】选项卡中选择一

种切换样式，如图 18-170 所示。

图 18-170

Step 02 ❶ 单击【切换】选项卡中的【效果选项】下拉按钮；❷ 在弹出的下拉菜单中选择【盒状展开】选项，如图 18-171 所示。

Step 03 单击【切换】选项卡中的【切换效果】按钮，如图 18-172 所示。

图 18-171

图 18-172

Step 04 打开的【幻灯片切换】窗格，❶ 在【修改切换效果】栏设置【声音】为【风铃】；❷ 单击【应用于所有幻灯片】按钮，如图 18-173 所示。

图 18-173

本章小结

　　本章主要介绍了 WPS 在行政与文秘工作中的应用，包括使用 WPS 文字制作邀请函、使用 WPS 表格制作员工信息表、使用 WPS 演示文稿制作企业宣传幻灯片。这些都是行政和文秘工作中经常需要制作的文档，而且在实际工作中，需要制作的文档可能会比介绍的案例更加复杂，读者可以根据实际情况添加项目。

第**19**章 WPS 在市场与销售工作中的应用

➡ 插入内置封面虽然简单，但样式单一，怎样才能制作出美观大方的封面？

➡ 大篇幅的文档逐一设置样式太烦琐，怎样统一设置和修改样式？

➡ 销售数据如何展示才更清晰？

➡ 如何用 WPS 计算新品上市的成本？

➡ 怎样将图片设置为项目符号？

➡ 怎样在幻灯片里插入图表并进行数据分析？

本章将学习在 WPS 中制作市场与销售工作相关的文档，在制作的过程中，不仅可以巩固前面学习的知识点，还可以了解市场与销售工作相关文档的制作思路和方法。

19.1 用 WPS 文字制作市场调查报告

实例门类	页面设置 + 样式设置 + 图表设计 + 页码与目录

市场调研是营销工作中不可或缺的重要环节。在工作中，可以通过市场调查报告分析产品的市场响应和价值，帮助营销人员定位产品方向、掌握市场动向。市场调查报告是一种为公司决策提供参考的办公文档，是以科学的方法对市场的供求关系、购销状况及消费情况等进行深入细致的研究后，制作而成的书面报告。市场调查报告具有较强的针对性，材料必须丰富翔实，以帮助企业了解和掌握市场的现状和趋势，提高企业在市场经济大潮中的应变能力和竞争能力，从而有效地促进管理水平的提高。本例将使用 WPS 文字制作市场调查报告，完成后效果如图 19-1 所示。

图 19-1（一）

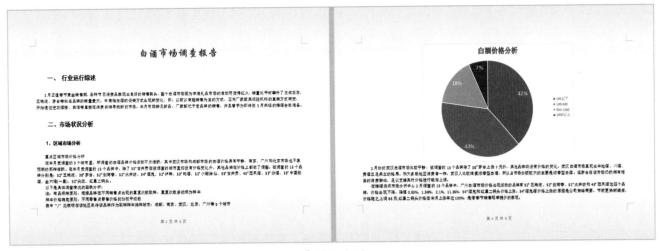

图 19-1（二）

19.1.1　设置报告页面样式

本例要为报告设置纸张方向及页面渐变填充，具体的操作方法如下。

1. 设置纸张方向

在制作文档之前，我们可以根据需要设置纸张方向，下面以设置横向页面为例，介绍设置纸张方向的方法。

启动 WPS Office 2019，新建一个名为市场调查报告的文档，❶单击【章节】选项卡中的【纸张方向】下拉按钮；❷在弹出的下拉菜单中选择【横向】命令，如图 19-2 所示。

图 19-2

2. 设置渐变填充

根据文档的用途，用户可以为页面设置各种填充方式，如渐变、纹理、图案和图片等，下面以设置渐变填充为例，介绍设置页面填充的方法。

Step01 ❶单击【页面布局】选项卡中的【背景】下拉按钮；❷在弹出的下拉菜单中选择【其他背景】选项；❸在弹出的子菜单中选择【渐变】选项，如图 19-3 所示。

图 19-3

Step02 打开【填充效果】对话框，❶在【颜色】栏选择【双色】选项；❷在【颜色1】和【颜色2】下拉列表中分别设置需要的颜色；❸在【底纹样式】栏选择【水平】选项；❹在【变形】列表中选择一种渐变

样式；❺单击【确定】按钮，如图 19-4 所示。

图 19-4

19.1.2　为调查报告设计封面

文档的封面可以给人留下第一印象，美观大方的封面，会让人眼前一亮。设计封面的操作方法如下。

Step01 ❶在【插入】选项卡中单击【形状】下拉按钮；❷在弹出的下拉菜单中选择【矩形】工具□，如图 19-5 所示。

Step02 ❶在页面右侧绘制一个矩形，选中矩形；❷在【绘图工具】选项卡中单击【填充】下拉按钮；❸在弹出的下拉菜单中选择【白色，背景1，深色15%】，如图19-6所示。

图 19-5

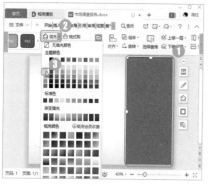

图 19-6

Step03 ① 在【绘图工具】选项卡中单击【轮廓】下拉按钮；② 在弹出的下拉菜单中选择【无线条颜色】选项，如图19-7所示。

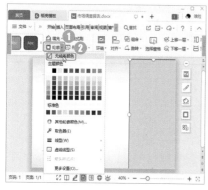

图 19-7

Step04 ① 使用【直线】工具╲在矩形旁边绘制一条直线，并选中该直线；② 单击【绘图工具】选项卡中的【轮廓】下拉按钮；③ 在弹出的下拉菜单中选择【白色，背景1，

深色15%】，如图19-8所示。

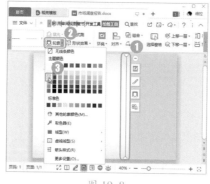

图 19-8

Step05 ① 再次单击【轮廓】下拉按钮；② 在弹出的下拉菜单中选择【线型】选项；③ 在弹出的子菜单中选择【2.25磅】，如图19-9所示。

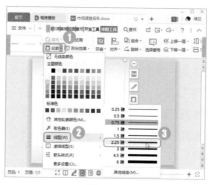

图 19-9

Step06 ① 单击【插入】选项卡中的【图片】下拉按钮；② 在弹出的下拉菜单中选择【来自文件】选项，如图19-10所示。

图 19-10

Step07 打开【插入图片】对话框，① 选择"素材文件\第19章\封面

图片.jpg"图像文件；② 单击【打开】按钮，如图19-11所示。

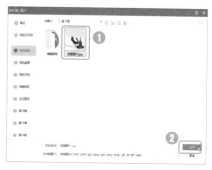

图 19-11

Step08 ① 选中图片；② 单击【图片工具】选项卡中的【环绕】下拉按钮；③ 在弹出的下拉菜单中选择【浮于文字上方】命令，如图19-12所示。

图 19-12

Step09 拖动图片到页面的右侧，如图19-13所示。

图 19-13

Step10 使用【矩形】工具□绘制一个黑色填充、无轮廓的矩形，如图19-14所示。

图 19-14

Step⑪ 右击矩形，在弹出的快捷菜单中选择【添加文字】选项，如图19-15所示。

图 19-15

Step⑫ ❶ 输入文字；❷ 在【文本工具】选项卡中设置文本格式，如图19-16所示。

图 19-16

Step⑬ 添加文本框，输入封面的其他文字，并设置文本格式，如图19-17所示。

图 19-17

19.1.3 使用样式规范正文样式

封面制作完成后，就可以开始制作正文了。制作正文时，首先要输入正文内容，然后使用样式规范正文的样式，操作方法如下。

Step⑪ ❶ 单击【插入】选项卡中的【空白页】下拉按钮；❷ 在弹出的下拉菜单中选择【横向】命令，插入横向页面，如图19-18所示。

图 19-18

技术看板

多次按【Enter】键，将光标移到下一页，也可以创建空白页。

Step⑫ ❶ 录入报告内容；❷ 单击【开始】选项卡中的【新样式】功能扩展按钮，如图19-19所示。

Step⑬ 打开【样式和格式】窗格对话框，❶ 单击【正文】右侧的下拉按钮；❷ 在弹出的下拉菜单中选择【修改】命令，如图19-20所示。

图 19-19

图 19-20

Step⑭ 打开【修改样式】对话框，❶ 单击【格式】下拉按钮；❷ 在弹出的下拉菜单中选择【段落】命令，如图19-21所示。

图 19-21

技能拓展——为样式设置快捷键

在【修改样式】对话框的【格式】下拉列表中，选择【快捷键】命令，可以为样式设置快捷键。设置了快捷键的样式，在使用时只需要按快捷键即可应用，能够提高工作效率。

Step⑤ 打开【段落】对话框，❶ 在【缩进和间距】选项卡中设置【特殊格式】为【首行缩进，2】字符；❷ 单击【确定】按钮退出【段落】对话框，返回【修改样式】对话框，单击【确定】按钮完成样式的修改。如图 19-22 所示。

图 19-22

Step⑥ 使用相同的方法，打开【标题1】的【修改样式】对话框，❶ 在【格式】组中设置字号为【小三】；❷ 单击【确定】按钮，如图 19-23 所示。

图 19-23

Step⑦ 使用相同的方法，打开【标题2】的【修改样式】对话框，❶ 在【格式】组中设置字号为【小四】；❷ 单击【确定】按钮，如图 19-24 所示。

图 19-24

Step⑧ 返回文档，选中标题文本，在【开始】选项卡中设置字体格式，如图 19-25 所示。

图 19-25

Step⑨ ❶ 将光标定位到"一、行业运行综述"段落；❷ 单击【样式和格式】窗格中的【标题1】样式，并使其他相似的段落应用该样式，如图 19-26 所示。

图 19-26

Step⑩ ❶ 将光标定位到"1、区域市场分析"段落；❷ 单击【样式和格

式】窗格中的【标题2】样式，并使其他相似的段落应用该样式，如图 19-27 所示。

图 19-27

19.1.4 插入图表丰富文档

在市场调查报告中，文字描述固然重要，但插入图表可以让人一目了然地了解市场动态。

1. 插入图表

为了让数据更加直观，我们可以在 WPS 文字中插入图表，操作方法如下。

Step① ❶ 将光标定位到要插入图表的位置；❷ 单击【插入】选项卡中的【图表】按钮，如图 19-28 所示。

图 19-28

Step② 打开【插入图表】对话框，❶ 选择一种图表样式，如【饼图】；❷ 单击【插入】按钮，如图 19-29 所示。

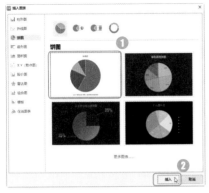

图 19-29

Step03 在文档中插入图表，❶ 选中图表；❷ 单击【图表工具】选项卡中的【编辑数据】按钮，如图 19-30 所示。

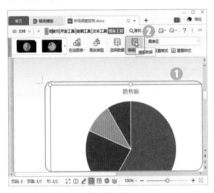

图 19-30

Step04 ❶ 启动 WPS 表格，在单元格中输入图表需要显示的数据；❷ 完成后单击【关闭】按钮×，如图 19-31 所示。

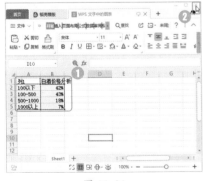

图 19-31

2. 美化图表

　　在 WPS 文字中，不仅可以插

入图表，还可以美化图表。美化图表的操作方法如下。

Step01 ❶ 选中图表标题；❷ 在【文本工具】选项卡中选择一种艺术字样式，如图 19-32 所示。

图 19-32

技术看板

　　如果要更改图表标题，可以选中图表标题后在文本框中输入需要的标题。

Step02 ❶ 选中图表；❷ 单击【图表工具】选项卡中的【添加元素】下拉按钮；❸ 在弹出的下拉列表中选择【数据标签】选项；❹ 在弹出的子菜单中选择【数据标签内】选项，如图 19-33 所示。

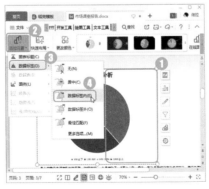

图 19-33

Step03 ❶ 选中数据标签；❷ 在【文本工具】选项卡中设置标签样式为【小三，白色】，如图 19-34 所示。

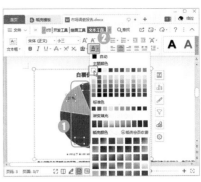

图 19-34

Step04 ❶ 选中图表；❷ 单击【图表工具】选项卡中的【添加元素】下拉按钮；❸ 在弹出的下拉菜单中选择【图例】选项；❹ 在弹出的子菜单中选择【右侧】选项，如图 19-35 所示。

图 19-35

Step05 保持图表的选中状态，❶ 单击【图表工具】选项卡中的【更改颜色】下拉按钮；❷ 在弹出的下拉菜单中选择一种颜色，如图 19-36 所示。

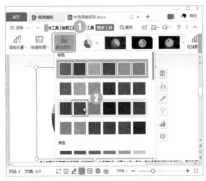

图 19-36

Step06 设置完成后，图表的最终效

果如图 19-37 所示。

图 19-37

19.1.5 插入页码与目录

在市场调查报告的页面中插入页码，并使用目录功能提取标题1和标题2的目录，以便他人快速了解调查报告的内容，操作方法如下。

1. 插入页码

首先为调查报告添加页码，操作方法如下。

Step01 ❶ 单击【插入】选项卡中的【页码】下拉按钮；❷ 在弹出的下拉菜单中选择一种页码样式，如【页脚中间】，如图 19-38 所示。

Step02 ❶ 在页码处单击【页码设置】下拉按钮；❷ 在弹出的下拉菜单中的【样式】下拉列表中选择一种页码样式；❸ 单击【确定】按钮，如图 19-39 所示。

图 19-38

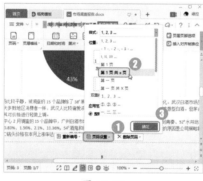

图 19-39

Step03 页码设置完成后，单击【页眉和页脚】选项卡中的【关闭】按钮即可，如图 19-40 所示。

图 19-40

2. 插入目录

插入目录的操作方法如下。

Step01 ❶ 将光标定位到标题的左侧；❷ 单击【章节】选项卡中的【目录页】下拉按钮；❸ 在弹出的下拉列表中选择一种内置目录样式，如图 19-41 所示。

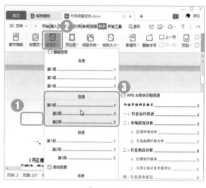

图 19-41

Step02 返回文档即可看到目录已经插入，❶ 选中目录文本；❷ 打开【样式和格式】窗格，选择【标题1】样式，为目录应用样式即可，如图 19-42 所示。

图 19-42

19.2 用 WPS 表格制作产品定价分析表

实例门类	表格制作＋筛选数据＋公式计算

产品上市之前，需要对市场进行调查分析，并制作产品定价分析表。产品定价分析表用于统计产品所需的各种成本，并与其他同类产品进行比较，然后根据企业的定价目标和策略进行定价。本例将制作产品定价分析表，制作完成后的效果如图 19-43 所示。

日期	2019/12/29			货号		A1008	
产品名称	蚕丝被			等级		一级	
规格	200*220cm			目前销量		5200	
成本分析	成本项目	生产数量	成本占比	生产数量	成本占比	生产数量	成本占比
		¥2,000		¥3,000		¥6,000	
	原料成本	¥169,000	29.34%	¥250,000	29.38%	¥450,000	21.23%
	物料成本	¥150,000	26.04%	¥220,000	25.85%	¥440,000	20.75%
	人工费	¥20,000	3.47%	¥30,000	3.53%	¥580,000	27.36%
	制造费用	¥32,000	5.56%	¥45,000	5.29%	¥90,000	4.25%
	制造成本	¥35,000	6.08%	¥46,000	5.41%	¥100,000	4.72%
	毛利	¥170,000	29.51%	¥260,000	30.55%	¥460,000	21.70%
	合计	¥576,000	100.00%	¥851,000	100.00%	¥2,120,000	100.00%
参考单价	成本单价	288		284		353	
产品竞争状况	生产公司	产品名称	规格	售价	估计年销量	市场占有率	备注
	罗莱	蚕丝被	200*220cm	¥1,800	5000	22.22%	
	梦洁	蚕丝被	200*220cm	¥3,500	4500	20.00%	
	水星	蚕丝被	200*220cm	¥2,800	3000	13.33%	
	盛宇	蚕丝被	200*220cm	¥1,500	5000	22.22%	
	紫罗兰	蚕丝被	200*220cm	¥4,500	5000	22.22%	
定价分析	定价	估计年销量	估计市场占有率	估计利润	确认价格	代理价	
	¥1,000	9000	28.57%	¥6,510,000		零售价	
	¥1,200	8500	27.42%	¥7,848,333			
	¥1,500	8000	26.23%	¥9,786,667			
	¥1,800	5000	18.18%	¥7,616,667		促销价	
	¥2,000	3000	11.76%	¥5,170,000			
	分析人		审核		审批		

图 19-43

19.2.1 新建产品定价分析表

本例首先制作产品定价分析表的框架，并为其设置边框样式，具体操作方法如下。

Step01 启动 WPS Office 2019，新建一个工作簿，并将第一个工作表命名为产品定价分析表，如图 19-44 所示。

图 19-44

Step02 ❶ 选中 A1:H1 单元格区域；❷ 单击【开始】选项卡中的【合并居中】按钮，如图 19-45 所示。

图 19-45

Step03 ❶ 在 A1 单元格输入标题；❷ 在【开始】选项卡中设置标题的字体格式，如图 19-46 所示。

图 19-46

Step04 在其他单元格中输入表格的内容文本，❶ 按住【Ctrl】键不放，选中 B2:D4 和 F2:H4 单元格区域；❷ 单击【开始】选项卡中的【合并居中】下拉按钮；❸ 在弹出的下拉菜单中选择【按行合并】选项，如图 19-47 所示。

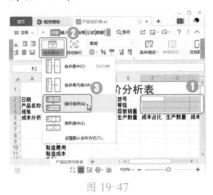

图 19-47

Step05 ❶ 选中 A5:A13 单元格区域；❷ 单击【开始】选项卡中的【合并居中】按钮，如图 19-48 所示。

Step06 ❶ 选中 A5 单元格；❷ 单击【开始】选项卡中的【格式】下拉按钮；❸ 在弹出的下拉菜单中选择【单元格】选项，如图 19-49 所示。

图 19-48

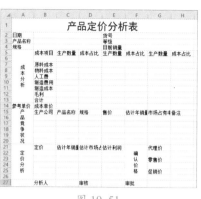

图 19-51

图 19-54

图 19-49

Step07 打开【单元格格式】对话框，① 在【对齐】选项卡的【方向】栏选择左侧的竖排文本；② 单击【确定】按钮，如图 19-50 所示。

图 19-50

Step08 使用相同的方法设置其他单元格区域的格式，如图 19-51 所示。

Step09 分别设置工作表中文本数据的字体格式，如图 19-52 所示。

图 19-52

Step10 ① 选中 A2:H27 单元格区域；② 在【开始】选项卡中单击【水平居中】按钮三，如图 19-53 所示。

图 19-53

Step11 ① 选中 A3:H26 单元格区域，单击鼠标右键；② 在弹出的快捷菜单中选择【设置单元格格式】选项，如图 19-54 所示。

Step12 打开【单元格格式】对话框，① 在【边框】选项卡的【样式】组中选择一种虚线样式；② 在【颜色】下拉列表中选择一种颜色；③ 在【预置】栏选择【内部】选项；④ 单击【确定】按钮，如图 19-55 所示。

图 19-55

Step13 ① 保持单元格区域选中状态，单击【开始】选项卡中的【边框】下拉按钮·；② 在弹出的下拉菜单中选择【粗匣框线】命令，即可完成表格框架的制作，如图 19-56 所示。

图 19-56

19.2.2　筛选表格数据

在制作本例时，需要先将资料录入工作表中，然后将筛选出的数据粘贴到定价表工作表中。

Step01 新建一个名为产品成本资料的工作表，录入产品成本资料，如图19-57所示。

图 19-57

Step02 新建一个名为同类产品资料的工作表，录入同类产品资料，如图19-58所示。

图 19-58

Step03 ❶右击工作表标签；❷在弹出的快捷菜单中选择【工作表标签颜色】选项；❸在弹出的子菜单中选择一种颜色，分别为3个工作表设置标签颜色，如图19-59所示。

Step04 选择产品成本资料工作表，❶选中第二行标题行；❷单击【开始】选项卡中的【筛选】按钮，如图19-60所示。

图 19-59

图 19-60

Step05 ❶单击【产品名称】字段名右侧的下拉按钮；❷在弹出的下拉列表中选中【蚕丝被】复选框；❸单击【确定】按钮，如图19-61所示。

图 19-61

Step06 ❶单击【规格】字段名右侧的下拉按钮；❷在弹出的下拉列表中选中【200*220cm】复选框；❸单击【确定】按钮，如图19-62所示。

Step07 返回工作表，即可看到筛选后的结果。❶选中C3:I3单元格区域；❷单击【开始】选项卡中的【复制】按钮，如图19-63所示。

图 19-62

图 19-63

Step08 ❶切换到产品定价分析表工作表，选中C6单元格；❷单击【开始】选项卡中的【粘贴】下拉按钮；❸在弹出的下拉菜单中选择【转置】命令，如图19-64所示。

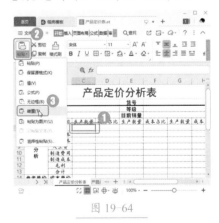

图 19-64

Step09 按照同样的方法将产品资料表中的C6:I6和C9:I9单元格区域中的内容转置到产品定价分析表的E6:E12和G6:G12单元格区域中，如图19-65所示。

图 19-65

Step10 切换到同类产品资料工作表，❶ 选中工作表中的第二行；❷ 单击【开始】选项卡中的【筛选】按钮，如图 19-66 所示。

图 19-66

Step11 ❶ 单击【产品名称】字段名右侧的下拉按钮□；❷ 在弹出的下拉列表中选中【蚕丝被】复选框；❸ 单击【确定】按钮，如图 19-67 所示。

Step12 ❶ 单击【规格】字段名右侧的下拉按钮□；❷ 在弹出的下拉列表中选中【200*220cm】复选框；❸ 单击

【确定】按钮，如图 19-68 所示。

图 19-68

Step13 ❶ 选中筛选结果；❷ 单击【开始】选项卡中的【复制】按钮，如图 19-69 所示。

图 19-69

Step14 ❶ 切换到产品定价分析表；❷ 将复制的内容粘贴到 B16:F20 单元格区域中即可，如图 19-70 所示。

图 19-70

19.2.3 使用公式计算成本

资料准备好之后，可以通过公式计算产品成本，并为其定价，操

作方法如下。

Step01 ❶ 选中 C13 单元格，在编辑栏输入公式"=SUM(C7:C12)"；❷ 按【Enter】键确认，得到计算结果，如图 19-71 所示。

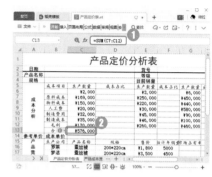

图 19-71

Step02 将公式复制到 E13 和 G13 单元格中，得到计算结果，如图 19-72 所示。

图 19-72

Step03 ❶ 选中 D7 单元格，在编辑栏输入公式"=C7/SUM($C$7:$C$12)"；❷ 按【Enter】键确认，得到计算结果，如图 19-73 所示。

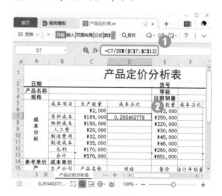

图 19-73

Step04 将公式填充到 D8:D13 单元格区域，如图 19-74 所示。

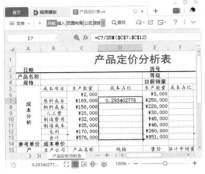

图 19-74

Step05 ❶ 选中 F7 单元格，在编辑栏输入公式"=E7/SUM($E$7:$E$12)"，然后按【Enter】键，得到计算结果；❷ 将公式填充到 F8:F12 单元格区域，如图 19-75 所示。

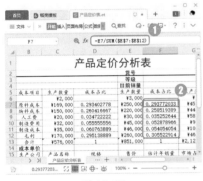

图 19-75

Step06 ❶ 选中 H7 单元格，在编辑栏输入公式"=G7/SUM($G$7:$G$12)"，然后按【Enter】键，得到计算结果；❷ 将公式填充到 H8:H12 单元格区域，如图 19-76 所示。

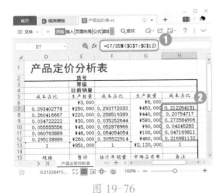

图 19-76

技术看板

在公式"=E7/SUM($E$7:$E$12)"中，E7 为相对引用，复制公式时，单元格引用会随公式所在单元格位置的变更而改变；而"$E$7:$E$12"为绝对引用，公式被复制到新位置后，公式中引用的单元格地址不会发生变化，例如，将公式复制到 F8 单元格后。公式则变为"=E8/SUM($E$7:$E$12)"。

Step07 ❶ 按住 Ctrl 键不放，选中 D7:D13、F7:F13、H7:H13 单元格区域，单击鼠标右键；❷ 在弹出的快捷菜单中选择【设置单元格格式】命令，如图 19-77 所示。

图 19-77

Step08 打开【单元格格式】对话框，❶ 在【数字】选项卡的【分类】列表中选择【百分比】选项；❷ 设置【小数位数】为【2】；❸ 单击【确定】按钮，如图 19-78 所示。

图 19-78

Step09 ❶ 选中 C14 单元格区域，在编辑栏输入公式"=C13/C6"；❷ 按【Enter】键确认，得到计算结果，如图 19-79 所示。

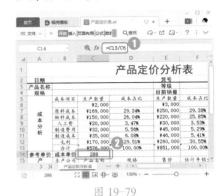

图 19-79

Step10 ❶ 选中 E14 单元格区域，在编辑栏输入公式"=E13/E6"；❷ 按【Enter】键确认，得到计算结果，如图 19-80 所示。

图 19-80

Step11 ❶ 选中 G14 单元格，在编辑栏输入公式"=G13/G6"；❷ 按【Enter】键确认，得到计算结果，如图 19-81 所示。

图 19-81

341

Step⑫ ❶选中 E14 单元格和 G14 单元格；❷多次单击【开始】选项卡中的【减少小数位数】按钮，取消小数位数，如图 19-82 所示。

图 19-82

Step⑬ ❶选中 G16 单元格，在编辑栏输入公式"=F16/SUM($F$16:$F$20)"；❷按【Enter】键，得到计算结果，如图 19-83 所示。

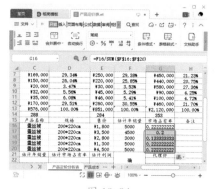

图 19-83

Step⑭ 使用填充柄功能将公式复制到 G17:G20 单元格区域，如图 19-84 所示。

图 19-84

Step⑮ ❶选中 G16:G20 单元格区域；❷单击【开始】选项卡中的【百分比样式】按钮%，如图 19-85 所示。

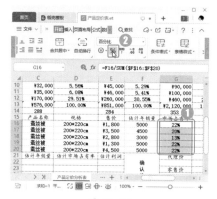

图 19-85

Step⑯单击两次【开始】选项卡中的【增加小数位数】按钮，如图 19-86 所示。

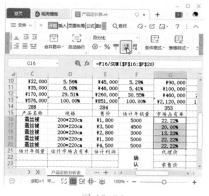

图 19-86

Step⑰ ❶在 B22:C26 单元格区域中输入需要的数据信息；❷选中 D22 单元格，在编辑栏输入公式"=C22/(SUM($F$16: $F$20)+C22)"，按【Enter】键，得到计算结果，如图 19-87 所示。

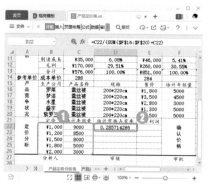

图 19-87

Step⑱ 使用填充柄功能将 D22 单元格中的公式复制到 D23:D26 单元格区域，如图 19-88 所示。

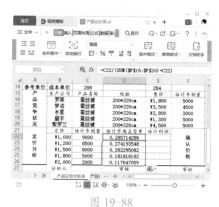

图 19-88

Step⑲ ❶选中 D22:D26 单元格区域；❷单击【开始】选项卡中的【百分比样式】按钮%，如图 19-89 所示。

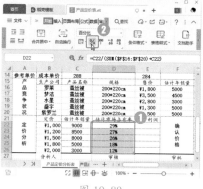

图 19-89

Step⑳ 保持 D22:D26 单元格区域的选中状态，单击两次【开始】选项卡中的【增加小数位数】按钮，如图 19-90 所示。

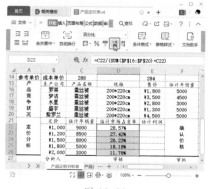

图 19-90

Step㉑ ❶ 选中 E22 单元格，在编辑栏中输入公式"=(B22−SUM($G$7:$G$11)/$G$6)*C22"；❷ 按【Enter】键，得到计算结果，然后设置数字格式，如图 19-91 所示。

图 19-91

Step㉒ 将 E22 中的公式复制到 E23：E26 单元格区域，如图 19-92 所示。

图 19-92

Step㉓ 在工作表中输入其他需要的信息，并检查格式是否完善，完成后保存工作簿，如图 19-93 所示。

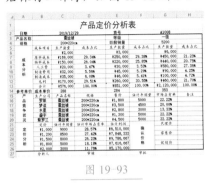

图 19-93

19.3 用 WPS 演示文稿制作年度销售报告

实例门类	版式设计 + 表格设计 + 图表制作

销售报告是公司在某段时间内对产品销量进行的总结，可以从中吸取经验和教训，用于指导之后的工作和生产活动。年度销售报告在生产活动中有着非常重要的作用，是推进工作的重要依据。本例将使用 WPS 演示文稿制作年度销售报告。制作完成后的效果如图 19-94 所示。

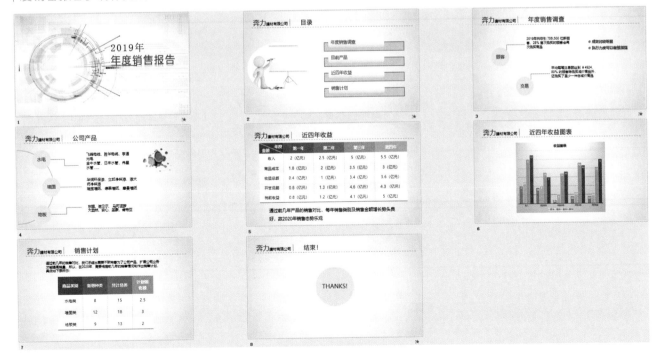

图 19-94

19.3.1 在幻灯片母版中设计版式

制作销售推广类幻灯片时，统一的背景可以加深观看者对产品的印象。所以，本例将在幻灯片母版中插入合适的背景图片，具体操作方法如下。

Step01 新建一个演示文稿，单击【视图】选项卡中的【幻灯片母版】命令，进入幻灯片母版视图，如图19-95所示。

图 19-95

Step02 ❶ 在【空白版式】页面中单击鼠标右键；❷ 在弹出的快捷菜单中单击【设置背景格式】选项，如图19-96所示。

图 19-96

Step03 打开【对象属性】窗格，❶ 选择【渐变填充】单选项；❷ 在【色标颜色】栏分别设置两个色块的颜色，如图19-97所示。

图 19-97

Step04 在【渐变样式】下拉菜单中选择渐变样式，如图19-98所示。

图 19-98

Step05 ❶ 单击【插入】选项卡中的【形状】下拉按钮；❷ 在弹出的下拉菜单中选择【直线】工具＼，如图19-99所示。

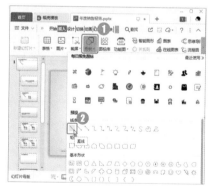

图 19-99

Step06 ❶ 在页面上方绘制一条直线；❷ 在【绘图工具】选项卡中单击【轮廓】下拉按钮；❸ 在弹出的下拉菜单中选择【浅绿，着色6】，如

图 19-100 所示。

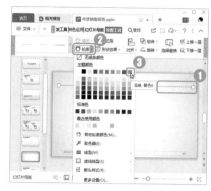

图 19-100

Step07 ❶ 再次单击【轮廓】下拉按钮；❷ 在弹出的下拉菜单中选择【线型】选项；❸ 在弹出的子菜单中选择【2.25磅】，如图19-101所示。

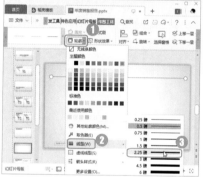

图 19-101

Step08 ❶ 再次单击【轮廓】下拉按钮；❷ 在弹出的下拉菜单中选择【虚线线型】选项；❸ 在弹出的子菜单中选择【短划线】选项，如图19-102所示。

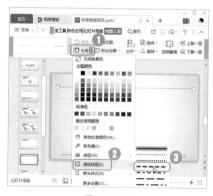

图 19-102

Step(09) ❶ 在虚线上方绘制文本框，并输入公司名称；❷ 在【文本工具】选项卡中设置字体格式，如图19-103所示。

图 19-103

Step(10) 在公司名称右侧添加一条竖直线，设置与虚线相同的颜色和线条粗细，如图19-104所示。

图 19-104

Step(11) ❶ 切换到任意幻灯片；❷ 选中【母版标题样式】文本框；❸ 单击【开始】选项卡中的【复制】按钮，如图19-105所示。

图 19-105

Step(12) 将复制的文本框粘贴到空白

版式中，如图19-106所示。

图 19-106

Step(13) 在【文本工具】选项卡中设置母版标题格式，完成后即可查看效果，如图19-107所示。

图 19-107

Step(14) 单击【幻灯片母版】选项卡中的【关闭】母版视图按钮，如图19-108所示。

图 19-108

19.3.2 为封面幻灯片设置文本效果

在制作演示文稿的过程中，可以根据演示文稿的整体效果来编辑

文字，如设置文字的特殊效果，具体操作方法如下。

Step(01) ❶ 单击【插入】选项【图像】组中的【图片】下拉按钮；❷ 在弹出的下拉菜单中选择【本地图片】选项，如图19-109所示。

图 19-109

Step(02) 打开【插入图片】对话框，❶ 选择"素材文件\第19章\销售报告\封面.jpg"图片文件；❷ 单击【打开】按钮，如图19-110所示。

图 19-110

Step(03) 拖动图片四周的控制点调整图片大小，如图19-111所示。

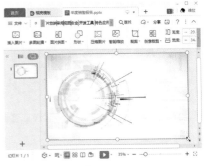

图 19-111

Step(04) ❶ 单击【图片工具】选项卡中的【下移一层】下拉按钮；❷ 在

弹出的下拉菜单中选择【置于底层】命令，如图 19-112 所示。

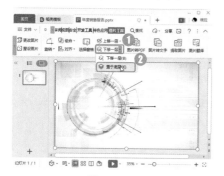

图 19-112

Step05 ❶ 删除副标题占位符，在标题占位符中输入文本；❷ 在【文本工具】选项卡中设置字体格式，如图 19-113 所示。

图 19-113

Step06 ❶ 选中"年度销售报告"文本；❷ 单击【文本工具】选项卡中的【文本效果】下拉按钮；❸ 在弹出的下拉菜单中选择【倒影】选项；在弹出的子菜单中选择一种倒影变体，如图 19-114 所示。

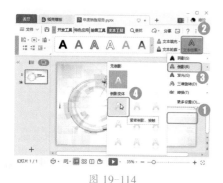

图 19-114

Step07 封面制作完成后，效果如图

19-115 所示。

图 19-115

19.3.3 制作幻灯片目录

在制作幻灯片目录时，可以对插入的图片进行裁剪。除对图片设置自定义裁剪外，还可以根据需要将图片剪裁为合适的比例及形状等，具体操作方法如下。

Step01 单击【开始】选项卡中的【新建幻灯片】下拉按钮，如图 19-116 所示。

图 19-116

Step02 ❶ 在弹出的下拉列表中切换到【母版版式】选项卡；❷ 在【空白版式】中单击【立即使用】按钮，如图 19-117 所示。

图 19-117

Step03 ❶ 在标题占位符中输入"目录"文本；❷ 插入图片"素材文件\第19章\销售报告\目录.jpg"，并设置图片大小和位置；❸ 单击【图片工具】选项卡中的【裁剪】下拉按钮；❹ 在弹出的下拉菜单中选择【按形状裁剪】选项卡中的【椭圆】工具○，如图 19-118 所示。

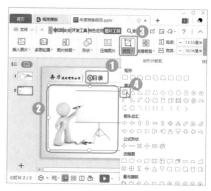

图 19-118

Step04 ❶ 选中图片；❷ 单击【图片工具】选项卡中的【图片效果】下拉按钮；❸ 在弹出的下拉菜单中选择【阴影】选项；❹ 在弹出的子菜单中选择一种阴影效果，如图 19-119 所示。

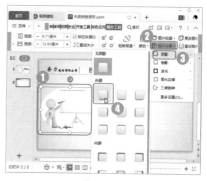

图 19-119

Step05 单击【插入】选项卡中的【智能图形】按钮，如图 19-120 所示。

Step06 打开【选择智能图形】对话框，❶ 选择【垂直框列表】图形；❷ 单击【确定】按钮，如图 19-121 所示。

图 19-120

图 19-121

Step07 ❶ 在文本占位符中输入目录内容，然后选中最后一个形状；❷ 单击【设计】选项卡中的【添加项目】下拉按钮；❸ 在弹出的下拉菜单中选择【在后面添加项目】选项，如图 19-122 所示。

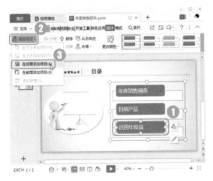

图 19-122

Step08 在添加的项目中输入目录内容，如图 19-123 所示。

Step09 ❶ 选中智能图形，单击【设计】选项卡中的【更改颜色】下拉按钮；❷ 在弹出的下拉菜单中选择一种主题颜色，如图 19-124 所示。

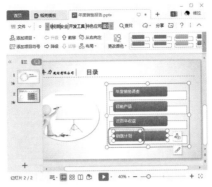

图 19-123

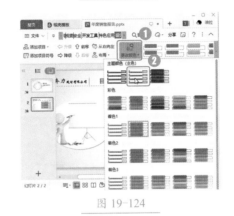

图 19-124

Step10 保持智能图形的选中状态，在【设计】选项卡中选择一种智能图形的样式即可，如图 19-125 所示。

图 19-125

19.3.4 绘制形状制作幻灯片

在幻灯片中还可以通过绘制形状来表现对象，绘制形状后，还可以设置形状效果，具体操作方法如下。

Step01 ❶ 在标题占位符中添加标题，然后使用【椭圆】工具○绘制一个圆形；❷ 单击【绘图工具】选项卡中的【填充】下拉按钮；❸ 在弹出的下拉菜单中选择填充颜色，如图 19-126 所示。

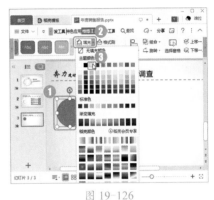

图 19-126

Step02 保持形状的选中状态，❶ 单击【绘图工具】选项卡中的【轮廓】下拉按钮；❷ 在弹出的下拉菜单中选择【无线条颜色】选项，如图 19-127 所示。

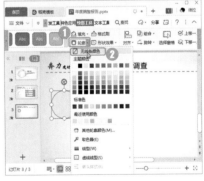

图 19-127

Step03 保持形状的选中状态，❶ 单击【绘图工具】选项卡中的【形状效果】下拉按钮；❷ 在弹出的下拉菜单中选择【阴影】选项；❸ 在弹出的子菜单中选择一种阴影样式，如图 19-128 所示。

Step04 ❶ 右击形状；❷ 在弹出的快捷菜单中选择【编辑文字】选项，如图 19-129 所示。

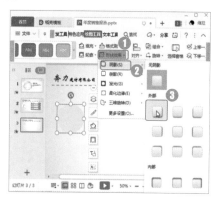

图 19-128

图 19-129

Step05 ❶ 在形状中输入文本内容；❷ 在【文本工具】选项卡中设置字体格式，如图 19-130 所示。

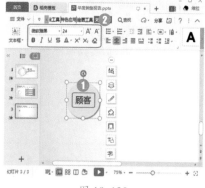

图 19-130

Step06 ❶ 使用【肘形连接符】工具绘制一条肘形线条；❷ 在【绘图工具】选项卡中单击【轮廓】下拉按钮；❸ 在弹出的下拉菜单中设置线条粗细，如图 19-131 所示。

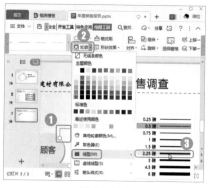

图 19-131

Step07 保持图形的选中状态，❶ 在【绘图工具】选项卡中单击【形状效果】下拉按钮；❷ 在弹出的下拉菜单中选择【阴影】选项；❸ 在弹出的子菜单中选择一种阴影样式，如图 19-132 所示。

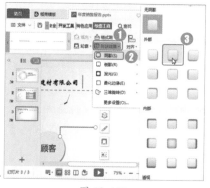

图 19-132

Step08 在线条的右侧添加文本框，输入内容文本，如图 19-133 所示。

图 19-133

Step09 复制第一条目录的文本和形状，并将复制的文本和形状拖动到

合适的位置，更改其中的文字内容，如图 19-134 所示。

图 19-134

Step10 ❶ 在幻灯片右侧绘制一个文本框，输入调查结果文本后选中文本；❷ 单击【文本工具】选项卡中的【项目符号】下拉按钮；❸ 在弹出的下拉菜单中选择【其他项目符号】选项，如图 19-135 所示。

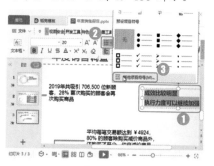

图 19-135

Step11 打开【项目符号与编号】对话框，单击【图片】按钮，如图 19-136 所示。

图 19-136

Step12 打开【打开图片】对话框，

① 选择"素材文件\第 19 章\销售报告\图标.jpg"图片；② 单击【打开】按钮，如图 19-137 所示。

图 19-137

Step13 返回幻灯片中，即可查看使用图片作为项目符号的效果，如图 19-138 所示。

图 19-138

Step14 新建一张空白幻灯片，在标题占位符中输入标题，然后使用【椭圆】工具○在幻灯片的左侧绘制一个正圆形，圆形的一半位于幻灯片之外，如图 19-139 所示。

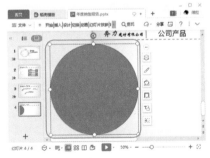

图 19-139

Step15 使用矩形工具绘制一个矩形，使其位于幻灯片之外，遮挡住圆形在外的一半，如图 19-140 所示。

图 19-140

Step16 ① 先选中圆形，然后按住【Ctrl】键选中矩形；② 单击【绘图工具】选项卡中的【合并形状】下拉按钮；③ 在弹出的下拉菜单中选择【剪除】选项，如图 19-141 所示。

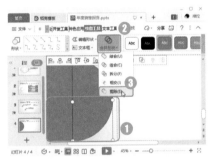

图 19-141

Step17 ① 选中剪除后的半圆形；② 设置【填充】为【无填充颜色】；③ 设置【轮廓】为【白色，背景 1，深色 35%】；④ 设置【线型】为【2.25 磅】，如图 19-142 所示。

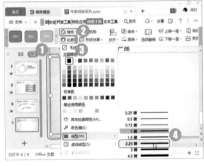

图 19-142

Step18 ① 在第三张幻灯片中复制形状和文本框，粘贴到第四张幻灯片，并根据需要更改形状中的文字；② 使用【肘形连接符】工具⌐绘制

3 条肘形线条，如图 19-143 所示。

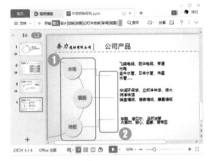

图 19-143

Step19 ① 选中第三张幻灯片中的肘形连接符；② 单击【绘图工具】选项卡中的【格式刷】按钮，如图 19-144 所示。

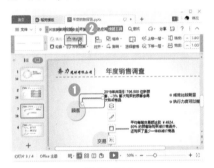

图 19-144

Step20 当鼠标光标变为 时，分别单击第四张幻灯片中的 3 个肘形连接符，给这 3 个连接符应用与第三张幻灯片中相同的样式，如图 19-145 所示。

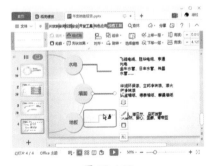

图 19-145

Step21 插入图片"素材文件\第 19 章\销售报告\图片 2.jpg"，① 单击【绘图工具】选项卡中的【创意裁剪】下拉按钮；② 在弹出的下拉菜单中

选择一种图片裁剪样式，如图19-146所示。

图 19-146

Step 22 裁剪完成后的效果如图19-147所示。

图 19-147

19.3.5 制作收益分析表格

需要用数据表达幻灯片内容时，可以在幻灯片中插入表格，插入表格的操作方法如下。

Step 01 新建一张空白幻灯片，输入标题文本；❶单击【插入】选项卡中的【表格】下拉按钮；❷在弹出的下拉菜单中选择【6行*5列】的表格，如图19-148所示。

图 19-148

Step 02 在表格中输入数据，如图19-149所示。

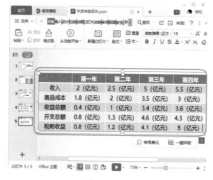

图 19-149

Step 03 在页面下方添加文本框和文本，并在【开始】选项卡中设置文本格式，如图19-150所示。

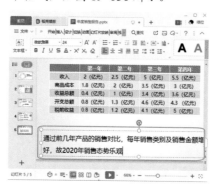

图 19-150

Step 04 选中表格，单击【一键排版】按钮，如图19-151所示。

图 19-151

Step 05 打开【智能创作】窗格，选择【一键排版】下方的表格样式，如图19-152所示。

Step 06 表格将根据页面内容自动调整大小，展开【表格美化】选项，选择一种表格样式，如图19-153所示。

图 19-152

图 19-153

Step 07 ❶将光标定位到第一行的第一个单元格中；❷在【表格样式】组中设置【笔颜色】为【白色】；❸单击【表格样式】选项卡中的【边框】下拉按钮；❹在弹出的下拉菜单中选择【斜下框线】选项，如图19-154所示。

图 19-154

Step 08 添加文本框，在第一个单元格中添加文字即可，如图19-155所示。

图 19-155

19.3.6 插入图表分析数据

使用图表不仅能使演示文稿更美观，还能更直观地展示数据，在幻灯片中插入图表的方法如下。

Step01 插入一张空白幻灯片，输入标题文本，单击【插入】选项卡中的【图表】按钮，如图 19-156 所示。

图 19-156

Step02 打开【插入图表】对话框，❶ 在左侧选择【柱形图】选项；❷ 在右侧选择【簇状柱形图】；❸ 单击【插入】按钮，如图 19-157 所示。

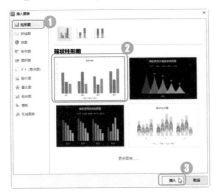

图 19-157

Step03 ❶ 选中图表；❷ 单击【图表工具】选项卡中的【编辑数据】按钮，如图 19-158 所示。

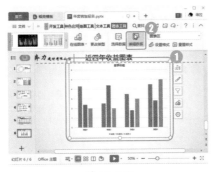

图 19-158

Step04 打开 WPS 表格，❶ 在工作表中输入需要展示的数据；❷ 单击【关闭】按钮×，如图 19-159 所示。

图 19-159

Step05 ❶ 删除图表标题占位符，输入需要的标题；❷ 在【文本工具】选项卡中设置标题文本格式，如图 19-160 所示。

图 19-160

Step06 ❶ 选中图表；❷ 在【图表工具】选项卡中单击【更改颜色】下拉按钮；❸ 在弹出的下拉菜单中选

择一种颜色，如图 19-161 所示。

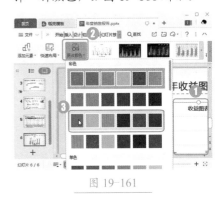

图 19-161

Step07 使用前文学过的方法制作第七张幻灯片，插入文本框和表格，如图 19-162 所示。

图 19-162

Step08 ❶ 新建一张空白幻灯片，在标题占位符中输入标题；❷ 将第三张幻灯片的圆形复制到结束页，并更改形状的大小和文字，如图 19-163 所示。

图 19-163

19.3.7 播放幻灯片

幻灯片制作完成后，需要为幻

灯片设置切换效果和动画效果，并播放幻灯片进行预览。下面介绍设置播放动画和预览幻灯片的方法。

Step01 在【切换】选项卡中选择一种切换样式，如图 19-164 所示。

图 19-164

Step02 ❶ 单击【切换】选项卡中的【切换效果】按钮；❷ 在打开的【幻灯片切换】窗格中，在【声音】下拉菜单中设置声音；❸ 单击【应用于所有幻灯片】按钮，如图 19-165 所示。

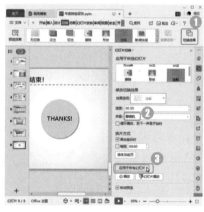

图 19-165

Step03 ❶ 选中第一张幻灯片中的文本占位符；❷ 在【动画】选项卡中设置动画样式，如图 19-166 所示。

图 19-166

Step04 ❶ 选中第二张幻灯片中的智能图形；❷ 单击【动画】选项卡中的【智能动画】下拉按钮，如图 19-167 所示。

图 19-167

Step05 在打开的下拉列表中选择一种智能动画样式，如图 19-168 所示。

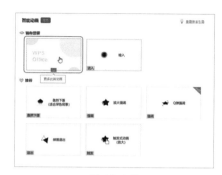

图 19-168

Step06 使用相同的方法分别为其他幻灯片设置动画效果，然后单击【幻灯片放映】选项卡中的【从头开始】按钮，即可开始播放幻灯片，如图 19-169 所示。

图 19-169

本章小结

　　本章主要介绍了 WPS 在市场与销售工作中的应用，包括使用 WPS 文字制作市场调查报告、使用 WPS 表格制作产品定价表、使用 WPS 演示文稿制作年度销售报告。在市场与销售工作中，前期的准备、中期的执行和后期的分析缺一不可，只有掌握市场动态，才能在市场中占有一席之地。在制作此类文档时，应该注意搜集各方面的资料，只有全面分析，才能取得更好的效果。

第20章 WPS 在人力资源工作中的应用

- ➙ 自定义样式的标题怎样提取目录？
- ➙ 如何添加页眉和页脚让表格显得更加专业？
- ➙ 不会设计母版，怎样用模板创建幻灯片？
- ➙ 选择的模板不合适，怎样更换？

本章将学习在 WPS 中制作人力资源工作相关的文档，在制作过程中，不仅可以得到以上问题的答案，还可以通过不断练习，为今后的工作打好基础。

20.1 用 WPS 文档制作公司员工手册

实例门类	封面制作＋目录提取＋打印文档

员工手册是企业的规章制度，是企业形象的宣传工具，也是企业内部管理的依据，它不仅明确了员工的行为规范和权责，对企业的规范化、科学化管理也有着至关重要的作用。同时，员工手册也是预防和解决劳动争议的重要依据，对新员工认识企业、融入企业有着不可替代的作用。

本例将制作一份员工手册，并在文档中添加封面与目录，以便保存与浏览，完成后效果如图 20-1 所示。

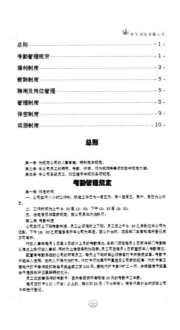

图 20-1（一）

图 20-1（二）

20.1.1 制作封面

为了方便员工手册的保存与管理，通常需要为其制作封面，封面应该包含公司标志、公司名称及员工手册字样等内容。员工手册封面制作的具体方法如下。

1. 插入内置封面

WPS 文档内置了多种美观的封面，用户可以根据需要选择内置封面，操作方法如下。

Step01 启动 WPS Office 2019，新建名为"员工手册"的文档，❶ 单击【章节】选项卡中的【封面页】下拉按钮；❷ 在弹出的下拉菜单中选择一种封面样式，单击【应用】按钮，如图 20-2 所示。

Step02 选中标题下方的占位符文本框，按【Delete】键删除该文本框，如图 20-3 所示。

图 20-2

图 20-3

Step03 ❶ 删除标题占位符文本框中的文本，重新输入员工手册标题；❷ 单击【开始】选项卡中的【字体颜色】下拉按钮 ▲·；❸ 在弹出的下拉菜单中选择一种字体颜色，如图 20-4 所示。

图 20-4

Step04 在页面底部的文本框占位符中输入公司信息，如图 20-5 所示。

图 20-5

2. 在封面中插入图片

公司员工手册的封面一般需要包含公司图标，下面介绍在封面中插入图片的方法。

Step 01 ❶ 单击【插入】选项卡中的【图片】下拉按钮；❷ 在弹出的下拉菜单中选择【本地图片】选项，如图 20-6 所示。

图 20-6

Step 02 打开【插入图片】对话框，❶ 选择"素材文件\第 20 章\公司标志.jpg"图片文件；❷ 单击【打开】按钮，如图 20-7 所示。

图 20-7

Step 03 返回文档即可看到图片已经插入，❶ 选中图片；❷ 单击【图片工具】选项卡中的【环绕】下拉按钮；❸ 在弹出的下拉菜单中选择【浮于文字上方】命令，如图 20-8 所示。

图 20-8

Step 04 ❶ 拖动图片周围的控制点，调整图片大小；❷ 单击【图片工具】选项卡中的【裁剪】下拉按钮；❸ 在弹出的下拉菜单中选择【椭圆】形状○，如图 20-9 所示。

图 20-9

Step 05 调整裁剪区域，将公司图标裁剪为正圆形，如图 20-10 所示。

图 20-10

Step 06 ❶ 选中图片；❷ 单击【图片工具】选项卡中的【图片轮廓】下拉按钮；❸ 在弹出的下拉菜单中选

择轮廓颜色，如图 20-11 所示。

图 20-11

Step 07 保持图片的选中状态，❶ 单击【图片工具】选项卡中的【图片效果】下拉按钮；❷ 在弹出的下拉菜单中选择【阴影】选项；❸ 在弹出的子菜单中选择一种阴影效果，如图 20-12 所示。

图 20-12

Step 08 ❶ 再次单击【图片效果】下拉按钮；❷ 在弹出的下拉菜单中选择【倒影】选项；❸ 在弹出的子菜单中选择一种倒影变体，如图 20-13 所示。

图 20-13

Step⑨ 将图片拖动到需要的位置即可，如图 20-14 所示。

图 20-14

20.1.2 输入内容并设置格式

封面制作完成后，就可以输入员工手册的内容了。为了提高编辑效率，需要进行新建章名样式并为样式设置快捷键等操作，操作方法如下。

Step① 单击【插入】选项卡中的【空白页】按钮，如图 20-15 所示。

图 20-15

Step② 在封面页后新建一个空白页，单击【开始】选项卡中的【新样式】按钮，如图 20-16 所示。

Step③ 打开【新建样式】对话框，❶在【属性】栏的【名称】文本框中输入"员工手册标题样式"；❷在【格式】栏设置字体格式，如图 20-17 所示。

图 20-16

图 20-17

Step④ ❶单击【格式】按钮；❷在弹出的下拉菜单中选择【快捷键】命令，如图 20-18 所示。

图 20-18

Step⑤ 打开【快捷键绑定】对话框，❶将鼠标光标定位到【快捷键】文本框中，在键盘上按下想要设置的快捷键，快捷键将显示在文本框中；❷单击【指定】按钮，如图 20-19 所示。

图 20-19

Step⑥ 返回【新建样式】对话框，单击【确定】按钮返回文档。使用相同的方法再次打开【新建样式】对话框，❶在【属性】栏的【名称】文本框中输入"员工手册正文样式"；❷单击【格式】下拉按钮；❸在弹出的下拉菜单中选择【段落】命令，如图 20-20 所示。

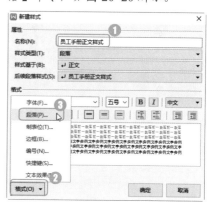

图 20-20

Step⑦ 打开【段落】对话框，❶设置【特殊格式】为【首行缩进，2】字符；❷单击【确定】按钮返回【新建样式】对话框，并根据前文的方法为该样式设置快捷键，如图 20-21 所示。

图 20-21

Step 08 返回文档，输入标题文档后，按【Ctrl+1】组合键，即可为标题文档应用标题样式，如图20-22所示。

图 20-22

Step 09 使用相同的方法输入其他内容，并使用快捷键应用字体格式，如图20-23所示。

图 20-23

20.1.3 提取目录

员工手册内容输入完成后，因为内容较多，为了方便阅读者了解手册的大致结构和快速查找所需的内容，可以提取目录，操作方法如下。

Step 01 ❶ 将光标定位到"总则"文本前；❷ 单击【章节】选项卡中的【目录页】下拉按钮；❸ 在弹出的下拉菜单中选择【自定义目录】选项，如图20-24所示。

图 20-24

Step 02 打开【目录】对话框，单击【选项】按钮，如图20-25所示。

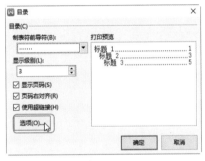

图 20-25

Step 03 打开【目录选项】对话框，删除【目录级别】数值框中的所有数值，如图20-26所示。

图 20-26

Step 04 ❶ 在【员工手册标题样式】右侧的数值框中输入"1"；❷ 依次单击【确定】按钮，如图20-27所示。

图 20-27

Step 05 返回文档，即可看到目录已经提取成功，选中目录文本，在【开始】选项卡中为目录设置文本格式即可，如图20-28所示。

图 20-28

20.1.4 设置页眉与页脚

将公司的名称、标志、页码等信息设置在页眉和页脚中，既可以美化文档，也可以增强文档的统一性与规范性，操作方法如下。

Step 01 单击【插入】选项卡中的【页眉和页脚】按钮，如图20-29所示。

图 20-29

Step 02 ① 在页眉处输入公司名称，并在【开始】选项卡中设置字体格式；② 单击【页眉和页脚】选项卡中的【图片】按钮，如图 20-30 所示。

图 20-30

Step 03 将"素材文件\第20章\公司标志.jpg"图片文件插入页眉，并调整图片大小，如图 20-31 所示。

图 20-31

Step 04 单击【页眉和页脚】选项卡中的【页眉页脚切换】按钮，如图 20-32 所示。

图 20-32

Step 05 切换到页脚位置，① 单击【插入页码】下拉按钮；② 弹出下拉菜单，在【样式】下拉列表中选择一

种页码样式；③ 在【位置】栏选择页码的位置；④ 在【应用范围】栏选择【本页及之后】选项；⑤ 单击【确定】按钮，如图 20-33 所示。

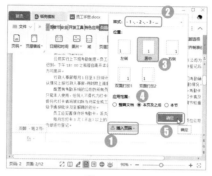

图 20-33

Step 06 ① 单击【插入】选项卡中的【形状】下拉按钮；② 在弹出的下拉菜单中选择【椭圆】形状○，如图 20-34 所示。

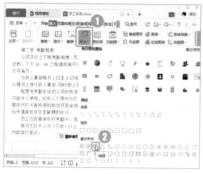

图 20-34

Step 07 ① 在添加页码的位置绘制一个椭圆形；② 在【绘图工具】选项卡中选择一种形状样式，如图 20-35 所示。

图 20-35

Step 08 ① 选中椭圆形；② 单击【绘

图工具】选项卡中的【下移一层】下拉按钮；③ 在弹出的下拉菜单中选择【置于底层】选项，如图 20-36 所示。

图 20-36

Step 09 ① 将光标定位到封面页的页脚处；② 单击【页眉和页脚】选项卡中的【页眉页脚选项】按钮，如图 20-37 所示。

图 20-37

Step 10 打开【页眉/页脚设置】对话框，① 在【页面不同设置】栏中勾选【首页不同】复选框；② 单击【确定】按钮，如图 20-38 所示。

图 20-38

20.1.5 打印员工手册

员工手册制作完成后，可以将其打印出来，分发到员工手中，操作方法如下。

Step 01 ❶ 单击【文件】右侧的下拉按钮 ˅ ；❷ 在弹出的下拉菜单中选择【文件】选项；❸ 在弹出的子菜单中选择【打印预览】选项，如图 20-39 所示。

图 20-39

Step 02 进入【打印预览】界面，单击【更多设置】选项，如图 20-40 所示。

Step 03 打开【打印】对话框，单击【属性】按钮，如图 20-41 所示。

图 20-40

图 20-41

Step 04 打开【（打印机名称）文档属性】对话框，❶ 在【纸张 / 质量】选项卡的【质量设置】栏选择【最佳】选项；❷ 在【颜色】栏选择【彩色】选项；❸ 单击【确定】按钮，如图 20-42 所示。

图 20-42

Step 05 返回【打印】对话框，❶ 在【副本】栏设置【份数】；❷ 单击【确定】按钮，即可开始打印，如图 20-43 所示。

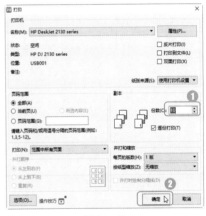

图 20-43

20.2　用 WPS 表格制作员工培训计划表

实例门类	数据输入 + 页面格式

计划包括规划、设想、方案和安排等。制订计划能使工作有明确的目标和具体的实施步骤，协调大家的行动，使工作有条不紊地进行。培训计划表是人力资源工作中必不可少的表格之一，它可以帮助我们合理地安排每月的员工培训。本例将制作员工培训计划表，制作完成后的效果如图 20-44 所示。

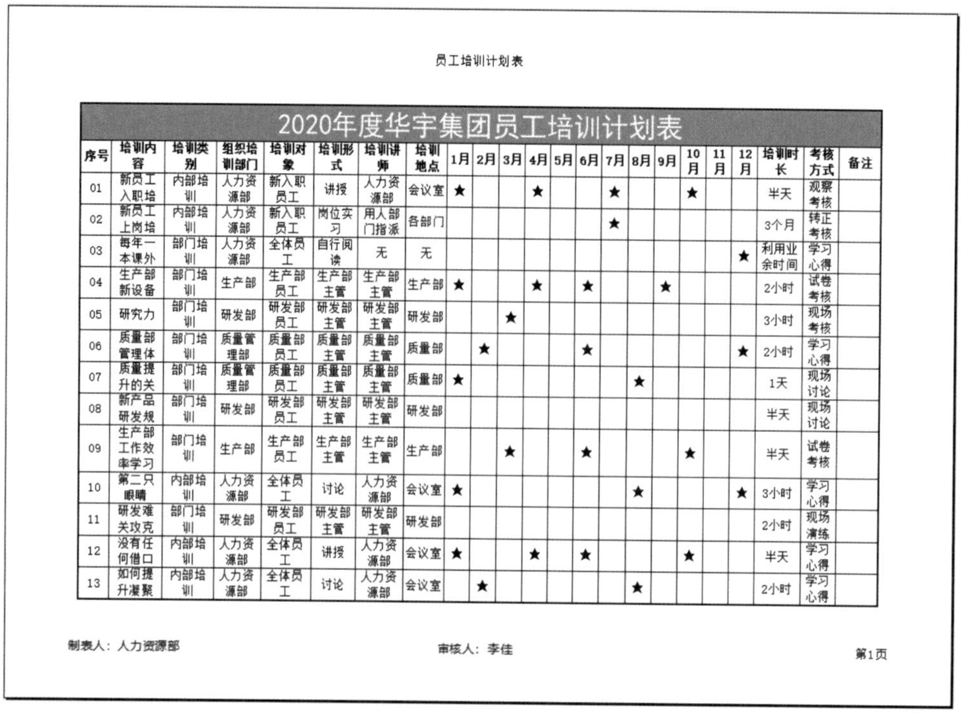

员工培训计划表

序号	培训内容	培训类别	组织培训部门	培训对象	培训形式	培训讲师	培训地点	1月	2月	3月	4月	5月	6月	7月	8月	9月	10月	11月	12月	培训时长	考核方式	备注
01	新员工入职培	内部培训	人力资源部	新入职员工	讲授	人力资源部	会议室	★			★			★			★			半天	观察考核	
02	新员工上岗培	内部培训	人力资源部	新入职员工	岗位实习	用人部门指派	各部门								★					3个月	转正考核	
03	每年一本课外	部门培训	人力资源部	全体员工	自行阅读	无	无											★		利用业余时间	学习心得	
04	生产部新设备	部门培训	生产部	生产部员工	生产部主管	生产部主管	生产部	★			★		★			★				2小时	试卷考核	
05	研究力	部门培训	研发部	研发部员工	研发部主管	研发部主管	研发部			★										3小时	现场考核	
06	质量部管理体	部门培训	质量管理部	质量部员工	质量部主管	质量部主管	质量部		★				★					★		2小时	学习心得	
07	质量提升的关	部门培训	质量管理部	质量部员工	质量部主管	质量部主管	质量部	★							★					1天	现场考核	
08	新产品研发规	部门培训	研发部	研发部员工	研发部主管	研发部主管	研发部													半天	现场讨论	
09	生产部工作效率学习	部门培训	生产部	生产部员工	生产部主管	生产部主管	生产部					★		★		★				半天	试卷考核	
10	第二只眼睛	内部培训	人力资源部	全体员工	讨论	人力资源部	会议室	★						★				★		3小时	学习心得	
11	研发难关攻克	部门培训	研发部	研发部员工	研发部主管	研发部主管	研发部													2小时	现场演练	
12	没有任何借口	内部培训	人力资源部	全体员工	讲授	人力资源部	会议室				★		★							半天	学习心得	
13	如何提升凝聚	内部培训	人力资源部	全体员工	讨论	人力资源部	会议室	★							★					2小时	学习心得	

制表人：人力资源部　　　审核人：李佳　　　第1页

图 20-44

20.2.1　录入表格数据

首先我们需要新建一个空白文档，输入需要的表格内容。

1. 设置数据文本格式

在录入表格数据时，一些特殊的数据需要经过设置后才能正确显示，下面介绍设置数据文本格式的方法。

Step01 新建一个名为"员工培训计划表.xlsx"的空白工作簿，输入表名和表头内容，❶选中 A3 单元格；❷单击【开始】选项卡中的【数字格式】下拉按钮；❸在弹出的下拉菜单中选择【文本】选项，如图 20-45 所示。

Step02 在 A3 单元格中输入"01"，将鼠标指针移动到 A3 单元格的右下角，当鼠标指针变为+时，按住鼠标左键向下拖动到合适的位置，然后释放鼠标左键，即可自动填充数据，如图 20-46 所示。

图 20-45

图 20-46

2. 插入特殊符号

录入表格数据后，需要在培训日期处添加特殊符号，以标明培训的时间，操作方法如下。

Step01 输入其他数据，❶选中 I3 单元格；❷单击【插入】选项卡中的【符号】下拉按钮；❸在弹出的下拉菜单中选择【其他符号】选项，如图 20-47 所示。

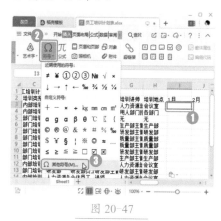

图 20-47

Step02 打开【符号】对话框，❶在【字体】下拉列表中选择【Wingdings】；
❷ 在中间的列表框中选择【★】选
项；❸ 单击【插入】按钮，如图
20-48 所示。

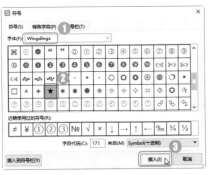

图 20-48

Step03 单击【关闭】按钮返回工作
簿，即可看到符号已经插入，如图
20-49 所示。

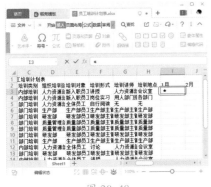

图 20-49

Step04 使用相同的方法在其他位
置插入相同的符号，如图 20-50
所示。

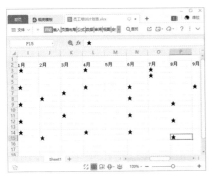

图 20-50

在【符号】对话框中，选择不
同的字体，中间列表框的符号也会有
所不同。【符号】对话框还会列出最
近使用的符号，以便用户选择。

20.2.2 设置表格格式

表格数据录入完成后，还需要
对表格的格式进行相应的设置。

Step01 ❶ 选中 A1:W1 单元格区域；
❷ 单击【开始】选项卡中的【合并
居中】按钮，如图 20-51 所示。

图 20-51

Step02 ❶ 选中合并后的 A1 单元格；
❷ 单击【开始】选项卡中的【格
式】下拉按钮；❸ 在弹出的下拉
菜单中选择【样式】选项，如图
20-52 所示。

图 20-52

Step03 在弹出的子菜单中选择一种
单元格样式，如图 20-53 所示。

图 20-53

Step04 保持单元格选中状态，在【开
始】选项卡中设置字体格式为【黑
体，24 号】，如图 20-54 所示。

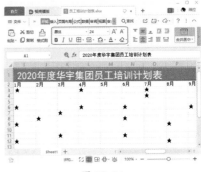

图 20-54

Step05 ❶ 选中 A2:W2 单元格区域；
❷ 单击【开始】选项卡【字体】中
的【加粗】按钮 B，如图 20-55
所示。

图 20-55

Step06 ❶ 选中所有表格区域；❷ 单
击【开始】选项卡中的【自动换
行】按钮，如图 20-56 所示。

图 20-56

技能拓展——强制换行

如果只有少数的单元格需要换行，可以将光标定位到单元格中需要换行的位置，按【Alt+Enter】组合键，即可强制换行。

Step07 保持表格的选中状态，单击【开始】选项卡【对齐方式】组中的【居中】按钮 ，如图 20-57 所示。

图 20-57

Step08 保持表格的选中状态，① 单击【开始】选项卡中的【边框】下拉按钮 ；② 在弹出的下拉列表中选择【所有框线】命令，如图 20-58 所示。

Step09 ① 再次单击【边框】下拉按钮 ；② 在弹出的下拉列表中选择【粗匣框线】选项，如图 20-59 所示。

图 20-58

图 20-59

20.2.3 调整表格列宽

每个单元格中的数据长短不一，但 WPS 表格会使用默认列宽。为了使表格结构更加合理，用户需要手动调整表格的列宽，操作方法如下。

Step01 ① 选中 I2:T15 单元格区域；② 单击【开始】选项卡中的【行和列】下拉按钮；③ 在弹出的下拉菜单中选择【列宽】选项，如图 20-60 所示。

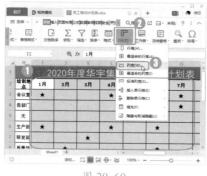

图 20-60

Step02 打开【列宽】对话框，① 在【列宽】微调框中输入"3.5"；② 单击【确定】按钮，如图 20-61 所示。

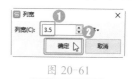

图 20-61

Step03 将鼠标光标移动到 A 列与 B 列之间的分隔线处，当光标变为 ✛ 时，按住鼠标左键不放，向左拖动鼠标，调整列宽到合适时松开鼠标左键。使用相同的方法调整其他列宽即可，如图 20-62 所示。

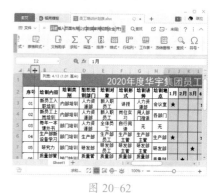

图 20-62

20.2.4 设置表格页面格式

在打印表格之前，我们可以为表格设置页面格式，操作方法如下。

Step01 ① 单击【页面布局】选项卡中的【纸张方向】下拉按钮；② 在弹出的下拉菜单中选择【横向】命令，如图 20-63 所示。

图 20-63

Step02 单击【页面布局】选项卡中的【页面设置】功能扩展按钮，如图 20-64 所示。

图 20-64

Step03 打开【页面设置】对话框，❶ 在【页边距】选项卡勾选【居中方式】栏的【水平】和【垂直】复选框；❷ 单击【确定】按钮，如图 20-65 所示。

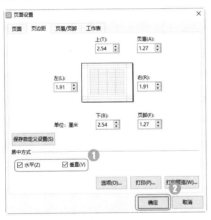

图 20-65

20.2.5 添加页眉与页脚

页眉和页脚可以丰富表格的内容，在 WPS 表格中插入页眉和页脚的方法如下。

Step01 单击【插入】选项卡中的【页眉和页脚】按钮，如图 20-66 所示。

图 20-66

Step02 打开【页面设置】对话框，单击【页眉】右侧的【自定义页眉】按钮，如图 20-67 所示。

图 20-67

Step03 打开【页眉】对话框，❶ 在【中】文本框中输入页眉文字；❷ 单击【确定】按钮，如图 20-68 所示。

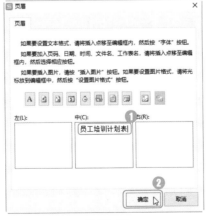

图 20-68

Step04 返回【页面设置】对话框，单击【自定义页脚】按钮，如图

20-69 所示。

图 20-69

Step05 打开【页脚】对话框，❶ 在【左】文本框中输入"制表人：人力资源部"；❷ 单击【字体】按钮 A，如图 20-70 所示。

图 20-70

Step06 打开【字体】对话框，❶ 设置字体为【微软雅黑】；❷ 单击【确定】按钮，如图 20-71 所示。

图 20-71

Step 07 ❶ 在【中】文本框中输入审核人文本，并设置字体格式；❷ 将光标定位到【右】文本框中；❸ 单击【页码】按钮，如图 20-72 所示。

图 20-72

Step 08 插入"页码"代码，❶ 在代码前输入"第"，在代码后输入"页"；❷ 单击【确定】按钮，如图 20-73 所示。

Step 09 返回【页面设置】对话框，查看效果，然后单击【确定】按钮，如图 20-74 所示。

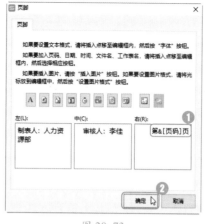

图 20-73

图 20-74

Step 10 返回工作表，❶ 单击【文件】按钮；❷ 在弹出的下拉菜单中选择【打印】选项；❸ 在弹出的子菜单中选择【打印预览】，如图 20-75 所示。

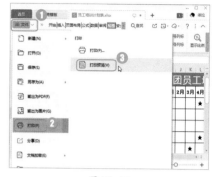

图 20-75

Step 11 在打开的【打印预览】界面即可查看打印效果，设置打印参数后，单击【直接打印】按钮，即可打印工作表，如图 20-76 所示。

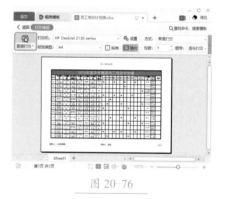

图 20-76

20.3 用 WPS 演示文稿制作员工入职培训演示文稿

实例门类	使用模板＋幻灯片设计

　　新员工入职培训是员工进入企业后的第一个环节，是企业将聘用的员工从社会人转变为企业人的过程，同时也是员工从组织外部融入组织或团队内部，并成为团队一员的过程。成功的入职培训可以起到传递企业价值观和核心理念的作用，它在新员工和企业及企业内部员工之间架起了沟通的桥梁，并为新员工迅速适应企业环境、与团队其他成员展开良性互动打下了坚实的基础。本例将制作员工入职培训演示文稿，制作完成后的效果如图 20-77 所示。

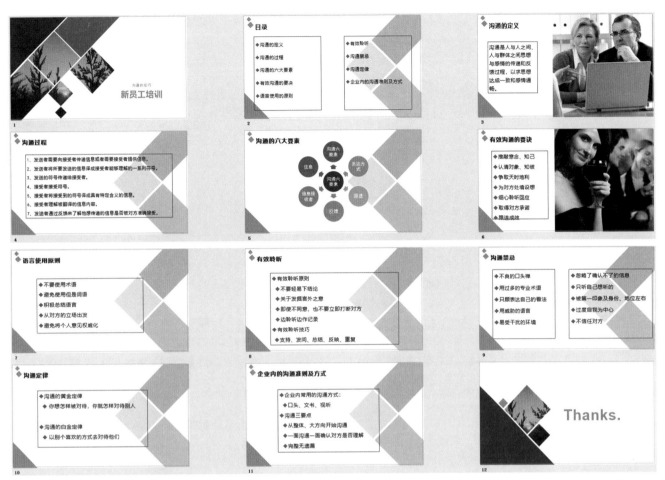

图 20-77

20.3.1 根据模板新建演示文稿

如果担心自己不能独立设计幻灯片，可以使用 WPS 演示文稿内置的设计方案来创建一个专业的演示文稿，操作方法如下。

Step01 新建一个演示文稿，单击【设计】选项卡中的【更多设计】命令，如图 20-78 所示。

图 20-78

Step02 在打开的下拉列表中，单击设计方案的缩略图，如图 20-79 所示。

图 20-79

Step03 在打开的界面中可以查看该设计的所有模板，如果确定应用该模板，则单击【应用本模板风格】按钮，如图 20-80 所示。

图 20-80

Step04 系统将应用所选模板，效果如图 20-81 所示。

图 20-81

20.3.2 添加幻灯片内容

选定模板之后，就可以为幻灯片添加内容了，操作方法如下。

Step01 在标题占位符和副标题占位符中输入标题和副标题，如图20-82所示。

图 20-82

Step02 选中第一张幻灯片，按【Enter】键，新建一张幻灯片，并输入相应的文本，如图20-83所示。

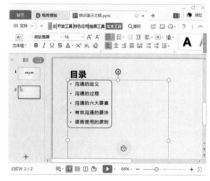

图 20-83

Step03 ❶ 选中正文文本框中的内容；❷ 单击【文本工具】选项卡中的

【项目符号】下拉按钮；❸ 在弹出的下拉菜单中选择【其他项目符号】选项，如图20-84所示。

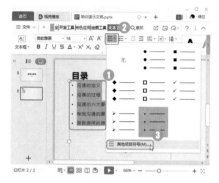

图 20-84

Step04 打开【项目符号与编号】对话框，❶ 选择一种项目符号；❷ 在【颜色】下拉列表中选择项目符号的颜色；❸ 单击【确定】按钮，如图20-85所示。

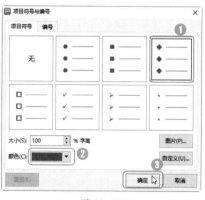

图 20-85

Step05 保持文本的选中状态，在【文本工具】选项卡中设置字体格式，如图20-86所示。

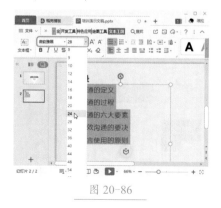

图 20-86

Step06 保持文本的选中状态，❶ 单击【文本工具】选项卡中的【行距】下拉按钮；❷ 在弹出的下拉菜单中选择【2.0】选项，如图20-87所示。

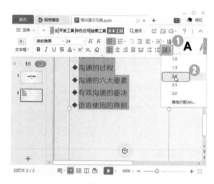

图 20-87

Step07 ❶ 选中文本框的边框；❷ 单击【绘图工具】选项卡中的【轮廓】下拉按钮；❸ 在弹出的下拉菜单中选择一种轮廓颜色，如图20-88所示。

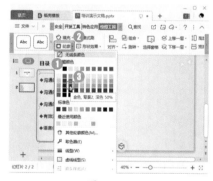

图 20-88

Step08 复制文本框，然后更改文本内容，如图20-89所示。

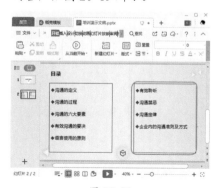

图 20-89

Step⑨ 新建第三张幻灯片，❶ 输入文本内容，在【开始】选项卡中设置文本格式，然后将光标定位到正文文本框中；❷ 单击【文本工具】选项卡中的【项目符号】按钮，取消项目符号，如图 20-90 所示。

图 20-90

Step⑩ ❶ 单击【插入】选项卡中的【图片】下拉按钮；❷ 在弹出的下拉菜单中选择【本地图片】选项，如图 20-91 所示。

图 20-91

Step⑪ 打开【插入图片】对话框，❶ 选择"素材文件\第20章\培训演示文稿\图片 1.jpg"；❷ 单击【打开】按钮，如图 20-92 所示。

图 20-92

Step⑫ ❶ 拖动图片四周的控制点，调整图片的大小；❷ 单击【图片工具】选项卡中的【裁剪】按钮，如图 20-93 所示。

图 20-93

Step⑬ 拖动图片四周的裁剪点裁剪图片，如图 20-94 所示。

图 20-94

Step⑭ 使用相同的方法创建其他正文幻灯片，完成后单击【开始】选项卡中的【新建幻灯片】下拉按钮，如图 20-95 所示。

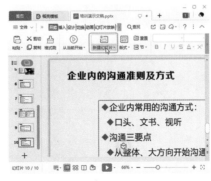

图 20-95

Step⑮ 在打开的下拉列表中，选择结尾幻灯片模板，如图 20-96 所示。

图 20-96

Step⑯ 插入结尾页幻灯片，即可完成幻灯片的制作，如图 20-97 所示。

图 20-97

20.3.3 在幻灯片中插入智能图形

有时候，我们还需要在幻灯片中插入智能图形，再为其设置图形样式，操作方法如下。

Step① ❶ 右击第四张幻灯片；❷ 在弹出的快捷菜单中选择【新建幻灯片】命令，如图 20-98 所示。

图 20-98

Step02 ❶ 输入目录并设置文本格式，删除内容占位符；❷ 单击【插入】选项卡中的【智能图形】按钮，如图 20-99 所示。

图 20-99

Step03 打开【选择智能图形】对话框，❶ 选择【分离射线】图形；❷ 单击【确定】按钮，如图 20-100 所示。

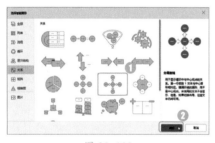

图 20-100

Step04 ❶ 删除智能图形的文本占位符后输入文本；❷ 单击【设计】选项卡中的【添加项目】下拉按钮；❸ 在弹出的下拉菜单中选择【在后面添加项目】选项，如图 20-101 所示。

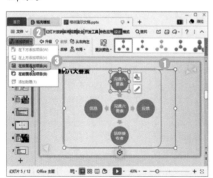

图 20-101

Step05 在所选形状的后方插入一个形状，在形状中输入文本即可，如图 20-102 所示。

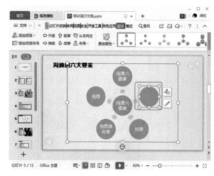

图 20-102

Step06 使用相同的方法再次添加一个形状，并输入文本，如图 20-103 所示。

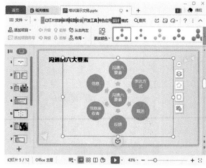

图 20-103

Step07 ❶ 选中图形；❷ 单击【设计】选项卡中的【更改颜色】下拉按钮；❸ 在弹出的下拉菜单中选择一种配色方案，如图 20-104 所示。

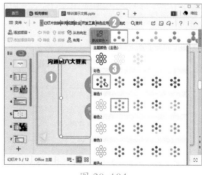

图 20-104

Step08 操作完成后，即可查看智能图形的最终效果，如图 20-105 所示。

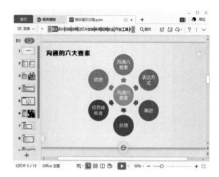

图 20-105

20.3.4 使用"魔法"匹配幻灯片设计

演示文稿制作完成后，如果对之前的配色和设计不满意，又不知道怎样选择模板，可以使用"魔法"来匹配幻灯片设计方案，操作方法如下。

Step01 单击【设计】选项卡中的【魔法】按钮，如图 20-106 所示。

图 20-106

Step02 系统开始自动匹配设计方案，如果对匹配的方案不满意，可以多次单击【魔法】按钮，如图 20-107 所示。

Step03 直到匹配到满意的设计方案，如图 20-108 所示。

图 20-107

图 20-108

20.3.5　设置幻灯片切换效果

幻灯片切换效果是指在幻灯片放映视图中，从一张幻灯片切换到下一张幻灯片时出现的动画效果。为幻灯片添加切换效果的具体操作方法如下。

Step 01 在【切换】选项卡中选择一种切换样式，如图 20-109 所示。

图 20-109

Step 02 ❶ 单击【切换】选项卡中的【效果选项】下拉按钮；❷ 在弹出

的下拉菜单中选择一种效果，如图 20-110 所示。

图 20-110

Step 03 单击【切换】选项卡中的【切换效果】按钮，如图 20-111 所示。

图 20-111

Step 04 打开【幻灯片切换】窗格，在【声音】下拉列表中选择一种切换声音，如图 20-112 所示。

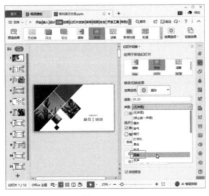

图 20-112

Step 05 单击【应用于所有幻灯片】按钮，如图 20-113 所示。

图 20-113

Step 06 ❶ 选中第二张幻灯片中的左侧文本框；❷ 单击【动画】选项卡中的【切入】选项，如图 20-114 所示。

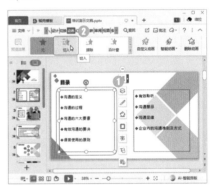

图 20-114

Step 07 ❶ 为右侧的文本框设置相同的动画；❷ 单击【动画】选项卡中的【自定义动画】按钮，如图 20-115 所示。

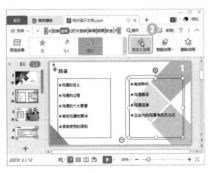

图 20-115

Step 08 打开【自定义动画】窗格，❶ 在动画列表框中单击【动画7】右侧的下拉按钮￭；❷ 在弹出的下拉菜单中选择【效果选项】命令，如图 20-116 所示。

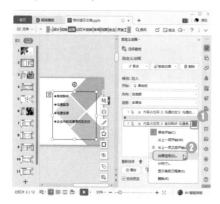

图 20-116

Step⑨ 打开【切入】对话框，❶ 在【正文文本动画】选项卡的【组合文本】下拉列表中选择【按第一级段落】选项；❷ 单击【确定】按钮，如图 20-117 所示。

图 20-117

Step⑩ ❶ 选中第五张幻灯片中的智能图形；❷ 单击【添加效果】下拉按钮，如图 20-118 所示。

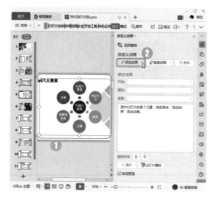

图 20-118

Step⑪ 在弹出的下拉列表中选择一种进入样式，如图 20-119 所示。

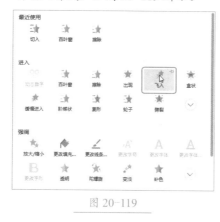

图 20-119

Step⑫ 在【方向】下拉列表中选择智能图形的进入方向，如【自右侧】，如图 20-120 所示。

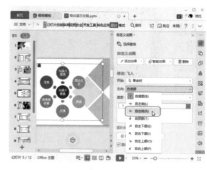

图 20-120

Step⑬ 使用相同的方法为其他幻灯片设置动画效果，完成后单击【幻灯片放映】选项卡中的【从头开始】按钮，播放幻灯片即可，如图 20-121 所示。

图 20-121

本章小结

本章主要介绍了 WPS 在人力资源工作中的应用，包括使用 WPS 文档制作公司员工手册、使用 WPS 表格制作员工培训计划表、使用 WPS 演示文稿制作员工入职培训演示文稿。在人力资源工作中，需要制作的文档较多，在制作时遇到的情况可能比案例中更复杂，但是不用紧张，万变不离其宗，掌握基础知识后多制作，多借鉴，就可以制作出专业的文档。

第21章 WPS 在财务会计工作中的应用

- ➡ 盘点工作涉及哪些流程?
- ➡ 一份工资统计表涉及哪些数据? 这些数据可以从哪些基础表格中获取?
- ➡ 工资表中的社保扣费和个人所得税如何计算?
- ➡ 如何使用公式和函数汇总部门信息、实现数据查询?
- ➡ 如何制作财务工作总结报告?

本章将学习在 WPS 中制作财务和会计工作的相关文档,在制作过程中,不仅可以复习和巩固前面所学的内容,还可以通过实践更好地将 WPS 文字、WPS 表格和 WPS 演示文稿应用于实际工作中。

21.1 用 WPS 文字制作盘点工作流程图

实例门类	使用智能图形 + 使用艺术字

盘点是指定期或临时对库存商品的实际数量进行清查、清点作业,其目的是通过对企业、团体的现存物料、原料、固定资产等的核查,确保账面情况与实际情况相符合,加强对企业、团体的管理。通过盘点,不仅可以控制库存量,指导日常经营业务,还能及时掌握损益情况,把握经营绩效。盘点流程大致可以分为 3 个部分,即盘前准备、盘点过程及盘后工作。

本例将使用智能图形制作一份盘点工作流程图,并使用形状、文本框等元素完善流程图,完成后效果如图 21-1 所示。

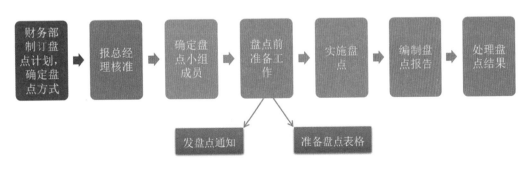

图 21-1

21.1.1 插入与编辑智能图形

制作流程图，使用智能图形是最方便的方法。WPS 文字内置了多种流程图样式，用户可以根据需要进行选择。

Step01 启动 WPS Office 2019，新建一个名为盘点工作流程图的空白文档，❶ 单击【页面布局】选项卡中的【纸张方向】下拉按钮；❷ 在弹出的下拉菜单中选择【横向】命令，如图 21-2 所示。

图 21-2

Step02 单击【插入】选项卡中的【智能图形】按钮，如图 21-3 所示。

图 21-3

Step03 打开【选择智能图形】对话框，❶ 选择需要的智能图形样式；❷ 单击【确定】按钮，如图 21-4 所示。

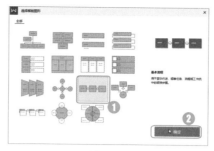

图 21-4

Step04 在文档中插入智能图形，在图形中输入需要的内容，如图 21-5 所示。

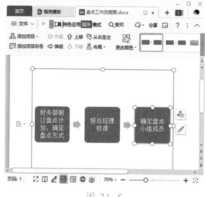

图 21-5

Step05 ❶ 选中最后一个图形；❷ 单击设计选项卡中的【添加项目】下拉按钮；❸ 在弹出的下拉菜单中选择【在后面添加项目】选项，如图 21-6 所示。

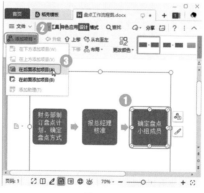

图 21-6

Step06 在选中的图形后添加一个形状，输入需要的内容，如图 21-7 所示。

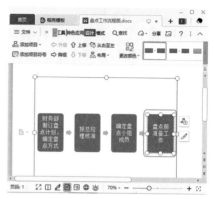

图 21-7

Step07 使用相同的方法添加其他形状，并输入内容，如图 21-8 所示。

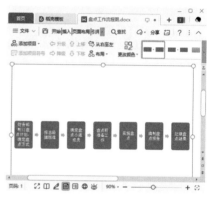

图 21-8

Step08 选中智能图形，拖动四周的控制点调整智能图形的大小，如图 21-9 所示。

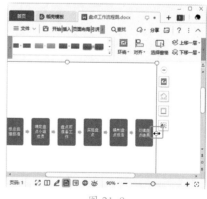

图 21-9

Step09 ❶ 单击【设计】选项卡中的【环绕】下拉按钮；❷ 在弹出的下拉菜单中选择【浮于文字上方】，如图 21-10 所示。

图 21-10

Step⑩ ❶ 单击【设计】选项卡中的【对齐】下拉按钮；❷ 在弹出的下拉菜单中选择【水平居中】选项，如图 21-11 所示。

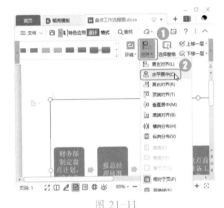

图 21-11

Step⑪ ❶ 再次单击【设计】选项卡中的【对齐】下拉按钮；❷ 在弹出的下拉菜单中选择【垂直居中】选项，如图 21-12 所示。

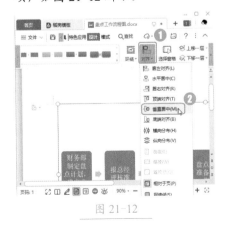

图 21-12

Step⑫ ❶ 单击【设计】选项卡中的

【更改颜色】下拉按钮；❷ 在弹出的下拉菜单中选择一种颜色，如图 21-13 所示。

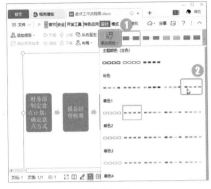

图 21-13

Step⑬ 操作完成后，即可查看设置智能图形后的效果，如图 21-14 所示。

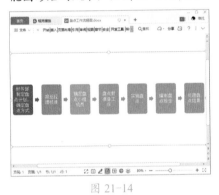

图 21-14

21.1.2　插入文本框完善智能图形

编辑流程图时，有时需要在某个形状的左边或右边添加形状，此时可以插入文本框完善流程图的结构，操作方法如下。

Step① ❶ 单击【插入】选项卡中的【形状】下拉按钮；❷ 在弹出的下拉菜单中选择【箭头】形状↖，如图 21-15 所示。

Step② ❶ 在流程图的形状下方绘制箭头图形；❷ 单击【绘图工具】选项卡中的【其他】下拉按钮，如图 21-16 所示。

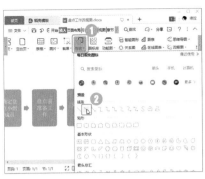

图 21-15

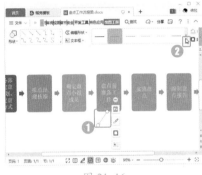

图 21-16

Step③ 在弹出的下拉菜单中选择一种图形样式，如图 21-17 所示。

图 21-17

Step④ ❶ 单击【插入】选项卡中的【文本框】下拉按钮；❷ 在弹出的下拉菜单中选择【横向】命令，如图 21-18 所示。

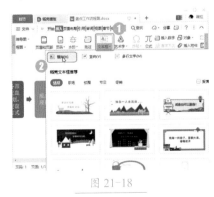

图 21-18

Step(05) ❶ 在文档中绘制文本框并输入需要的文字；❷ 单击【绘图工具】选项卡中的【其他】下拉按钮，如图 21-19 所示。

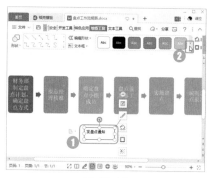

图 21-19

Step(06) 在弹出的下拉菜单中选择一种形状样式，如图 21-20 所示。

图 21-20

Step(07) 在【文本工具】选项卡中设置文本格式，如图 21-21 所示。

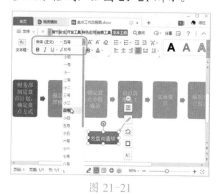

图 21-21

Step(08) 在【文本工具】选项卡中单击【水平居中】按钮，如图 21-22 所示。

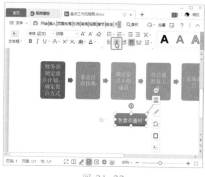

图 21-22

Step(09) ❶ 复制箭头形状；❷ 单击【绘图工具】选项卡中的【旋转】下拉按钮；❸ 在弹出的下拉菜单中选择【水平翻转】命令，如图 21-23 所示。

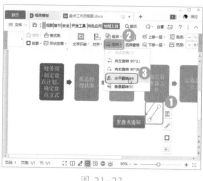

图 21-23

Step(10) 将箭头形状移动到合适的位置，然后复制文本框，并更改文本框中的文字，如图 21-24 所示。

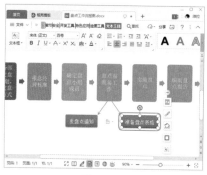

图 21-24

21.1.3 插入艺术字制作标题

为了美化工作流程图，我们可以为流程图插入艺术字作为标题，操作方法如下。

Step(01) ❶ 单击【插入】选项卡中的【艺术字】下拉按钮，❷ 在弹出的下拉菜单中选择一种艺术字样式，如图 21-25 所示。

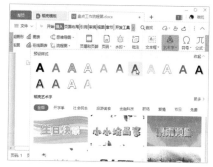

图 21-25

Step(02) 在文档中插入艺术字占位符文本框，如图 21-26 所示。

图 21-26

Step(03) 输入流程图标题，如图 21-27 所示。

图 21-27

Step(04) ❶ 选中艺术字文字；❷ 在【文本工具】选项卡中设置字体格式，如图 21-28 所示。

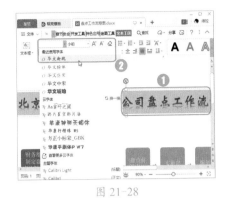

图 21-28

Step05 ❶ 单击【文本工具】选项卡中的【字体颜色】下拉按钮 A；❷ 在弹出的下拉菜单中选择一种字体颜色，如图 21-29 所示。

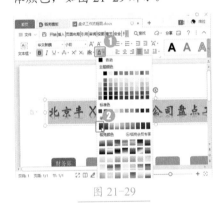

图 21-29

Step06 ❶ 单击【文本工具】选项卡中的【文本效果】下拉按钮；❷ 在弹出的下拉菜单中选择【转换】命令；❸ 在弹出的子菜单中选择一种弯曲样式，如图 21-30 所示。

图 21-30

Step07 ❶ 单击【绘图工具】选项卡中的【对齐】下拉按钮；❷ 在弹出的下拉菜单中选择【水平居中】，如图 21-31 所示。

图 21-31

Step08 操作完成后，即可查看流程图的最终效果，如图 21-32 所示。

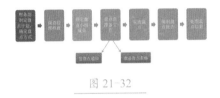

图 21-32

21.2　用 WPS 表格制作员工工资统计表

实例门类	引用数据 + 函数计算 + 打印工作表

对员工工资进行统计是企业日常管理的一大组成部分。企业需要对员工每个月的具体工作情况进行记录，做到奖惩有据，然后将这些记录细节统计到工资表中折算成各种奖惩金额，最终核算出员工当月的工资应发情况，并记录在工资表中存档。每个企业的工资表可能有所不同，但制作原理基本一样。

由于工资的最终结算金额来自多项数据，如基本工资、岗位工资、工龄工资、提成和奖金、加班工资、请假迟到扣款、社保扣款、公积金扣款、个人所得税等，其中部分数据分别统计在不同的表格中，所以需要将所有数据汇总到工资表中。

本例在制作员工工资统计表前，首先会创建与工资核算相关的各种表格，并统计出所需的数据，制作完成后的效果如图 21-33 所示。

员工编号	姓名	所在部门	基本工资	岗位工资	工龄工资	提成奖金	加班工资	全勤奖金	应发工资	请假迟到扣款	保险/公积金扣款	个人所得税	其他扣款	应扣合计	实发工资
0001	陈果	总经办	10000.00	8000.00	950.00		90.00		19040.00	100.00	3503.90	833.61		4437.51	14602.49
0002	欧阳娜	总经办	9000.00	6000.00	650.00		0.00	200.00	15850.00	0.00	2932.25	581.78		3514.03	12335.98
0004	蒋丽程	财务部	4000.00	1500.00	1350.00		120.00	0.00	6970.00	50.00	1280.20	19.19		1349.39	5620.61
0005	王思	销售部	3000.00	1500.00		2170.29	90.00	200.00	7510.29	0.00	1389.40	33.63	0.00	1423.03	6087.26
0006	胡林丽	生产部	3500.00	1500.00	950.00	500.00	0.00	200.00	6710.00	0.00	1241.35	14.06	0.00	1255.41	5454.59
0007	张德芳	销售部	4000.00	1500.00	650.00	2139.60	0.00	200.00	8489.60	0.00	1570.58	57.57	0.00	1628.15	6861.45
0008	屈俊	技术部	8000.00	1500.00	950.00	1000.00		0.00	11450.00	50.00	2109.00	219.10	0.00	2378.10	9071.90
0010	陈德格	人事部	4000.00	1500.00	350.00		90.00	0.00	5640.00	10.00	1041.55	0.00		1051.55	4588.45
0011	李运隆	人事部	2800.00	500.00	150.00		718.57	0.00	4168.57	10.00	769.34	0.00		779.34	3389.23
0012	张孝骞	人事部	2500.00	300.00	100.00		533.33	0.00	3433.33	10.00	633.32	0.00		643.32	2790.01
0013	刘秀	人事部	2500.00	300.00	150.00		120.00	0.00	2970.00	120.00	527.25	0.00		647.25	2322.75
0015	胡茜茜	财务部	2500.00	500.00	150.00		585.71	0.00	3935.71	10.00	726.26	0.00		736.26	3199.45
0016	李春丽	财务部	3000.00	1500.00	150.00		180.00	0.00	4830.00	60.00	882.45	0.00		942.45	3887.55
0017	袁娇	行政办	3000.00	1200.00	350.00		460.00	200.00	5210.00	0.00	963.85	0.00		963.85	4246.15
0018	张伟	行政办	2500.00	300.00		300.00	300.00	0.00	3650.00	50.00	666.00	0.00	0.00	716.00	2934.00
0020	谢艳	行政办	3000.00	600.00	150.00		835.71	200.00	4785.71	0.00	885.36	0.00		885.36	3900.35
0021	童可可	市场部	4000.00	1500.00	550.00		613.81	200.00	6863.81	0.00	1269.80	17.82		1287.63	5576.18
0022	唐冬梅	市场部	2500.00	300.00	450.00		525.71	0.00	3975.71	150.00	707.76	0.00		857.76	3117.95
0024	朱笑笑	市场部	2500.00	300.00	450.00	1000.00	0.00		4150.00	0.00	767.75	0.00		767.75	3382.25
0025	陈晓菊	市场部	2500.00	300.00	450.00		0.00		5110.00	0.00	945.35	0.00		945.35	4164.65
0026	郭旭东	市场部	4000.00	1500.00	450.00		1317.62	0.00	7267.62	10.00	1342.66	27.45		1380.11	5887.51
0028	蒋晓冬	市场部	4500.00	1500.00		0.00	571.43	200.00	7221.43	0.00	1335.96	26.56	300.00	1662.53	5558.90
0029	穆夏	市场部	3000.00	500.00	250.00		60.00	0.00	3810.00	50.00	695.60	0.00		745.60	3064.40
0032	唐秀	销售部	1500.00	300.00		1495.79	388.10	0.00	4733.89	100.00	857.27	0.00		957.27	3776.62
0034	唐琪琪	销售部	1500.00	300.00	450.00	1000.00	171.43	0.00	3621.43	0.00	669.96	0.00		669.96	2951.47
0035	李纯清	销售部	1500.00	300.00	550.00	1000.00	261.43	0.00	3611.43	10.00	666.26	0.00		676.26	2935.17
0038	张峰	销售部	1500.00	300.00		402.86	0.00	3752.86		0.00	694.28	0.00	300.00	976.28	2635.17
0039	蔡依蝉	销售部	1500.00	300.00	100.00		60.00	0.00	2960.00	300.00	492.10	0.00		792.10	2167.90
0040	刘允礼	销售部	1500.00	300.00	100.00		60.00	0.00	3160.00	0.00	584.60	0.00		584.60	2575.40
0041	余好佳	销售部	1500.00	300.00	100.00	1556.35	171.43	0.00	4577.78	100.00	661.89	0.00		761.89	2915.89
0044	陈丝丝	销售部	1500.00	300.00	250.00	1335.70	917.14	0.00	4302.84	50.00	786.78	0.00		836.78	3466.06
0044	蔡骏麒	销售部	1500.00	300.00	250.00		351.43	0.00	3401.43	120.00	607.06	0.00		727.06	2674.37
0045	王军	销售部	1500.00	300.00	100.00	1000.00	120.00	0.00	3020.00	10.00	556.85	0.00	500.00	1066.85	1953.15
0046	胡文国	销售部	1500.00	300.00	50.00	1000.00	411.43	0.00	3261.43	10.00	594.11	0.00		644.11	2617.32
0047	谢东飞	销售部	1500.00	300.00	50.00	1000.00	402.86	0.00	3452.86	0.00	638.78	0.00		638.78	2814.08
0048	陈浩然	销售部	1500.00	300.00	50.00	1000.00	342.86	0.00	3192.86	20.00	586.98	0.00		606.98	2585.88
0049	蒋德虹	销售部	1500.00	300.00	50.00	1000.00	0.00		2800.00	50.00	558.75	0.00		558.75	2241.25
0050	皮秀兰	销售部	1500.00	300.00		0.00	171.43	200.00	2171.43	0.00	401.71	0.00		401.71	1769.72

图 21-33

21.2.1 创建员工基本工资管理表

员工工资表中有一些基础数据需要重复应用到其他表格中，如员工编号、姓名、所属部门、工龄等，这些数据的可变性不大。为了方便后续各种表格的制作，便于统一修改某些基础数据，可以将这些数据输入到基本工资管理表，操作方法如下。

Step 01 打开"素材文件\第21章\员工档案表.xlsx"，❶ 右击"档案记录表"工作表标签；❷ 在弹出的快捷菜单中选择【移动或复制工作表】选项，如图 21-34 所示。

Step 02 打开【移动或复制工作表】对话框，❶ 在【工作簿】下拉列表中选择【新工作簿】选项；❷ 勾选【建立副本】复选框；❸ 单击【确定】按钮，如图 21-35 所示。

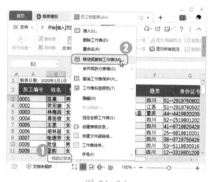

图 21-34

图 21-35

Step 03 新建一个工作簿，并将"档案记录表"工作表复制到该工作簿中，❶ 右击工作表标题；❷ 在弹出的快捷菜单中选择【保存】命令，如图 21-36 所示。

图 21-36

Step 04 为新工作簿命名，并设置保存路径，完成后单击【审阅】选项卡中的【撤销工作表保护】命令，如图 21-37 所示。

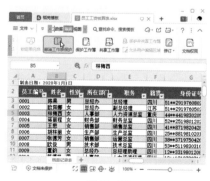

图 21-37

Step⑤ 打开【撤销工作表保护】对话框，❶在【密码】文本框中输入密码（123）；❷单击【确定】按钮，如图 21-38 所示。

图 21-38

Step⑥ ❶选中第一行；❷单击【开始】选项卡中的【行和列】下拉按钮；❸在弹出的下拉菜单中选择【删除单元格】命令；❹在弹出的子菜单中选择【删除行】命令，如图 21-39 所示。

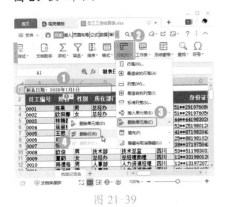

图 21-39

Step⑦ 单击【数据】选项卡中的【自动筛选】按钮，取消筛选状态，如图 21-40 所示。

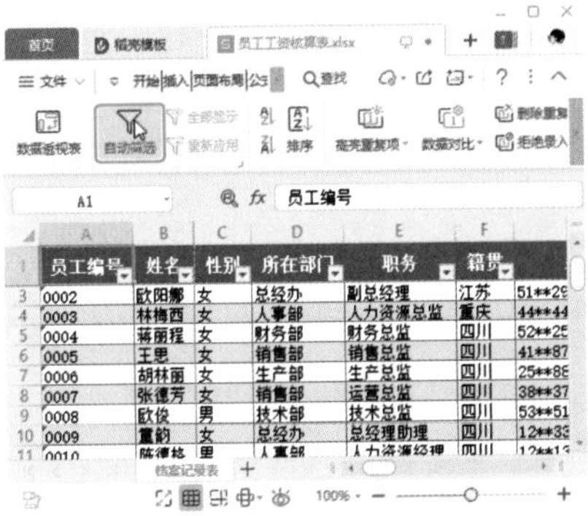

图 21-40

Step⑧ ❶右击工作表标签；❷在弹出的快捷菜单中单击【重命名】命令，如图 21-41 所示。

图 21-41

Step⑨ 将工作表命名为"基本工资管理表"，如图 21-42 所示。

图 21-42

Step⑩ ❶选中 F 列到 K 列的单元格区域，单击鼠标右键；❷在弹出的快捷菜单中选择【删除】命令，使用相同的方法删除 C 列，如图 21-43 所示。

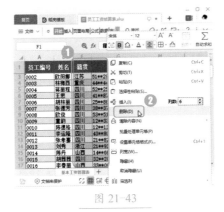

图 21-43

Step⑪ 在 G 列后根据需要添加相应的表头名称，如图 21-44 所示。

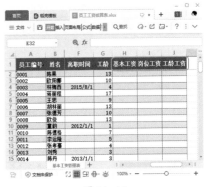

图 21-44

Step⑫ ❶选中第四行；❷单击【开始】选项卡中的【行和列】下拉按钮；❸在弹出的下拉菜单中选择【删除单元格】选项；❹在弹出的子菜单中选择【删除行】命令，并使用相同的方法删除其他已离职员工信息，如图 21-45 所示。

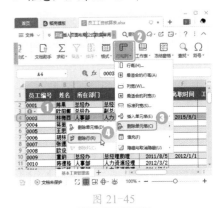

图 21-45

Step⑬ 修改 G2 单元格中的公式为"=INT((NOW()-E2)/365)"，并将公式填充到下方单元格中，如图 21-46 所示。

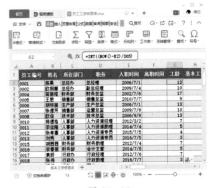

图 21-46

因为后期需要删除 F 列，所以此处需要更改 G2 单元格中的公式。

Step14 ❶ 选中 F 列；❷ 单击【开始】选项卡中的【行和列】下拉按钮；❸ 在弹出的下拉菜单中选择【删除单元格】选项；❹ 在弹出的子菜单中选择【删除列】命令，如图 21-47 所示。

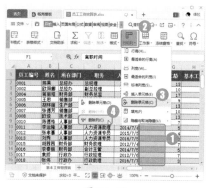

图 21-47

Step15 在 G 列和 H 列中依次输入各员工的基本工资和岗位工资，然后在 I2 单元格中输入公式"=IF(F2<=2,0,IF(F2< 5, (F2-2)*50, (F2-5)*100+150))"，并将公式填充到下方单元格中，如图 21-48 所示。

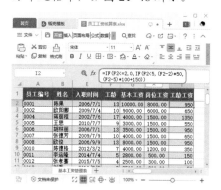

图 21-48

本例中规定工龄工资的计算标准：小于 2 年不计工龄工资；工龄大于 2 年小于 5 年时，工龄工资按每年 50 元递增；工龄大于 5 年时，按每年 100 元递增。

21.2.2　创建奖惩管理表

企业销售人员的工资一般是由基本工资和销售业绩提成构成，但企业规定中又有一些奖励和惩罚机制会导致工资的部分金额增减。因此，需要建立一张工作表专门记录这些数据，操作方法如下。

Step01 新建名为"奖惩管理表"的工作表，❶ 在第一行和第二行中输入相应的表头文字，并对相关单元格进行合并；❷ 在 A3 单元格中输入第一条奖惩记录的员工编号，如"0005"；❸ 在 B3 单元格中输入公式"=VLOOKUP(A3,基本工资管理表!$A$2:$I$39,2)"，按【Enter】键确认，得到结果，如图 21-49 所示。

图 21-49

Step02 在 C3 单元格中手动输入公式"=VLOOKUP(A3,基本工资管理表!$A$2:$I$39,3)"，按【Enter】键确认，得到结果，如图 21-50 所示。

图 21-50

Step03 选中 B3:C3 单元格区域，拖动填充柄将这两个单元格中的数据公式复制到这两列的其他单元格中，如图 21-51 所示。

图 21-51

Step04 ❶ 在 A 列中输入其他需要记录奖惩的员工编号，即可根据公式得到对应的姓名和所在的部门信息；❷ 在 D、E、F 列中输入对应的奖惩说明，这里首先输入的是销售部的销售业绩额，所以全部输入在 D 列中，如图 21-52 所示。

图 21-52

Step⑤ 在 G3 单元格中输入公式 "=IF(D3<1000000,0,IF(D3<1300000,1000,D3*0.001))",并将公式填充到下方单元格中,如图 21-53 所示。

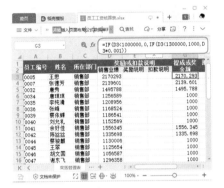

图 21-53

技术看板

本例中规定销售提成计算方法:销售业绩不满 100 万元的无提成奖金;超过 100 万元,低于 130 万元的,提成为 1000 元;超过 130 万元的,按销售业绩的 0.1% 计提成。

Step⑥ ❶ 选中 G3:G24 单元格区域;❷ 多次单击【开始】选项卡中的【减少小数位数】按钮,使该列数字显示为整数,如图 21-54 所示。

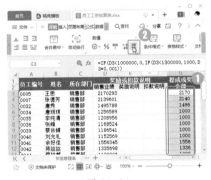

图 21-54

Step⑦ 继续在表格中记录其他的奖惩记录(实际工作中可能会先零散地记录各个员工的奖惩,最后再统计销售提成数据),完成后效果如图 21-55 所示。

图 21-55

21.2.3 创建考勤统计表

企业对员工工作时间的考核主要记录在考勤表中,计算员工工资时,需要根据公司规章制度将考勤情况转化为相应的金额奖惩。例如,对迟到进行扣款,对全勤进行奖励等。本例考勤记录已经事先准备好,只需要进行数据统计即可,操作方法如下。

Step① 打开"素材文件\第 21 章\3月考勤表 .xlsx",❶ 右击"3 月考勤"工作表标签;❷ 在弹出的快捷菜单中选择【移动或复制工作表】命令,如图 21-56 所示。

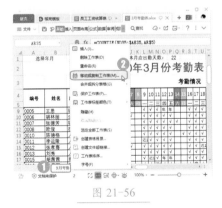

图 21-56

Step② 打开【移动或复制工作表】对话框,❶ 在【工作簿】下拉列表中选择【员工工资核算表】选项;❷ 在【下列选定工作表之前】列表框中选择【移至最后】选项;❸ 勾选【建立副本】复选框;❹ 单击【确定】按钮,如图 21-57 所示。

图 21-57

Step③ 因为本例会单独创建一个加班统计表,所以此处需要删除周六和周日列的数据。依次选中周六和周日列的数据,按【Delete】键将其删除,如图 21-58 所示。

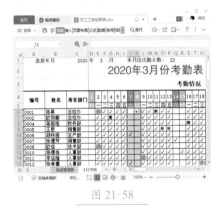

图 21-58

Step④ 在 AX 至 BA 列单元格中输入奖惩统计的相关表头内容,并对相应的单元格区域设置边框效果。完成后,在 AX6 单元格中输入公式 "=AN6*120+AO6*50+AP6*240",如图 21-59 所示。

图 21-59

技术看板

本例中规定：事假扣款为 120 元/天；旷工扣款为 240 元/天；病假领取最低工资标准的 80%，折算为病假日领取低于正常工资 50 元/天。

Step 05 在 AY6 单元格中输入公式"=AQ6*10+AR6*50+AS6*100"，如图 21-60 所示。

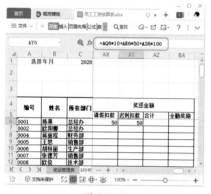

图 21-60

技术看板

本例中规定：迟到 10 分钟内扣款 10 元/次；迟到半个小时内扣款 50 元/次；迟到 1 个小时内扣款 100 元/次。

Step 06 在 AZ 单元格中输入公式"=AX6+AY6"，计算出请假和迟到的总扣款，如图 21-61 所示。

图 21-61

Step 07 本例中规定当月全部出勤，

且无迟到、早退等情况，即视为全勤，给予 200 元的奖励。在 BA6 单元格中输入公式"=IF(SUM(AN6：AS6)=0,200,0)"，可判断出该员工是否全勤，如图 21-62 所示。

图 21-62

Step 08 选中 AX6：BA6 单元格区域，拖动填充柄将这几个单元格中的公式复制到同列中的其他单元格中，如图 21-63 所示。

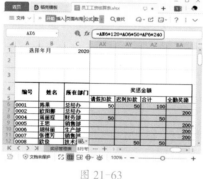

图 21-63

21.2.4 创建加班统计表

加班情况可能出现在任何部门的员工中，因此需要像记录考勤一样对当日的加班情况进行记录，方便后期计算加班工资。本例中已经记录了当月的加班情况，只需要对加班工资进行统计即可，操作方法如下。

Step 01 打开"素材文件\第 21 章\加班记录表.xlsx"，❶ 右击"3 月加

班统计表"工作表标签；❷ 在弹出的快捷菜单中选择【移动或复制工作表】命令，如图 21-64 所示。

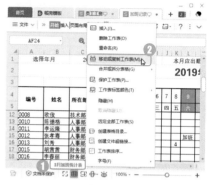

图 21-64

Step 02 打开【移动或复制工作表】对话框，❶ 在【工作簿】下拉列表中选择【员工工资核算表】选项；❷ 在【下列选定工作表之前】列表框中选择【移至最后】选项；❸ 勾选【建立副本】复选框；❹ 单击【确定】按钮，如图 21-65 所示。

图 21-65

Step 03 ❶ 在 AI 至 AM 列单元格中输入加班工资统计的相关表头内容（注意：这里是将之前的隐藏单元格列移动到空白列中再输入的内容），并对相应的单元格区域设置合适的边框效果；❷ 在 AI6 单元格中输入公式"=SUM(D6：AH6)"，可统计出该员工当月的加班总时长，如图 21-66 所示。

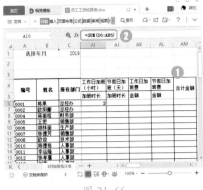

图 21-66

技术看板

本例的素材文件中只对周末加班天数进行了记录。用户在进行日常统计时，可以在加班统计表中记录法定节假日或特殊情况等的加班，只需让这一类型的加班区别于工作日的加班记录即可。例如，本例中工作日的记录用数字进行加班时间统计，节假日的加班则用文本"加班"进行标识。

Step04 在 AJ6 单元格中输入公式 "=COUNTIF(D6:AH6," 加班 ")"，即可统计出该员工当月的节假日加班天数，如图 21-67 所示。

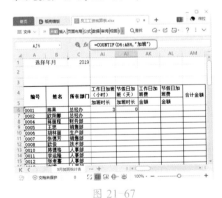

图 21-67

Step05 本例中规定工作加班按每小时 30 元进行补贴，所以在 AK6 单元格中输入公式 "=AI6*30"，如图 21-68 所示。

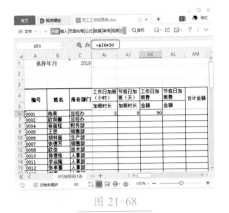

图 21-68

Step06 本例中规定节假日的加班按员工当天基本工资与岗位工资之和的两倍进行补贴，所以在 AL6 单元格中输入公式 "=ROUND((VLOOKUP(A6, 基本工资管理表 !\$A\$2:\$I\$86,7)+VLOOKUP(A6,基本工资管理表 !\$A\$2:\$I\$86,8))/\$P\$1*AJ6* 2,2)"，如图 21-69 所示。

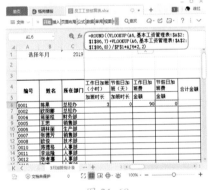

图 21-69

Step07 在 AM6 单元格中输入公式 "=AK6+AL6"，即可计算出该员工的加班工资总额，如图 21-70 所示。

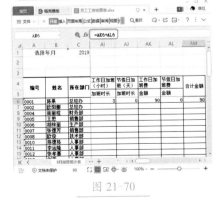

图 21-70

Step08 选中 AI6:AM6 单元格区域，拖动填充柄将公式复制到同列中的其他单元格即可，如图 21-71 所示。

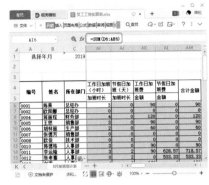

图 21-71

21.2.5　编制工资统计表

将工资核算需要用到的周边表格数据准备好之后，就可以建立工资管理系统中最重要的一张表格——工资统计表。制作工资统计表时，需要引用周边表格中的数据，并进行统计计算，操作方法如下。

Step01 新建一张工作表，并命名为"员工工资核算表"，❶ 在第 1 行的单元格中输入表头内容；❷ 在 A2 单元格中输入"="；❸ 单击"基本工资管理表"工作表标签，如图 21-72 所示。

图 21-72

Step02 切换到"基本工资管理表"工作表，选中 A2 单元格，然后按【Enter】键，如图 21-73 所示。

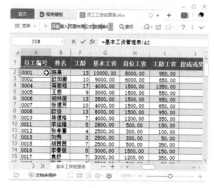

图 21-73

Step 03 将该单元格引用到"员工工资统计表"中,然后将 A2 单元格中的公式引用到 B2、C2 单元格中,如图 21-74 所示。

图 21-74

Step 04 选中 A2:C2 单元格区域,使用填充柄向下填充公式,如图 21-75 所示。

图 21-75

月都可以重复使用。为了方便后期能够使用,一般企业都会制作一个"X月工资表"工作簿,调入的工作表数据是当月的一些周边表格数据,这些工作表名称是相同的,如"加班表""考勤表"。这样,当需要计算工资时,将上个月的工作簿复制过来,再将各表格中的数据修改为当月数据即可,而工资统计表中的公式不用修改。

Step 05 使用相同的方法,将"基本工资管理表"中的基本工资、岗位工资和工龄工资引用到"员工工资统计表"中,如图 21-76 所示。

图 21-76

Step 06 在 G2 单元格中手动输入公式"=IF(ISERROR(VLOOKUP(A2,奖惩管理表!$A$3:$H$24,7,FALSE)),"",VLOOKUP(A2,奖惩管理表!$A$3:$H$24,7,FALSE))",并填充到下方的单元格区域,即可计算出员工当月的提成和奖金金额,如图 21-77 所示。

图 21-77

Step 07 在 H2 单元格中输入公式"=VLOOKUP(A2,'3 月加班统计表'!$A$6:$AM$43,39)",并填充到下方的单元格区域,即可计算出员工当月的加班工资,如图 21-78 所示。

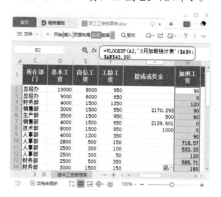

图 21-78

Step 08 在 I2 单元格中输入公式"=VLOOKUP(A2,'3 月考勤'!$A$6:$BA$43,53)",并填充到下方的单元格区域,即可计算出员工当月是否获得全勤奖,如图 21-79 所示。

图 21-79

Step 09 在 J2 单元格中输入公式"=SUM(D2:I2)",并填充到下方的单元格区域，即可计算出员工当月的应发工资总和，如图 21-80 所示。

图 21-80

Step⑩　在 K2 单元格中输入公式 "=VLOOKUP(A2,'3月考勤'!$A$6:$AZ$43,52)"，并填充到下方的单元格区域，即可返回员工当月的请假迟到扣款金额，如图 21-81 所示。

图 21-81

Step⑪　在 L2 单元格中输入公式 "=(J2-K2)*(0.08+0.02+0.005+0.08)"，并填充到下方的单元格区域，即可计算出员工当月需要缴纳的保险和公积金全额，如图 21-82 所示。

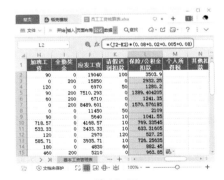

图 21-82

技术看板

本例中计算的保险/公积金扣款是指员工个人需缴纳的社保和公积金费用。本例中规定扣除医疗保险、养老保险、失业保险、住房公积金金额的比例如下：养老保险个人缴纳比例为 8%；医疗保险个人缴纳比例为 2%；失业保险个人缴纳的比例为 0.5%；住房公积金个人缴纳比例为 5%~12%，具体缴纳比例根据各地方政策或企业规定确定。

Step⑫　在 M2 单元格中输入公式 "=MAX((J2-SUM(K2:L2)-5000)*{3,10,20,25,30,35,45}%-{0,210,1410,2660,4410,7160,15160},0)"，并填充到下方的单元格区域，即可计算出员工根据当月工资应缴纳的个人所得税金额，如图 21-83 所示。

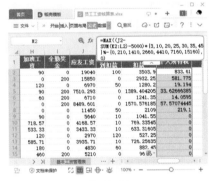

图 21-83

技术看板

本例中的个人所得税是根据 2019 年的个人所得税计算方法计算得到的。个人所得税的起征点为 5000 元，根据个人所得税税率表，将工资、薪金所得分为 7 级超额累进税率，税率为 3%~45%，如表 21-1 所示。

表 21-1　工资、薪金所得 7 级超额累进税率

级数	全月应纳税所得额	税率（%）	速算扣除数
1	不超过 3000 元的	3	0
2	超过 3000 元至 12000 元的部分	10	210
3	超过 12000 元至 25000 元的部分	20	1410
4	超过 25000 元至 35000 元的部分	25	2660
5	超过 35000 元至 55000 元的部分	30	4410
6	超过 55000 元至 80000 元的部分	35	7160
7	超过 80000 元的部分	45	15160

本表中应纳税所得额，是指每月收入金额－各项社会保险金（五险一金）－起征点 5000 元。超额累进税率的计算方法如下。

应纳税额＝全月应纳税所得额 × 税率－速算扣除数

全月应纳税所得额＝应发工资－四金－5000

公式 "=MAX((J2-SUM(K2:L2)-5000)*{3,10,20,25,30,35,45}%-{0,210,1410,2660,4410,7160,15160},0)"，表示计算的数值是（L3-SI,(M3:P3)）后的值与相应税级百分数（3%，10%，20%，25%，30%，35%，45%）的乘积减去税率所在级距的速算扣除数 0、210、1410 等所得到的最大值。

Step⑬ 在 N2 单元格中输入公式 "=IF(ISERROR (VLOOKUP(A2, 奖惩管理表 !\$A\$3:\$H\$24,8,FALSE)),"", VLOOKUP(A2, 奖惩管理表 !\$A\$3:\$H\$24,8,FALSE))"，并填充到下方的单元格区域，即可计算出员工当月是否还有其他扣款金额，如图 21-84 所示。

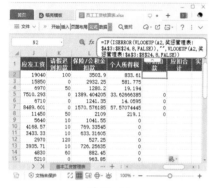

图 21-84

技术看板

本步骤中的公式采用的是 VLOOKUP 函数返回"奖惩管理表"工作表中统计出的各种扣款金额，同样，为了防止某些员工工资因为没有涉及扣款项而返回错误值，所以套用了 ISERROR 函数对结果是否为错误值先进行判断，再通过 IF 函数让错误值均显示为空。

Step⑭ 在 O2 单元格中输入公式 "=SUM(K2:N2)"，并填充到下方的单元格区域，即可计算出员工当月需要扣除金额的总和，如图 21-85 所示。

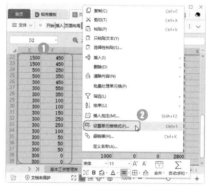

图 21-85

Step⑮ 在 P2 单元格中输入公式 "=J2-O2"，并填充到下方的单元格区域，即可计算出员工当月的实发工资金额，如图 21-86 所示。

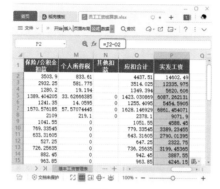

图 21-86

Step⑯ ❶ 选中 D2:P39 单元格区域，然后单击鼠标右键；❷ 在弹出的快捷菜单中选择【设置单元格格式】选项，如图 21-87 所示。

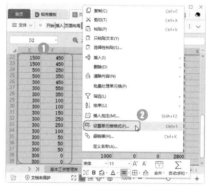

图 21-87

Step⑰ 打开【单元格格式】对话框，❶ 在【数字】选项卡的【分类】列表框中选择【数值】选项；❷ 在【小数位数】微调框中输入"2"；❸ 单击【确定】按钮，如图 21-88 所示。

Step⑱ ❶ 选中 A1:P39 单元格区域，单击【开始】选项卡中的【表格样式】下拉按钮；❷ 在弹出的下拉菜单中选择一种样式，如图 21-89 所示。

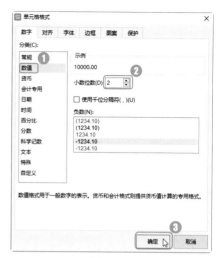

图 21-88

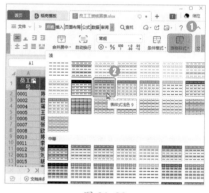

图 21-89

Step⑲ 打开【套用表格样式】对话框，❶ 选择【仅套用表格样式】单选项，设置【标题行的行数】为【1】；❷ 单击【确定】按钮，如图 21-90 所示。

图 21-90

Step⑳ ❶ 选中 D2 单元格；❷ 单击【开始】选项卡中的【冻结窗格】下拉按钮；❸ 在弹出的下拉菜单中选择【冻结至第 1 行 C 列】选项，

如图 21-91 所示。

图 21-91

21.2.6 按部门汇总工资数据

按部门汇总工资数据可以查阅每个部门的工资明细。部门工资汇总表中的数据项与工资统计表中的数据项相同，只是需要对部门相同的内容进行合并汇总，其制作方法如下。

Step01 ❶ 新建一张工作表，并命名为"各部门工资汇总"；❷ 在第一行输入表头内容，如图 21-92 所示。

图 21-92

Step02 ❶ 选择"基本工资管理表"工作表；❷ 选中 C2:C39 单元格区域；❸ 单击【开始】选项卡中的【复制】按钮，如图 21-93 所示。

Step03 ❶ 将复制的单元格内容粘贴到"各部门工资汇总"工作表的 A2 单元格中，并保持单元格的选中状态；❷ 单击【数据】选项卡中的【删

除重复项】按钮，如图 21-94 所示。

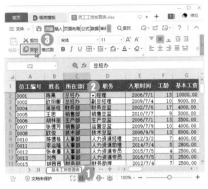

图 21-93

图 21-94

Step04 打开【删除重复项警告】对话框，❶ 选择【当前选定区域】单选项；❷ 单击【删除重复项】按钮，如图 21-95 所示。

图 21-95

Step05 打开【删除重复项】对话框，直接单击【删除重复项】按钮，如图 21-96 所示。

Step06 打开提示对话框，提示已经删除了重复值，单击【确定】按钮，如图 21-97 所示。

Step07 由于执行删除重复值时，选中的是某列的某些单元格区域，WPS 表格默认将第一个单元格理解

为表头，因此删除重复值后仍然有一个数据值是重复的，需要手动删除。❶ 选中 A2 单元格，单击鼠标右键；❷ 在弹出的快捷菜单中选择【删除】命令；❸ 在弹出的子菜单中选择【下方单元格上移】命令，如图 21-98 所示。

图 21-96

图 21-97

图 21-98

Step08 ❶ 选中 A2:A9 单元格区域；❷ 单击【开始】选项卡中的【清除】下拉按钮；❸ 在弹出的下拉菜单中选择【格式】命令，如图 21-99 所示。

Step09 保持单元格区域的选中状态，单击【数据】选项卡中的【有效性】按钮，如图 21-100 所示。

图 21-99

图 21-100

Step⑩ 打开【数据有效性】对话框，❶ 单击【全部清除】按钮；❷ 单击【确定】按钮，如图 21-101 所示。

图 21-101

Step⑪ 在 B2 单元格中输入公式"=COUNTIF(员工工资统计表!$C$2:$C$39,各部门工资汇总!A2)"，统计出总经办部门的人数，并将公式填充到下方的单元格，如图 21-102 所示。

图 21-102

Step⑫ ❶ 在 C2 单元中输入公式"=SUMIF(员工工资统计表!$C$2:$C$39,各部门工资汇总!$A2,员工工资统计表!D$2:D$39)"统计出总经办部门的基本工资总和；❷ 选中 C2 单元格，向右拖动填充柄，分别统计出该部门的各项工资数据，如图 21-103 所示。

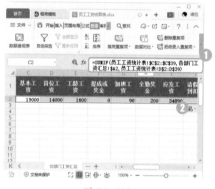

图 21-103

Step⑬ 选中 C2:O2 单元格区域，向下拖动填充柄，分别统计出其他部门的各项工资数据，如图 21-104 所示。

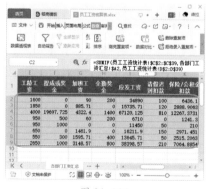

图 21-104

21.2.7 实现任意员工工资数据查询

在大多数公司中，工资数据属于比较隐私的部分，一般员工只能查看自己的工资。为了方便员工快速查看自己的工资明细，可以制作一个工资查询表，操作方法如下。

Step① 新建一张工作表，并命名为"工资查询表"。❶ 选择"员工工资统计表"工作表；❷ 选中第一行单元格区域；❸ 单击【开始】选项卡中的【复制】按钮，如图 21-105 所示。

图 21-105

Step② 在"工资查询表"工作表中选中 B3 单元格，❶ 单击【开始】选项卡中的【粘贴】下拉按钮；❷ 在弹出的下拉菜单中选择【转置】命令，如图 21-106 所示。

图 21-106

Step③ 保持单元格区域的选中状态，单击【开始】选项卡中的【自动换行】命令，如图 21-107 所示。

图 21-107

Step 04 ❶ 选中 B1:C2 单元格区域；❷ 单击【开始】选项卡中的【合并居中】按钮，如图 21-108 所示。

图 21-108

Step 05 输入表格标题，并设置字体格式和对齐方式，如图 21-109 所示。

图 21-109

Step 06 ❶ 选中 C3:C18 单元格区域；❷ 单击开始选项卡中的【垂直居

中】≡和【水平居中】≡按钮，如图 21-110 所示。

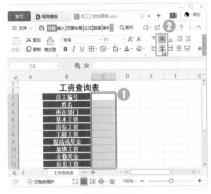

图 21-110

Step 07 ❶ 选中 C6:C18 单元格区域；❷ 在【开始】选项卡中设置数字格式为【货币】，如图 21-111 所示。

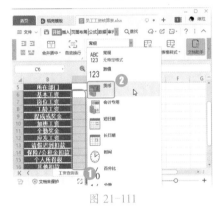

图 21-111

Step 08 该查询表想要实现的功能：用户在员工编号对应的 C3 单元格中输入工号，在下方的各项查询项目单元格中显示出查询结果，所以需要在 C3 单元格中设置数据有效性，仅允许用户输入或选择"基本工资管理表"工作表中存在的员工编号。❶ 选中 C3 单元格；❷ 单击【数据】选项卡中的【有效性】按钮，如图 21-112 所示。

Step 09 打开【数据有效性】对话框，❶ 在【允许】下拉列表中选择【序列】选项；❷ 在【来源】参数框中应用"员工工资统计表"工作表中的 A2:A39 单元格区域，如图 21-113 所示。

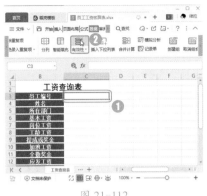

图 21-112

图 21-113

Step 10 ❶ 选择【出错警告】选项卡；❷ 在【样式】下拉列表中选择【停止】选项；❸ 在【错误信息】列表框中输入需要显示的提示信息；❹ 单击【确定】按钮，如图 21-114 所示。

图 21-114

Step 11 在 C4 单元格中输入公式"=VLOOKUP($C$3, 员工工资统计表 !$A$1:$P$39,ROW(A2),FALSE)"，如图 21-115 所示。

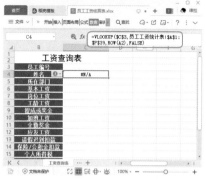

图 21-115

Step12 选中 C4 单元格，向下拖动填充柄至 C19 单元格复制公式，依次返回工资的各项明细数据，❶ 单击【自动填充选项】按钮 ☷・；❷ 在弹出的下拉菜单中选择【不带格式填充】选项，如图 21-116 所示。

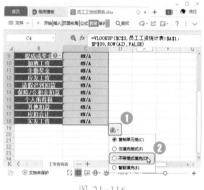

图 21-116

Step13 在 C3 单元格中输入员工工号，即可在下方的单元格中查看工资中各项组成部分的具体数值，如图 21-117 所示。

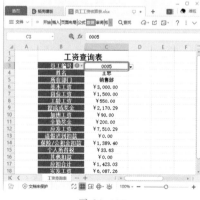

图 21-117

21.2.8 打印工资表

工资表数据统计完成后，一般需要提交给相关领导审核签字才能拨账发放工资。所以需要打印工资表，操作方法如下。

Step01 选中要隐藏的"基本工资管理表""奖惩管理表""3 月考勤""3 月加班统计表"工作表，❶ 右击工作表标签；❷ 在弹出的快捷菜单中选择【隐藏】命令，如图 21-118 所示。

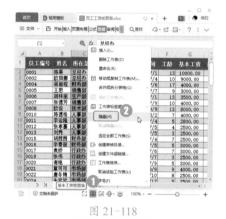

图 21-118

Step02 ❶ 单击【页面布局】选项卡中的【纸张方向】下拉按钮；❷ 在弹出的下拉菜单中选择【横向】命令，如图 21-119 所示。

图 21-119

Step03 ❶ 单击【页面布局】选项卡中的【页边距】下拉按钮；❷ 在弹出的下拉菜单中选择【窄】选项，如图 21-120 所示。

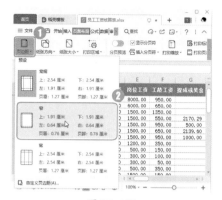

图 21-120

Step04 如果发现第一页的页面区域并没有包含所有列的数据，则需要调整表格的列宽，让所有数据列在一页纸上，如图 21-121 所示。

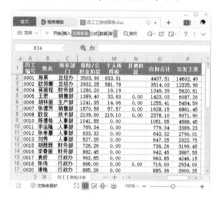

图 21-121

Step05 ❶ 选中需要打印的包含工资数据的单元格区域；❷ 单击【页面布局】选项卡中的【打印区域】按钮设置打印区域，如图 21-122 所示。

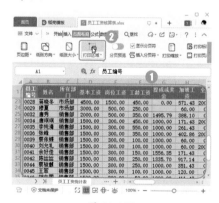

图 21-122

Step06 单击【页面布局】选项卡中的【打印标题或表头】选项，如图21-123 所示。

图 21-123

Step07 打开【页面设置】对话框，在【工作表】选项卡的【打印标题】组中设置【顶端标题行】为第一行，如图21-124 所示。

图 21-124

Step08 切换到【页眉/页脚】选项卡，单击【自定义页眉】按钮，如图 21-125 所示。

图 21-125

Step09 打开【页眉】对话框，❶将

光标定位到【中】文本框中，输入页眉文字后选中文字；❷单击【字体】按钮A，如图 21-126 所示。

图 21-126

Step10 打开【字体】对话框，❶设置需要的字体格式；❷单击【确定】按钮，如图 21-127 所示。

图 21-127

Step11 返回【页眉】对话框，即可查看效果，单击【确定】按钮，如图 21-128 所示。

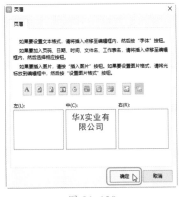

图 21-128

Step12 返回【页面设置】对话框，在【页脚】下拉列表中选择一种页脚样式，如图 21-129 所示。

图 21-129

Step13 切换到【页边距】选项卡，❶勾选【居中方式】组中的【水平】和【垂直】复选框；❷单击【打印预览】按钮，如图 21-130 所示。

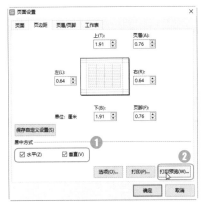

图 21-130

Step14 进入打印预览界面，如果确认无误，单击【直接打印】按钮即可，如图 21-131 所示。

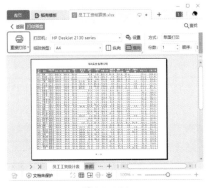

图 21-131

21.2.9　打印工资条

在发放工资时通常需要同时发放工资条，使员工能清楚地看到自己各部分工资的金额。本例将利用已完成的工资表，快速为每个员工制作工资条，操作方法如下。

Step01 新建一张工作表，命名为"工资条"，切换到"员工工资统计表"，❶ 选中第一行单元格区域；❷ 单击【开始】选项卡中的【复制】按扭，如图 21-132 所示。

图 21-132

Step02 ❶ 将复制的单元格区域粘贴到"工资条"工作表的 A1 单元格；❷ 在 A2 单元格中输入公式"=OFFSET（员工工资统计表!$A$1,ROW()/3+1,COLUMN()-1)"，如图 21-133 所示。

图 21-133

技术看板

为了快速制作出每一位员工的工资条，可在当前工资条基本结构

中添加公式，并运用单元格和公式的填充功能，快速制作工资条。

制作工资条的基本思路：应用公式，根据公式所在位置引用"员工工资统计表"工作表中不同单元格中的数据。在工资条中这条数据前需要有标题行，且不同员工的工资条之间需要间隔一行，故公式再向下填充时要相隔 3 个单元格，所以不能通过直接引用和相对引用的方式来引用单元格，可以使用表格中的 OFFSET 函数对引用单元格地址进行偏移引用。

技术看板

本例各工资条中的各单元格内引用的地址将随公式所在单元格地址的变化而发生变化。将 OFFSEF 函数的 Reference 参数设置为"员工工资统计表"工作表中的 A1 单元格，并将单元格引用地址转换为绝对引用；Rows 参数设置为公式当前行数除以 3 后再加 1；Cols 参数设置为公式当前行数减 1。

Step03 选中 A2 单元格，向右拖动填充柄将公式填充到 P2 单元格中，如图 21-134 所示。

图 21-134

Step04 选中 A1:P3 单元格区域，即工资条的基本结构加一行空单元格，如图 21-135 所示。

图 21-135

Step05 拖动单元格区域右下角的填充控制柄，向下填充至有工资数据的行，即可生成所有员工的工资条，如图 21-136 所示。

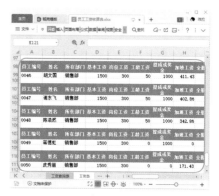

图 21-136

Step06 ❶ 选中 A1:P114 单元格区域；❷ 单击【页面布局】选项卡中的【打印区域】按钮，如图 21-137 所示。

图 21-137

Step07 ❶ 单击【页面布局】选项卡中的【页边距】下拉按钮；❷ 在弹出的下拉菜单中选择【窄】命令，如图 21-138 所示。

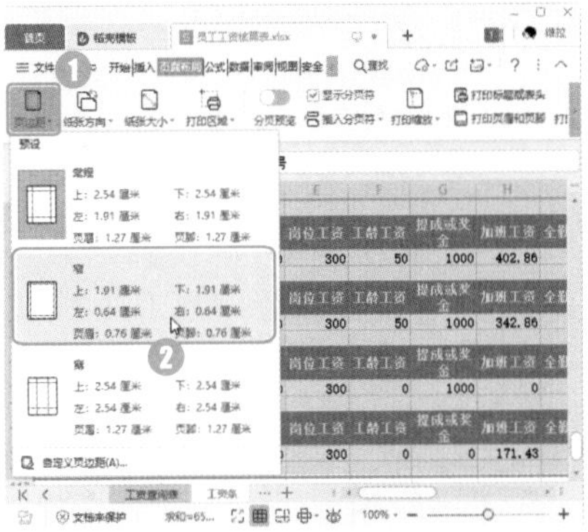

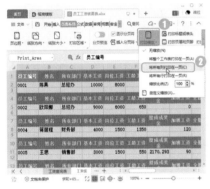
图 21-138

Step 08 通过观察发现，设置后的同一个员工的工资信息没有完整地显示在同一页面中，此时需要调整缩放比例。❶ 单击【页面布局】选项卡中的【打印缩放】下拉按钮；❷ 在弹出的下拉菜单中，选择【将所有列打印在一页】选项，如图 21-139 所示。

图 21-139

Step 09 查看其他员工的工资信息，发现在进行第一页分页时，最后一个员工的表头信息和具体信息被分别放在两页上。因为后期需要将同一个员工信息裁剪成纸条，所以这样的表格肯定不能满足需求。❶ 此时可以选中第 64 行单元格；❷ 单击【页面布局】选项卡中的【插入分页符】下拉按钮；❸ 在弹出的下拉菜单中选择【插入分页符】选项，如图 21-140 所示。

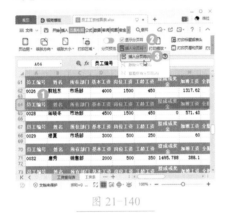
图 21-140

Step 10 单击【页面布局】选项卡中的【打印预览】按钮，如图 21-141 所示。

图 21-141

Step 11 在打开的【打印预览】界面即可查看打印效果，设置打印参数后，单击【直接打印】按钮，即可打印工资条，如图 21-142 所示。

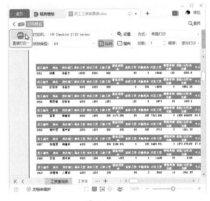
图 21-142

21.3　用 WPS 演示文稿制作年度财务总结报告演示文稿

实例门类	幻灯片制作 + 幻灯片播放

　　在财务会计工作中，每到年底都需要汇总大量的财务数据，枯燥的文字和数据内容容易让人产生疲劳感。使用 WPS 演示文稿，可以将年度财务总结报告的内容形象生动地展现在幻灯片中。演示文稿通常包括封面页、目录页、过渡页、正文、结尾页等部分。本例主要讲述设计演示文稿模板的方法及幻灯片的制作过程，如插入文本、表格、图片、图表及设置动画等内容。

　　本例将制作年度财务总结报告演示文稿，制作完成后的效果如图 21-143 所示。

图 21-143

21.3.1 设计幻灯片母版

专业的演示文稿通常都有统一的背景、配色和文字格式等，为了实现统一设置，就需要用到幻灯片母版。幻灯片模板主要包括幻灯片母版版式和标题幻灯片版式，设计幻灯片模板的操作方法如下。

Step01 新建一个"财务总结报告"演示文稿，单击【视图】选项卡中的【幻灯片母版】按钮，如图21-144所示。

图 21-144

Step02 进入幻灯片母版视图，❶选中【Office主题母版】；❷单击【插入】选项卡中的【形状】下拉按钮；❸在弹出的下拉菜单中选择【矩形】工具□，如图21-145所示。

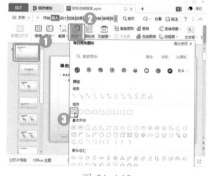

图 21-145

Step03 ❶在模板上方绘制一个长条形的矩形，选中矩形形状；❷单击【绘图工具】选项卡中的【填充】下拉按钮；❸在弹出的下拉菜单中选择一种填充颜色，如图21-146所示。

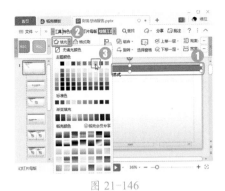

图 21-146

Step04 保持形状的选中状态，❶单击【绘图工具】选项卡中的【轮廓】下拉按钮；❷在弹出的下拉菜单中选择【无线条颜色】选项，如图 21-147 所示。

图 21-147

Step05 将绘制的图形复制到幻灯片的下方，如图 21-148 所示。

图 21-148

Step06 ❶选中【标题幻灯片】版式；❷单击【插入】选项卡中的【图片】下拉按钮；❸在弹出的下拉菜单中选择【本地图片】选项，如图 21-149 所示。

图 21-149

Step07 打开【插入图片】对话框，❶选择素材文件\第 21 章\财务总结报告\背景 .JPG；❷单击【打开】按钮，如图 21-150 所示。

图 21-150

Step08 将图片插入幻灯片中，调整图片的大小和位置，使其覆盖幻灯片，并保留上方的矩形形状，如图 21-151 所示。

图 21-151

Step09 ❶选中图片；❷单击【图片工具】选项卡中的【下移一层】下拉按钮；❸在弹出的下拉菜单中选择【置于底层】命令，如图 21-152所示。

图 21-152

Step10 单击【幻灯片母版】选项卡中的【关闭】按钮，如图 21-153 所示。

图 21-153

21.3.2 输入标题文本

在幻灯片中输入文本的方法非常简单，用户可以使用加大字号、加粗字体等方法，突出显示演示文稿的文本标题，操作方法如下。

Step01 将光标定位到标题和副标题的占位符文本框中，输入标题和副标题，并拖动占位符文本框，调整文本框的大小和位置，如图 21-154 所示。

图 21-154

Step 02 选中标题和副标题文本框，在【文本工具】选项卡中分别设置文本格式，如图 21-155 所示。

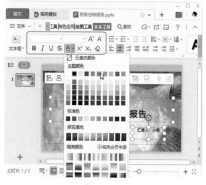

图 21-155

Step 03 设置完成后，效果如图 21-156 所示。

图 21-156

Step 04 单击【开始】选项卡中的【新建幻灯片】下拉按钮，如图 21-157 所示。

图 21-157

Step 05 在弹出的下拉菜单中选择一种母版样式，如图 21-158 所示。

Step 06 新建一张幻灯片，单击【插入】选项卡中的【文本框】按钮，如图 21-159 所示。

图 21-158

图 21-159

Step 07 在幻灯片中绘制文本框，输入"目录"文本，并在【文本工具】选项卡中设置文本格式，如图 21-160 所示。

图 21-160

Step 08 使用相同的方法插入文本框并输入目录内容，然后设置文本格式，如图 21-161 所示。

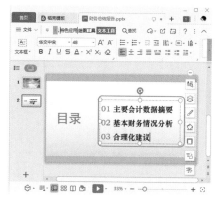

图 21-161

21.3.3 在幻灯片中插入表格

财务报告中通常需要展示大量的数据，使用表格可以让数据更加清晰，操作方法如下。

Step 01 单击导航栏中的【新建幻灯片】按钮＋，如图 21-162 所示。

图 21-162

Step 02 在打开的菜单中选择一种母版样式，如图 21-163 所示。

图 21-163

Step03 ❶ 输入幻灯片的标题文字；❷ 在下方的占位符中单击【插入表格】按钮，如图 21-164 所示。

图 21-164

Step04 打开【插入表格】对话框，❶ 设置行数和列数；❷ 单击【确定】按钮，如图 21-165 所示。

图 21-165

Step05 即可在幻灯片中插入表格，如图 21-166 所示。

图 21-166

Step06 ❶ 输入表格数据；❷ 选中表格，单击【表格美化】按钮，如图 21-167 所示。

图 21-167

技术看板

用户可以通过直接从 WPS 文字或 WPS 表格中复制数据，粘贴到幻灯片中制作的表格内。复制和粘贴过程中，数据格式可能发生变化，但数值不变。

Step07 打开【智能创作】窗格，选择一种表格样式和颜色，如图 21-168 所示。

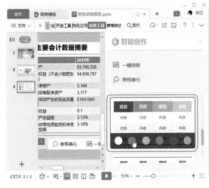

图 21-168

Step08 操作完成后，即可看到表格已经快速美化，如图 21-169 所示。

图 21-169

21.3.4 使用图片美化幻灯片

为了让幻灯片更加绚丽美观，人们通常会在幻灯片中加入图片元素，操作方法如下。

Step01 新建幻灯片，并输入标题和文字内容，如图 21-170 所示。

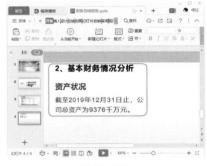

图 21-170

Step02 ❶ 单击【插入】选项卡中的【图片】下拉按钮；❷ 在弹出的下拉菜单中选择【本地图片】选项，如图 21-171 所示。

图 21-171

Step03 打开【插入图片】对话框，❶ 选择素材文件\第 21 章\财务总结报告\图片.JPG；❷ 单击【打开】按钮，如图 21-172 所示。

Step04 将图片插入幻灯片中，拖动图片四周的控制点，调整图片的大小，并将图片拖动到合适的位置，如图 21-173 所示。

图 21-172

图 21-173

Step 05 ❶ 选中图片；❷ 单击【图片工具】选项卡中的【创意裁剪】下拉按钮；❸ 在弹出的下拉菜单中选择一种裁剪样式，如图 21-174 所示。

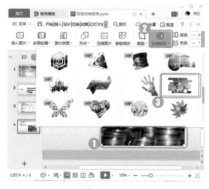

图 21-174

Step 06 操作完成后，即可查看图片裁剪后的效果，如图 21-175 所示。

图 21-175

21.3.5　在幻灯片中插入图表

图表是数据的形象化表达，使用图表可以使数据更具可视效果，图表展示的不仅仅是数据，还有数据的发展趋势。在 WPS 演示文稿中，用户可以根据需要插入和编辑图表，操作方法如下。

Step 01 新建幻灯片，并输入标题和文字内容，如图 21-176 所示。

图 21-176

Step 02 单击【插入】选项卡中的【图表】按钮，如图 21-177 所示。

图 21-177

Step 03 打开【插入图表】对话框，❶ 选择【饼图】选项；❷ 单击【插入】按钮，如图 21-178 所示。

Step 04 在幻灯片中插入一个饼图，单击【图表工具】选项卡中的【编辑数据】按钮，如图 21-179 所示。

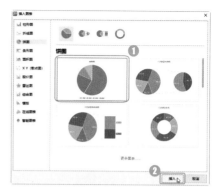

图 21-178

图 21-179

Step 05 打开【WPS 演示中的图表】电子表格，❶ 在表格中输入数据；❷ 单击【关闭】按钮×，如图 21-180 所示。

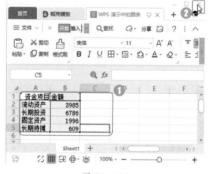

图 21-180

Step 06 ❶ 选中图表；❷ 单击【图表工具】选项卡中的【更改颜色】下拉按钮；❸ 在弹出的下拉菜单中选择一种颜色方案，如图 21-181 所示。

所示。

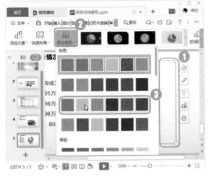

图 21-181

Step07 保持图表的选中状态，在【图表工具】选项卡中选择一种图表样式，如图 21-182 所示。

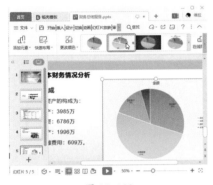

图 21-182

Step08 操作完成后，即可查看设置后的效果，如图 21-183 所示。

图 21-183

21.3.6 在幻灯片中插入形状

在幻灯片中可以绘制各种形状来表现数据，操作方法如下。

Step01 新建幻灯片并输入标题和内容文本，❶ 单击【插入】选项卡中的【形状】下拉按钮；❷ 在弹出的下拉菜单中选择【L 形】形状，如图 21-184 所示。

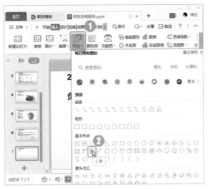

图 21-184

Step02 在幻灯片中绘制形状，并拖动黄色的控制按钮调整形状，如图 21-185 所示。

图 21-185

Step03 在【绘图工具】选项卡中设置形状的【填充】样式和【轮廓】样式，如图 21-186 所示。

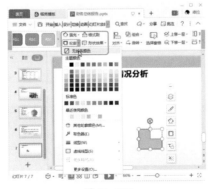

图 21-186

Step04 ❶ 复制形状；❷ 单击【绘图工具】选项卡中的【旋转】下拉按钮；❸ 在弹出的下拉菜单中选择【垂直翻转】选项，如图 21-187

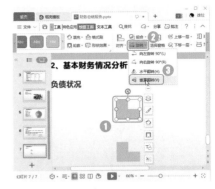

图 21-187

Step05 使用相同的方法复制并旋转形状，如图 21-188 所示。

图 21-188

Step06 添加文本框，输入文字内容，使用相同的方法制作其他幻灯片，如图 21-189 所示。

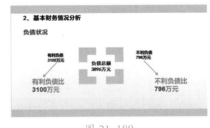

图 21-189

21.3.7 设置幻灯片动画和切换效果

幻灯片制作完成后，可以为幻灯片对象设置动画和切换效果，操作方法如下。

Step01 ❶ 选中第一张幻灯片中的标

题文本框；❷单击动画选项卡中的【其他】下拉按钮，如图 21-190 所示。

图 21-190

Step 02 在打开的下拉列表中选择一种进入方式，如【飞入】，图 21-191 所示。

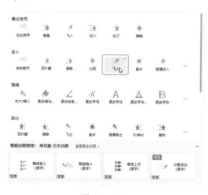

图 21-191

Step 03 单击【动画】选项卡中的【自定义动画】按钮，如图 21-192 所示。

图 21-192

Step 04 打开【自定义动画】窗格，在【方向】下拉列表中选择【自顶

部】选项，如图 21-193 所示。

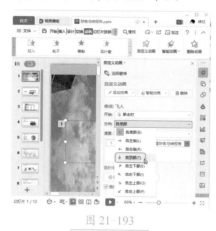

图 21-193

Step 05 单击【添加效果】下拉按钮，如图 21-194 所示。

图 21-194

Step 06 在弹出的下拉菜单中选择一种强调动画，如【陀螺旋】，如图 21-195 所示。

图 21-195

Step 07 ❶ 在动画列表中选中第二个

动画；❷在【数量】下拉列表中选择【旋转两周】选项，如图 21-196 所示。

图 21-196

Step 08 在第二张幻灯片中，选中目录文本，并为其添加【飞入】动画。❶ 在动画列表中单击右侧的下拉按钮；❷ 在弹出的下拉菜单中选择【效果选项】，如图 21-197 所示。

图 21-197

Step 09 打开【飞入】动画框，在【计时】选项卡中设置【速度】为【中速（2 秒）】，如图 21-198 所示。

图 21-198

Step⑩ ❶ 切换到【正文文本动画】选项卡；❷ 设置【组合文本】为【按第一级段落】；❸ 单击【确定】按钮，如图 21-199 所示。

图 21-199

Step⑪ 按【Shift+F5】组合键可以查看设置后的动画效果，如图 21-200 所示。

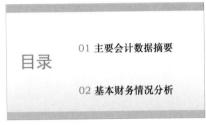

图 21-200

Step⑫ 在【切换】选项卡中单击【其他】下拉按钮，如图 21-201 所示。

Step⑬ 在弹出的下拉菜单中选择一种切换样式，如【棋盘】，如图 21-202 所示。

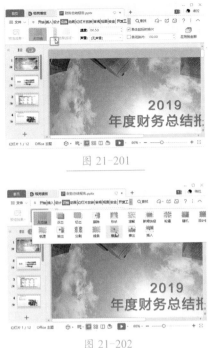

图 21-201

图 21-202

Step⑭ ❶ 单击【切换】选项卡中的【声音】下拉按钮；❷ 在弹出的下拉菜单中选择一种声音，如【风铃】，如图 21-203 所示。

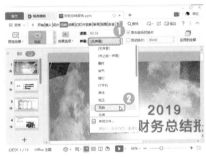

图 21-203

Step⑮ 单击【切换】选项卡中的【应用到全部】按钮，将设置应用到全部幻灯片，如图 21-204 所示。

图 21-204

Step⑯ 单击【幻灯片放映】选项卡中的【从头开始】按钮，即可放映幻灯片，如图 21-205 所示。

图 21-205

本章小结

本章主要介绍了 WPS 在财务会计工作中的应用，包括使用 WPS 文字制作盘点工作流程图、使用 WPS 表格制作员工工资统计表、使用 WPS 演示文稿制作年度财务总结报告演示文稿。在实际工作中，所遇到的情况可能比这些案例更为复杂，读者可以将这些工作进行细分，找出适合使用 WPS 表格来统计和分析的基础数据，整理出适合应用 WPS 演示来表现的数据内容，以便更好地开展财务会计工作。

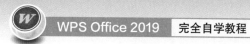

附录 A　WPS 文字快捷键

快捷键类型	快捷键	说明
系统	F1	帮助与问答
	Ctrl+F1	任务窗格
	Ctrl+N	新建空白文档
	Ctrl+O	打开文件
	Ctrl+Tab	切换下一个页面
	Ctrl+Shift+Tab	切换上一个页面
	Ctrl+W/Ctrl+F4	关闭文档窗口
	Alt+Space+N	最小化 WPS 窗口
	Alt+Space+X	最大化 WPS 窗口
	Alt+Space+R	还原 WPS 窗口
	Alt+F4/Alt+Space+C	关闭 WPS 窗口
编辑	Ctrl+C	复制
	Ctrl+X	剪切
	Ctrl+V	粘贴
	Ctrl+Shift+C	复制格式
	Ctrl+Shift+V	粘贴格式
	Ctrl+S	保存
	F12	另存为
	Ctrl+A	全选
	Ctrl+F	查找
	Shift+ →	向后增加块选区域
	Shift+ ←	向左增加块选区域
	Shift+Alt+ →	增加缩进量
	Shift+Alt+ ←	减少缩进量
	Ctrl+Home	文档首
	Ctrl+End	文档尾
	Ctrl+Backspace	向后智能删词
	段落内双击鼠标左键	智能选词，无词组时选中单个字
	段落左侧双击鼠标左键	块选段落
	文档左侧三击鼠标左键	全选文档
	Insert	插入 / 改写
	一行内按 Home 键	行首

快捷键类型	快捷键	说明
编辑	一行内按 End 键	行末
	Ctrl+H	替换
	Ctrl+G	定位
	Ctrl+Z	撤销
	Ctrl+Y	恢复撤销的内容
	Ctrl+Shift+F5	插入书签
	Ctrl+Enter	插入分页符
	Shift+Enter	插入换行符
	Ctrl+F9	插入空域
	Ctrl+K	打开【插入超链接】对话框
	Alt+I+P+F	插入图片
	Ctrl+Shit+G	统计文档字数
	Ctrl+P	打印
	Backspace	删除前面的一个字符
	Ctrl+Backspace	删除前面的一个单词
	Delete	删除后面的一个字符
	Ctrl+Delete（可能与输入法热键冲突）	删除后面的一个单词
格式	Ctrl+D	打开【字体】对话框
	Ctrl+B	加粗
	Ctrl+I	倾斜
	Ctrl+Shift+. 或者 Ctrl+]	增大字号
	Ctrl+Shift+, 或者 Ctrl+[	减小字号
	Ctrl+Shift+=	上标
	Ctrl+=	下标
	Ctrl+J	两端对齐
	Ctrl+E	居中对齐
	Ctrl+L	左对齐
	Ctrl+R	右对齐
	Ctrl+Shift+J	分散对齐
	Ctrl+Alt+W	Web 版式
	Shift+Ctrl+Return（数字键的 Enter）	以行分开表格（需要先选中表格行）
	Shift+Alt+Return（数字键的 Enter）	以列分开表格（需要先选中表格列）

续表

快捷键类型	快捷键	说明
大纲	Ctrl+Alt+O（可能与热键冲突）	大纲模式
	Ctrl+Alt+Left	大纲模式的提升
	Ctrl+Alt+Right	大纲模式的降低
	Shift+Alt+Up	大纲模式的上移
	Shift+Alt+Down	大纲模式的下移
	Ctrl+Shift+N	大纲模式降为正本文本
	Shift+Alt+=	大纲模式的展开
	Shift+Alt+−	大纲模式的折叠
	Alt+Shift+1	大纲下显示级别 1
	Alt+Shift+2	大纲下显示级别 2
	Alt+Shift+3	大纲下显示级别 3
	Alt+Shift+4	大纲下显示级别 4
	Alt+Shift+5	大纲下显示级别 5
	Alt+Shift+6	大纲下显示级别 6
	Alt+Shift+7	大纲下显示级别 7
	Alt+Shift+8	大纲下显示级别 8
	Alt+Shift+9	大纲下显示级别 9
	Alt+Shift+a	大纲下显示级别所有
工具	Alt+F9	切换全部域代码
	F9	更新域
	Shift+F9	把域结果切换成代码
	Ctrl+Shift+F9	把域切换成文本格式
	Ctrl+Shift+F11	域解锁
	Ctrl+F11	锁定域
	F7	打开【拼写检查】对话框
	Ctrl+Shift+E	修订
	Alt+F8	打开【宏】对话框

附录 B WPS 表格快捷键

快捷键类型	快捷键	说明
系统	F1	帮助与问答
	Ctrl+F1	任务窗格
	Ctrl+N	新建空白工作表

快捷键类型	快捷键	说明
系统	Ctrl+W	关闭表格窗口
	Ctrl+PageUp	切换到当前工作表的上一个工作表
	Ctrl+PageDown	切换到当前工作表的下一个工作表
	Ctrl+O	打开
	Ctrl+W/Ctrl+F4	关闭文档窗口
	Alt+Space+N	最小化 WPS 窗口
	Alt+Space+X	最大化 WPS 窗口
	Alt+Space+R	还原 WPS 窗口
	Alt+F4/Alt+Space+C	关闭 WPS 窗口
编辑	Ctrl+S	保存为
	F12	另存为
	Ctrl+P	打印
	Ctrl+Z	撤销
	Ctrl+Y	恢复
	Ctrl+C	复制
	Ctrl+X	剪切
	Ctrl+V	粘贴
	Shift+F10	弹出右键菜单
格式	Ctrl+B	应用粗体格式
	Ctrl+U	应用下划线
	Ctrl+I	应用斜体格式
	F11	创建图表
	F4	重复上一次操作
工具	Ctrl+Shift+=	打开【插入】单元格对话框
	Ctrl+K	打开【插入超链接】对话框
	Ctrl+1	打开【单元格格式】对话框
	F7	打开【拼写检查】对话框
	F9	计算所有打开的工作簿中的工作表
	Alt+F8	打开【宏】对话框
	Alt+ 空格	窗口控件菜单
编辑单元格	Ctrl+Enter	键入同样的数据到多个单元格中
	Alt+Enter	在单元格内的换行操作
	BackSpace	进入编辑，重新编辑单元格内容

快捷键类型	快捷键	说明
编辑单元格	Ctrl+;	键入当前日期
	Ctrl+Shift+;	键入当前时间
	Ctrl+D	往下填充
	Ctrl+R	往右填充
	Ctrl+F	查找
	Ctrl+H	查找（替换）
	Ctrl+G	查找（定位）
	Ctrl+A	全选
定位单元格	Ctrl+ 方向键	移动到当前数据区域的边缘
	Home	定位到活动单元格所在窗格的行首
	Ctrl+Home	移动到工作表的开头位置
	Ctrl+End	移动到工作表的最后一个单元格位置，该单元格位于数据所占用的最右列的最下行中
改变选择区域	方向键	改变当前所选单元格
	Shift+ 方向	将当前选择区域扩展到相邻行列
	Ctrl+Shift+ 方向键	将选定区域扩展到与活动单元格在同一列或同一行的最后一个非空单元格
	Shift+Home	将选定区域扩展到行首
	Ctrl+Shift+Home	将选定区域扩展到工作表的开始处
	Ctrl+Shift+End	将选定区域扩展到工作表上最后一个使用的单元格（右下角）
	Ctrl+A	选定整张工作表
	Tab	在选定区域中从左向右移动，如果选定单列中的单元格，则向下移动
	Shift+Tab	在选定区域中从右向左移动，如果选定单列中的单元格，则向上移动
	Enter	在选定区域中从上向下移动，如果选定单行中的单元格，则向右移动
	Shift+Enter	在选定区域中从下向上移动，如果选定单列中的单元格，则向上移动
	PageUp	选中活动单元格的上一屏的单元格
	PageDown	选中活动单元格的下一屏的单元格
改变选择区域	Shift+PageUp	选中从活动单元格到上一屏相应单元格的区域
	Shift+PageDown	选中从活动单元格到下一屏相应单元格的区域
	Ctrl+Tab	页面切换（下一个）
	Ctrl+Shift+Tab	页面切换（前一个）

续表

附录 C　WPS 演示文稿快捷键

快捷键类型	快捷键	说明
系统	F1	帮助与问答
	Ctrl+N	新建演示文稿
	Ctrl+M	插入新幻灯片
	F5	放映演示文稿
	Shift+F5	从当前页放映演示文稿
	Ctrl+F1	任务窗格
	Ctrl+W/Ctrl+F4	关闭窗口
	Alt+Space+N	最小化 WPS 窗口
	Alt+Space+X	最大化 WPS 窗口
	Alt+Space+R	还原 WPS 窗口
	Alt+F4/Alt+Space+C	关闭 WPS 窗口
编辑	Ctrl+F	查找文本
	Ctrl+H	替换文本
	Ctrl+Z	撤销一个操作
	Ctrl+Y	恢复或重复一个操作
	Ctrl+O	打开
	Ctrl+S	保存
	F12	另存为
	Ctrl+P	打印
	Shift+F9	显示或隐藏网格线
	Esc	跳出文本编辑状态，进入对象选取状态
	Tab	当选中某一个对象时，向前循环移动选取单个对象
	Ctrl+A（在"幻灯片"选项卡上）	选取所有对象
	Ctrl+A（幻灯片浏览视图中）	选取所有幻灯片
	Ctrl+C	复制选取的对象
	Ctrl+V	粘贴剪切或复制的对象
	Ctrl+X	剪切选取的对象
	Shift+Enter	插入软回车符
	Ctrl+Shift+C	复制对象格式
	Ctrl+Shift+V	粘贴对象格式
	F2	在选取的对象中添加文字

快捷键类型	快捷键	说明
编辑	按住 Shift + 滚轮	滚动水平方向的滚动条
	Ctrl+K	打开【插入超链接】对话框
	F4	重复上一步操作
格式	Ctrl+B	应用粗体格式
	Ctrl+U	应用下划线
	Ctrl+I	应用斜体格式
	Ctrl+E	居中对齐段落
	Ctrl+J	使段落两端对齐
	Ctrl+L	左对齐
	Ctrl+R	右对齐
	Ctrl+Shift+=	上标
	Ctrl+=	下标
	Ctrl+Shift+.	增大字号
	Ctrl+Shift+,	减小字号
对幻灯片放映的控制	Enter/Page Down	执行下一个动画或换到下一张幻灯片
	Page Up	执行上一个动画或返回上一张幻灯片
	编号 +Enter	转至幻灯片编号
	Esc	退出幻灯片放映
	F1	弹出【幻灯片放映帮助】对话框
	Ctrl+P	将鼠标指针转换为 "水彩笔"
	Ctrl+A	将鼠标指针形状转换为 "回指针"
	Ctrl+E	将鼠标指针转换为 "橡皮擦"
	Ctrl+H	隐藏鼠标指针
	Ctrl+U	自动显示 / 隐藏箭头
	Ctrl+M	显示 / 隐藏墨迹标志
	F7	拼写检查
	Shift+ 普通视图按钮图标	幻灯片母版视图
	Shift+ 放映按钮图标	设置放映方式
	Shift+F10	弹出右键菜单
	Ctrl+B	黑屏
	Ctrl+W	白屏